A fábrica de cretinos digitais

MICHEL DESMURGET

A fábrica de cretinos digitais

Os perigos das telas para nossas crianças

6ª reimpressão

TRADUÇÃO Mauro Pinheiro

VESTÍGIO

Copyright © Éditions du Seuil, 2019
Copyright © Éditions du Seuil, 2020 for the abridged and updated version
O proprietário forneceu à editora a nova versão do livro disponibilizada pelo autor.

Título original: *La fabrique du crétin digital : Les dangers des écrans pour nos enfants*

Todos os direitos reservados pela Editora Vestígio. Nenhuma parte desta publicação poderá ser reproduzida, seja por meios mecânicos, eletrônicos, seja via cópia xerográfica, sem a autorização prévia da Editora.

AMBASSADE DE FRANCE AU BRÉSIL
Liberté
Égalité
Fraternité

Cet ouvrage, publié dans le cadre du Programme d'Aide à la Publication année 2021 Carlos Drummond de Andrade de l'Ambassade de France au Brésil, bénéficie du soutien du Ministère de l'Europe et des Affaires étrangères.

Este livro, publicado no âmbito do Programa de Apoio à Publicação ano 2021 Carlos Drummond de Andrade da Embaixada da França no Brasil, contou com o apoio do Ministério francês da Europa e das Relações Exteriores.

EDITOR RESPONSÁVEL
Arnaud Vin

EDITOR ASSISTENTE
Eduardo Soares

PREPARAÇÃO
Eduardo Soares

LAYOUT
Planeta Arte & Diseño
(adaptado por Diogo Droschi)
Fotografia: © *Javier Jaén*

DIAGRAMAÇÃO
Christiane Morais de Oliveira

REVISÃO
Carol Christo
Rosi Melo
Rejane Dias
Rui Mauricio Evangelista

Dados Internacionais de Catalogação na Publicação (CIP)
Câmara Brasileira do Livro, SP, Brasil

Desmurget, Michel
  A fábrica de cretinos digitais : Os perigos das telas para nossas crianças / Michel Desmurget ; tradução Mauro Pinheiro. -- 1. ed.; 6. reimp. -- São Paulo : Vestígio, 2024.

  Título original: La fabrique du crétin digital : les dangers des écrans pour nos enfants.
  Bibliografia.
  ISBN 978-65-86551-52-5

  1. Computadores e crianças - Aspectos psicológicos 2. Computadores e crianças - Aspectos sociais 3. Criança - Desenvolvimento 4. Sociedade da informação I. Título.

21-68811   CDD-302.231083

Índices para catálogo sistemático:

1. Sociologia : Computadores e crianças 302.231083

Cibele Maria Dias - Bibliotecária - CRB-8/9427

A **VESTÍGIO** É UMA EDITORA DO **GRUPO AUTÊNTICA**

São Paulo
Av. Paulista, 2.073 . Conjunto Nacional,
Horsa I, Sala 309 . Bela Vista
01311-940 . São Paulo . SP
Tel.: (55 11) 3034 4468

Belo Horizonte
Rua Carlos Turner, 420
Silveira . 31140-520
Belo Horizonte . MG
Tel.: (55 31) 3465 4500

www.editoravestigio.com.br
SAC: atendimentoleitor@grupoautentica.com.br

Não devemos de modo algum nos tranquilizar, imaginando que os bárbaros ainda estão distantes de nós; porque, se há povos que permitem que a luz seja arrancada de suas mãos, há outros que a asfixiam sob os próprios pés.

Alexis de Tocqueville,
historiador e político[1]

SUMÁRIO

PREFÁCIO – EM QUEM ACREDITAR?   *9*

■ PRIMEIRA PARTE
NATIVOS DIGITAIS – A CONSTRUÇÃO DE UM MITO   *17*

   "Uma geração diferente"   *19*
   Faltam provas convincentes   *21*
   Inaptidões técnicas surpreendentes   *23*
   Interesses políticos e comerciais   *28*
   "Um cérebro mais desenvolvido"   *30*
   Conclusão   *37*

■ SEGUNDA PARTE
UTILIZAÇÕES – UM INCRÍVEL FRENESI DE TELAS RECREATIVAS   *39*

   Estimativas forçosamente aproximativas   *42*
   Infância: a impregnação   *44*
   Pré-adolescência: a amplificação   *50*
   Adolescência: a submersão   *52*
   Ambiente familiar: fatores agravantes   *54*
   Quais são os limites na utilização das telas?   *59*
   Conclusão   *73*

■ TERCEIRA PARTE
IMPACTOS – CRÔNICAS DE UM DESASTRE ANUNCIADO   *75*

Preâmbulo – Impactos múltiplos e intricados   *77*

Desempenho escolar – Um poderoso preconceito *81*
    Telas domésticas e resultados escolares não combinam *81*
    Dados contraditórios? *94*
    O mundo maravilhoso do digital na escola *111*
    Salas de aula sem professores? *126*
    Conclusão *134*

Desenvolvimento – Um ambiente prejudicial *137*
    Interações humanas amputadas *137*
    Uma atenção visual otimizada (e outras virtudes presumidas dos videogames de ação) *164*
    Uma capacidade de concentração saqueada *179*
    Conclusão *192*

Saúde – Uma agressão silenciosa *194*
    Um sono brutalmente afetado *194*
    Um sedentarismo devastador *208*
    Influências inconscientes porém profundas *213*
    Vender a morte em nome da "cultura" *219*
    O peso das normas *235*
    Violência *242*
    Conclusão *268*

■ EPÍLOGO
UM CÉREBRO MUITO ANTIGO PARA UM ADMIRÁVEL MUNDO NOVO *271*
    Do que devemos nos lembrar? *274*
    O que devemos fazer? *276*
    Sete regras fundamentais *277*
    Menos telas significa mais vida *279*
    Um fio de esperança? *280*

Bibliografia *283*

PREFÁCIO
Em quem acreditar?

A verdade existe, a mentira nós inventamos.

Georges Braque,
pintor e escultor[1]

O consumo recreativo do digital – em todas as suas formas (smartphone, tablets, televisão, etc.) – pela nova geração é absolutamente astronômico. A partir dos 2 anos, as crianças dos países ocidentais acumulam diariamente quase 50 minutos diante da tela.* Entre 2 e 8 anos, esse tempo é de 2h45min. Entre 8 e 12 anos, os jovens passam aproximadamente 4h45min diante dela. Entre 13 e 18 anos, eles chegam perto de 7h15min. Ao fim de um ano, isso totaliza mais de 1.000 horas para um aluno da pré-escola (1,4 mês), 1.700 horas para um estudante do nível fundamental (2,4 meses) e 2.650 horas para alunos do ensino médio (3,7 meses). Expresso em fração do tempo diário de vigília, isso resulta, respectivamente, em 20%, 32%, 45%. Ao longo dos 18 primeiros anos de vida, eles representam o equivalente a quase 30 anos letivos, ou, se preferirmos, 15 anos de um emprego em tempo integral.

---

* Ao longo de todo este livro, as notas destinadas a esclarecer certas expressões ou abreviações pouco comuns são identificadas por asteriscos e estão localizadas no rodapé. Por outro lado, as referências bibliográficas encontram-se reunidas ao fim desta obra e são identificadas pelos números sucessivos: exemplo [1] (= referência 1 na bibliografia final), exemplo [1,3,5] (referências 1, 3, 5), exemplo [2-7] (referências de 2 a 7), exemplo [1,2 e 4-7] (referências 1, 2 e 4 a 7).

Sem se alarmar, diversos especialistas midiáticos parecem aplaudir a situação. Psiquiatras, universitários, pediatras, sociólogos, consultores, jornalistas, etc. multiplicam suas declarações indulgentes para tranquilizar os pais e o grande público. Para eles, nós estaríamos em uma nova era, e o mundo pertenceria agora aos assim chamados *digital natives* (nascidos nos tempos digitais, ou "nativos digitais"). Até mesmo o cérebro dos membros dessa geração pós-digital teria se modificado – para melhor, é claro. Ele teria, dizem, se tornado mais rápido, mais reativo, mais apto à multiplicidade simultânea de tarefas, mais competente para sintetizar o imenso fluxo de informações, mais adaptado ao trabalho colaborativo. Essas evoluções acabariam por representar uma possibilidade extraordinária para a escola. Elas ofereceriam uma oportunidade absolutamente única de refundar o ensino, estimular a motivação dos alunos, fecundar sua criatividade, eliminar o fracasso escolar e derrubar o *bunker* das desigualdades sociais.

Infelizmente, esse entusiasmo generalizado está longe de ser unânime. Inúmeros especialistas denunciam a influência profundamente negativa dos dispositivos digitais atuais sobre o desenvolvimento. Todas as dimensões estariam sendo afetadas, desde o somático (obesidade, maturação cardiovascular), até o emocional (por exemplo, a agressividade, a ansiedade), passando pelo cognitivo (por exemplo, linguagem, concentração); tantos danos, seguramente, não deixariam ileso o desempenho escolar. Por sinal, a respeito deste último, tudo indica que as práticas digitais realizadas em aula, para fins de instrução, também não seriam particularmente benéficas, como parece apontar a maioria dos estudos de impacto disponíveis, dentre os quais as famosas avaliações internacionais PISA.* O diretor desse programa explicava recentemente, a respeito

---

* Os estudos PISA (Programme for International Student Assessment) são realizados sob a égide da OCDE (Organização para a Cooperação e Desenvolvimento Econômico). Eles comparam, regularmente e a partir de testes padronizados, os desempenhos escolares de alunos de diferentes países em matemática, línguas e ciência.

do processo de digitalização do ensino: "Se algum efeito tiver, é o de piorar as coisas".[2]

Em sintonia com esses receios, alguns indivíduos e atores institucionais escolheram a prudência. Na Inglaterra, por exemplo, os diretores dos principais colégios ameaçaram enviar a polícia e os serviços sociais aos lares em que os pais deixam seus filhos jogar videogames violentos.[3] Em Taiwan, onde os alunos apresentam um dos melhores desempenhos do planeta,[4] uma lei prevê pesadas multas para os pais que expõem seus filhos com menos de 24 meses a qualquer aplicativo digital e que não limitam suficientemente o tempo de utilização pelos jovens de 2 a 18 anos de idade (o uso não deve ultrapassar 30 minutos consecutivos).[5] Na China, as autoridades tomaram medidas drásticas a fim de regulamentar o consumo de videogames entre os menores de idade, alegando especialmente que isso afetaria de forma negativa o bom desempenho escolar.[6] Naquele país, crianças e adolescentes não têm mais permissão para jogar durante o período normalmente dedicado ao sono (entre 22 e 8 horas) ou para ultrapassar 90 minutos de exposição diária em dias de semana (e 180 minutos nos fins de semana e durante as férias escolares). Nos Estados Unidos, inúmeros dirigentes ilustres de indústrias digitais, como era o caso de Steve Jobs, o mítico ex-diretor da Apple, parecem bastante preocupados em proteger sua prole das diversas "ferramentas digitais" que eles próprios comercializam.[7] Tudo indica, como sugeriu o *New York Times*, que "um consenso sombrio em relação à utilização de telas digitais pelas crianças começa a surgir no Vale do Silício". Um consenso aparentemente bem expressivo, capaz de extrapolar o ambiente doméstico e incentivar os *geeks* a inscrever seus filhos em escolas particulares caríssimas onde não se utilizam telas digitais.[9,10] Como explica Chris Anderson, antigo editor da revista *Wired* e atual executivo de uma empresa de robótica: "Meus cinco filhos (de 6 a 17 anos) acusam a mim e a minha esposa de sermos fascistas e exageradamente preocupados com a tecnologia, e dizem que nenhum de seus amigos é submetido a essas regras. Isso acontece porque nós logo percebemos os perigos tecnológicos. Eu notei isso em mim. Não quero que o mesmo aconteça com meus filhos".[7]

Para ele, "na escala entre doces e cocaína, isso está mais próximo da cocaína".[8] Conclusão do jornalista francês, doutor em sociologia, Guillaume Erner: "A moral da história é a seguinte: deem telas a seus filhos, os fabricantes de telas continuarão dando livros aos deles".[11]

Então, em quem acreditar? No meio desse pandemônio contraditório, quem está blefando? Quem se engana? Onde está a verdade? Nutridos pelas telas digitais, estarão nossos filhos encarnando "a mais esperta geração de todas", como garante Don Tapscott, consultor especialista sobre o impacto das novas tecnologias,[12] ou seriam eles "a geração mais estúpida", como afirma Mark Bauerlein, professor na Universidade de Emory?[13] Mais globalmente, a atual "revolução digital" é, para nossos filhos, uma oportunidade ou um triste mecanismo de fabricar imbecis? Eis o ponto essencial desta obra: responder a essa pergunta.

Visando a clareza, esta análise é organizada em três partes principais. A primeira avalia a substância do conceito fundador, ainda vivo, do *nativo digital*. A segunda análise é sobre a dupla natureza, qualitativa e quantitativa, do uso das tecnologias digitais pelas nossas crianças e adolescentes. A terceira examina o impacto desse uso. Entretanto, antes de prosseguir, três pontos devem ser esclarecidos.

Em primeiro lugar, embora se pretenda compatível com os padrões acadêmicos mais rigorosos, o presente livro não atende aos critérios formais da escrita científica. Para começar, porque ele se pretende acessível a todos, pais, profissionais da saúde, professores, estudantes, etc. Em seguida, porque se apoia numa raiva autêntica. Sinto-me chocado com a natureza subjetiva, incompleta e injusta do tratamento dado à questão das telas digitais por várias das grandes mídias generalistas. Conforme veremos ao longo desta obra, é enorme a distância entre a realidade inquietante das pesquisas disponíveis e o conteúdo frequentemente tranquilizador (e mesmo entusiasta) dos discursos jornalísticos. Esse hiato, porém, nada tem de surpreendente. Ele apenas reflete a potência econômica das indústrias digitais recreativas. A cada ano, estas produzem bilhões de dólares de lucro. Ora, se a história recente nos ensinou alguma coisa, é exatamente que nossos prezados homens de negócios não renunciam facilmente a seus lucros, ainda que estes se multipliquem em detrimento da saúde dos consumidores. No centro dessa guerra travada pelo mercantilismo contra o bem comum se encontra um poderoso exército de cientistas complacentes, lobistas zelosos e mercadores profissionais da dúvida.[14] Tabaco, remédio, alimentação, mudanças climáticas, amianto, chuvas ácidas, etc., é longa a lista de precedentes instrutivos.[14-25] Seria surpreendente se o setor recreativo digital escapasse a essa desordem. A partir daí, assumo plenamente o tom por vezes cáustico do presente livro, embora admita que a parte emocional assim manifestada possa perturbar a habitual representação de uma ciência fria e objetiva que, por natureza, se revelaria incompatível com toda forma de expressão afetiva. Não acredito nessa separação. Ao escrever este livro, minha intenção era, sobretudo, não produzir uma dissertação maçante, impessoal, afetada. Além dos dados que constituem o centro incontestável deste documento, eu gostaria de compartilhar com o leitor tanto minhas inquietações quanto minha indignação.

Em segundo lugar, não se trata aqui de dizer a ninguém o que deve ou não fazer, acreditar ou pensar. Muito menos de estigmatizar os usuários ou tecer qualquer julgamento crítico sobre as práticas educativas destes ou daqueles pais. Trata-se somente de informar ao leitor, oferecendo-lhe uma síntese tão completa, precisa e sincera quanto possível dos conhecimentos científicos existentes. É claro que compreendo o argumento habitual segundo o qual é necessário parar de culpar, inquietar e alarmar as pessoas criando "pânicos morais" inúteis acerca das telas digitais. Posso ouvir também o exército de conformistas nos explicar que esses pânicos seriam fruto de nossos medos e que estariam associados a toda forma de progresso social e tecnológico. O grupelho aterrorizado dos obscurantistas reacionários já nos teria golpeado, por exemplo, com o fliperama, o micro-ondas, o rock, a tipografia ou a escrita (denunciada em sua época por Sócrates, por conta de seus possíveis efeitos sobre a memória). Infelizmente, por mais sedutoras que sejam, essas considerações não são menos imprecisas. O problema, se posso dizer, é que não existem estudos estabelecendo a nocividade do fliperama, do micro-ondas ou do rock.

Ao mesmo tempo, existe um *corpus* sólido que salienta a influência positiva do livro e do domínio da escrita sobre o desenvolvimento.[26,27] A partir daí, o que desqualifica uma hipótese não é sua formulação inicial, mas sua avaliação final. Alguns temeram o rock. Mas nada corrobora esse medo: ponto final. Outros se inquietaram com a escrita. Uma vasta literatura científica invalida esse temor: que rufem os tambores. Com as telas ocorre a mesma coisa. Pouco importam os medos histéricos do passado. Somente os dados atuais devem contar: o que dizem eles, de onde vêm, são confiáveis, são coerentes, quais são seus limites, etc.? É respondendo a essas perguntas que será permitido a todos tomar decisões ponderadas, não fugindo à questão por meio do escapismo obsoleto do alarmismo, da culpa ou dos pânicos morais.

Finalmente, em terceiro lugar, está fora de questão aqui rejeitar "O" mundo digital em seu conjunto e reivindicar, sem nuances, o retorno ao telégrafo a fio, à calculadora de Pascal ou aos rádios a válvulas. Este texto, eu insisto (!) não é tecnófobo. Em diversos campos – associados, por exemplo, à saúde, às telecomunicações, ao transporte aéreo, à produção agrícola ou à atividade industrial – o aporte extremamente fecundo do mundo digital não pode ser contestado. Quem pode se queixar de ver robôs efetuarem nos campos, nas minas ou nas fábricas todas as tarefas brutais, repetitivas e destruidoras que até então deviam ser realizadas por homens e mulheres ao custo de sua saúde? Quem pode negar o enorme impacto que as ferramentas de cálculos, de simulação, de armazenamento e de compartilhamento de dados tiveram sobre a pesquisa científica e médica? Quem pode questionar o interesse dos softwares para tratamento de texto, de gestão, de desenho mecânico e industrial? Quem ousaria afirmar que a existência de recursos pedagógicos e documentais competentes, livremente acessíveis a todos, não representa um benefício? Obviamente, ninguém. Dito isso, esses incontestáveis benefícios não devem ocultar a existência de avanços tecnológicos muito mais prejudiciais, especialmente no campo dos consumos recreativos. Ainda mais que esses consumos concentram, como veremos em detalhe mais adiante, a quase totalidade dos usos de tecnologias digitais pelas novas gerações. Dito de outra forma, quando o arsenal de telas disponíveis hoje em dia (tablets, computadores, videogames, smartphones, etc.) é disponibilizado para as crianças e adolescentes, suas práticas não se orientam no sentido de utilizações mais nitidamente positivas, mas no sentido de uma farra de utilizações recreativas das quais a pesquisa revela irrevogavelmente um caráter nocivo. Uma coisa é certa: se as crianças e os adolescentes concentrassem suas práticas naquilo que o digital oferece de mais positivo, o presente livro não teria razão alguma de existir.

PRIMEIRA PARTE
NATIVOS DIGITAIS
A construção de um mito

> *Um [bom] mentiroso começa fazendo com que sua mentira pareça uma verdade, e acaba fazendo com que a verdade pareça uma mentira.*
>
> Alphonse Esquiros,
> poeta e escritor[1]

A capacidade de certos jornalistas, políticos e especialistas midiáticos de transmitir, sem o menor senso crítico, as fábulas mais extravagantes da indústria digital é absolutamente espantosa. Isso poderia nos fazer sorrir. Mas seria ignorar o poder da repetição. Na realidade, por serem continuamente reproduzidas, essas fábulas acabam se tornando, no espírito coletivo, verdadeiros fatos. Deixamos, assim, o campo do debate fundamentado para pisarmos no terreno da lenda urbana, quer dizer, da história "que é sustentada como verdadeira, soa plausível o bastante para que acreditem nela, é baseada inicialmente em boatos e é amplamente difundida como verdade".[2] Assim, quando se repete com suficiente frequência que as novas gerações têm, em função de seu domínio fenomenal das ferramentas digitais, um cérebro e modos de aprendizagem diferentes, as pessoas acabam acreditando; e, quando o fazem, é toda a visão que possuem da criança, do aprendizado e do sistema escolar que acaba sendo afetada. Desconstruir as lendas que poluem o pensamento constitui a partir de então o primeiro passo indispensável a fim de alcançar uma reflexão objetiva e fecunda sobre o real impacto do mundo digital.

"Uma geração diferente"

No maravilhoso mundo digital, as ficções são muitas e variadas. No entanto, em última análise, quase todas elas se apoiam na mesma quimera fundadora: as telas transformaram fundamentalmente o funcionamento intelectual e a relação que os jovens, doravante chamados *nativos digitais*,[3-7] mantêm com o mundo. Para o exército missionário da catequese digital, "três traços marcantes caracterizam essa [nova] geração: o *zapping*, a impaciência e o coletivo. Eles esperam uma retroatividade imediata: tudo deve ser rápido, e mesmo rapidíssimo! Gostam de trabalhar em equipe e possuem uma cultura digital transversal intuitiva, e mesmo instintiva. Eles entenderam a força do grupo, da ajuda mútua e do trabalho colaborativo [...] Muitos fogem do raciocínio demonstrativo, dedutivo, o 'passo a passo', preferindo o tateamento favorecido pelos links de hipertextos".[8] As tecnologias digitais estão agora "tão emaranhadas a suas vidas que se tornou impossível separá-las [...] Tendo crescido com a Internet e depois as redes sociais, eles abordam os problemas se apoiando na experimentação, nas trocas com membros de seu círculo, na cooperação transversal sobre determinados projetos".[9] É preciso se dar conta de que esses jovens "não são mais 'uma pequena versão de nós mesmos', como o foram no passado. [...] A tecnologia é sua língua materna, eles têm fluência na linguagem digital dos computadores, videogames e da Internet".[10] "Eles são rápidos, multifuncionais e sabem zapear com facilidade."[11]

Essas evoluções são tão profundas que tornam definitivamente obsoletas todas as abordagens pedagógicas do velho mundo.[8,12-14] Não é mais possível negar a realidade: "nossos alunos mudaram radicalmente. Hoje, os estudantes não são mais as pessoas que nosso sistema educacional se preparou para ensinar. [...] [Eles] pensam e processam informações de maneira fundamentalmente diferente de seus predecessores".[7] "Na verdade, eles são tão diferentes de nós que já não podemos mais utilizar nosso conhecimento do século XX ou mesmo nossas experiências como guia no sentido de buscar o melhor para eles no âmbito pedagógico. [...] Os estudantes de hoje dominaram uma grande variedade de ferramentas [digitais] que nós jamais conseguiremos dominar com o mesmo nível de habilidade. Dos computadores ao MP3, passando pelos telefones-câmeras, essas ferramentas se tornaram extensões de seus cérebros."[10] Carentes de uma formação adaptada, os professores atuais não se encontram no mesmo nível, eles "falam uma linguagem ultrapassada (aquela da era pré-digital)".[7] Certamente, "está na hora de passar para um novo tipo de pedagogia que leve em conta as evoluções de nossa sociedade",[15] pois "a educação de ontem não permitirá a formação dos talentos de amanhã".[16] E, neste contexto, melhor ainda seria dar aos prodigiosos gênios digitais as chaves do sistema como um todo. Liberados dos arcaísmos do mundo antigo, "eles serão a única e principal fonte de orientação para tornar suas escolas lugares relevantes e eficientes para o aprendizado".[17]

Seria possível, ao longo de dezenas de páginas, relacionar apologias e proclamações desse tipo. Isso, contudo, careceria totalmente de interesse. Na verdade, para além das variações locais, a logorreia mantem-se sempre na órbita de três grandes proposições: (1) a onipresença das telas digitais criou uma nova geração de seres humanos absolutamente diferentes dos precedentes; (2) os membros dessa geração são especialistas no manejo e na compreensão das ferramentas digitais; (3) para preservar alguma eficácia (e credibilidade), o sistema escolar deve, imperativamente, se adaptar a essa revolução.

Faltam provas convincentes

Há quinze anos, a validade dessas afirmações vem sendo metodicamente aferida pela comunidade científica. E aí também – a quem isso poderá surpreender –, os resultados obtidos contradizem de forma frontal a euforia das ficções da moda.[2,18-27] Em seu conjunto, "a literatura sobre o *nativo digital* demonstra uma clara incompatibilidade entre a confiança com que as alegações são feitas e a evidência dessas reivindicações".[26] Em outros termos, "até hoje, não existe evidência convincente que sustente essas afirmações".[23] Todos esses "estereótipos geracionais"[23] são claramente "uma lenda urbana",[2] e o mínimo que se pode dizer é que "o retrato otimista das competências digitais das gerações mais jovens tem fundamentos precários".[28] Conclusão, todos os elementos disponíveis convergem para mostrar que os "*nativos digitais* são um mito pelos seus próprios méritos",[19] "um mito a serviço dos ingênuos".[29]

Na prática, a principal objeção de parte da comunidade científica ao conceito de *nativos digitais* é de uma simplicidade desconcertante: a nova geração supostamente designada por esses termos não existe. É inegável que podemos sempre encontrar, procurando com afinco, alguns indivíduos cujos hábitos de consumo correspondem vagamente ao estereótipo esperado do *geek* supercompetente com os olhos grudados nas suas telas; mas esses modelos tranquilizadores são mais uma exceção do que uma regra.[30,31] Em seu conjunto, a suposta "geração Internet" se assemelha bem mais a "uma reunião de minorias"[32] do que a um grupo homogêneo. No seio dessa geração, a amplitude, a natureza e o domínio das práticas digitais variam consideravelmente em função da idade, do gênero, do tipo de estudos efetuados, da bagagem cultural e/ou da condição socioeconômica.[33-40] Consideremos, por exemplo, o tempo dedicado aos usos recreativos. Contrariamente ao mito de uma população superconectada e homogênea, os dados mostram uma grande diversidade de situações.[41] Assim, para os pré-adolescentes (8-12 anos), a exposição diária se distribui de maneira mais ou menos harmoniosa, começando com "nenhum" (8% das crianças) até "desenfreado" (mais de 8 horas, 15%). Essas disparidades continuam notáveis para os adolescentes (13-18 anos), ainda que baixem um pouco em relação aos usuários importantes (62% dos adolescentes dedicam mais de 4 horas por dia a suas telas digitais recreativas). Em grande parte, essa heterogeneidade se alinha com as características socioeconômicas da família. Os indivíduos desfavorecidos apresentam, assim, uma exposição média significativamente superior ($\approx$ 1h45/dia) àquela de seus homólogos privilegiados.[41]

Sem surpresa, o quadro se complica quando adicionamos os usos domésticos associados ao campo escolar (Figura 1, a seguir). De fato, também nesse domínio, o grau de variabilidade interindividual se revela considerável.[11] Tomemos os pré-adolescentes. Estes se dividem de modo mais ou menos equilibrado entre usuários diários (27%), semanais (31%), excepcionais (mensais ou menos, 20%) e inexistentes (nunca, 21%). A disparidade permanece entre os adolescentes, mesmo se ela tenda ainda a acabar por conta da forte proporção de usuários diários (59%; estes eram apenas 29% em 2015,[35] o que reflete, e voltaremos a este ponto, o intenso movimento atual de digitalização dos ensinos). O nível socioeconômico familiar representa, aí também, uma variável explicativa importante.[41] Assim, entre os jovens de 13-18 anos, os alunos privilegiados são significativamente mais numerosos que seus homólogos desfavorecidos a recorrer todo dia a um computador para fazerem seus deveres (64% contra 51%, por um período médio de 55 minutos contra 34 minutos). Os adolescentes desfavorecidos têm, porém, tendência a utilizar mais seus smartphones (21 minutos contra 12 minutos).[41] Resumindo, apresentar todos esses jovens como uma geração uniforme, com necessidades, comportamentos, competências e modos de aprendizagem homogêneos simplesmente não faz sentido algum.

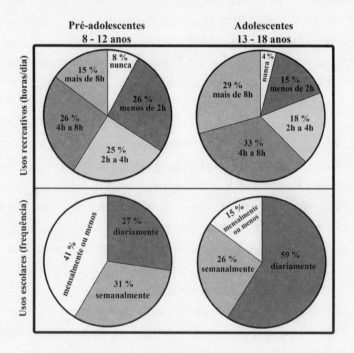

Figura 1 – Tempo dedicado ao digital por pré-adolescentes e adolescentes.
No alto: variabilidade do tempo passado com telas recreativas. *Embaixo*: variabilidade de utilização das telas para deveres escolares (neste caso, a fragilidade do tempo de utilização diária – pré-adolescentes, 22 minutos; adolescentes, 60 minutos – não permite, a exemplo das telas recreativas, uma representação por faixas temporais). Alguns dos totais não atingem 100% em função dos arredondamentos.

Inaptidões técnicas surpreendentes

Outra objeção essencial, regularmente citada pela comunidade científica a respeito do conceito de *nativos digitais*, refere-se à suposta superioridade tecnológica das novas gerações. Imersas no digital, estas teriam adquirido um grau de domínio que não será jamais acessível para os fósseis das eras pré-digitais. Bela lenda; mas que, infelizmente, não está livre de enfrentar, ela também, alguns problemas importantes. Para começar, até que se prove o contrário, esses fósseis pré-digitais "foram [e com frequência ainda são!] os criadores desses dispositivos e ambientes".[42] Em seguida, ao contrário das cativantes lendas populares, a esmagadora maioria de nossos *geeks* potenciais apresenta, além das utilizações recreativas mais escandalosamente básicas, um nível de domínio das ferramentas digitais no mínimo titubeante.[28,36,43-46] O problema é tão marcante que um relatório recente da Comissão Europeia mencionava a "baixa competência digital" no alto da lista de fatores suscetíveis de restringir a digitalização do sistema educacional.[47] Convém dizer que, em grande parte, esses jovens sofrem para dominar as competências de informática mais rudimentares: criar parâmetros de segurança nos terminais; utilizar os programas funcionais habituais (processador de texto, planilhas, etc.); manipular um documento em vídeo; escrever um programa simples (em qualquer linguagem); configurar um software de proteção; estabelecer uma conexão remota; acrescentar memória a um computador; ativar ou desativar a execução de certos programas na inicialização do sistema operacional, etc.

E isso não é o pior. Com efeito, além das alarmantes inaptidões técnicas, as novas gerações experimentam também dificuldades assustadoras para processar, selecionar, ordenar, avaliar e sintetizar as massas gigantescas de dados armazenados nas entranhas da Web.[48-53] Segundo autores de um estudo voltado para essa problemática, achar que os membros da *Google Generation* são experts na arte da busca digital de informação "é um mito perigoso".[48] Uma triste constatação corroborada pelas conclusões de uma outra pesquisa de grande alcance, publicada por pesquisadores da Universidade de Stanford, nos Estados Unidos. Para estes, "em geral, a capacidade dos jovens de refletir sobre as informações na Internet pode ser resumida em uma palavra: *desoladora*. Nossos *nativos digitais* podem ser capazes de flertar com Facebook e Twitter enquanto, ao mesmo tempo, 'sobem' um selfie para o Instagram e mandam uma mensagem de texto para um amigo, mas quando se trata de avaliar informações que desfilam pelos canais de mídia social, eles logo ficam perdidos. [...] De todo modo, e em todos os níveis, ficamos perplexos com o despreparo dos estudantes. [...] Muitas pessoas supõem que, pelo fato de os jovens terem fluência em mídia social, eles sejam igualmente perspicazes no que diz respeito a tudo que encontram nesse ambiente. Nosso trabalho mostra o oposto".[43] No final das contas, essa incompetência se exprime com uma "espantosa e desalentadora consistência". Para os autores do estudo, o problema é tão profundo que chega às raias de uma "ameaça à democracia".

Certamente, esses resultados não são muito surpreendentes, já que os *nativos digitais* apresentam, nesse ambiente virtual, uma gama de usos ao mesmo tempo "limitada"[34] e "nada espetacular".[27] Como veremos em detalhe na próxima parte deste livro, as práticas das novas gerações se articulam prioritariamente em torno de atividades recreativas, que são básicas e pouco instrutivas: programas de televisão, filmes, séries, redes sociais, videogames, sites comerciais, clipes musicais, vídeos diversos, etc.[35,41,54-56] Em média, os pré-adolescentes dedicam 2% de seu tempo diante da tela criando conteúdos ("por exemplo, escrevendo, criando arte digital ou música"[41]); somente 3% afirmam criar frequentemente programas de informática. Essas porcentagens crescem respectivamente a 3% e 2% entre os adolescentes. Como escrevem os autores de um amplo estudo sobre esse uso: "Apesar das novas acessibilidades e promessas de dispositivos digitais, a jovem geração dedica pouquíssimo tempo a criar o próprio conteúdo. A utilização de telas de mídia continua sendo dominada por jovens assistindo à TV e vídeos, jogando videogames e usando as redes sociais; o uso de dispositivos digitais para ler, escrever, conversar à distância ou criar conteúdo segue sendo irrisório".[41] Uma conclusão que parece ser válida também para os usos escolares supostamente onipresentes. Em média, estes representam uma fração bem inferior do tempo total diante da tela: menos de 8% entre os pré-adolescentes e de 14% entre os adolescentes (13-18 anos). Dito de outra maneira, como ilustra a Figura 2, quando utilizam suas telas digitais, os jovens de 8 a 12 anos dedicam um tempo 13 vezes maior para se divertir do que para estudar (284 minutos contra 22 minutos). Para os de 13-18 anos, a marca é de 7,5 vezes (442 minutos contra 60 minutos).[41]

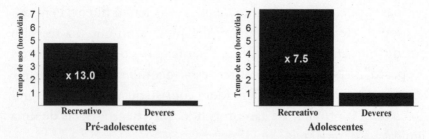

Figura 2 – Tempo dedicado ao uso de dispositivos digitais em casa para diversão (recreativo) e trabalhos escolares (deveres) pelos pré-adolescentes (8-12 anos) e adolescentes (13-18 anos).

Neste contexto, acreditar que os *nativos digitais* são os tenores da informática é confundir um carro de boi com um foguete interestelar; é acreditar que o simples fato de dominar um dispositivo digital permite ao usuário compreender o que quer que seja sobre os elementos físicos e os softwares envolvidos. Talvez este fosse o caso "antes", nos tempos gloriosos dos primeiros DOS e UNIX, quando a mais simples instalação de uma impressora se transformava num périplo homérico. Em todo caso, é interessante associar essa ideia aos resultados de um estudo acadêmico que revelou que a utilização pessoal de um computador para fins recreativos estava positivamente correlacionada ao desempenho em matemática dos estudantes nos anos 1990, porém, não mais nos anos 2000 (os da geração de *millennials*).[57] Isso se entende, se considerarmos que a utilização e a função dos computadores domésticos mudaram de forma drástica em duas décadas. Para as crianças e adolescentes atuais, como acabamos de dizer, essas ferramentas, consumíveis ao infinito sem esforço ou aptidão particulares, servem essencialmente à diversão. Hoje em dia, tudo é praticamente *plug and play*. Jamais foi tão vasta a distância entre facilidade de uso e complexidade de implementação. Hoje, é tão necessário ao usuário comum entender como funciona seu smartphone, sua televisão, seu computador quanto ao gastrônomo de domingo dominar as sutilezas da arte culinária para poder almoçar no restaurante de um grande *chef*; e (sobretudo) é extravagante pensar que o simples fato de comer regularmente num bom restaurante permitirá a qualquer um se tornar um cozinheiro experiente. Na culinária, como na informática, há aquele que utiliza e aquele que concebe... e, para existir, o primeiro claramente não precisa conhecer os segredos do segundo.

Para aqueles que duvidarem, um breve desvio pela população dos *imigrantes digitais** deverá se provar enriquecedora. Na verdade, uma infinidade de estudos mostra que os adultos se revelam globalmente, em termos de tecnologia digital, tão competentes[23,34,38] e assíduos[58-60] quanto seus jovens descendentes. Até mesmo aqueles indivíduos designados como "seniores" são capazes, sem grandes dificuldades, quando eles julgam isso útil, penetrar nesse novo universo.[61] Tomemos, por exemplo, o caso de meus amigos Michele e René. Ambos com mais de 70 anos de vida, esses dois aposentados nasceram bem antes da generalização da televisão e do nascimento da Internet. Seu primeiro telefone fixo foi adquirido quando ambos tinham mais de 30 anos. Nada disso os impede, hoje em dia, de possuir uma tela plana gigante, dois tablets, dois smartphones e um computador no escritório; comprar suas passagens de avião pela Internet, utilizar o Facebook, Skype, YouTube e um serviço de vídeo sob demanda (VOD), ou jogar videogames com seus netos. Mais conectada que seu marido, Michele colabora igualmente com a conta no Twitter de seu grupo de caminhada, por meio de selfies e anedotas.

Francamente, como acreditar por um só segundo que tais práticas são suscetíveis de transformar quem quer que seja num maestro da informática ou gênio da criptografia? Qualquer pateta é capaz, em poucos minutos, de utilizar essas ferramentas. Estas, por sinal, são elaboradas e concebidas para isso. Desta forma, como explicava há pouco tempo ao *New York Times* um executivo do serviço de comunicação da Google, que decidiu colocar seus filhos numa escola

---

* Expressão usada com frequência para caracterizar os usuários "idosos" nascidos antes da era digital; e que são portanto considerados supostamente menos competentes que os *nativos digitais*.

primária sem telas digitais, usar esse tipo de aplicação é "supersimples. É como aprender a escovar os dentes. Na Google e em todas as suas filiais, nós tornamos a tecnologia tão desesperadamente fácil de utilizar quanto possível. Não há razão alguma para que nossos filhos não possam dominá-la quando forem mais velhos".[62] Em outras palavras, como explica a Academia Americana de Geriatria, "não ceda à pressão para apresentar a tecnologia prematuramente; as interfaces são tão intuitivas que as crianças conseguirão entendê-las bem rápido, assim que começarem a usá-la em casa e na escola".[63] Por outro lado, se as disposições fundamentais da infância (e da adolescência) não forem suficientemente mobilizadas, em geral, é tarde demais para aprender posteriormente a pensar, refletir, manter a concentração, fazer esforços, dominar a língua além de suas bases rudimentares, hierarquizar os vastos fluxos de informações produzidos pelo mundo digital ou interagir com outras pessoas. No fundo, tudo isso se resume a uma simples questão de calendário. De um lado, uma conversão tardia ao digital não o impedirá de forma alguma, ainda que você invista um tempo mínimo nisso, de se tornar tão ágil quanto o mais experiente dos *nativos digitais*. Por outro lado, uma imersão precoce o desviará fatalmente dos aprendizados essenciais que, por conta do fechamento progressivo das "janelas" de desenvolvimento cerebral, se tornarão mais difíceis de alcançar.

Interesses políticos e comerciais

Assim, portanto, segundo toda evidência, o idílico retrato midiático dos *nativos digitais* carece um pouco de substância factual. É lamentável, mas não é surpreendente. Na realidade, ainda que nos desviemos totalmente dos fatos para adotarmos uma estrita interpretação teórica, a assustadora debilidade dessa triste ficção se obstina a mostrar-se muito clara. Vejam as citações apresentadas ao longo de todo o primeiro capítulo. Elas afirmam com a mais notável seriedade que os *nativos digitais* formam um grupo mutante ao mesmo tempo hiperconectado, dinâmico, impaciente, *zapeador*, multifuncional, criativo, curioso por novas experimentações, dotado para o trabalho colaborativo, etc. Mas, quando se diz mutante, se diz diferente. A partir daí, o que transparece implicitamente é também a imagem de uma geração precedente miseravelmente solitária, amorfa, lenta, paciente, monofuncional, desprovida de criatividade, inapta às experimentações, refratária ao trabalho coletivo, etc. Estranho quadro que, no mínimo, esboça dois eixos de reflexão. O primeiro questiona os esforços empregados para redefinir positivamente todos os tipos de aspectos psíquicos que, já sabemos há um bom tempo, são bastante prejudiciais ao desempenho intelectual: dispersão, *zapping*, multifuncionalidade, impulsividade, impaciência, etc. O segundo interroga a grotesca obsessão desenvolvida para caricaturar e ridicularizar as gerações pré-digitais. É de se perguntar como o patético grupo de individualistas e lerdos que são os nossos ancestrais pôde sobreviver aos tormentos da evolução darwinista. Conforme escreveu a professora e pesquisadora do campo didático Daisy Christodoulou num livro solidamente documentado no qual ela destroça deliciosamente os mitos fundadores dos novos pedagogismos digitais, "chega a ser quase condescendente sugerir que ninguém, antes do ano 2000, jamais precisou pensar criticamente, resolver problemas, comunicar, colaborar, criar, inovar ou ler".[64] Da mesma forma, poderíamos acrescentar, é realmente estapafúrdio sugerir que o mundo "de antes" era composto somente de eremitas antissociais. Que não se ofendam os tecnófilos de todos os tipos, mas apesar da ausência dos e-mails e das redes sociais, a geração de *boomers** não vivia de modo algum reclusa numa ilha deserta e inóspita. As pessoas que o desejassem conseguiam facilmente se comunicar, interagir, amar e manter laços fortes, mesmo a distância. Havia o telefone e os correios. Quando eu era pequeno, falava todas as semanas com minha tia Marie, na Alemanha. Também escrevia a meu primo Hans-Jochen, após cada vitória do Bayern de Munique,

---

* De "Baby Boomers", a geração de indivíduos nascidos após o fim da Segunda Guerra Mundial. Entre 1946 e 1964, Europa, Estados Unidos, Canadá e Austrália experimentaram um súbito aumento de natalidade. [N.E.]

mítico time de futebol do qual ele era torcedor roxo. Ele sempre me respondia às vezes com uma simples carta, às vezes enviando uma pequena embalagem na qual eu encontrava um chaveiro, uma caneca ou uma camiseta com o escudo do seu clube. Que aqueles que duvidam possam também pensar nas impressionantes correspondências de escritores como Rainer Maria Rilke, Stefan Zweig, Victor Hugo, Marcel Proust, George Sand e Simone de Beauvoir, e também nas numerosas cartas, com frequência dolorosas, enviadas às suas famílias pelos soldados na linha de frente da Grande Guerra.[65]

Evidentemente, entendo o interesse de marketing das caricaturas atuais. Mas, francamente, isso tudo carece singularmente de seriedade. Tomemos o mundo escolar a título de última ilustração. Quando um parlamentar francês, supostamente especialista nas questões de educação, autor de dois relatórios oficiais sobre a importância das tecnologias de informação para as escolas,[66,67] se permite escrever coisas tão arrepiantes como "o digital permite o estabelecimento de pedagogias da autoestima, da experiência, da aprendizagem",[8] só nos resta hesitar entre o riso, a cólera e a consternação. O que quer dizer então esse deputado? Que antes do digital estavam fora de questão nas salas de aula a pedagogia, a experimentação e a autoestima? Felizmente que Rabelais, Rousseau, Montessori, Freinet, La Salle, Wallon, Steiner ou ainda Claparède não estão mais aqui para ouvir esse desaforo. E depois, francamente, que revolução inacreditável, façam-me o favor: "uma pedagogia do aprendizado". Como se pudesse ser diferente; como se a pedagogia não designasse intrinsecamente uma espécie de arte do ensino (e, portanto, da aprendizagem); como se uma pedagogia, qualquer que seja, pudesse visar a anestesia, o embrutecimento e a estagnação. Dar-se conta de que são esses discursos vazios que guiam a política educacional de nossas escolas é algo de aterrador.

"Um cérebro mais desenvolvido"

Ao mito do *nativo digital* é frequentemente anexado, como acabamos de ressaltar, a espantosa quimera da criança mutante. Segundo esta última, a linhagem humana estaria hoje no limiar de um novo horizonte. A atual evolução, dizem-nos certos especialistas, "pode representar um dos mais inesperados, ainda que essenciais, avanços na história humana. Talvez, desde que o homem primitivo descobriu como usar uma ferramenta, o cérebro humano nunca foi afetado de forma tão rápida e tão dramática".[68] Pois é, convém lembrar, "nosso cérebro está evoluindo neste momento, numa velocidade nunca antes vista".[68] Por sinal, não nos enganemos, nossos filhos não são mais verdadeiramente humanos; eles se tornaram "extraterrestres",[69] "mutantes".[69,70] "Eles não têm mais a mesma cabeça."[71] Esta geração é "mais esperta e mais ligeira",[4] e seus circuitos neuronais estão "conectados com pesquisas cibernéticas instantâneas".[72] Submetido à ação benéfica das telas digitais de todos os tipos, o cérebro de nossos filhos se "desenvolveu diferentemente".[4] Ele "não tem mais a mesma arquitetura"[73] e se encontra "aperfeiçoado, aumentado, melhorado, amplificado (e liberado) pela tecnologia".[74] Essas mudanças são tão profundas e fundamentais "que não há absolutamente mais chances de retrocesso".[7]

Todas essas ideias encontram suporte privilegiado no campo dos videogames. De fato, vários estudos sobre imagens cerebrais demonstraram, de maneira convincente, que o cérebro dos *gamers* apresentava certas disparidades morfológicas localizadas em relação ao cérebro de outras pessoas. Uma dádiva para nossos galhardos jornalistas, dentre os quais alguns não se recusam a usar um *joystick*. Em todo o planeta, eles deram a esses estudos uma acolhida triunfal, ajudados por manchetes chamativas. Citemos, como exemplo: "jogar videogame pode impulsionar o volume do cérebro"[80]; "os adeptos dos videogames têm mais matéria cinzenta e uma melhor conectividade cerebral"[81]; "a conexão surpreendente entre jogar videogames e ter um cérebro mais espesso"[82]; "jogar videogame pode aumentar o tamanho do cérebro e a conectividade"[83]; etc. Nada menos que isso. Cabe perguntar como os adultos sãos de espírito ainda podem privar seus filhos de uma tal bênção. Na verdade, ainda que a ideia não seja precisamente formulada, encontramos por trás dessas manchetes uma nítida declaração de competência: senhores pais, graças aos videogames, seus filhos terão um cérebro mais desenvolvido e melhor conectado, o que – todos já entenderam – aumentará sua eficácia intelectual.

▸ *Uma agradável ficção*

Infelizmente, aí também, o mito não resiste muito tempo à avaliação. Para entrever a alucinante frivolidade dessas pompas midiáticas, basta compreender que todo estado persistente e/ou toda atividade repetitiva modifica a arquitetura cerebral.[84] Em outros termos, tudo o que fazemos, vivemos ou experimentamos modifica tanto a estrutura quanto o funcionamento de nosso cérebro. Certas zonas se tornam mais espessas, outras mais delgadas; algumas vias de conexão se desenvolvem, outras se estreitam. Isso é próprio da plasticidade cerebral. Neste contexto, torna-se evidente que as manchetes precedentes podem ser aplicadas indistintamente a qualquer atividade específica ou condição recorrente: fazer malabarismo,[85] tocar um instrumento musical,[86] consumir maconha,[87] sofrer a amputação de um membro,[88] dirigir um táxi,[89] assistir à televisão,[90] ler,[91] praticar esporte,[92] etc. Entretanto, para minha grande surpresa, jamais vi manchetes de jornais explicando, por exemplo, que "assistir à televisão pode impulsionar o volume do cérebro", que "fumar maconha pode ampliar o tamanho e a conectividade do cérebro" ou que existe "uma surpreendente conexão entre amputação de um membro e um cérebro mais espesso". No entanto, mais uma vez, essas manchetes teriam exatamente a mesma pertinência que aquelas com frequência produzidas a respeito dos videogames. Então, francamente, dizer que os *gamers* possuem uma arquitetura cerebral diferente é se extasiar com uma obviedade. Assim sendo, é melhor apregoar que a água molha. Certo, podemos compreender que o CEO da Ubisoft* aproveite para explicar, num documentário transmitido num canal público francês, que graças

---

* Importante empresa francesa de criação e distribuição de videogames.

aos videogames "temos um cérebro mais desenvolvido".[93] O que é mais difícil de admitir são os jornalistas, supostamente formados e independentes, continuarem a retomar, sem o menor recuo, esse tipo grotesco de propaganda.

A impostura se revela ainda mais sórdida porque a ligação entre os desempenhos cognitivos e a espessura do cérebro está longe de ser unívoca. De fato, quando se aborda o funcionamento cerebral, "maior" não quer dizer necessariamente "mais eficaz". Em muitos casos, um córtex mais fino se mostra funcionalmente mais eficiente, o estreitamento observado traduzindo a existência de um processo de poda das conexões superficiais ou inúteis entre os neurônios.[94] O quociente de inteligência (QI) do adolescente e do jovem adulto é desenvolvido em associação a um estreitamento progressivo do córtex em inúmeras zonas, especialmente as pré-frontais, que os estudos relativos à influência dos videogames descreveram como sendo mais espessas.[95-97] Trabalhos específicos chegam mesmo a associar diretamente, para essas zonas pré-frontais, a forte espessura cortical observada nos *gamers* a uma diminuição do QI.[98] Esta relação negativa foi igualmente descrita para os amantes de televisão[90] e os usuários patológicos de Internet.[99] Assim sendo, é hora de se render à evidência: "um cérebro maior" não constitui um indicador confiável de inteligência. Em diversos casos, um córtex localmente fofo demais assinala não uma genial otimização funcional, mas um triste defeito de maturação.

▸ Atalhos duvidosos

As manchetes chamativas citadas anteriormente são por vezes acompanhadas, é verdade, por algumas asserções precisas sobre a natureza das adaptações anatômicas observadas. E elas nos explicam então, por exemplo, que um estudo[76] acaba de mostrar que a plasticidade cerebral associada ao ato de jogar intensamente *Super Mario* é observada "no hipocampo direito, no córtex pré-frontal direito e no cerebelo. Essas regiões do cérebro estão envolvidas em funções tais como navegação espacial, formação da memória, planejamento estratégico e boa habilidade motora das mãos".[100,101] Essencialmente, essa espécie de joia redacional evita afirmar que há uma relação causal entre as mudanças anatômicas observadas e as aptidões funcionais postuladas, mas a formulação da frase convida expressamente a crer na existência de uma tal relação. Assim, o leitor comum compreenderá que: o espessamento do hipocampo direito melhora a navegação espacial e o potencial de memorização; o espessamento do córtex pré-frontal direito assinala o desenvolvimento das capacidades de reflexão estratégica; já o espessamento do cerebelo indica o aperfeiçoamento da destreza. Impressionante, mas, infelizmente, infundado.

Vejamos o hipocampo. Essa estrutura é efetivamente central no processo de memorização. Mas não de maneira uniforme. A parte posterior do hipocampo direito, que se torna espessa nos jogadores de videogames, está essencialmente relacionada com a memória espacial. Isso equivale a dizer, segundo admitem os próprios autores do estudo, que o que aprendem os jogadores de *Super Mario* é a passear dentro do jogo.[76] Em outros termos, as modificações aqui observadas no nível do hipocampo traduzem simplesmente a edificação de um mapa espacial dos caminhos disponíveis e dos objetos de interesse para esse videogame. O mesmo tipo de transformação é observado nos motoristas de táxi, que, progressivamente, constroem um mapa mental da cidade.[89] Isso apresenta dois problemas. Primeiramente, esse tipo de saber hiperespecífico é, portanto, intransferível: ser capaz de se orientar no emaranhado topográfico de *Super Mario* se revela bem pouco útil quando se trata de encontrar um caminho num mapa rodoviário ou de encontrar seu rumo dentro dos meandros espaciais do mundo real.[102] Em segundo lugar, de modo mais fundamental, essa memória de navegação não tem funcionalmente ou anatomicamente nada a ver com a "memória" no sentido em que esse termo se emprega em geral. Jogar *Super Mario* não aumenta nem um pouco a capacidade dos praticantes para guardar uma lembrança agradável, uma lição de português, uma aula de história, uma língua estrangeira, uma tabuada de multiplicação ou qualquer outro saber que seja. A partir daí, subentender que jogar *Super Mario* tenha um efeito positivo sobre a "formação da memória", demonstra na melhor hipótese um infeliz amálgama, na pior, uma grosseira má-fé. Acrescentemos, a fim de não deixar nada de lado, que trabalhos recentes mostraram que aquilo que é verdadeiro para *Super Mario* não o é obrigatoriamente para os jogos de tiro na primeira pessoa (*first-person shooter*: o jogador vê a ação através dos olhos de seu avatar) sem implicação com a aprendizagem espacial.[103] Esses jogos provocam, de fato, uma redução da matéria cinzenta no nível do hipocampo. Ora, como o salientam explicitamente os autores do estudo, "uma matéria cinzenta mais fraca no hipocampo representa um fator de risco, podendo desenvolver diversas enfermidades neuropsiquiátricas".[103]

A mesma coisa para o córtex pré-frontal direito. Esse território sustenta um grande número de funções cognitivas, desde a atenção até a tomada de decisão, passando pelo aprendizado de regras simbólicas, pela inibição comportamental e a navegação espacial.[104-106] Mas, aí também, nada permite associar precisamente uma ou outra dessas funções às mudanças anatômicas identificadas; algo que inclusive reconhecem os autores do estudo.[76] Na verdade, quando observamos com precisão os dados, percebemos que as adaptações pré-frontais consecutivas ao uso intensivo de *Super Mario* são exclusivamente associadas ao desejo de jogar! Como explicam os autores, "o desejo declarado de praticar o jogo conduz ao crescimento do DLPFC [córtex dorsolateral pré-frontal]".[76] Dito de outra forma, essa mudança anatômica poderia refletir uma banal solicitação do sistema de recompensa,* do qual o córtex pré-frontal dorsolateral é um elemento-chave.[104,107] Certamente, o termo "banal" aqui utilizado pode parecer mal escolhido quando sabemos que a

---

* O sistema de recompensa pode ser descrito como um conjunto de estruturas cerebrais que incitam à reprodução de experiências prazerosas. Esquematicamente, a experiência agradável (ou positiva) provoca a liberação de substâncias bioquímicas (neurotransmissores) que ativam os circuitos de prazer, o que favorece a reprodução do comportamento associado.

hipersensibilidade dos circuitos de recompensa, tal qual é desenvolvido pelos videogames de ação, está intimamente associada à impulsividade comportamental e ao risco de dependência.[108-111] De fato, vários estudos associaram o espessamento das zonas pré-frontais aqui consideradas a uma utilização patológica da Internet e dos videogames.[99,112] Esses dados são ainda menos triviais levando em conta que a adolescência é um período privilegiado de amadurecimento do córtex pré-frontal[113-117] e, com efeito, um momento de extrema vulnerabilidade para a aquisição e o desenvolvimento de transtornos de dependência, psiquiátricos e comportamentais.[118-120] Neste contexto, as mudanças anatômicas das quais se gabam certas mídias poderiam muito bem criar não os marcos de um futuro intelectual radiante, mas as bases de um desastre comportamental no futuro; uma hipótese sobre a qual retornaremos amplamente na terceira parte do presente livro.

Tendo dito isso, mesmo se rejeitadas todas as reservas evocadas acima, seria necessário ainda considerar o problema da generalização. Subentender que o espessamento pré-frontal observado nos jogadores de *Super Mario* melhora as capacidades de "reflexão estratégica" é uma coisa, demonstrar em que essa melhora pode consistir e ser útil fora das especificidades do jogo é outra, bem distinta. De fato, quem pode sensatamente acreditar, uma vez eliminado o sincretismo semântico desse conceito vale-tudo, que a "reflexão estratégica" é uma competência geral, independente dos contextos e saberes que lhe dão corpo? Assim, por exemplo, quem pode acreditar que haja algo em comum entre o processo de "reflexão estratégica" desencadeado pelo *Super Mario* e aquele exigido para jogar xadrez, conduzir com êxito uma negociação comercial, resolver um problema de matemática, aperfeiçoar um cronograma, ou ordenar os argumentos de uma dissertação? A ideia não é apenas absurda mas também contrária às pesquisas mais recentes que mostram que não há praticamente nenhuma transferência a partir dos videogames para a "vida real".[121-129] Expresso de outra maneira, jogar *Super Mario* nos ensina principalmente a jogar *Super Mario*. As competências adquiridas não se generalizam. No melhor dos casos, elas podem se estender para certas atividades análogas, que apresentam restrições similares àquelas impostas pelo jogo.[127,130]

Resta-nos o cerebelo e a suposta melhora da destreza. Aí também os problemas de interpretação e de generalização se revelam evidentes. Para começar, diversos outros mecanismos poderiam reportar a adaptação anatômica observada (controle de estabilidade postural ou do movimento dos olhos, aprendizado dos laços entre estímulo e reação, etc.).[131,132] Em seguida, mesmo admitindo a hipótese de destreza, é pouco provável que a competência então adquirida se transfira para além de determinadas tarefas específicas, necessitando controlar, por meio de um *joystick* o deslocamento de um objeto visualmente identificado (por exemplo, pilotar um drone, usar um mouse de computador ou operar um controle remoto cirúrgico[133]). Quem pode sinceramente acreditar que jogar *Super Mario* pode favorecer globalmente o aprendizado de habilidades óculo-manuais delicadas, como tocar violino, escrever, desenhar, pintar, acertar uma bola no pingue-pongue ou construir uma casa de Lego? Se há um campo em que a extrema especificidade dos aprendizados é hoje solidamente constante, este é sem dúvida o de competências sensório-motoras.[*,134]

Conclusão

Do presente capítulo, este é o principal ponto a ser lembrado: os *nativos digitais* não existem. A criança mutante digital, cuja aptidão para brincar com seu smartphone a teria transformado num talentoso especialista das mais complexas entre as novas tecnologias; que o Google Search a teria deixado infinitamente mais curiosa, ágil

---

* Esta expressão caracteriza o conjunto de atividades que envolvem ao mesmo tempo as funções sensoriais (ver, ouvir, etc.) e motoras (mexer-se). Por exemplo, escrever, desenhar, segurar um objeto, jogar tênis, futebol ou basquete, etc. Tipicamente, na linguagem corrente, fala-se simplesmente de funções "motoras", mas a ideia é a mesma.

e competente do que qualquer de seus professores pré-digitais; que graças ao videogame seu cérebro teria aumentado de força e volume; que graças aos filtros do Snapchat ou do Instagram teria expandido sua criatividade aos mais altos pincaros; etc.; esta criança não passa de uma lenda. Ela inexiste na literatura científica. Sua imagem, contudo, continua a assombrar as crenças coletivas. E é exatamente isso o mais impressionante. Na verdade, que tal absurdo tenha podido acontecer não é, em si, nada de extraordinário. Afinal de contas, a ideia merecia ser avaliada. Não, o que é extraordinário é o fato de um tamanho absurdo perdurar contra ventos e marés e, além disso, contribuir para orientar nossas políticas públicas, particularmente na área pedagógica.

Pois, além de seus aspectos folclóricos, esse mito não está evidentemente destituído de segundas intenções.[22] No plano doméstico, para começar, ele tranquiliza os pais, levando-os a crer que seus descendentes são verdadeiros gênios da tecnologia digital e do pensamento complexo, ainda que, nos fatos, estes últimos só saibam utilizar alguns (caros) aplicativos triviais. No plano escolar, em seguida, ele permite, para a maior alegria de uma indústria florescente, sustentar a digitalização obrigatória do sistema e isso, apesar das performances no mínimo inquietantes (voltaremos a este ponto na terceira parte). Resumindo, todos saem ganhando... exceto nossos filhos. Mas disso, aparentemente, todo mundo desdenha.

SEGUNDA PARTE
UTILIZAÇÕES
Um incrível frenesi de telas recreativas

A perda do tempo é a mais irreparável, e a que menos preocupa.
Conde D'Oxenstiern, estadista sueco[1]

Em termos de utilizações de tecnologias digitais pelas novas gerações, três questões complementares devem ser exploradas: o quê, quanto e quem?

O quê? Para evitar qualquer mal-entendido, comecemos reafirmando a evidência: em diversos campos, o digital constitui um manifesto progresso, e está fora de questão dizer aqui que a influência das telas seja unanimemente negativa. É indiscutível que o impacto depende da utilização. Razão pela qual é fundamental determinar precisamente o que é esta utilização: quais telas nossas crianças utilizam, de que maneira e com que finalidade. A partir daí, não se tratará de questionar aqui como essas telas poderiam ser empregadas dentro de um absoluto ilusório idealizado (os grupos de propaganda se saem muito bem com essa bazófia), mas como são efetivamente usados no cotidiano.

Quanto? Essa pergunta será abordada segundo dois ângulos complementares relativos: (i) as durações dos consumos particulares (televisão, videogame, atividades escolares, etc.) e (ii) o tempo recreativo total. A respeito desse segundo plano, convém sem dúvida salientar que, além de suas inegáveis especificidades, as práticas digitais lúdicas apresentam fortes semelhanças tanto estruturais (ex.: saturação sensorial associada a um influxo de sons, de imagens ou de notificações) quanto funcionais (ex.: tempo roubado de outras ocupações mais favoráveis ao desenvolvimento – interações intrafamiliares, leitura, jogos criativos, deveres escolares, atividade física, sono, etc.). Essas semelhanças explicam a capacidade das telas recreativas para agir de modo convergente. Dito de outra maneira, quando nos concentramos nas práticas dedicadas à diversão (televisão, videogame, etc.), falar de "telas" de forma não dissociada não tem nada de falacioso. Na verdade, é ainda mais interessante, pois isso permite, finalmente, abordar o problema fundamental do "excesso", ou seja, o limiar temporal a partir do qual distúrbios ou atrasos no desenvolvimento representam uma ameaça.

Quem? Esta pergunta é incontestavelmente a mais esquecida do debate midiático. No entanto, como já assinalamos, a utilização das telas está longe de ser homogênea entre as novas gerações. Ela varia em particular segundo a idade, o gênero e a condição socioeconômica. Levar em conta essas heterogeneidades se revela fundamental para abordar as questões de êxito escolar e invalidar a ideia de que toda tentativa de controle do tempo dedicado às telas recreativas por nossos filhos seria agora vã. Um espantoso derrotismo do qual a Academia Francesa de Ciência, por exemplo, parece ter feito seu credo, ao não hesitar em afirmar que "nas novas gerações nascidas na era digital só será possível reduzir parcialmente o tempo de exposição às telas".[2]

Estimativas forçosamente aproximativas

Antes de entrar no cerne do assunto, uma observação se impõe: identificar as modalidades de utilização digital de uma população, qualquer que seja, não é um exercício fácil.[3] Na prática, o ideal seria com certeza solicitar a um exército de pesquisadores que vigiassem de perto, 24 horas por dia, durante um ou dois meses, um exército de jovens usuários e anotar obsessivamente a atividade digital desses últimos. Ideal, mas... impraticável. Uma alternativa consistiria em colocar os softwares de rastreamento nos aparelhos digitais usados por cada indivíduo (smartphone, tablet, televisão, consoles de videogame, etc...) e agregar em seguida, ao longo de várias semanas, os dados obtidos. Tecnicamente realizável, sem dúvida, mas delicado no que tange à proteção da vida privada (Nathan não tem necessariamente vontade de revelar que é fã do YouPorn) e complicado por conta dos aparelhos compartilhados (como saber por exemplo quem assiste à televisão: Pedro, Joana, todos ou ninguém?). De qualquer forma, a meu conhecimento, nenhum estudo global desse tipo se encontra disponível.

Em nossos dias, a abordagem mais frequente se baseia em métodos de entrevistas ou sondagens. Ora, estas últimas estão longe da perfeição.[3] Primeiramente, as pessoas se enganam e têm com frequência tendência a subestimar seu consumo pessoal e o de seus filhos.[4-9] Em seguida, diversos estudos dentre os mais frequentemente citados[10-14] adicionam as utilizações (televisão +

smartphone + videogame, etc.) sem se preocupar com as sobreposições possíveis (Célia assiste com frequência à televisão enquanto usa seu smartphone para conversar pelas redes sociais); que aumentam artificialmente o tempo total de consumo. Enfim, importantes variáveis nem sempre são levadas em consideração, como a estação do ano (a mesma pesquisa realizada no inverno ou no verão não trará obrigatoriamente o mesmo resultado[15]) ou a origem geográfica da amostragem observada (uma sondagem realizada com jovens que vivem principalmente em meio urbano[16] corre o risco de revelar uma subestimação do tempo diante das telas[17]).

Deixando de lado essas reservas, ainda assim, os trabalhos aqui apresentados, a título de referência, foram escolhidos entre aqueles realizados mais minuciosamente. Eles envolvem grandes populações e repousam sobre protocolos de entrevista rigorosos. Isso não resolve, naturalmente, todos os problemas. Os vieses de autoavaliação (eu subestimo meu consumo e o de meus filhos) e de utilizações paralelas (eu negligencio os consumos simultâneos), especialmente, continuam frequentes. Análises quantitativas, porém, sugeriram que esses fatores poderiam ter, em valor absoluto, impactos grosseiramente comparáveis; cerca de 20% a 50% a mais para a autoavaliação e a menos para as utilizações paralelas.[4,8,9,18,19] A partir daí, pode-se pensar que eles vão, ao menos em parte, anular seus efeitos. Mas, evidentemente, estamos longe de um impecável rigor cirúrgico. Não obstante, seria uma aberração rejeitar em bloco o conjunto desses estudos. De fato, ainda que eles não sejam perfeitos ou impecáveis, eles têm poucas chances de serem absurdos. Em outros termos, mesmo se os resultados apresentados nesta seção não devem ser tomados ao pé da letra, eles fornecem globalmente uma base de reflexão confiável.

Sem dúvida, é importante salientar que em termos de utilizações de tecnologia digital, os estudos mais completos e rigorosos foram conduzidos nos Estados Unidos.[10,11,20,21] A partir deste ponto, poderíamos temer que os números e os hábitos de consumo obtidos não tenham validade geral alguma. Isto seria um erro. Na verdade, quando confrontamos os dados americanos às observações adquiridas em outros países economicamente comparáveis, como a França,[13,14,22] a Inglaterra,[23] a Noruega[24] ou a Austrália,[25] podemos constatar um fortíssimo grau de convergência. Em outras palavras, no que diz respeito às práticas digitais, a exceção cultural está vencida e os hábitos dos jovens ocidentais são atualmente muito semelhantes; para o bem ou para o mal, cabe a cada um dizer.

Infância: a impregnação

O estudo das utilizações precoces do digital é de particular importância por pelo menos duas razões.

Em primeiro lugar, é em torno desses consumos que se organizam, em grande parte, as utilizações tardias. Quanto mais cedo uma criança se encontra habituada às telas, mais chances ela tem de se tornar subsequentemente um usuário prolixo e assíduo.[5,26-31] Nada há de impressionante nisso. Somos cultivadores de hábitos e, à imagem do que se passa com as rotinas alimentares, escolares, sociais e de leitura,[6,27,32,33] as práticas digitais tardias se enraízam profundamente nas utilizações praticadas na tenra infância.

Em segundo lugar, os primeiros anos de existência são fundamentais em matéria de aprendizagem e de amadurecimento cerebral. Como teremos a oportunidade de ilustrar com mais detalhes, aquilo que é então "comprometido" porque as telas privam a criança de um certo número de estímulos e experiências essenciais se revela dificílimo de recuperar em seguida.[34-43] É ainda mais lamentável que as (in)aptidões digitais, por sua vez, sejam facilmente compensadas em qualquer idade. Assim, como assinalamos na primeira parte, qualquer adulto ou adolescente normalmente constituído é capaz de aprender bem rápido a utilizar as redes sociais, os aplicativos para escritórios e serviços, os sites comerciais, plataformas de download, tablets, smartphones, nuvens e outras pérolas do gênero. Não é o mesmo caso para os saberes primordiais da infância. Na verdade, o que não foi estabelecido durante as idades precoces do desenvolvimento em termos de linguagem, coordenação motora, pré-requisitos matemáticos, *habitus* sociais, gestão emocional, etc. revela-se cada vez mais custoso a adquirir com o passar do tempo.

Para compreender este ponto, podemos representar o cérebro como uma espécie de massa de modelar cuja textura endureceria gradualmente ao longo dos anos. É claro, o adulto ainda aprende, mas não como a criança. Esquematicamente, poderia se dizer que ele aprende principalmente ao reposicionar os circuitos neuronais disponíveis, quando a criança, por sua vez, constrói novos. Uma analogia permite ilustrar com simplicidade essa divergência fundamental. Imaginemos que seja preciso ir de Boston a Dallas. Para isso, a criança vai apanhar uma retroescavadeira e abrir uma estrada otimizada dentro de seu campo neuronal. O adulto já não conta com uma retroescavadeira. Resta-lhe apenas uma espátula. Armado com esta, ele conseguirá, no melhor dos casos, abrir um caminho modesto até a estação de trem vizinha. Em seguida, para alcançar o destino, ele deverá tomar (confiando nelas) rotas já construídas. Assim, por exemplo, levando em conta suas experiências passadas, ele poderá comprar um bilhete Boston-Cleveland, depois um Cleveland-Atlanta, depois Atlanta-San Antonio e depois San Antonio-Dallas. No início, apesar dos desvios, ele se sairá melhor do que a criança; construir uma estrada leva tempo. Mas, rapidamente, este último ultrapassará o mais velho a ponto de o ridicularizar sem trégua. Se você duvida, comece a aprender a tocar violino ao mesmo tempo que sua filha de 5 anos. Aproveite bastante sua superioridade inicial... ela poderá ser curta. Se você não aprecia o violino, vá até uma estação de trem e tente correr ao lado de um trem que parte. A experiência se revelará similar. No começo, você irá mais rápido do que a máquina; mas, progressivamente, esta o alcançará antes de deixá-lo para trás.

No momento em que a criança está em pleno desenvolvimento, o tempo monopolizado pelos consumos precoces de telas digitais se revela bastante extravagante. Dois períodos devem então ser considerados. Um, englobando de modo geral os primeiros 24 meses, dá o impulso inicial. O outro, cobrindo em seguida crianças de 2 a 8 anos, marca uma nítida fase de estabilização, antes da decolagem da pré-adolescência.

▸ *Primeiros passos: 0-1 ano*

As crianças de menos de 2 anos dedicam, em média, a cada dia, cinquenta minutos às telas. Esta duração, que permaneceu surpreendentemente estável na última década,[11,20,21] parece sem dúvida razoável à primeira vista... mas não é. Ela representa 8% da duração da vigília de uma criança*,[44] e 15% de seu tempo "livre", ou seja, do tempo disponível quando removidas as atividades "forçadas", tais como a de comer (sete vezes por dia, em média, antes dos 2 anos[45,46]), vestir-se, tomar banho ou trocar a fralda.[47-49] Evidentemente, essas atividades forçadas participam enormemente do desenvolvimento da criança (em especial porque são acompanhadas de interações sociais, emocionais e linguísticas com o adulto); mas as experiências não são as mesmas que aquelas durante os tempos de "aventureiros". Estes são principalmente estruturados em torno da observação ativa do mundo, das brincadeiras espontâneas, das explorações motoras ou outras atividades fortuitas. A criança está às vezes sozinha, às vezes acompanhada. Neste último caso as trocas que se estabelecem com o pai ou a mãe são ainda mais essenciais, pois são bem diferentes daquelas que se desenvolvem na hora do banho ou da refeição.

O problema remete neste ponto ao abismo que separa a fecundidade desses episódios de aprendizagens não forçadas e a assustadora destrutividade dos tempos de utilização do digital. É a partir desse antagonismo que devem ser avaliados esses cinquenta "minutinhos" que as crianças pequenas dedicam diariamente às telas. Acumulados em 24 meses, esses minutos totalizam mais de 600 horas. Isso equivale aproximadamente à duração de um ano em uma escola de educação infantil** ou, em termos de linguagem, a 200 mil enunciados perdidos,

---

* Este tempo de vigília é definido segundo o nível mínimo de durações ótimas de sono recomendadas.[44] O mesmo ocorrerá na sequência do texto para as crianças mais velhas.

** O número de horas de instrução exigido na educação infantil varia evidentemente de um país e de um estado a outro. Na França, este é de 864 horas,[50] 600 horas na Califórnia, 522 horas no Missouri e 952 horas na Dakota do Norte.[51]

ou seja, mais ou menos 850 mil palavras não ouvidas.[52] E aqueles que quiserem calcular diretamente a amplitude dos números aqui apresentados poderão sentar-se tranquilamente diante de sua tela plana e visualizar a totalidade dos episódios de *Desperate Housewives, Doctor House, O Mentalista, Lost, Friends* e *Mad Men*. Isso subtrairá de sua existência exatamente... 600 horas.

E que não venham nos dizer que as ferramentas digitais são formidáveis vetores de compartilhamento, em particular para a linguagem. Antes de 2 anos, só uma metade dos pais declara estar presente "o tempo todo" ou "a maior parte do tempo" quando a criança está diante de uma tela.[53] E, ainda assim, estar presente não quer dizer interagir! Desta forma, um estudo demonstrou, para os bebês de 6 meses, que mais ou menos 85% do tempo de tela eram silenciosos, quer dizer, operado sem a intervenção linguística adulta.[54] Um resultado compatível com os dados de outra pesquisa que estabeleceu, para a televisão, em crianças de 6 a 18 meses, que a noção de utilização compartilhada se resumia, em cerca de 90% dos casos, na criança sentada ao lado dos pais enquanto estes últimos acompanhavam seus próprios programas classificados como "para todas as idades".[55]

A respeito do detalhe das práticas, ao que parece, a televisão absorve, sozinha, 70% do tempo de telas das crianças bem jovens.[11] Quando são utilizados, os demais suportes, especialmente os portáteis, cumprem sobretudo a função de televisores auxiliares para assistir a DVDs ou vídeos. Ano sim, ano não, mais de 95% do tempo de telas das crianças de 0-1 ano são dedicados a esses consumos audiovisuais. Esse número, contudo, esconde uma grande disparidade de situações: 29% das crianças nunca; 34% são expostas todos os dias; 37% se encontram em algum ponto entre esses dois extremos. Unicamente para o subgrupo de usuários diários, a média de consumo se estabelece em quase 90 minutos. Dito de outro modo, mais de um terço das crianças com menos de 1 ano ingerem uma hora e meia de telas por dia. Esses usuários intensos se encontram principalmente nos meios socioculturais menos privilegiados.

Alguns estudos abrangem especificamente as práticas digitais nesses meios. O resultado é devastador. Em função dos grupos estudados, ele oscila entre 1h30 e 3h30 de utilização diária.[54,56,57] As principais razões apresentadas pelos pais a fim de explicar esse inacreditável exagero: fazer com que as crianças fiquem tranquilas nos locais públicos (65%), durante as compras (70%) e/ou enquanto cumprem tarefas domésticas (58%). Em 28% dos casos, a tela é utilizada para a criança dormir. A cada dia, quase 90% das crianças desfavorecidas de 12 meses assistem à televisão; 65% utilizam outras ferramentas portáteis (tablets ou smartphones); 15% são expostas a videogames. Para as de 6-12 anos, esses valores se estabilizam em torno de 85% (TV), 45% (aparelhos portáteis) e 5% (videogames).[57] Esses valores são uma aberração.

> O primeiro patamar: 2-8 anos

É preciso esperar o segundo ano de idade para que a criança passe, se podemos dizê-lo, às coisas mais sérias. Seu consumo digital aumenta então brutalmente, para alcançar, entre 2 e 4 anos, 2h45 por dia. A explosão se assenta em seguida, girando em torno de mais ou menos 3h. Esses números são impressionantes. Na última década, eles aumentaram mais de 50%,[11,21] representando um quinto do tempo normal de vigília de uma criança.[44] No período de um ano, seu volume acumulado ultrapassa facilmente mil horas. Isso quer dizer que entre 2 e 8 anos, uma criança "média" dedica às telas recreativas o equivalente a 6-7 anos letivos completos.[50,51] Ou 460 dias de vida desperta (um ano e três meses), ou ainda o período exato de tempo de estudo necessário para se tornar um hábil violinista.[58]

Mais de 90% do tempo ocupado pelas atividades digitais das crianças de 2 a 8 anos são dedicados à absorção de programas audiovisuais (televisão, vídeos e DVD) e à prática de jogar videogames. Pode-se, entretanto, notar uma pequena diferença associada à idade: para os de 2-4 anos, o audiovisual domina de forma um pouco mais ampla os videogames (77% contra 13%) do que para os de 5-8 anos (65% contra 24%).[11] Obviamente, esses números devem ser ponderados em relação às características socioculturais da família. Há indicações, sem surpresa, de que as crianças de estratos desfavorecidos registram um consumo digital recreativo quase duas vezes superior ao de seus homólogos favorecidos (3h30 contra 1h50).[11] Estes últimos, porém, não deveriam comemorar rápido demais. Na verdade, vários estudos relativos ao sucesso escolar mostram que as telas não exercem sua ação danosa de maneira homogênea. Quanto mais a criança é proveniente de uma família sociocultural privilegiada, mais o tempo perdido diante da televisão[5,59-61] ou do videogame[62] se revela penalizador. Expresso de outra maneira, nos meios favorecidos, o tempo total diante das telas é certamente menor, mas as horas perdidas custam mais caro, pois elas se operam em detrimento de experiências mais ricas e formativas (leitura; interações verbais; práticas musicais, esportivas ou artísticas; excursões culturais, etc.). Uma analogia permite ilustrar com bastante simplicidade este mecanismo: se você retirar de uma criança dois litros de uma sopa aguada, composta de 25% de legumes passados, o impacto nutricional será menor do que se privar esta mesma criança de um litro de sopa espessa, composta de 60% de legumes frescos. Para as telas, é a mesma coisa: as crianças mais favorecidas desperdiçam menos "sopa", mas cada fração desta "sopa" é mais positiva para o desenvolvimento individual.

Convém precisar que os consumos digitais aqui descritos se fazem, em sua maioria, como no caso de crianças de 0-1 ano, longe da atenção dos pais. Dessa forma, para as de 2-5 anos, independentemente do tipo de tela, somente uma minoria dos pais (cerca de 30 %) declara estar presente "todo o tempo" ou "a maior parte do tempo".[11,53] Para as de 6-8 anos, a situação é ainda mais diversificada. A televisão sofre um nível de controle mais acirrado, com um pouco menos de 25% dos pais declarando estar presentes "todo o tempo" ou "a maior parte do tempo". Uma porcentagem que cai para aproximadamente 10% em relação aos aparelhos portáteis e os videogames.

Pré-adolescência: a amplificação

Durante a pré-adolescência, que situaremos aqui entre 8 e 12 anos, as crianças testemunham uma sensível redução de sua necessidade de sono. Em comparação aos períodos anteriores da infância, elas ganham de 60 a 90 minutos de vigília.[44] Essa "conquista", em sua totalidade, elas oferecem a suas bugigangas digitais. Assim, entre 8 e 12 anos, o tempo diário diante das telas pula para 4h45, contra as 3 horas anteriores.[63] Quatro horas e quarenta e cinco muitos é muita coisa! Isso representa cerca de um terço do tempo normal de vigília.[44] Acumulado em um ano, totalizam-se mais de 1.700 horas, o equivalente a aproximadamente dois anos letivos[50,51,64] ou, de modo alternativo, um ano de emprego assalariado com expediente integral.[65] Assustador, mas não necessariamente surpreendente para quem quiser considerar o incrível estado de "saturação digital" no qual se encaixam hoje os pré-adolescentes: 52% possuem seu próprio tablet, 23% têm um laptop, 5% dispõem de um relógio conectado ("smartwatch"), 84% consomem todo dia conteúdos audiovisuais (TV/vídeos), 64% jogam videogame diariamente, etc. A partir dos 8 anos, eles são 19% a possuir um smartphone. A porcentagem aumenta em seguida quase linearmente, atingindo 69% aos 12 anos. Motivo de regozijo, não resta dúvida, para os magnatas da nova economia... ainda que isso não nutra a edificação dos espíritos de amanhã.

No que diz respeito às atividades, a evolução é incontestavelmente menos drástica.[63] Na verdade, permanecemos, *grosso modo*, no nível das práticas anteriores, com quase 85% do tempo de telas consagrados aos materiais audiovisuais (2h30) e videogames (1h28). A utilização das redes sociais ainda é, nessa idade, relativamente marginal (4%; 10 minutos), assim como o tempo passado surfando na Internet (5%; 14 minutos). No topo da lista de suas atividades digitais favoritas, os pré-adolescentes mencionam: assistir a vídeos online (67%), jogar videogames em seus aparelhos portáteis (55%) ou consoles (52%), ouvir música (55%) e assistir à televisão (50%). Essas tendências médias escondem, é claro, importantes disparidades individuais; alguns pré-adolescentes (mas isso é verdadeiro também para os adolescentes, aos quais voltaremos) preferem se fartar de televisão, ao passo que outros escolhem misturar o conjunto dessas práticas.[10] Essa variabilidade é outra vez encontrada no tempo entregue às telas recreativas (Figura 1, p. 23). Assim, podemos identificar entre as crianças de 8-12 anos, 41% de "grandes consumidores" (mais de 4 horas/dia) contra 35% de "pequenos usuários" (menos de 2 horas/dia). Entre estes últimos, 8% não registram nenhuma exposição audiovisual.[63] É interessante notar que dizem frequentemente que as crianças privadas de tela correm o risco de ser excluídas do grupo de colegas. Dessa forma, seria perigoso privar seus filhos dessa "cultura comum" e do acesso às ferramentas modernas de comunicação que são as redes sociais. A esta fábula podemos fazer duas objeções. Em primeiro lugar, até hoje, nenhum estudo reportou prejuízo social, emocional, cognitivo ou escolar nas crianças desprovidas de acesso às telas recreativas. Em segundo lugar, ainda que existam dados discordantes,[66,67] um grande número de pesquisas, relatórios, meta-análises[*] e periódicos acadêmicos demonstrou que os pré-adolescentes e adolescentes que passam menos tempo no mundo maravilhoso da cyber-diversão são também aqueles com melhor desenvolvimento.[10,68-86] Conclusão: nossas crianças podem se virar muito bem sem telas recreativas; tal abstinência não compromete seu equilíbrio emocional nem sua integração social. Muito pelo contrário!

Sem surpresa, as heterogeneidades precedentes dependem, em grande parte, das características socioeconômicas da família.[63] Assim, os pré-adolescentes oriundos de classes desfavorecidas dedicam a cada dia 1h50 a mais às telas recreativas do que seus homólogos mais privilegiados (5h49 contra 3h59). Esta diferença provém principalmente

---

[*] Uma meta-análise é uma espécie de síntese estatística que reúne todas as pesquisas disponíveis sobre um certo assunto a fim de determinar se existe, ou não, um efeito global além dos resultados (às vezes contraditórios) de cada estudo individual. Basicamente, uma meta-análise é um superestudo estatístico realizado com a agregação dos resultados de todos os "pequenos" estudos individuais.

de um consumo reforçado de conteúdos audiovisuais (+ 1h50) e das redes sociais (+ 30 minutos).[10] Nenhuma diferença é registrada para os videogames, que são utilizados de maneira comparável, qualquer que seja o meio. Este último ponto desperta interesse. É tentador associar as campanhas midiáticas, obsessivamente realizadas há anos para defender a influência positiva desses jogos (especialmente os de ação) sobre a atenção, as capacidades de tomada de decisão e o desempenho escolar; campanhas sobre as quais teremos a oportunidade de falar detalhadamente e das quais podemos supor que não deixaram de surtir efeito sobre as decisões familiares. Podemos notar, contudo, que essas campanhas não tiveram senão pouca influência sobre as heterogeneidades de gênero. De fato, entre 8 e 12 anos, o excesso de tempo de telas observado nos meninos em relação às meninas (1h06; 5h16 contra 4h10) se explica em grande parte por um aumento de exposição aos videogames.[60]

Adolescência: a submersão

Na adolescência, que situaremos aqui entre 13 e 18 anos, o tempo diante das telas ainda aumenta sensivelmente, em especial sob o efeito da generalização dos smartphones. O consumo digital diário atinge então 7h22.[63] Será necessário precisar a que ponto esse número se revela estratosférico? Ele equivale a 30% do dia e 45% do tempo normal de vigília.[44] Acumulado em um ano, isso representa mais de 2.680 horas, 112 dias, 3 anos letivos ou ainda a totalidade do tempo dedicado da quinta série do ensino fundamental ao último ano do ensino médio pelos estudantes franceses das áreas científicas mais seletivas, ao ensino da língua francesa, da matemática e da biologia. Dito de outro modo, num único ano, as telas recreativas absorvem tanto tempo quanto o número de horas acumuladas do ensino do francês, matemática e biologia durante todo o período que vai da 5ª série do fundamental até o final do ensino médio. Mas isso não impede as perpétuas ruminações sobre o cronograma demasiadamente carregado dos estudantes.[87] Pobres jovens mártires privilegiados de nossas sociedades de opulência, esmagados pelo trabalho e privados de lazer. Ayoub, um jovem aluno do segundo ciclo do ensino fundamental, é um desses e, entrevistado por um jornal importante de circulação nacional, explicava que "para mim, se encurtassem meus dias de aula, eu aproveitaria para jogar mais Playstation, ou para assistir à televisão".[88] É o tipo de projeto que só tem ganhadores: Ayoub se diverte, a Sony enche os bolsos e o Ministério da Educação faz economias (menos horas de aula, menos professores remunerados). O sucesso de certos programas escolares particulares sem fins lucrativos, nos Estados Unidos especialmente, mostra que é exatamente o contrário daquilo que convém fazer para vencer a batalha educativa, em particular nos meios desfavorecidos![89-91] Mas seria tolice preocupar-se com isso. Esses dados, afinal de contas, datam do mundo de "antes"... antes de nossas crianças terem se tornado mutantes especialistas em pesquisa cibernética automática!

Mas voltemos às questões de utilização. Nessa matéria, a adolescência não muda muito em relação aos hábitos estabelecidos.[63] Um pouco mais de conteúdos audiovisuais (2h52 contra 2h30), a mesma carga de videogames (1h36 contra 1h28), muito mais redes sociais (1h10 contra 10 minutos) e um pouco mais de tempo para surfar na Internet (37 minutos contra 14 minutos) e a bater papo na rede (19 minutos contra 5 minutos). Em regra geral, essas atividades concentram 90% do tempo digital dos adolescentes. É claro, as características socioculturais da família desempenham, aí também, um papel importante. Os membros dos meios desfavorecidos dedicam a cada dia 1h45 a mais às telas que seus homólogos mais privilegiados. Isso apenas confirma as tendências observadas nas idades anteriores. O mesmo vale para o efeito de gênero. Entre 13 e 18 anos, o consumo dos meninos continua superando o das meninas, porém mais ligeiramente (29 minutos). Essa convergência relativa mascara, contudo, uma certa heterogeneidade de práticas. Na adolescência, as meninas preferem as redes sociais (1h30 contra 51 minutos), ao passo que os meninos dedicam mais tempo aos videogames (2h17 contra 47 minutos).

Ambiente familiar: fatores agravantes

Tudo indica então que a utilização das telas recreativas varia expressivamente em função da classe social, da idade e do gênero dos indivíduos. Entretanto, por mais importantes que sejam, esses fatores estão longe de contar toda a história. Outras características, mais "ambientais", devem também ser consideradas quando se quer abordar o comportamento das novas gerações em relação ao digital. O interesse dessas características é que elas são, diferentemente dos marcadores sociodemográficos, bem facilmente controláveis. Neste sentido, elas oferecem aos pais uma alavanca interveniente potencialmente eficaz para limitar os consumos de seus filhos.

▸ *Limitar o acesso e dar o exemplo*

Na primeira linha de fatores suscetíveis de estimular a utilização está, sem surpresa, a disponibilidade física à tela. Possuir vários aparelhos de TV, consoles, smartphones ou tablets em casa favorece claramente o consumo, e ainda mais quando esses se encontram no quarto.[92-101] Em outros termos, se você quiser reforçar a exposição de seus filhos aos dispositivos digitais, dê a eles um smartphone e um tablet e certifique-se de que seu quarto esteja equipado com uma televisão e um videogame. Este último cuidado estragará seu sono,[96,98,102-107] sua saúde[92,96,100] e seu desempenho escolar,[6,93,105] mas pelo menos eles ficarão quietos e você terá paz.[53] Sobre isso, um estudo procurou entender o comportamento de mais de três mil crianças de 5 anos.[108] Aquelas que possuíam uma televisão em seu quarto eram quase três vezes mais numerosas entre as que registraram um consumo diário superior a 2 horas. O mesmo ocorre com os videogames. As crianças que tinham um console em seu quarto corriam três vezes mais o risco de apresentar uma utilização diária superior a 30 minutos. Resultados comparáveis foram verificados em indivíduos mais velhos, sejam eles pré-adolescentes ou adolescentes.[94,95,97,100] Resumindo, para estancar a exposição digital das crianças, uma excelente solução consiste em retirar as telas de seu quarto de dormir e atrasar o máximo possível o momento em que terão seu arsenal pessoal de dispositivos móveis diversos. Neste campo, trata-se simplesmente, como dizem com frequência os pais, de "poder manter contato com a criança para se certificar de que tudo vai bem", um telefone celular básico, sem acesso à Internet, convém perfeitamente; não é necessário um smartphone interestelar.

A esses fatores de acesso, acrescentam-se também – e isso não surpreenderá ninguém – o peso dos hábitos da família. Inúmeros estudos mostraram que o consumo das crianças cresce conforme o dos pais.[28,95,99,109-114] Um triplo mecanismo explica essa relação: (1) Os tempos diante das telas partilhados (videogame ou televisão, por exemplo) aumentam globalmente os tempos de exposição (porque as utilizações comuns, em boa parte, não são substituídas, mas se acrescentam às práticas solitárias)[115]; (2) As crianças tendem a imitar o comportamento imoderado de seus pais (segundo um mecanismo bem conhecido de aprendizado social[116,117]); (3) Os grandes consumidores adultos têm uma visão mais positiva do impacto das telas sobre o desenvolvimento,[53] o que os leva a impor regras de utilização menos restritivas à sua prole. Ora, a respeito deste último ponto, vários estudos demonstraram que a ausência de regras restritivas favorecia o acesso a conteúdos inadequados e estimulava a duração das utilizações.[28,95,97,108,113,115] Assim, para a televisão, um trabalho experimental comparou três "estilos" parentais em famílias com crianças de 10-11 anos: permissivo (nenhuma regra), autoritário (regras rigidamente impostas), persuasivo (regras explicadas).[118] Para cada um desses estilos, a proporção de crianças suscetíveis a assistir à televisão por mais de 4 horas por dia se estabelecia respectivamente em 20%, 13% e 7%.

Este último resultado ressalta a importância de explicar, desde a infância, a razão de ser dos limites impostos. Ou seja, para ser plenamente eficaz a longo prazo, o contexto restritivo não deve ser percebido como um castigo arbitrário, mas como uma exigência positiva. É importante que a criança aceite a medida e interiorize seus benefícios. Quando ela pergunta por que "não tem direito" enquanto seus colegas fazem "o que bem entendem", é preciso explicar que os pais de seus colegas talvez não tenham estudado suficientemente a questão; é preciso lhe dizer que as telas têm sobre seu cérebro, sua inteligência, sua concentração, seus resultados escolares, sua saúde, etc. influências extremamente negativas; e é necessário especificar a razão: menos horas de sono; menos tempo passado em atividades mais enriquecedoras, como ler, tocar um instrumento musical, praticar esporte ou conversar com as pessoas; e também menos tempo dedicado aos deveres escolares, etc. Mas tudo isso, evidentemente, só é convincente se os próprios pais não ficarem, eles mesmos, grudados em suas telas. No pior dos casos, é preciso então tentar explicar à criança que aquilo que é ruim para ela não o é obrigatoriamente para um adulto, porque o cérebro deste último está "pronto", ao passo que o da criança ainda está "em formação".

▶ *Estabelecer regras, isso funciona!*

Enfim, todos esses elementos oferecem um categórico desmentido às Cassandras do inevitável. De fato, dizer que o consumo de telas depende de fatores ambientais sobre os quais é possível agir significa negar ao presente qualquer caráter de inevitabilidade. Um grande contingente de estudos o demonstra claramente. Nesse contexto, os pesquisadores não se contentam mais em observar o rebanho. Eles desenvolvem protocolos experimentais visando baixar o consumo de telas recreativas. Uma meta-análise* recente reuniu os resultados de uma dúzia de estudos adequadamente realizados sob a égide deste simples objetivo.[119,120] Resultado: quando os pais (e os filhos, em alguns estudos) são informados sobre as influências nefastas do digital recreativo e quando eles se veem, com base nisso, diante da proposta de um estabelecimento de regras restritivas precisas (duração máxima semanal ou diária, quartos desprovidos de telas, nada de tela de manhã antes da escola, nada de televisão ligada se ninguém está assistindo, etc.), o nível de consumo cai substancialmente; em

---

* Ver nota da p. 51. Esta observação será omitida nas novas ocorrências deste termo.

média, à metade. Nos doze estudos analisados, envolvendo em sua maioria indivíduos de 13 anos e menos, a intervenção fez com que o tempo de utilização diária passasse de um pouco mais de 2h30 para um pouco menos de 1h15. Notemos que esse declínio, longe de ser efêmero, se revelou notavelmente estável durante os períodos de acompanhamento que se estenderam até dois anos (a média se situando um pouco acima de seis meses).

Portanto, levar as novas gerações a reduzir seu consumo do digital recreativo nada tem de insuperável. Os estudos disponíveis mostram que é possível obter resultados relevantes editando regras de utilização precisas e limitando as oportunidades de acesso. Mais uma vez, contudo, para que o processo funcione a longo prazo, faz-se necessário requisitar sem esmorecer a adesão das crianças e dos adolescentes. Ao contrário do que muita gente parece acreditar, essa tenacidade explicativa não se opõe de modo algum à existência de um contexto restritivo. É o inverso! Restrição e responsabilização são as fontes complementares do sucesso. De fato, é podendo se apoiar num conjunto de regras explicitamente definidas que a criança vai conseguir construir pouco a pouco suas capacidades de autorregulamentação; capacidades que, por sua vez, se revelarão ainda mais eficazes, pois serão sustentadas por um ambiente favorável. No fundo, a ideia diretriz neste ponto é bem simples: é mais fácil resistir a uma vontade quando os meios para sua satisfação estão ausentes, inacessíveis e/ou onerosas para realizar.[121,122] Por exemplo, é bem mais fácil se resignar à decisão formal de não assistir à televisão ao comer quando não há uma tela na cozinha. Da mesma forma, é muito mais simples não se deixar devorar pelo seu smartphone quando não se tem um (uma criança de 10, 12 ou 15 anos precisa *realmente* de um smartphone?), quando as regras de utilização precisas existem (por exemplo, após as 20 horas e durante os deveres escolares, o smartphone é imperativamente deixado desligado, sobre o móvel da sala) e/ou quando os softwares são utilizados para apoiar essa determinação (vários aplicativos simples permitem circunscrever, no cotidiano, as durações e os intervalos de utilização). E, principalmente, que não venham agora falar de vigilância policial ou de desresponsabilização. Por um lado, o poder de objetivação dessas ferramentas ajuda realmente o indivíduo a se conscientizar sobre os consumos abusivos. De outra parte, aceitar ajuda quando se tem dificuldade para evitar os tormentos de um uso excessivo se revela, qualquer que seja o problema (álcool, apostas, telas, etc.), um sinal bem tranquilizador de inteligência e de controle psíquico. E, finalmente, essas "muletas" iniciais favorecem o desenvolvimento de hábitos positivos perenes.

▶ *Reorientar as atividades*

Assim sendo, na prática, agir sobre o ambiente familiar permite reduzir com eficácia o tempo diante das telas. Mas isso não é tudo; e, principalmente, isso não é o mais interessante. De fato, essa abordagem permite também, de forma mais global, orientar o campo de atividade das crianças. Imaginemos que um aluno tenha que escolher entre ler um livro ou assistir à televisão. Na quase totalidade dos casos, ele escolhe a segunda opção.[26,123] Mas o que acontece se eliminarmos a televisão? Pois é, mesmo que ela não aprecie muito isso, *a priori*, a criança vai se pôr a ler. Bom demais para ser verdade? Nada disso! Vários estudos recentes de fato demonstraram que nosso cérebro valente suporta muito mal o ócio.[124,125] Assim, foi observado, por exemplo, que 20 minutos passados sem fazer nada provocavam um nível de cansaço mental mais importante do que 20 minutos passados efetuando uma tarefa complexa de operação matemática (adicionar 3 a cada algarismo de um número de 4 algarismos: 6243 => 9576).[126] A partir daí, em vez de se entediar, a maioria das pessoas prefere saltar sobre a primeira ocupação que surgir, mesmo se esta se revelar *a priori* enfadonha ou, pior, consistir em infligir-se uma série de choques elétricos dolorosos.[127,128] Essa potência prescritiva do vazio foi observada em primeira mão pela jornalista americana Susan Maushart no dia em que ela decidiu desconectar seus três zumbis adolescentes.[129] Privados de suas engenhocas eletrônicas, os três começaram se indignando antes de, progressivamente, se adaptar e voltar a ler, tocar saxofone, passear com o cão pela praia, cozinhar, comer em família, conversar com a mãe, dormir mais, etc.: resumindo, voltar a viver.

Quais são os limites na utilização das telas?

Resta-nos abordar a questão central: "O que é uma utilização excessiva?". Quando o assunto é tratado publicamente, as fórmulas são com frequência vagas e nebulosas. Lemos e ouvimos constantemente, por exemplo, que "tempo demais diante das telas danifica o cérebro",[30] que "um tempo excessivo diante das telas é prejudicial à saúde mental",[133] ou que "é preciso incentivar uma utilização sensata das telas".[132] Mas, na prática, o que fazer com tudo isso? "Sensata" significa quanto? Onde começa o "excesso"? A partir de quanto tempo ingressamos no "demasiado"? Essas perguntas encontram raramente as respostas que merecem. E, no entanto, a literatura científica fervilha de dados.

▸ *Viciado ou não, já passou dos limites*

A dependência representa, é evidente, uma primeira pista de reflexão. Dezenas de estudos, tanto comportamentais quanto neurofisiológicos, estabelecem claramente hoje em dia a realidade do fenômeno.[133-143] Apesar de tudo, a caracterização patológica continua móvel, e as escalas de classificação revelam-se amplamente não homogêneas, além do princípio geral segundo o qual o vício das telas caracteriza uma utilização compulsiva que engendra prejuízo ao funcionamento cotidiano, particularmente nas esferas sociais e profissionais.[144-147] Em proporção, os valores médios estimados permanecem (ainda?) relativamente fracos, em torno de 3% a 10% dos usuários; mesmo que, aí também, se observe uma grande variabilidade.[134,140,141,145,148-151] Em relação a esses números inexpressivos, é tentador concluir que "as utilizações excessivas" não afetam senão uma fração bastante minoritária da população. Ideia tranquilizadora que suscita, contudo, dois comentários. Primeiramente, uma baixa porcentagem de uma grande população acaba representando muita gente: para a França, 5% dos jovens de 14-24 anos equivalem a cerca de 400 mil indivíduos[152]; para os Estados Unidos, são dez vezes mais, ou seja, em torno de 2,5 milhões de almas.[153] Em segundo lugar, o comportamento não precisa ser patológico para se revelar insalubre. Dito de outra forma, não é porque um jovem não é, no sentido clínico, "viciado" em seu smartphone, suas plataformas de redes sociais ou seu console de jogos, que ele está protegido de toda influência negativa. Acreditar no contrário é ainda mais perigoso, pois o imaginário coletivo assimila "viciado" a uma espécie de entulho humano despedaçado da qual o toxicômano errático e o alcoólatra depravado das séries de televisão são o paradigma mais comum. É difícil para os pais enxergar em seus filhos esses tristes modelos. Difícil também, para esses próprios filhos, se reconhecer no arquétipo proposto.[154] E ainda mais difícil, por sinal, porque seja o vício digital ou outras dependências, a negação é tenaz e frequente.[155-157]

▸ *A importância da idade*

    O problema então continua sem solução: onde traçar as fronteiras do excesso? A resposta depende da idade. Para entendê-lo, é necessário se conscientizar de que o desenvolvimento do ser humano não tem nada de um longo rio tranquilo. Em se tratando da construção cerebral, em particular, alguns períodos ditos "sensíveis" pesam, e já mencionamos isso, muito mais do que outros.[34-42] Se aos neurônios for oferecida uma "comida" inadequada em qualidade e/ou quantidade, eles não podem desenvolver um aprendizado de maneira otimizada; e quanto mais a carência se estende no tempo, mais difícil se torna saciá-la. Por exemplo, os gatos submetidos à oclusão de um olho durante os três primeiros meses de sua vida nunca recuperam uma visão binocular normal.[158] De modo similar, os ratos expostos a uma frequência sonora particular durante a segunda semana de sua existência sofrem uma expansão persistente da região do cérebro associada à decodificação dessa frequência (em detrimento das outras, é claro).[159] Um resultado que nos impele a comparar com as observações clínicas que mostram, numa criança surda de nascença, que a eficácia no longo prazo das próteses cocleares varia imensamente com a idade do implante. A mobilização das capacidades de discriminação dos sons, em especial no campo da linguagem, é, desta forma, excelente antes dos 3 ou 4 anos. Ela se deteriora em seguida progressivamente até se tornar insatisfatória depois da faixa de 8-10 anos.[160,161] O mesmo ocorre com músicos adultos, a amplitude das reorganizações do córtex cerebral provocada pela prática assídua de um instrumento depende muito mais da precocidade do aprendizado (antes dos 7 anos) que do tempo total de treinamento.[162,163] De modo semelhante, nas populações de imigrantes, o domínio da linguagem do país de adoção depende menos do número de anos passados no local do que da idade ao se chegar no país estrangeiro. Quando esses superam os 7 anos, a dificuldade se torna importante (excetuando a aquisição do léxico, que parece poder se desenvolver sem limite de idade).[164,165] Assim, no final das contas, após anos presentes em seus países de adoção, irmãos gêmeos não apresentarão o mesmo grau de domínio linguístico, caso tenham chegado aos 4 ou aos 8 anos. Tendo dito isso, em comparação aos nativos, os imigrantes precoces poderão também apresentar déficits de longo prazo se forem submetidos a testes suficientemente precisos. Na verdade, para inúmeras aptidões linguísticas, a "cristalização" cerebral começa bem antes do patamar de 7 anos.[166-168] No campo fonético, por exemplo, os anglófonos "de raiz" se revelam capazes, quando estão suficientemente atentos, de distinguir a existência de um leve sotaque nos imigrantes adultos que chegaram à América do Norte aos 3 anos de idade.[169] O mesmo vale para a gramática. Adultos chineses acolhidos nos Estados Unidos durante sua primeira infância, entre 1 e 3 anos, demonstram capacidades sintáticas alteradas em relação a seus pares nativos.[170] Sem dúvida, nesse caso, essa diferença se revela sutil, mas é detectável.

Seria possível, em dezenas de páginas, multiplicar esse tipo de observações. A mensagem permaneceria a mesma: as experiências precoces são de uma importância primordial. Isso não significa que *tudo se produz antes dos 6 anos*, como alardeia abusivamente um best-seller americano dos anos 1970, *How to parent?* ["Como ser pai"], de F. Dodson. Mas isso certamente significa que aquilo que acontece entre 0 e 6 anos influencia profundamente a vida futura da criança. No fundo, dizer isso é afirmar uma obviedade. É estipular que o aprendizado não nasce do nada. Ele procede de maneira gradual por transformação, combinação e enriquecimento das competências já adquiridas.[171] A partir de então, fragilizar o estabelecimento das armaduras precoces, em especial durante os "períodos sensíveis", significa comprometer o conjunto das disposições tardias. Os estatísticos chamam isso de o "efeito Mateus", em referência a uma memorável frase bíblica: "Para todos que têm será dado mais, e eles terão mais do que o necessário; mas aqueles que não têm serão privados até mesmo do que têm".[172] A ideia é bastante simples. Ela enuncia que a natureza cumulativa do saber conduz mecanicamente a um aumento progressivo dos atrasos iniciais. Este fenômeno foi documentado em diversas áreas, desde a linguagem até o esporte, passando pela economia e pelas trajetórias profissionais.[89,173-178] Certamente, em vários casos, a tendência pode ser revertida, ao menos parcialmente.[179]

No entanto, outra vez, isso se torna mais e mais difícil à medida que o indivíduo se afasta dos períodos otimizados de plasticidade cerebral. Os esforços então exigidos se revelam bem amplamente superiores àqueles que teria recomendado uma prevenção original. Aí também, como estipula o adágio, "melhor prevenir do que remediar". Para aqueles que ainda duvidam, o trabalho de James Heckman poderia se revelar interessante.[180] De fato, esse prêmio Nobel da Economia é especialmente conhecido por ter demonstrado que o impacto dos investimentos educativos diminuía de forma muito expressiva com a idade das crianças. Em resumo, a mensagem é clara: em termos de desenvolvimento, é melhor evitar o desperdício do potencial inegável dos primeiros anos!

▶ *Nada de telas recreativas antes (pelo menos) dos 6 anos*

Esta noção de "período sensível", sem dúvida, melhor do que qualquer outra exprime a dimensão dantesca dos aprendizados acumulados pela criança em seus primeiros anos de vida. Nenhuma outra fase da existência concentra tamanha densidade de transformações. Em seis anos, além de um monte de convenções sociais e de abstração feita de atividades "facultativas" como a dança, o tênis ou o violino, o pequeno ser humano aprende a sentar-se, ficar em pé, andar, correr, controlar suas excreções, comer sozinho, comandar e coordenar suas mãos (para desenhar, dar laço nos calçados ou manipular objetos), a falar, a pensar, a dominar as bases da numeração e do código escrito, a disciplinar suas deflagrações de emoções e pulsões, etc. Neste contexto, cada minuto conta. Isso não quer evidentemente dizer que seja preciso estimular em excesso a criança e fazer de sua vida um inferno compulsivo. Isso significa "apenas" que é preciso inseri-la dentro de um ambiente incitativo em que o "alimento" necessário seja generosamente acessível. Ora, as telas não fazem parte desse ambiente. Conforme veremos a seguir, sua potência estruturante é muito inferior àquela oferecida por qualquer meio de vida padrão, desde que, com certeza, este último não seja caracterizado por maus-tratos. Vários estudos, aos quais voltaremos também, mostraram que bastava, para uma criança pequena, uma exposição diária média de 10 a 30 minutos para provocar resultados significativos no âmbito da saúde (a obesidade, por exemplo) e da cognição (a linguagem, por exemplo).[181-184] O que os pequenos seres precisam para crescer bem é de generosidade e gestos humanos. Eles precisam de palavras, sorrisos, carinhos, encorajamentos. Precisam experimentar, mobilizar seu corpo, correr, pular, tocar, brincar, manipular formas ricas. Precisam observar o mundo à sua volta, interagir com outras crianças. Mas, certamente, eles não precisam de Disney Junior, Cartoon Network, Baby Einstein ou BabyFirst.

No coração dos primeiros anos, as telas são uma corrente glacial. Não somente roubam do desenvolvimento um tempo precioso, não somente erigem as fundações das hiperutilizações posteriores, mas também danificam intimamente a construção cerebral através do estado de saturação sensorial que elas impõem. Literalmente (voltaremos também a este ponto com detalhes, na próxima parte), esse estado insere a desatenção e a impulsividade no seio da organização neuronal[185,186]; e isso num momento (vale repetir!) em que o cérebro atravessa seu período de plasticidade mais agudo. O recurso precoce às telas é ainda mais incompreensível porque, conforme já salientamos, o custo da abstinência é inexistente! Dito de outra forma, só há vantagens ao preservarmos as crianças pequenas de todas essas ferramentas digitais predadoras. Trata-se da simples aplicação de um princípio sensato de precaução, refinadamente definido por um especialista da Academia Americana de Pediatria: "Se não sabemos que algo é bom e há razões para acreditar que é mau, por que fazê-lo?".[187] A partir daí, o limite do excesso fica bem fácil de se definir. Ele começa no primeiro instante. Para as crianças de 6 anos e menos (e até 7, se incluirmos a primeira série do ensino fundamental, quando são criadas as bases para saber ler e contar), a única recomendação ponderada se resume assim em poucas palavras, nada de telas digitais! Obviamente, isso não quer dizer que não se pode, de vez em quando, levar seu filho ao cinema ou assistir com ele um desenho animado. Isso significa apenas que as exposições crônicas devem ser banidas tanto quanto for possível.

Aqueles que virem por trás dessa preconização o sinal de um pensamento excêntrico podem consultar a recente decisão da OMS.[188] Para essa instituição, "tempo sedentário de qualidade dedicado a atividades interativas excluindo telas digitais com um acompanhante, tais como leitura, contação de histórias, canto e quebra-cabeças é importantíssimo para o desenvolvimento da criança". A partir daí, "para crianças de 1 ano, o tempo sedentário diante da tela (assistindo à televisão ou vídeos, jogando no computador) não é recomendado". Em seguida até 5 anos "o tempo sedentário diante da tela não deve ultrapassar 1 hora, quanto menos melhor". Em resumo, para toda a primeira infância, quanto menos melhor... e menos de 1 hora é zero. Ainda um pequeno esforço e nossos especialistas internacionais conseguirão dizê-lo claramente, sem se sentirem obrigados a disfarçar a nitidez da realidade com a neblina de um rodeio piegas.

Certamente, esses elementos envolvem a questão dos conteúdos ditos "educativos". Nas crianças bem pequenas, o problema parece solucionado: a esmagadora maioria das instituições planetárias competentes reconhece hoje, como indicara a Academia Americana de Pediatria em 1999,[189] que as telas antes dos 2-3 anos são unanimemente nocivas.[190-193] Uma recente síntese da literatura relativa aos impactos da televisão (a tela quase exclusiva das crianças bem pequenas) o confirma claramente. Segundo as conclusões desse trabalho, "de fato, estudos que avaliam a exposição na infância (com ou sem análise de conteúdo) demonstraram consistentemente que assistir à televisão está associado a resultados de desenvolvimento negativos. Estes envolvem a dificuldade de atenção, o sucesso educacional, as funções executivas e linguísticas".[194] O resultado nada tem de surpreendente. Ele apenas reflete a incapacidade crônica das crianças pequenas para aprender com um vídeo, mesmo as coisas mais simples que aprendem sem nenhuma dificuldade através da interação humana. Mas retornaremos amplamente a este ponto na próxima parte do livro.

Em crianças um pouco mais velhas, as coisas parecem menos nítidas. Na verdade, inúmeros estudos indicam que programas educativos, corretamente pensados e formatados (ritmo lento, narração linear, designação de objetos concretos, etc.) podem, em certas crianças, ter um impacto positivo em seu desenvolvimento, especialmente no campo léxico; e isso se acentua ainda mais quando esses programas servem de suporte à instalação de interações verbais com o adulto.[194,195] Partindo desse ponto, várias instituições, para além da estrita questão temporal, insistiram na natureza dos conteúdos consumidos. A Academia Americana de Pediatria oferece um exemplo bastante representativo disso. Em seu mais recente relatório, ela escreve: "Para crianças de 2 a 5 anos de idade, o limite de utilização de telas a 1 hora por dia com programação de alta qualidade, acompanhada de adultos, ajuda as crianças a entender o que estão vendo e as ajuda a aplicar o que aprendem ao mundo a seu redor. Evite programas acelerados (crianças pequenas não os entendem bem), aplicativos com muitos conteúdos de distração e qualquer conteúdo violento".[191] Recomendações que, além de seu caráter no mínimo restritivo e limitador, pedem alguns comentários.

Comecemos abordando o ato de "assistir juntos", ou de modo mais geral a utilização conjunta. De um lado, como vimos, este ponto não traz só vantagens, já que ele aumenta significativamente a duração total do consumo. De outro, também já observamos, ele representa menos uma regra do que uma exceção. Entre as crianças de 2-5 anos, apenas uma minoria de pais declara estar presente "o tempo todo ou a maior parte deste" quando os filhos assistem à televisão (32%), jogam um videogame num console (28%) ou utilizam um smartphone (34%). Esses números caem respectivamente para 23%, 9% e 13% para as crianças de 6-8 anos. Isso pode ser facilmente explicado, se considerarmos que as telas representam com muito mais frequência o papel de babá do que o de um suporte de comunicação.[53] Aliás, o fato de os pais estarem presentes não quer dizer que o intercâmbio se desenvolva. Conversar assistindo a um desenho animado ou jogando um videogame não é nada fácil! O livro[175,196,197] e as interações abertas ajudam muito mais esse tipo de compartilhamento.

A posição da Sociedade Canadense de Pediatria é, deste ponto de vista, deveras interessante. Seus especialistas organizam suas preconizações com base em dois eixos: "minimizar o tempo de tela [e] reduzir os riscos associados ao tempo de tela".[192] Em relação ao primeiro ponto, eles escrevem: "Para crianças de 2 a 5 anos, limite a rotina ou o tempo de tela regular para menos de 1 hora por dia". Quanto ao segundo, eles aconselham: "esteja presente e se envolva, quando as telas são usadas, e sempre que possível, assista com seus filhos. Tome cuidado com o conteúdo e dê prioridade a programações educacionais, com faixa etária apropriada, e interativas". E é aí que as coisas ficam interessantes. Com efeito, no corpo do texto, pode-se ler o seguinte esclarecimento: "entretanto, embora as telas possam ajudar no aprendizado da linguagem quando um conteúdo de qualidade é assistido com os pais e discutido com eles ou um acompanhante, antes de ingressar na escola, as crianças aprendem melhor (ou seja, em termos expressivos e vocabulares) a partir de interações ao vivo, diretas e dinâmicas com o cuidado dos adultos". Dito de outra maneira, os conteúdos educativos de qualidade podem ter efeitos positivos no desenvolvimento da linguagem se funcionarem como suporte de interação com o adulto, mas estes efeitos são significativamente superiores quando as telas não estão presentes. Simplificando, as interações organizadas diante de uma tela são possíveis, porém menos ricas e substanciais que aquelas realizadas sem telas.

Essas reservas parecem ainda mais confiáveis se levarmos em conta que os conteúdos rotulados como "educativos" são globalmente de uma surpreendente pobreza cultural, criativa e linguística. Tomemos este último domínio (de longe o melhor documentado) e consideremos as classificadas como raras para fins ilustrativos, ou seja, palavras que não pertencem à lista de 10 mil palavras mais frequentes da língua inglesa. Estas são oito vezes mais numerosas nos livros pré-escolares e nas trocas verbais comuns do que nas emissões educativas emblemáticas, como *Vila Sésamo* e *Mr. Rogers* (16/1000 e 17/1000 contra 2/1000).[198,199] Voltaremos mais tarde para abordar as razões dessa raridade. Mas, antes disso, convém sem dúvida precisar que, em matéria léxica, raro não significa incomum. *Os três porquinhos* nos oferecem um bom testemunho disso. Essa obra bem conhecida pelas crianças é repleta de palavras que, por serem de uso pouco frequente, não deixam de ser no mínimo fundamentais; por exemplo: *huff, puff, chimney, straw, growl, squeak, yell, shout*, etc. (em português: *sopro, lufada, chaminé, palha, rosnar, chiar, berrar, gritar*). Trata-se de uma constatação de carência que convém manifestamente estender às ferramentas portáteis e a todos os aplicativos supostamente interativos, que deviam ensinar às crianças uma ampla gama de invejáveis competências. Como salientou recentemente a Academia Americana de Pediatria, "análises de centenas de aplicativos para crianças pequenas e em período pré-escolar rotulados como educacionais demonstraram que a maioria deles apresenta baixo potencial educativo, visa somente habilidades de memorização (por ex.: ABC, cores), não se baseia em currículos estabelecidos e não inclui praticamente nenhum dado da parte de especialistas em desenvolvimento ou de educadores".[200] Resumindo, aí ainda a criança poderá sem dúvida aprender "alguma coisa", mas aprenderá infinitamente menos do que poderia lhe oferecer uma interação humana, livre ou mediada por um livro.

Desta forma, para resumir, antes de 2-3 anos as telas não servem para nada, qualquer que seja sua natureza ou conteúdo propostos. A partir dessa faixa etária, durante os anos pré-escolares, alguns programas pomposamente chamados de "educativos" podem ajudar no desenvolvimento de algumas competências cognitivas básicas, especialmente linguísticas. Mas este aprendizado será sempre inferior àquele que a "vida real" oferece. A partir daí, embora seja incontestavelmente preferível colocar uma criança diante de um conteúdo digital educativo a abandoná-la sozinha num deserto de negligência relacional,[201] o melhor continua sendo sem dúvida uma imersão no âmago do mundo de interações humanas. Em seu conjunto, esses elementos permitem reformular a recomendação estabelecida anteriormente: antes de 6 anos, nenhuma tela. Dito isso, a partir dos 2-3 anos, se este ideal se revelar de fato inatingível, então, quanto menos tempo melhor e somente os conteúdos lentos, linearmente estruturados, não violentos e com fins educativos devem ser selecionados.

Mas, vale repetir, a fim de evitar qualquer ambiguidade, permitam-me insistir. Mesmo que inegavelmente práticas, quando se trata de ocupar uma criança, as telas nada têm de uma necessidade existencial. "Antigamente" também (eu sei, já explicarei!), os pais tinham às vezes necessidade de calma e tranquilidade. Para isso, eles não hesitavam em deixar seus filhos se entreter sozinhos, dentro de um contexto de segurança, com cubos, quebra-cabeças, livros, bolas, fantasias variadas e jogos de todo tipo. A criança aprendia então a se abstrair das demandas do mundo ao redor e se concentrar em seu universo interior. Desse refúgio nascia, em especial, um espaço de jogo simbólico (o faz de conta) que inúmeros estudos associaram à edificação das capacidades narrativas, da criatividade ou da regulação emocional.[202-204] Em outras palavras, o desenvolvimento precoce não é feito apenas de relações humanas (ainda que estas sejam absolutamente essenciais). Para se construir, a criança pequena precisa também se entediar, sonhar, imaginar, criar, agir em vez de reagir. É fundamental deixá-la por vezes construir suas atividades, oferecendo-lhe a possibilidade de *explorar* o mundo, em vez de submetê-la constantemente ao seu frenesi invasivo e incitante.

▶ A partir dos 6 anos, menos de uma hora por dia

Cabe agora especificar o limiar de utilização além desses seis primeiros anos de vida. A questão é menos complicada do que parece. Com efeito, os estudos estatísticos utilizam o "hora por dia" como unidade de referência. Compilando os resultados obtidos, observa-se que uma quantidade de problemas emerge a partir da primeira hora diária. Dito de outra maneira, para todas as idades posteriores à primeira infância, as telas recreativas (de todas as naturezas: televisão, videogames, tablets, etc.) têm impactos nocivos mensuráveis a partir de 60 minutos de utilização diária. São afetadas, por exemplo,* as relações intrafamiliares,[205] o sucesso escolar,[206] a concentração,[207] a obesidade,[208] o sono,[209] o desenvolvimento do sistema cardiovascular,[210] ou a expectativa de vida.[211] Infelizmente, revela-se impossível determinar com exatidão se tal deterioração começa a partir de 30 minutos ou se sobrevém apenas após três quartos de hora ou uma hora completa. Então, para começar, sejamos acanhados e escolhamos a versão "alta". Esta última pode se formular da seguinte forma: além da primeira infância, todo consumo de telas recreativas superior a uma hora por dia provoca prejuízos quantitativamente detectáveis e

---

* Os domínios e referências aqui mencionados são puramente ilustrativos. Um inventário bem mais completo e detalhado será evidentemente apresentado na próxima parte.

pode, portanto, ser considerado como excessivo. À luz dos elementos apresentados, contudo, a formulação de um limiar alternativo, "prudente", escorado pelos 30 minutos, não tem nada de ultrajante. Pode-se assim, em última análise, recomendar a manutenção aquém de 30 (marco prudente) a 60 (marco tolerante) minutos de exposição diária às telas recreativas dos indivíduos de 6 anos e mais. Deixemos claro, porém, que esses marcos podem ser organizados em base semanal, e não diária. Assim, uma criança que não consome nenhuma tela recreativa nos dias de escola e assistiria a um desenho animado ou jogaria videogame durante 90 minutos aos sábados permaneceria amplamente dentro do aconselhável. Notemos, todavia, que o tempo, obviamente, não é tudo e que os marcos aqui definidos se estendem para os conteúdos adaptados e/ou consumidos em horas aceitáveis. Assim, o *GTA*, videogame superviolento recheado de cenas de torturas e conteúdos sexuais explícitos (felações, coitos,* etc.), a 12, 14 ou mesmo aos 16 anos, deveria ser descartado, pouco importando a cota horária. De modo paralelo, a televisão até as 23 horas no domingo para um jovem de 6, 8 ou 10 anos que deve acordar na manhã seguinte para ir à escola não deve ser tolerada, mesmo se tratando da mais inofensiva comédia familiar.

Um último ponto que deve ser ressaltado: não é porque os conteúdos e os contextos de utilização têm uma importância indiscutível, e mesmo primordial, em certos domínios psicossociais (agressividade, ansiedade, iniciação ao hábito de fumar ou beber, etc.)[5,212,213] que é possível afirmar, como o fez recentemente uma jornalista de um grande jornal nacional inglês, que o "tempo de tela", em si e por si só, não é prejudicial".[214] Na verdade, conforme nos explica essa especialista em videogame,[215] com base numa analogia bem conhecida, "melhor do que contar calorias (tempo de tela), pense no que está comendo". O problema é que as calorias contam e que comer bem não impede de comer demais![121,216] Este ponto foi claramente

---

* Para se ter uma ideia, eu sugiro aos céticos irem até o YouTube e digitarem na ferramenta de busca algumas expressões como "GTA pornô": "GTA sexo"; GTA tortura"; "GTA violência".

salientado pelos departamentos americanos da saúde e da agricultura. Num relatório conjunto, essas duas instituições escrevem: "A questão crítica não é a proporção relativa de macronutrientes na dieta, mas saber se o padrão nutricional é reduzido em calorias e se o indivíduo é capaz de manter um baixo aporte calórico por algum tempo. O número total de calorias consumidas é o fator dietético essencial e relevante para o peso corporal".[217] Dito de outro modo, "a quantidade, em si e por si só, é prejudicial", ainda que o prato corresponda inteiramente às melhores recomendações nutricionais!

Para as telas recreativas, ocorre o mesmo. Conceder 3, 4, 5 ou 6 horas diárias a esse tipo de atividade é demasiado, simplesmente demasiado; mesmo se o indivíduo não é patologicamente "dependente" e seu consumo se mantém associado a conteúdos supostamente "adaptados". Afirmar, como fez a jornalista, a partir de um alucinante procedimento de "escolha seletiva", que tal deflagração temporal não teria impacto algum representa um desrespeito com todo mundo (sobretudo quando se ousa sugerir que essa inépcia é hoje um "consenso"). Um grande número de estudos, já assinalamos e voltaremos a isso depois, identifica efeitos nefastos a partir de 60 minutos diários, independentemente dos conteúdos consumidos.[5,206-211] Em parte, essa influência está ligada a um processo hoje bem identificado como "tempo roubado". Neste contexto, o prejuízo não dá a mínima para a natureza das atividades digitais privilegiadas. A única coisa que conta, ao final, é que a utilização se opere em detrimento de outras ocupações, bem mais essenciais e/ou "nutritivas" para o organismo em desenvolvimento. Por sinal, o efeito "conteúdo", quando existe, não age de forma independente ao tempo de impregnação. Esses dois fatores acumulam suas incidências de modo que o grau de nocividade de um conteúdo inadequado cresce com a duração da exposição.[5,212] Iniciações ao tabaco[218-222] e a emergência de comportamentos sexuais arriscados oferecem excelentes ilustrações disso. Entretanto, isso é incapaz de perturbar os argumentos dessa jornalista. Pensando talvez estar entregando aos leitores uma gloriosa pincelada humorística, ela evoca rapidamente, antes de varrê-las com um desprezo assustador, as conclusões contrárias de um grupo de pesquisadores renomados em suas áreas. Para esta jornalista, a sugestão de "uma hora por dia de tempo de tela para adolescentes é risível para qualquer um tentando agir como pai ou mãe".[214]

Superado o primeiro sentimento de consternação, é possível dar três tipos de resposta a essa tolice. Primeiramente, os elementos acima expostos mostram que certas crianças/adolescentes conseguem (sozinhas e/ou com a ajuda de seus pais) respeitar esse limite[10,63] e que esses jovens estão longe de ser os mais infelizes e os mais atrasados (nós voltaremos a isso na próxima parte). Em segundo lugar, acumulada entre os 6 e os 18 anos, essa "risível" horinha por dia representa a módica soma de cinco anos letivos[50,51,64] ou, dito de outra forma, dois anos e meio de atividade assalariada em tempo integral.[65] Finalmente, em terceiro lugar, a história humana é rica em sugestões "risíveis" (igualdade de inteligência entre negros e brancos ou entre homens e mulheres; ensino da linguagem de sinais às crianças surdas, poder carcinogênico do fumo; continentes à deriva, etc.) que se tornaram sólidas verdades porque alguns "palermas" decidiram um dia se ater aos fatos em vez de se curvar ante a inércia das opiniões mundanas e pseudodogmas supostamente "estabelecidos". Neil Portman foi um desses "palermas" em questão. No meio dos anos 1980, esse professor de Cultura e Comunicação na Universidade de Nova York se alarmou com o impacto colossal da televisão sobre nossas maneiras de ver e pensar o mundo. Ele empreendeu então em cerca de duzentas páginas notavelmente documentadas a demonstração de que, afinal, o conteúdo importava bem menos que o recipiente ou, com mais exatidão, que o recipiente moldava intimamente o conteúdo. Segundo os termos de Portman, "raramente falamos sobre a televisão, apenas sobre o que *passa* na televisão – ou seja, sobre seu conteúdo. Sua ecologia, que inclui não somente suas características físicas e seu código simbólico, mas também as condições nas quais normalmente nós a assistimos, é dada como certa, aceita como natural [...] Para participar da grande conversa sobre a televisão, as instituições culturais americanas estão, uma após a outra, aprendendo a falar em seus termos. A televisão, em outras palavras, está transformando nossa cultura numa vasta arena para o mundo do espetáculo. É inteiramente possível, é claro, que no final acharemos isso prazeroso e decidiremos que a apreciamos como ela é. Isso era exatamente o que Aldous Huxley temia que viesse a acontecer, cinquenta anos atrás".[227]

Conclusão

Do presente capítulo, três são os principais pontos a serem lembrados.

Em primeiro lugar, nossas crianças dedicam um tempo não apenas fenomenal mas também continuamente crescente a suas atividades digitais recreativas.

Em segundo lugar, contrariamente às tolices habituais de marketing, esses comportamentos e tendências nada têm de inevitável. Podem ser combatidos com eficácia estabelecendo regras de utilização claras (nada de tela antes da escola, nem à noite antes de ir dormir ou durante os deveres de casa, etc.) e minimizando as solicitações disponíveis (nada de televisão ou console de videogames no quarto, um telefone básico no lugar de um smartphone, etc.). No entanto, um ponto é de extrema importância: para que sejam plenamente operantes, essas regras e disposições não devem ser impostas brutalmente. Elas devem ser explicadas e justificadas, desde a mais tenra idade. É preciso insistir com palavras simples que as telas minam a inteligência, perturbam o desenvolvimento do cérebro, danificam a saúde, favorecem a obesidade, interferem no sono, etc.

Em terceiro lugar, o impacto prejudicial das telas recreativas sobre a saúde e o desenvolvimento cognitivo surge bem antes dos limites de utilização média observados. A partir da literatura científica disponível, podem ser formuladas duas recomendações formais: (1) nada de tela recreativa antes dos 6 anos, ainda que estas sejam pomposamente rotuladas como "educativas"; (2) a partir dos 6 anos, não mais de 60 minutos por dia, todas as utilizações acumuladas (e mesmo 30 minutos, se quisermos privilegiar uma interpretação prudente dos dados disponíveis).

Em seu conjunto, esses elementos não são evidentemente de natureza a sustentar os argumentos apaziguantes dos entusiastas de todos os tipos. É preciso realmente ser um sonhador, cândido, insensato, irresponsável ou venal para crer que a profusão de telas recreativas, à qual são submetidas as novas gerações, pode se produzir sem deixar consequências importantes. Cabe relembrar, digamos outra vez (!), estamos falando em média diária, de quase 3 horas para as crianças de 2 a 4 anos e de mais de 7 horas para os adolescentes. Horas estas passadas principalmente a consumir *streamings* audiovisuais (filme, séries, clipes, etc.), a jogar videogames e, para os mais velhos, a se expor e a tagarelar nas redes sociais à base de *lol, like, tweet, post* e *selfies*. Horas áridas, desprovidas de fertilidade para o desenvolvimento. Horas aniquiladas que não serão mais resgatadas assim que forem fechados os grandes períodos de plasticidade cerebral adequados à infância e à adolescência.

TERCEIRA PARTE
IMPACTOS
Crônicas de um desastre anunciado

Nenhum grupo humano na história abriu uma fissura tão grande entre suas condições materiais e suas conquistas intelectuais.

Mark Bauerlein,
professor universitário[1]

PREÂMBULO
Impactos múltiplos e intricados

Finalmente, nos livramos do mito. Mas e quanto à realidade? Todos esses *nativos digitais* em potencial, amamentados no seio da nova tecnologia, com o que eles se parecem realmente? Qual é seu presente? O que se pode dizer de seu futuro? A quantas andam seus percursos escolares, seu desenvolvimento intelectual, seu equilíbrio emocional e sua saúde? Eles são felizes? Como se posicionam em comparação à ínfima fração de crianças "sobreviventes", cujos pais os protegem rigorosamente das telas recreativas? E estas telas, o que de fato oferecem, o que roubam de nossos filhos?

Por meio dessas perguntas, é o impacto das telas sobre o comportamento e o desenvolvimento da criança que investigaremos nesta parte do livro. O problema está longe de ser trivial. Na verdade, para além das dificuldades metodológicas clássicas (amostragens, casualidade, modelos estatísticos, etc.), ele esbarra em dois obstáculos epistemológicos relevantes.

Primeiramente, a diversidade dos domínios envolvidos. As ferramentas digitais aqui consideradas afetam os quatro pilares constitutivos de nossa identidade: o cognitivo, o emocional, o social e o sanitário. Ora, os trabalhos acadêmicos tendem a abordar esses diferentes espaços de maneira analítica e isolada. A partir daí, a literatura científica se assemelha mais a uma paisagem destroçada do que a um panorama homogêneo. Essa fragmentação contribui em grande parte para dissimular o tamanho do problema. No entanto, quando tomamos o tempo para conectar as peças do quebra-cabeça, a ilusão de relativo caráter benigno se evapora rapidamente e a magnitude do desastre aparece com mais nitidez.

Em segundo lugar, a complexidade dos mecanismos de ação, que raramente são simples e diretos. Eles agem com frequência por meios desviantes, em cadeia, com prazo e de modo sinérgico. É frustrante. De início, para os pesquisadores, visto que certos fatores de impacto se revelam difíceis não apenas de identificar mas também, em seguida, de explicar. Depois, para o grande público, na medida em que inúmeras afirmações parecem tão extravagantes em suas apurações primitivas, que se veem espontaneamente refutadas pelos partidários do sacrossanto "bom senso". A influência das telas sobre o bom desempenho escolar, através das agressões ao sono, oferece uma excelente ilustração. Hoje em dia, está solidamente estabelecido, voltaremos a ver esse ponto no último capítulo da presente seção, que as telas têm, sobre a duração e a qualidade de nossas noites, um impacto negativo profundo. Abordemos, assim, o bom desempenho escolar:

- **Certas influências se revelam relativamente diretas**; por exemplo: quando o sono se altera, a memorização, as faculdades de aprendizagem e o funcionamento intelectual diurno são perturbados,[1-4] o que provoca mecanicamente uma erosão do desempenho escolar.[5-8]
- **Certas influências se revelam mais indiretas**; por exemplo, quando o sono é alterado, o sistema imunológico enfraquece,[9-11] a criança corre mais risco de adoecer e, assim, de se ausentar da escola, o que contribui para aumentar suas dificuldades de aprendizado.[12-14]
- **Certas influências emergem com atraso**; por exemplo, quando o sono é alterado, a maturação cerebral é afetada,[4,15-17] o que, no longo prazo, limita o potencial do indivíduo (em especial o cognitivo) e assim, mecanicamente, seu bom desempenho escolar.
- **Certas influências ocorrem em cadeia**, segundo processos pouco intuitivos; por exemplo, a falta de sono é um fator importante para a obesidade.[18-21] Ora, a obesidade está associada a uma diminuição das performances escolares, especialmente em função de um absenteísmo maior e do caráter destrutivo dos estereótipos (com frequência implícitos) associados a este estado sanitário (indolência, disbulia, deslexo higiênico, deslealdade, falta de jeito, preguiça, grosseria, etc.).[22-28] Esses estereótipos são em grande parte associados à representação do "gordo" dentro da esfera midiática, que seja em filmes, séries, shows televisionados, clipes musicais ou artigos jornalísticos.[29] Eles funcionam baseados

em dois grandes eixos.[24-26,30] De um lado, favorecem investidas vexatórias por parte dos outros, o que não ajuda a criança a evoluir em sala de aula. De outro, modificam significativamente as normas do estabelecimento de notas, os professores tendendo a ser mais severos em suas estimativas, observações e avaliações com os alunos obesos ou acima do peso.
- **A maior parte das influências é múltipla**, e é evidente que o impacto negativo das telas recreativas sobre o desempenho escolar não se verifica exclusivamente na deterioração do sono. Esta última alavanca produz seus malefícios em sinergia com outros agentes, entre os quais – veremos isso mais tarde em detalhes – a redução do tempo dedicado aos deveres de casa ou o colapso das capacidades de expressão verbal e de concentração. Ao mesmo tempo, é óbvio também que a influência negativa das telas recreativas sobre o sono age bem além do campo escolar exclusivamente. Dormir de modo adequado se mostra essencial para diminuir os riscos de acidente, regular o humor e as emoções, proteger a saúde, preservar o cérebro contra um envelhecimento prematuro, etc.[4,31-36]
- **Em sua maior parte, as influências são paralelas**, e seria absurdo imputar às telas toda a responsabilidade das dificuldades escolares com as quais se deparam cada vez mais os alunos. De fato, o bom resultado nos estudos depende igualmente, ninguém duvida, de fatores não digitais, de ordem demográfica, social e familiar (fatores que os estudos relativos à influência das telas tentam controlar o melhor possível).

Em resumo, a questão do impacto da tecnologia digital nada tem de trivial, uma vez que a complexidade e a interatividade dos canais funcionais envolvidos favorecem a ocultação dos impactos produzidos. Mas isso não é tudo. O caso se complica ainda mais quando é levada em conta a existência de possíveis "fatores dissimulados", que agem secretamente, sem considerar os saberes estabelecidos. Voltemos, a fim de ilustrar este ponto, à questão do envelhecimento cerebral. No adulto, um estudo demonstrou que o risco de desenvolver o mal de Alzheimer aumentava 30% por cada hora diária suplementar de televisão (após levar em conta as covariáveis conhecidas por sua ligação com a evolução dessa patologia: características sociodemográficas, grau de estímulo cognitivo e nível de atividade física).[37] Com certeza, esse resultado não significa que a televisão "inocula" no paciente o mal de Alzheimer. Indica simplesmente a existência de uma alavanca "oculta", que alerta para o desenvolvimento da doença e é submetida à ação da telinha. Em outras palavras, o efeito da TV revela aqui um modo de ação secundário no sentido da enfermidade, modo de ação que estudos posteriores deverão identificar. No caso presente, entre as hipóteses explicativas potenciais, pode-se citar o sono, cuja desregulação, como demonstram diversos resultados recentes, provoca certos distúrbios bioquímicos favoráveis ao aparecimento de demências degenerativas.[36,38-42] Poderíamos igualmente evocar o sedentarismo, a obesidade, o tabagismo[43]; fatores ao mesmo tempo preditivos da doença e dependentes do consumo de telas (este último ponto será novamente abordado no último capítulo). Tudo isso para dizer que um resultado pode parecer obscuro do ponto de vista da causalidade, sem por isso estar errado.

Resumindo, há três pontos essenciais a se conservar. Primeiro, não é porque uma observação se revela contraintuitiva e/ou difícil de ser compreendida que ela deve ser rejeitada: certas alavancas funcionam bem além das evidências imediatas. Segundo, dizer que as telas têm um impacto determinado não quer dizer que são as únicas a agir ou mesmo que sua ação se mostra a mais consistente: as caricaturas ilusórias do tipo "pelo que diz o autor, as telas seriam responsáveis por todos os males, etc." são tão grotescas quanto desonestas.[44] Por fim, em terceiro lugar, o impacto das utilizações digitais sobre as novas gerações só pode transparecer à luz de uma visão integradora e panorâmica; não importam as eventuais arestas ou contraexemplos pontuais. O que conta ao final é o saldo global; e é portanto este saldo que tentaremos apreender ao longo dessa terceira seção. Três campos serão sucessivamente abordados: (i) o bom desempenho escolar (o parâmetro de impacto disponível mais abrangente); (ii) o desenvolvimento (em particular, nas dimensões cognitiva e emocional); (iii) a saúde somática (desde o sedentarismo até a obesidade, passando pela violência e pela questão de comportamentos de risco – tabagismo, sexualidade, etc.).

DESEMPENHO ESCOLAR
Um poderoso preconceito

Um dos meus alunos trabalha à noite para uma empresa de aulas particulares. Isso lhe permite pagar as contas no fim do mês. Faz pouco tempo, encontrei-o no corredor do laboratório. Ele tinha me escutado no rádio, falando da influência nefasta das telas sobre o desenvolvimento infantil. Sorrindo, ele me disse que não tinha achado muito legal e que corria o risco de perder o emprego rapidamente se os pais decidissem privar seus filhos de usar smartphones, tablets e consoles de videogames. Ele usou um tom de brincadeira, é claro, mas é algo que merece atenção. Isso é ainda mais verdadeiro visto que o bom desempenho escolar constitui um parâmetro de aptidão relativamente global. Com efeito, ainda que isso não baste para entender inteiramente a criança, é evidente que esclarece um bocado sobre seu funcionamento intelectual, social e emocional.

A fim de deixar tudo bem claro, distinguiremos aqui duas questões que se referem respectivamente aos consumos de telas no espaço doméstico[*] e no ambiente escolar.

Telas domésticas e resultados escolares não combinam

Em seu conjunto, a literatura científica demonstra de forma límpida e convergente que o tempo passado diante de telas domésticas afeta negativamente o bom desempenho escolar. Independentemente de gênero, idade, classe de origem e/ou protocolos de análises, a duração do consumo é associada de forma desfavorável à performance estudantil. Dito de outro modo,

---

[*] Este termo define todas as telas acessíveis fora da escola, sejam "pessoais" (smartphone, TV dentro do quarto, console de videogame, computador, etc.) ou "familiares" (TV na sala, tablet familiar, computador compartilhado, etc.).

quanto mais tempo as crianças, adolescentes e estudantes passam com seus brinquedos digitais, mais as notas despencam. Isso não é surpreendente à luz dos trabalhos efetuados há anos em sociologia a fim de identificar "a construção familiar das disposições escolares".[1] De fato, os resultados mostram com extrema clareza que o enquadramento estrito de utilizações digitais recreativas, em prol de práticas extraescolares consideradas positivas (deveres de casa, leitura, música, atividades físicas, etc.), é uma característica distintiva quase unânime das famílias cujos filhos apresentam um elevado grau de performance escolar.[1,2] Essa constatação é por si só compatível com a observação, amplamente desenvolvida anteriormente, que mostra que as utilizações digitais recreativas são bem mais restritivas para as crianças socioculturalmente favorecidas, jovens que tendem a apresentar um nível bem melhor de desempenho estudantil[3-5] (mesmo que outros fatores devam também ser levados em consideração).

▸ *Quanto mais aumenta o tempo de tela, mais as notas caem*

As pesquisas mais gerais consideram o tempo diante de telas em seu conjunto. Isso inclui tipicamente a televisão, os videogames, os telefones celulares, o tablet e o computador. Como foi indicado ao longo da segunda parte, esses suportes são essencialmente utilizados para fins recreativos. Diversos estudos mostram, sem grande surpresa, que a utilização digital acumulada prevê um enfraquecimento significativo do desempenho escolar.[6-18] Por exemplo, uma pesquisa inglesa voltada para os certificados de conclusão do ensino básico.[6] O exame é feito aos 16 anos, e o êxito é mensurado em oito categorias, indo da excelência (A*) à insuficiência (G). Considerando que o efeito negativo "instantâneo" das telas não suscita mais dúvidas, os autores se debruçaram sobre a existência de possíveis influências "remotas" (após, é claro, levar em conta as habituais covariáveis: idade, gênero, peso corporal, depressão, tipo de escola, condição socioeconômica, etc.).* Os resultados mostraram que o consumo digital registrado 18 meses antes do exame afetava muito seriamente o êxito final. Assim, para cada hora de tela consumida aos 14,5 anos, a nota obtida baixava nove pontos. Como mostra a Figura 3, isso representa mais de um nível de atribuição de notas. Suponhamos, por exemplo, que Paulo tenha obtido um A* com um consumo digital nulo; 1 hora por dia o faria cair para B, e 2 horas para C.

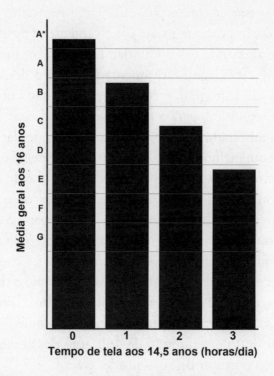

Figura 3 – Impacto do tempo total de tela sobre o desempenho escolar.
Aqui é mensurada a influência "remota" (18 meses antes da prova) do consumo digital sobre o resultado de um exame ao final do ensino básico, efetuado aos 16 anos pelos estudantes ingleses, galeses e norte-irlandeses.[6] Ver detalhes no texto.

---

* Para fins de visibilidade, na sequência do texto, deixaremos de lado essa classificação e consideraremos, salvo exceção, que ela se aplica aos trabalhos discutidos. Se um estudo omitiu esse tipo de controle, quando ele se fazia necessário, nós o indicaremos.

Certamente, esses dados "médios" não traduzem as variabilidades interindividuais. É óbvio que nem todos os adolescentes privados de telas digitais alcançam a excelência. Da mesma forma, é evidente que alguns alunos do ensino fundamental que acumulam 2, 3 ou mesmo 4 horas de utilização diária obtêm ótimas notas. Na verdade, não é raro cruzar com pais que explicam que seu adolescente hiperconectado apresenta resultados satisfatórios. A isso, é possível oferecer duas respostas. Primeiramente, ainda que alguns deles se saiam bem, apesar de uma utilização digital relevante, é claro que o custo social é importante e que, coletivamente, o desempenho de um grupo de alunos do ensino fundamental que consomem 1 hora de telas por dia será significativamente pior que o desempenho de um grupo sociodemográfico comparável que não consome telas digitais. Em segundo lugar, o fato de as notas de um adolescente regular hiperconectado serem boas não significa que elas não seriam expressivamente melhores se ele se mantivesse longe das telas. Dito de outro modo, se não se pode prever o desempenho de Paulo "com telas" (A, B ou C), podemos dizer, sem grandes riscos, que este seria superior "sem telas". Um estudo alemão voltado para alunos de 10 a 17 anos ilustra bem essa ideia.[15] As notas foram agrupadas em quatro níveis (aqui designadas de A a D para manter a coerência com o estudo precedente). Os resultados mostraram que o desempenho obtido em matemática um ano depois do início do ensino decrescia em proporção ao tempo de tela observado no começo do estudo. Ao aumentar de 17% a duração de utilização dos alunos do grupo A, caía-se para o grupo B; 50% nos levava a C e 57% a D. Essas influências, nem é preciso dizer, estão longe de ser modestas.

▸ *Um amplo e antigo consenso sobre a televisão*

Ao lado dos estudos gerais que acabam de ser evocados, encontramos também um grande número de trabalhos específicos. Os mais antigos dizem respeito à televisão. O resultado é incontestável. Ele mostra, de modo convergente e sem deixar dúvida, que, quanto mais tempo as crianças e os adolescentes dedicam à telinha, mais seus resultados escolares despencam.[19-37] Por exemplo, num estudo particularmente interessante, os mesmos indivíduos (cerca de mil) foram acompanhados durante mais de duas décadas.[26] As últimas análises, efetuadas quando os participantes tinham 26 anos, estabeleceram que, a cada hora de televisão consumida diariamente entre 5 e 15 anos, a probabilidade de o indivíduo obter um diploma universitário diminuía em 15%, e o risco de ele sair do sistema escolar sem qualificação aumentava em mais de um terço. Uma outra pesquisa estendeu esses resultados a um grupo mais precoce, mostrando que o consumo cotidiano de uma hora de televisão à idade de 2,5 anos provocava uma diminuição de mais de 40% das performances em matemática alguns anos mais tarde, aos 10 anos.[31] Sem dúvida, esse impacto pode parecer "pesado", mas nada tem de surpreendente. Quando uma criança pequena reúne seus cubos segundo a cor, seleciona seus Legos segundo a forma, ordena seus bonecos do menor ao maior, deforma, reforma, fraciona e reconstitui sua massa de modelar, etc. ela desenvolve conceitos (identidade, conservação, etc.) e competências (serializar, agrupar, etc.) matemáticas essenciais. Ela os desenvolve ainda melhor se um adulto estiver presente para orientar seu encaminhamento (temos a "mesma" quantidade de balas, viu?) ou introduzir a numeração (olha! Você tem "dois livros"... e se eu retirar "um"?, etc.). Ora, como dissemos, essas trocas interpessoais e explorações lúdicas voltadas para o real são as primeiras vítimas das utilizações digitais precoces (especialmente televisuais). A partir daí, nas crianças submetidas a essas utilizações, alguns pré-requisitos lógico-matemáticos se forjam imperfeitamente; e sem esses fundamentos, torna-se difícil em seguida construir algo sólido. Só resta culpar a loteria genética e obstruir toda uma face de futuro potencial, decretando que esse aluno, decididamente, é bem pouco dotado para as matemáticas.

Em outro estudo, foi analisado o impacto da televisão instalada no quarto dos alunos do ensino fundamental.[25] Os dados mostram que aqueles que foram preservados tiveram, em comparação a seus homólogos equipados, melhores notas em matemática (+19%), redação (+17%) e interpretação de texto (+15%). São resultados compatíveis com a conclusão de outro trabalho, realizado com alunos de 9 a 15 anos. As análises revelaram que o número de alunos do ensino médio que tinham uma média excelente (A na escala decrescente de A a D) diminuiu quase linearmente em função do tempo passado diante da televisão, durante a semana, e passava de 49% para o grupo sem TV a 24% para o grupo registrando utilizações superiores a 4 horas diárias.[29]

No final, parece bem difícil considerar benignas todas essas influências. Tanto é assim que um dos estudos de longo prazo citados anteriormente[26] foi recentemente estendido para o campo profissional.[38] Ficou então demonstrado que, entre os meninos, que a cada hora diária suplementar de televisão consumida entre 5 e 15 anos multiplicava por mais de dois o risco de se deparar com um período de desemprego superior a 24 meses entre 18 e 32 anos. A mesma tendência foi identificada nas meninas (risco multiplicado por 1,6), sem, contudo, atingirem o limiar de significatividade estatística.

▶ *Não resta dúvida também para o videogame*

Os pesquisadores também estudaram, é claro, os videogames. E aí, igualmente, os dados são de uma regularidade desconcertante: quanto maior é o tempo passado nos jogos, mais as notas caem.[29,30,33,37,39-48] Um trabalho realizado nos Estados Unidos se revela particularmente interessante.[49] Algumas famílias foram selecionadas através de um anúncio no jornal que dizia procurar voluntários para participar de "um estudo intensivo sobre o desenvolvimento escolar e comportamental de meninos".* Como retribuição, foram prometidos aos participantes um console (PlayStation) e videogames (classificação

---

* Esta escolha foi feita não porque as meninas não mereçam a atenção dos pesquisadores, mas a fim de evitar os efeitos de gênero e em consideração ao fato de que os meninos jogam mais videogames que as meninas (e são portanto, *a priori*, mais expostos "ao risco" do que elas).

para todas as idades). Só foram selecionados meninos com resultados escolares satisfatórios, que não apresentavam qualquer distúrbio de comportamento e não dispunham de nenhum console de jogo em seu domicílio. A metade das famílias recebeu sua "recompensa" imediatamente; a outra metade teve que aguardar o final dos estudos (quatro meses depois). Trata-se de um protocolo particularmente engenhoso. Na verdade, ele permite estudar, sem viés, a evolução e o bom desempenho escolar após a aquisição de um console de videogame, ao comparar dois grupos de início homogêneos. Sem surpresas, as crianças do grupo "console" não o deixaram dentro da embalagem e o utilizaram em média 40 minutos todos os dias; ou seja, 30 minutos a mais do que aqueles do grupo "controle" (cujos membros provavelmente jogavam pouco, fora de casa, quase sempre na casa de amigos no fim de semana ou após as aulas). Para a metade, o tempo de jogo suplementar foi retirado dos deveres, que passaram basicamente de 30 para 15 minutos diários. Tal "captação" não podia deixar ilesa a performance escolar. Ao final do estudo, o grupo "controle" apresentava melhores resultados que o grupo "console" nos três domínios acadêmicos considerados: linguagem escrita (+7%), leitura (+5%) e matemática (+2%), a diferença observada não atingindo, entretanto, o limiar de significatividade neste último caso). De modo interessante, os pesquisadores pediram também aos professores para preencher uma escala psicométrica padrão, indicativo de eventuais dificuldades escolares (em especial de aprendizagem e atenção). Os resultados mostraram um aumento significativo (+9%) dessas dificuldades para os alunos do grupo "console" em relação ao grupo "controle". Todos esses efeitos se revelam ainda mais eloquentes, pois resultam, não nos esqueçamos, de uma duração de exposição relativamente breve (quatro meses) e de um crescimento de utilização bem moderado (30 minutos por dia).

Em outro estudo, também efetuado nos Estados Unidos, economistas confirmaram esses resultados para uma população mais velha, constituída de jovens adultos ingressando na universidade.[48] O protocolo, "quase experimental", era bastante astucioso. Ao entrarem no primeiro ano, os estudantes tiveram aleatoriamente atribuídos seus companheiros de quarto no alojamento universitário. Em certos casos, esse colega possuía um console de videogame. Os autores compararam então os resultados acadêmicos dos estudantes cujos colegas tinham um console com os resultados dos estudantes cujos colegas não tinham um console (supondo que o console do colega de quarto seria compartilhado e/ou emprestado). Os resultados mostraram uma expressiva diminuição de performance nos indivíduos alojados com proprietários de consoles (-10%). Após levar em conta uma longa lista de fatores explicativos possíveis (sono, alcoolização, absenteísmo, emprego assalariado, etc.), as análises apontaram o impacto dominante do tempo de empenho pessoal. Os estudantes cujos companheiros de quarto não possuíam console dedicavam diariamente quase 45 minutos a mais estudando do que aqueles cujos companheiros de quarto possuíam um console. Sem surpresa, essa diferença se encontrava dentro do aumento de tempo de jogo. Assim, os membros do grupo "console" passavam todo dia quase 30 minutos a mais a brincar com seu *joystick* do que seus homólogos do grupo "controle"; 30 minutos para um diferencial acadêmico final de 10%. Nesse ponto, ainda estamos muito longe de um efeito marginal, sobretudo se nos lembrarmos, conforme indicado anteriormente, que o consumo diário médio dos adolescentes e pré-adolescentes se aproxima de 1h30.

▶ O mesmo vale para o smartphone

Recentemente, pesquisadores também começaram a se interessar pelos aparelhos portáteis, entre os quais, é claro, o onipresente smartphone. Essa plataforma de distração em massa concentra a integralidade (ou quase) das funções digitais recreativas. Ela permite acessar todos os tipos de conteúdos audiovisuais, jogar videogames, surfar na Internet, trocar fotos, imagens e mensagens, conectar-se às redes socais, etc.; e permite tudo isso sem a menor restrição de tempo ou lugar. O smartphone nos segue o tempo todo, sem fraquejar nem nos dar trégua. Ele é o graal dos sugadores de cérebros. O derradeiro cavalo de Troia de nosso embrutecimento cerebral. Quanto mais os aplicativos se tornam "inteligentes" mais eles substituem nossa reflexão e mais nos ajudam a nos tornar idiotas. Eles já escolhem nossos restaurantes, selecionam as informações que nos são acessíveis, separam as publicidades que nos são enviadas, determinam os trajetos que devemos seguir, propõem respostas automáticas a algumas de nossas interrogações verbais às mensagens que nos são enviadas, domesticam nossos filhos desde a escola maternal, etc. Com um pouco mais de empenho, eles acabarão pensando no nosso lugar.[50]

O impacto negativo do uso do smartphone se exprime com clareza no desempenho escolar: quanto maior o consumo, mais os resultados despencam.[32,51-62] Um estudo recente, deste ponto de vista, se mostra interessante.[62] O protocolo experimental não se contentava em investigar os participantes (no caso, estudantes de Administração) sobre suas notas e a utilização que faziam de seus telefones. Envolvia também uma medida objetiva de dados. Assim, com a anuência por escrito de cada participante e sob sigilo de um rigoroso compromisso de confidencialidade e anonimato, os autores conseguiram que a secretaria do estabelecimento de ensino lhes transmitisse os resultados dos exames; e que os participantes autorizassem, por um período limitado a duas semanas, a instalação em seus smartphones de um software "espião", permitindo registrar objetivamente, sem interferência, os tempos reais de utilização. Segundo as conclusões do estudo, "a magnitude do efeito encontrado é alarmante".[62] Para começar, ficou confirmado que os participantes passavam muito mais tempo a manipular seus smartphones (3h50 por dia, em média) do que pensavam (2h55 por dia, em média). Em seguida, revelou-se que quanto maior era o tempo de utilização, piores eram os resultados acadêmicos.

A fim de facilitar a avaliação quantitativa do fenômeno, os autores levaram seus dados para uma população normalizada de cem indivíduos. Eles mostraram então que cada hora oferecida ao dono do smartphone provocava um recuo de quase quatro lugares na classificação. Isso não é tão grave, claro, quando se trata apenas de obter um diploma de qualificação, não seletivo. Entretanto, é bem mais importuno dentro do universo brutal das matérias de excelência. Os estudos de medicina oferecem quanto a isso um bom panorama. Na França, os exames de ingresso à faculdade admitem, em média, 18 entre 100 candidatos.[63] Com tal nível de exigência, o smartphone se torna rapidamente uma desvantagem insuperável. Tomemos, por exemplo, um estudante não equipado de smartphone que se classificaria em 240º lugar entre 2.000 e conseguisse passar. Duas horas por dia o conduziriam à eliminação na 400ª posição. E, certamente, as coisas pioram ainda mais se eles se permitirem, como faz um grande número de estudantes, manipular seu aparelho mesmo durante as aulas. A "punição" se traduz então, em média, em quase oito posições por hora de utilização.

Ressaltemos, uma última vez, que não se trata aqui de médias populacionais. É sempre possível encontrar casos particulares que contestam a regra num modo egoísta como: "Sei, mas meu filho está sempre grudado no seu smartphone e conseguiu fazer medicina". Esse tipo de exemplo existe, é verdade. E existe ainda mais considerando que a quase totalidade dos estudantes possui hoje em dia um smartphone. Não se trata mais de valor absoluto, mas de defasagem relativa, para abordar os problemas. Em outros termos, quando a média de utilização beira quatro horas por dia, 120 minutos podem se revelar suficientemente "razoáveis" para você atingir sua meta... mas isso não significa (nem de longe!) que esses 120 minutos não provocaram um impacto. No fundo, para ser perfeitamente claro, seria possível reformular as observações precedentes desta maneira: o desempenho escolar se degrada em proporção ao tempo oferecido ao despotismo do senhor smartphone; quanto menos o aluno é parcimonioso, mais seus resultados caem.

▸ *Um efeito da utilização de computadores e redes sociais*

A todos esses estudos, poderíamos acrescentar outras pesquisas ainda mais específicas que analisam, por exemplo, a utilização das redes sociais. Novamente, os resultados são tão coerentes quanto teimosamente negativos. Quanto mais tempo os alunos adolescentes dedicam a essas ferramentas, mais as performances escolares e intelectuais definham.[32,52,64-72] Mas há um porém, relacionado a certas experiências pedagógicas que envolvem, através da criação de grupos de discussão fechados, o compartilhamento de recursos e pesquisas acadêmicas. Nesse contexto, um aumento marginalmente positivo das notas foi verificado nos estudantes em matemática.[73] Um estudo recente de grande alcance não permitiu, porém, generalizar essa observação.[71] Apesar de tudo, os dados obtidos permitiram confirmar que a utilização estritamente escolar das redes sociais tinha pelo menos a fineza de não se mostrar prejudicial. Mas, no fundo, mesmo se admitíssemos a possibilidade de um impacto modestamente positivo, isso não mudaria muita coisa, pois os consumos puramente escolares são afogados na enxurrada de usos recreativos debilitantes (Figura 2, p. 26). É por isso que os estudos de consumos globais citados no início do capítulo revelam, no final das contas, um saldo tão negativo.

O mesmo problema se coloca para os computadores domésticos. De um lado, estes oferecem acesso quase ilimitado a todos os tipos de conteúdos recreativos cujo caráter nocivo sobre o desempenho escolar acabamos de citar (televisão, séries, videogames, etc.). Ao mesmo tempo, porém, ninguém poderia contestar razoavelmente que essas ferramentas permitem também o acesso a um inesgotável espaço de recursos educativos, ainda que não se deva confundir disponibilidade com explorabilidade: uma coisa é poder acompanhar, online, um curso da universidade de Harvard ou do MIT; outra coisa é possuir as competências de atenção, de motivação e acadêmicas necessárias para a assimilação dos saberes expostos.[74-76] Voltaremos a falar sobre isso mais à frente. Por enquanto, voltemos a esses prezados computadores. O que dizer sobre seu impacto global? No final o que pesa mais na balança, as utilizações imbecilizantes ou as práticas enriquecedoras? A resposta depende, em parte, dos estudos consultados. Se ficarmos nas pesquisas bem realizadas, de envergadura relevante, os impactos vão de nenhum[77,78] a negativo.[79-81] Dito de outra forma, os aportes favoráveis dos computadores domésticos apenas bastam, no melhor dos casos, para contrabalançar as influências danosas.[82] Ainda assim, essa é a interpretação mais conciliadora. De fato, os estudos que falharam em mostrar a menor influência negativa global[77,78] baseiam-se em protocolos de distribuição de computadores aos alunos muito desfavorecidos. Ora, estes, em sua grande maioria, não têm conexão com a Internet em casa e passam muito pouco do seu tempo com o aparelho que lhes foi concedido. O crescimento da utilização (cerca de 20 minutos por dia) não tem impacto algum sobre a duração dos deveres de casa, de qualquer maneira. Mas as coisas poderiam mudar quando a distribuição de computadores incluir uma conexão com a Internet associada. Os jovens irão então se abrir à maravilhosa promessa de uma imbecilização sem restrições: videogames, filmes, séries, clipes musicais, redes sociais, sites pornôs, plataformas comerciais, etc. Os poucos estudos que concluíram sobre a ausência de impacto dos computadores domésticos sobre o desempenho escolar poderão então se juntar ao imponente grupo dos estudos negativos; e Aldous Huxley ressurgirá do nada, ele que, lá se vão 80 anos, já previa "a ditadura perfeita [...]. Uma prisão sem muros da qual os prisioneiros não sonhariam escapar. Um sistema de escravidão em que, graças ao consumo e ao entretenimento, os escravos amariam a própria servidão"[83]; e voltaremos a pensar enfim, um pouco mais tarde sem dúvida, no título amargamente profético de Neil Postman: *Amusing Ourselves to Death*[84] (*Se divertindo até a morte* ou *Morrendo de rir*).

▶ *E, no final, é sempre a utilização entorpecente que ganha*

Este predomínio do divertimento sobre o esforço pode ser melhor ilustrado pelos deveres de casa. Estes são um ingrediente importante da performance escolar.[85-89] A curto prazo, eles agem principalmente favorecendo a assimilação e a memorização dos conteúdos de interesse. Num prazo mais longo, eles permitem também o desenvolvimento de certas aptidões de autodisciplina e autorregulação[90-93] absolutamente essenciais ao bom desempenho escolar.[94-99] Pois, na prática, para dizê-lo de modo simples, não nascemos conscientes, estudiosos e/ou aptos a garantir o essencial (como concluir sua redação) em detrimento do contingente (por exemplo, jogar videogames ou bater papo pelo Facebook); nós desenvolvemos essas competências[100,101] e os deveres são um elemento primordial dessa evolução. Ora, como salientado anteriormente, os estudos pagam um preço alto às utilizações digitais recreativas. O dano é causado ao mesmo tempo por uma abreviação do tempo dedicado aos deveres[23,48,49,102-106] e por uma tendência à dispersão (o *multitasking*; ou multitarefas) pouco favorável à compreensão e à memorização dos conteúdos apreendidos.[52,107-114] Esse prejuízo, que se abate sobre a quantidade e a qualidade dos deveres, oferece uma explicação direta e flagrante do impacto negativo das telas recreativas sobre o bom desempenho escolar. Certamente, não é o único. Voltaremos a isso mais detalhadamente no capítulo seguinte, quando serão abordadas as questões de desenvolvimento.

Por fim, para confirmar todos esses dados, quando se coloca uma tela (computador, tablet, smartphone, etc.) nas mãos de uma criança ou adolescente, é quase sempre o uso recreativo mais prejudicial que se impõe sobre as práticas mais virtuosas. Uma conclusão que confirma, se ainda fosse necessário, os dados do famoso programa internacional "One laptop per child" [Um laptop para cada criança]. O objetivo era oferecer às crianças mais desfavorecidas computadores (depois tablets) de baixo custo, esperando que isso tivesse um impacto positivo sobre suas competências escolares e intelectuais. Por todos os cantos do mundo, a imprensa saudou essa formidável iniciativa, lançada por uma ONG americana, e cujos primeiros retornos foram descritos com grande exaltação.[115-122] Descobrimos assim, por exemplo, que "as crianças conseguem aprender a ler sem ir à escola na Etiópia, ao passo que, em Nova York, outras não alcançavam esse nível mesmo frequentando a escola. O que se deve concluir?".[119] Boa pergunta... sem dúvida, como afirmara Jacques Chirac, então presidente da França, "as promessas só comprometem aqueles que as fazem". Pois, infelizmente, o mínimo que se pode dizer é que o impacto objetivamente avaliado do programa não ficou à altura das esperanças anunciadas. Após várias avaliações, os pesquisadores foram obrigados a reconhecer a inanidade desse caríssimo[123] projeto sobre as competências escolares e cognitivas das crianças.[124-129] Em diversos casos, o saldo se revelou mesmo negativo, pois os beneficiários preferiram (ninguém se surpreenderá!) utilizar os computadores para se divertir (jogos, música, TV, etc.) e não para estudar. Na Catalunha, por exemplo, "este programa teve impacto negativo para a performance dos alunos em catalão, espanhol, inglês e matemática. As notas dos testes caíram em 0,20-0,22 pontos padronizados, o que representa 3,8%-6,2% da nota média do teste".[129] Uma queda que, sem ser vertiginosa, não deixa de ser substancial. Conclusão de um artigo acadêmico: "Um laptop por criança representa o mais recente numa longa lista de desenvolvimentos tecnologicamente utópicos com soluções demasiadamente simplistas".[130] Uma constatação bem sombria que, se for preciso salientar, teve pouquíssimo eco nas mídias, em especial aquelas que se revelaram no início as mais fervorosas defensoras do projeto. Um "esquecimento" que explica sem dúvida o motivo de tanta gente acreditar ainda hoje, como foi clamado em alto e bom som inicialmente sem o menor recuo, com base em anedotas sabiamente destiladas pelos promotores da operação, afirmando que, graças a seus tablets, crianças analfabetas "se instruem sozinhas"[131] e estão "aprendendo a ler sem professores".[122] O que é chocante aqui é o frenesi com o qual essa fábula foi repetida sem reserva pelos jornalistas do mundo inteiro, enquanto outras invenções bem menos chamativas porém bastante promissoras se viram totalmente ignoradas; como um programa que demonstrou que, nos países em desenvolvimento, a distribuição de livros às mães de crianças pequenas tinha um forte efeito positivo sobre o desenvolvimento da linguagem, da atenção e das capacidades de interação social.[132,133] Afinal, por que observar uma intervenção simples, eficaz e barata quando se pode cobrir de elogios um projeto complexo, inoperante e oneroso?

Dados contraditórios?

Evidentemente, é sempre possível contestar os trabalhos acima com conclusões contraditórias de alguns estudos isolados. Isso não é nada surpreendente. Todos os campos científicos, por mais consensuais que sejam, trazem em seu âmago observações discordantes. O problema é que várias mídias têm uma tendência a se precipitar com ávida gulodice, e sem o menor distanciamento crítico, sobre essas observações; e trazendo como principal consequência o questionamento, no centro da opinião pública, sobre realidades experimentais mais estabelecidas. Este ponto é importante e merece que o abordemos por um instante. Para isso, procederemos em três etapas. A primeira apresentará (brevemente) alguns princípios estatísticos básicos a fim de que cada um possa compreender por que a existência de trabalhos dissonantes é matematicamente inevitável. A segunda oferecerá uma ilustração concreta da propensão midiática a se lançar sobre estudos perfeitamente "aberrantes", com o único objetivo de obter com eles uma imensa divulgação. A terceira, por fim, retornará ao tema do bom desempenho escolar através da evocação de algumas pesquisas recentes, que contradizem a tese sobre a nocividade das telas e que, apesar das assustadoras carências conceituais e metodológicas, provocaram um incrível entusiasmo jornalístico.

▸ *Uma inevitável variabilidade estatística*

As estatísticas são úteis... mas imperfeitas. Podemos dizer que são a ciência da dúvida razoável. Assim, pesquisadores consideram normalmente que uma diferença entre dois grupos experimentais é estatisticamente significativa (ou seja, de fato existe) quando ela tem menos de cinco chances em cem de se produzir "por acaso". Isso significa que, se cem estudos são realizados, encontraremos sempre mais ou menos cinco para concluir que existe uma diferença quando não existe. Da mesma forma, o contrário. Encontraremos sempre alguns trabalhos para afirmar que não há diferença quando há uma.

Consideremos um breve exemplo numérico. Peguemos duas moedas semelhantes, lancemos cada uma delas 200 vezes para o alto e contemos o número de "caras". Se 100 pesquisadores fizerem a experiência, 95 confirmarão que há tantas "caras" quanto "coroas" e que, no final, as moedas são bem idênticas. No entanto, cinco chegarão a um resultado contrário, argumentando que a diferença entre o número de "caras" e de "coroas" é estatisticamente significativo (quer dizer, com menos de cinco chances sobre 100 de se produzir "por acaso").

Refaçamos agora a experiência com duas moedas mecanicamente modificadas caindo em "cara" em respectivamente 40% (P1) e 60% (P2) dos casos.* Lancemos cada uma delas 200 vezes e comparemos o número de "caras". Se cem pesquisadores fizerem a experiência, 98 identificarão uma diferença; 2 não detectarão nenhuma. Este número de "falsos negativos" (não achar diferença quando existe uma) irá variar com o número de lançamentos. Quanto mais este último for importante, mais fracas são as chances de se enganar. Assim, no contexto de nosso exemplo, se aumentarmos para 300 lançamentos, a taxa de erros cairá em torno de 1 por 1.000. Por outro lado, se reduzirmos a 20 lançamentos, o grau de inexatidão subirá cerca de 70% (quer dizer que uma maioria de pesquisadores concluirá que as moedas são similares). Encontraremos mesmo 1 em 1.000 para afirmar que a primeira moeda (P1) tem mais tendência a cair em "cara" do que a segunda (P2).

Resumindo, quando um campo científico gera um grande número de estudos, é inevitável que surjam trabalhos equivocados. Alguns estudos descreverão então efeitos que não existem, enquanto outros fracassarão ao identificar impactos verificados. Consequentemente, a publicação de uma pesquisa contraditória no meio de um campo experimental solidamente homogêneo deveria sempre ser acolhida com grande cautela. Infelizmente, estamos longe disso... mesmo quando

---

* Os dados deste parágrafo foram obtidos com base em uma simulação matemática simples. A ideia consiste em "realizar" a experiência virtualmente com o auxílio de um software de cálculo. Lança-se então cada moeda "n" vezes (com uma função de cálculo aleatória) e compara-se a proporção de "cara" para as duas moedas. Refaz-se isso um bom número de vezes e pode-se assim estimar a probabilidade de obter um resultado semelhante para as duas moedas. Aqui, escolhemos 3 valores de "n" (20, 200, 500) e 100.000 reproduções da experiência.

a pesquisa considerada apresenta um assustador nível de fragilidade metodológica. A seção a seguir oferece uma ilustração inspiradora.

▸ O burburinho antes da informação

Há pouco tempo, um estudo "científico" causou um alvoroço midiático planetário: descobria-se, em contradição com as conclusões de centenas de estudos bem realizados, que comer chocolate (gordura + açúcar) emagrecia. *Bild*, o jornal de maior circulação na Europa (de origem alemã), chegou a estampar a informação na primeira página! Por trás desse trabalho estava o americano John Bohannon, doutor em biologia nuclear, à época correspondente da prestigiosa revista *Science*. Seu objetivo era claro: produzir um estudo absurdo mas suficientemente convincente para interessar às mídias e demonstrar "como é fácil transformar uma ciência ruim em grandes manchetes sobre modismos dietéticos".[134] Bohannon não enganou ninguém. Ele apenas empregou alguns grandes dados estatísticos bem conhecidos a fim de certificar-se de que encontraria alguma coisa onde nada havia.* Em seguida, ele inventou uma afiliação acadêmica (The Institute of Diet and Health, "na verdade, nada mais do que um website") e enviou seu artigo para um jornal pseudocientífico disposto a publicar qualquer coisa em troca de um cheque: *The International Archives of Medicine*. Uma vez publicado o trabalho, "estava na hora de fazer barulho". Para isso, Bohannon solicitou os conselhos de um especialista em assessoria de imprensa. O resultado surpreendeu. A informação foi difundida em seis idiomas em mais de vinte países, frequentemente por mídias de destaque. Uma constatação ainda mais terrível, pois o estudo apresentado "cheirava mal" (a fonte, a conclusão iconoclasta, a afiliação do autor, sua ausência de produção dentro do campo, etc.).

---

* Por exemplo, medindo um bocado de variáveis (18 no estudo; peso, colesterol, sono, etc.) numa pequena quantidade de indivíduos (15 no estudo), tem-se todas as chances de encontrar alguma coisa... sobretudo se as variáveis consideradas tiverem uma tendência natural para flutuar (como o peso).

Este trabalho deveria ter sido tratado com a mais extrema suspeita. Em vez disso, ele se saiu às mil maravilhas e foi internacionalmente celebrado. A maior parte dos jornalistas, por sinal, se contentou em "copiar e colar" o material promocional redigido por Bohannon.

Conclusão, qualquer pseudoestudo, por mais inepto que seja, pode aparecer na primeira página das principais mídias do planeta, bastando para isso chamar muita atenção e mostrar vocação para criar um burburinho.

▸ *"Os passatempos digitais não afetam as performances escolares"*

O que vale para o chocolate que emagrece também vale, infelizmente, para as telas que tornam as pessoas inteligentes. Uma pesquisa francesa ilustra isso de modo tristemente representativo. Envolvendo 27 mil alunos do ensino fundamental, ela foi publicada quase simultaneamente em dois lugares: (i) de forma exaustiva,[135] num periódico francófono secundário ao final da hierarquia de revistas acadêmicas de psicologia[136]; (ii) de forma abreviada,[137] numa revista associativa militante, não científica. Foi esta última fonte que criou o tsunami. As grandes mídias generalistas se jogaram, em sua quase totalidade, sobre a informação.[138-146] Convém dizer que esse trabalho, que, na opinião dos próprios autores, se tratava apenas de "uma investigação, e não um plano experimental" (entendam: nada tinha de um estudo científico digno desse nome[135]), com tudo que deveria ter para agradar os membros da seita digital. De fato, as conclusões não eram gentis para com os reality-shows. "O reality-show faz baixar as notas dos adolescentes", era o título, para criar um gancho, numa revista semanal de circulação nacional.[143] Mas não era isso o importante. Com efeito, a questão do reality-show parece hoje não apenas secundária na arena global das telas, mas também amplamente ultrapassada, uma vez que o potencial nocivo desse tipo de programa é hoje amplamente reconhecido.[19,147-153] Agora, a polêmica está voltada para outros assuntos mais "abertos" (TV em geral, redes sociais, videogames, etc.). Assim, quando um jornalista perguntou se "a mídia televisual, em si mesma, não tinha sua responsabilidade", o autor principal respondeu com firmeza negativamente: "Não. Outros programas, como os filmes de ação ou os documentários, têm pouquíssimo efeito sobre os trabalhos escolares".[141] Da mesma forma, como explicou um grande jornal de distribuição gratuita, "os videogames são menos nocivos do que se diz. 'Jogar videogames (ação, combate, plataforma) não tem incidência negativa', escrevem os pesquisadores, o que não vai facilitar a vida de certos pais carentes de argumentos diante de seus adolescentes viciados [...]. Outras atividades geralmente acusadas de todos os males, o uso demasiadamente frequente de telefones celulares (78% do painel) e das redes sociais (73%) não teriam senão uma 'influência mínima' sobre os resultados escolares".[138] Em resumo, segundo os autores da sondagem, "no conjunto, a maior parte dos passatempos, como os videogames, não tem ou tem pouca influência sobre os desempenhos escolares e cognitivos, são apenas atividades de lazer que permitem o relaxamento ou a expressão das dimensões afetivas e sociais dos alunos (telefone, SMS)".[137]

Pronto, isso deve apaziguar a preocupação dos pais. Infelizmente, de maneira equivocada, em vista de quão deficiente é a metodologia da sondagem. Tão deficiente que, de fato, as chances de identificar um efeito negativo geral da TV, dos videogames ou da utilização compulsiva do telefone celular eram, desde o início, nulas. Para começar, há o tempo. No parágrafo introdutório da versão de seu trabalho para o público geral, os autores relacionam algumas perguntas, tais como "o tempo passado ao telefone e enviando mensagens de texto tem consequências negativas sobre a performance em leitura e compreensão?".[137] Surpreendentemente, em absoluta contradição com este objetivo tentador, eles admitem na versão acadêmica de sua investigação que "nós não mensuramos o tempo de atividade por dia"[135]; e é exatamente este o nervo da questão. Em momento algum nesse trabalho a duração é abordada. Não se pergunta aos participantes o número de horas diárias que eles passam com este ou aquele aparelho. Perguntam-lhes apenas se praticam a atividade "todos os dias (ou quase); cerca de 1 ou 2 vezes por semana; cerca de 1 ou 2 vezes por mês; 1 ou 2 vezes por trimestre; nunca desde a volta às aulas".[135] Ora, contrariamente ao que é então admitido de forma implícita, essas categorias não dizem muita coisa sobre os tempos de utilização efetivos. Assim, pouco importa que a prática digital diária de um aluno do ensino fundamental seja de 15 minutos, 2 horas ou 6 horas, ele será rotulado como "grande usuário". Da mesma maneira que uma criança privada de console ou de TV nos dias de escola, mas que se empanturra de horas diante das telas nos fins de semana e feriados, figurará na lista dos "pequenos usuários". A isso se acrescenta o risco de uma notável heterogeneidade social no seio de cada grupo. A massa de grandes consumidores, por exemplo (cerca de 80% da amostragem), engloba certamente crianças oriundas de famílias mais ou menos privilegiadas. Toda sondagem epidemiológica, pois é bem disso que estamos falando, só pode ser confiável se ela levar em conta esse tipo de covariável. Ora, isso não foi feito neste caso. Ao contrário, todos os elementos de risco são misturados numa inextricável gororoba fatorial. Extrair qualquer coisa desse tipo de desordem é simplesmente impossível. Pesquisadores e estatísticos sabem disso há muito tempo. Assim, por exemplo, quase 15 anos atrás, economistas alemães mostraram, a partir dos dados do PISA,* que os alunos do ensino fundamental que possuíam em casa um computador tinham melhores notas do que seus colegas não equipados.[79] O diferencial de performance não era desprezível, já que equivalia *grosso modo* a um ano escolar.** Eureca! gritou a multidão... exceto que, avançando mais em suas análises, os autores revelaram que essa bela história não se sustentava. A influência positiva observada se invertia completamente para se tornar prejudicial quando se levavam em conta, de modo específico, as características socioeconômicas da família. Conclusão dos autores

---

* Ver nota da p. 10. Este lembrete será omitido em novas ocorrências deste termo.

** Isso significa que, se o grupo de jovens que possui um computador tem um nível de "início do 9º ano do ensino fundamental", o grupo de alunos que não possui um tem um nível de "início do 8º".

(já ali!): "A mera disponibilidade de computadores em casa parece distrair os alunos de uma efetiva aprendizagem".[79]

Decerto, pode-se admitir, por que não, que essas sutilezas metodológicas tenham escapado aos jornalistas não especializados, mas o que fazer da massa de estudos contraditórios já publicados e do enorme absurdo das hipóteses apresentadas pelos autores a fim de justificar seus resultados? De acordo com o primeiro signatário do estudo, "os alunos que assistem demasiadamente a reality-shows não dispõem, é claro, de tempo suficiente para estudar suas matérias escolares. Mas, sobretudo, esse tipo de programa colabora para um empobrecimento da cultura e do vocabulário".[141] E, obviamente, tais inconveniências também sobrevêm às crianças que, por exemplo, jogam videogames de ação, combate ou plataforma. A riqueza linguística desses conteúdos é sem dúvida exuberante e os inúmeros estudos (citados antes) que mostram um impacto significativo desses jogos sobre o tempo e a qualidade dos deveres escolares estão forçosamente errados. Sinceramente, deve ser brincadeira... mas tudo isso permite, à custa de um improvável jargão midiático, manter viva a ideia segundo a qual a utilização digital dos alunos do ensino fundamental não tem impacto sobre seu nível de desempenho escolar. E no final pode se explicar sem constrangimento aos pais que "os videogames não têm praticamente nenhum impacto sobre os resultados em classe" e que se entregar a esse tipo de prática "é a mesma coisa que jogar golfe".[144] É consternador!

▸ *"Jogar videogame melhora os resultados escolares"*

É claro que nem todas as pesquisas deficientes apresentam um nível de pobreza metodológica comparável a este da sondagem narrada acima. Na maior parte dos casos, as fragilidades experimentais mais gritantes são dissimuladas sob uma camada de respeitabilidade estatística. Assim, por exemplo, hoje em dia é raríssimo que um estudo seja publicado numa revista científica internacional, mesmo de terceira categoria, sem que sejam levadas em conta as principais covariáveis de interesse (gênero, idade, nível socioeconômico, etc.). Incontestavelmente, esse verniz complica a identificação de trabalhos equivocados. Apesar de tudo, certos sinais de alerta permanecem fáceis de ser detectados: um suporte de publicação secundário ou pior, não científico; uma conclusão iconoclasta contradizendo, sem explicação plausível, dezenas de trabalhos convergentes; um resultado estabelecendo oportunamente a inocuidade ou o interesse de um produto industrial bastante contestado (pesticidas, adoçantes, etc.), etc. Isso não quer dizer, mais uma vez, que esses indicadores sejam infalíveis. Mas, claramente, eles deveriam suscitar a mais extrema prudência ao ofício jornalístico. Isso está longe de ser sempre o caso, e inúmeros "estudos" revestidos com esses defeitos continuam a ser difundidos com um estranho entusiasmo.

Último exemplo recente, uma pesquisa australiana publicada num periódico secundário que tratou da influência dos consumos digitais sobre o desempenho escolar.[154] O impacto foi de ordem planetária. Dois resultados chamaram particularmente a atenção dos jornalistas: a prática assídua dos videogames online tem um impacto positivo sobre as notas; inversamente, a utilização de redes sociais exerce uma influência negativa. A maior parte das primeiras páginas dos jornais acentuou o primeiro ponto, salientando, por exemplo, que "Os adolescentes que jogam online têm melhores notas".[155] Algumas manchetes, mais raras, adotaram uma abordagem mais global e mencionaram também a questão das redes sociais: "Jogar videogames pode impulsionar a inteligência da criança (mas o Facebook arruinará seu desempenho escolar)"[156] ou ainda "jogadores adolescentes se saem melhor em matemática do que as estrelas da mídia social, diz estudo".[157]

Além desses slogans iniciais, a maioria dos artigos jornalísticos decidiu confiar ao autor dessa pesquisa o cuidado de decifrar os resultados obtidos.* Economista de formação, este senhor explica então que os "estudantes que jogam online quase todos os dias registram 15 pontos acima da média em matemática e leitura, e 17 pontos acima

---

* É por isso que várias referências aparecem para as citações desse parágrafo. É interessante notar quantas vezes essas últimas foram reproduzidas, sem o menor recuo, em termos idênticos (ou quase idênticos) em todo o planeta.

da média em ciência".[154,156,158-161] Esta conexão se deveria ao fato de que "quando você joga online você está resolvendo um quebra-cabeça a fim de passar para o próximo nível, e isso envolve o uso de algum conhecimento geral e habilidades em matemática, leitura e ciência que foi ensinado durante o dia.[155,156,159-161] Esses dados revelam que "professores deveriam considerar a opção de incorporar videogames populares ao ensino – desde que esses não sejam violentos".[156,160,161]

Confrontadas com essas informações, diversas mídias importantes se mostraram singularmente elogiosas. "Videogame e educação, o mesmo combate", entusiasmou-se uma delas.[158] "Má reputação dos videogames pode ser injusta"[157] exagera seu colega. E o que dizer desse "especialista", entrevistado por um grande jornal francês e que nos presenteia com um inacreditável malabarismo através do qual ele consegue, de um lado, glorificar a influência positiva dos videogames e, do outro, refutar o impacto negativo das redes sociais. Somos, assim, informados de que "certos videogames associados à conquista, à descoberta ou à construção favorecem algumas competências, tais como o raciocínio antecipador, a lógica ou a estratégia", ao passo que, quanto às redes sociais, "tudo depende do contexto. Não se deve generalizar [...]. As redes sociais não passam de conversas fiadas durante as aulas. Jovens que precisam desabrochar socialmente para poder fazê-lo no âmbito escolar".[162] O próprio autor do estudo, por sinal, se recusa a sugerir que seria bom limitar o uso das redes sociais por parte dos alunos.[157] Pior, esse homem chega ao ponto de afirmar que seria preciso intensificar, na escola, a utilização dessas ferramentas.[156,161] Na sua opinião, "levando em conta que 78% dos adolescentes abordados em nosso estudo utilizam as redes sociais todos os dias ou quase todos os dias, os estabelecimentos de ensino deveriam adotar uma abordagem mais proativa de modo a usar as redes sociais para fins pedagógicos.[163]

Em meio a esse coral de elogios, só um jornalista (!) teve a clarividência de reportar à média* as diferenças observadas; diferenças

---

* Aproximadamente 515 pontos (por definição, para os estudos do PISA, a média oscila sempre em torno de 500 pontos).

estas que aparecem a partir daí "significativas mas mínimas [...] Para os jogadores regulares de videogame online, as notas são 3% superiores à média".[163] Curiosamente essa fragilidade quantitativa foi amplamente enfatizada no caso das redes sociais.[155,157] Exemplo: "Estudantes que praticavam jogos online quase todos os dias registraram 15 pontos acima da média em matemática e leitura e 17 pontos acima da média em ciência [...] [O autor] também analisou a correlação entre o uso de mídia social e os resultados do PISA. Ele concluiu que usuários de sites como Facebook e Twitter tinham mais chances de obter resultados 4% inferiores em média",[159] tudo isso sem especificar em lugar algum que esse percentual representa, em relação à média, uma queda absoluta de 20 pontos; impossível, portanto, comparar com o efeito positivo dos videogames, cujo impacto é dado apenas em valor absoluto.

Assim, a pesquisa que abordamos aqui mostra, no melhor dos casos, uma modesta influência negativa das redes sociais e um fraco impacto positivo dos videogames online sobre as performances escolares. Um saldo bastante pobre, temos de admitir, em comparação com o estrondo editorial observado. Mas, tudo bem, vamos aceitar a ênfase e consideremos que o exagero faça parte do balé midiático. O verdadeiro problema, de fato, é que, mesmo reduzido às suas justas proporções quantitativas, esse estudo continua cruelmente manco. No plano metodológico, primeiro, ainda que seu modelo estatístico seja bem elaborado, ele contém inúmeros defeitos expostos pela sondagem mencionada anteriormente (em particular, a ausência de mensuração das durações reais em prol de uma classificação de frequências: "Todos os dias", "todos os dias ou quase", etc.). Isso não é tudo. Duas outras lacunas se revelam expressivamente significantes. Elas dizem respeito à coerência dos diversos resultados produzidos (eles concordam entre si? São confiáveis? São compatíveis com os dados existentes e, se não, por quê?, etc.); e a capacidade do autor para oferecer um contexto explicativo plausível a suas observações.

Comecemos pelo problema de coerência. Além dos dois elementos "selecionados" pelas mídias (videogames e redes sociais), a publicação original considera um grande número de variáveis: o tempo dedicado aos deveres de casa, o uso da Internet para fins escolares, a assiduidade escolar, o gênero do aluno, o nível socioeconômico familiar, etc. Se esses jornalistas tivessem ousado dar uma olhada nessas variáveis, eles teriam podido produzir todo tipo de manchetes arrebatadoras*:

– "Para obter boas notas, é melhor jogar videogame do que fazer seus deveres escolares": jogar videogame "quase todos os dias" equivale a 15 pontos sobre a média; passar uma hora diária fazendo seus deveres só faz ganhar 12 pontos.

– "Para tirar boas notas, não é preciso ir à escola": os alunos que fazem seus deveres utilizando Internet "uma ou duas vezes por mês" veem sua média aumentar 24 pontos; ou seja, um pouco mais do que o que perdem os absenteístas que faltam às aulas "de 2 a 3 vezes por semana" (-21 pontos). Seria igualmente possível assinalar que de uma a duas sessões mensais de deveres pela Internet (+24 pontos) melhoram duas vezes mais a média do que uma hora de dever à moda antiga, realizados via Internet (+12 pontos). Que magia! O espírito da Web penetra então, sem dúvida por capilaridade, no cérebro de nossos jovens aprendizes, como um demiurgo didático. Mas como disse o autor, convém manter a prudência e não esquecer outros fatores que devem ser considerados. Na verdade, "os resultados também revelam que faltar às aulas todos os dias [sic] é aproximadamente duas vezes pior para a performance do que usar Facebook ou bater papo online em bases diárias".[154] Certo, então podemos nos tranquilizar!

– "Para obter boas notas é melhor ter pais pobres": há décadas, sem dúvida "enganados" pelos primeiros trabalhos do sociólogo Pierre Bourdieu,[3] os especialistas acreditaram que as crianças provenientes das classes mais privilegiadas economicamente se saíam melhor na escola que seus pares menos privilegiados.[4,5] O presente

---

* Os números que seguem são baseados nos resultados de "leitura". Teria sido também possível utilizar os dados de "matemática" ou "ciências" (com poucas unidades de diferença, os valores são idênticos).

estudo indica que não é nada disso: a média das crianças mais duramente desfavorecidas economicamente supera em cerca de 40 pontos a média das crianças escandalosamente privilegiadas. Esta piada, nem mesmo a URSS da grande época ousou contar para seus cordeiros!

Poderíamos continuar por um bom tempo o desfile de manchetes fantasiosas. Isso, porém, não teria interesse algum. Os poucos exemplos citados, esperamos, demonstram o caráter eminentemente "frágil" do trabalho apresentado, ainda que a boa-fé absoluta de seu autor não deixe sombra de dúvida. Quando um estudo indica que é melhor, para tirar boas notas, jogar videogame do que fazer seus deveres escolares, podemos nos surpreender. Quando o mesmo estudo acrescenta que é possível, sem incidência, faltar dois ou três dias de aula por semana se nos impusermos uma sessão mensal de deveres pela Internet, podemos começar a desconfiar. Mas quando esse estudo conclui que as crianças oriundas das classes mais desfavorecidas têm melhores resultados que seus pares mais privilegiados, aí só podemos invocar a aberração psicodélica.

Esses resultados são ainda mais extravagantes, pois nenhuma hipótese plausível pode explicá-los; à exceção, é claro, das habituais logorreias comerciais sobre a capacidade dos videogames de desenvolver todos os tipos de maravilhosas competências, universalmente generalizáveis. Mas, como veremos a seguir, tais competências não existem. O que se aprende jogando videogame não se transpõe para além desse jogo e de algumas raras atividades estruturalmente vizinhas.[164-172] Em outros termos, nada permite explicar como os videogames online poderiam, em seu conjunto, independentemente de qualquer especificidade individual (estratégia, guerra, ação, esporte, RPG, etc.), melhorar a globalidade das performances escolares em leitura, matemática e ciências. A recíproca não é verdadeira. Conforme mostraremos no decorrer do próximo capítulo, vários mecanismos gerais reportam o efeito nocivo do videogame (todos os tipos juntos) sobre diferentes fatores suscetíveis de afetar o bom desempenho escolar (prejudicial ao sono, às capacidades de concentração, à linguagem, ao tempo dedicado aos deveres, etc.).

> *Um estudo entre outros?*

Certamente, alguns argumentarão que o estudo precedente nada tem de isolado e que várias outras pesquisas salientam a existência de uma ligação positiva entre videogame e bom desempenho escolar. É verdade, salvo por um detalhe. A quase totalidade dessas pesquisas é baseada no mesmo *corpus* de dados (PISA). Uma para a Austrália,[154] outra para a média de vinte e dois países,[173] e outra ainda para a média de vinte e seis países,[174] etc. Partindo dos mesmos dados, revestidos dos mesmos defeitos congênitos (por exemplo, a não consideração dos tempos efetivos e sim das frequências de utilização), não surpreende que cheguemos aproximadamente às mesmas conclusões, sem que ninguém, é claro, tome o cuidado de mencionar o viés. "Uau!", poderia-se então exclamar para acalmar o chato que ousasse levantar uma dúvida, "no total isso reúne um bocado de estudos convergentes e positivos".

Tomemos, por último exemplo, a fonte original, o próprio relatório do PISA, tal qual foi publicado pela OCDE.[175] Do lado da mídia, nenhuma surpresa quanto à leitura do texto: "Jogar videogame pode impulsionar a performance nos exames, afirma a OCDE",[176] "Videogames são capazes de melhorar o desempenho dos adolescentes em matemática, ciência, leitura e solução de problemas",[177] etc. Admirável, mas aí também, infelizmente, destituído de qualquer fundamento. Uma olhada no relatório do PISA basta para nos convencer. Em sua globalidade, este demonstra, de fato, que a suposta influência dos videogames sobre o desempenho escolar não é favorável, mas nula. Assim, segundo os termos desse documento, "alunos que jogam sozinhos videogames entre uma vez por mês e quase todos os dias têm melhor desempenho em matemática, leitura, ciência e solução de problemas, em média, do que alunos que jogam sozinhos todos os dias. Eles têm também melhor desempenho do que alunos que nunca ou raramente jogam. Em contraste, os videogames coletivos online parecem estar associados a um desempenho mais fraco, independente da frequência com que o praticam".[175] Expresso de outra maneira, a ação supostamente positiva dos videogames jogados por "uma única pessoa" é compensada pela ação negativa dos videogames "coletivos em rede". Algumas mídias nem sequer se deram ao trabalho de mencionar esta divergência e se contentaram em afirmar sem a menor vergonha que "segundo um estudo da OCDE, jogar videogames 'moderadamente' pode ser útil para obter melhores resultados na escola [...] A proibição dos videogames é, portanto, desaconselhada".[178] Esse efeito negativo dos jogos em rede é ainda mais notável, já que o estudo analisado antes,[154] concentrado em um só país (a Austrália), mostra exatamente o inverso, ou seja, um efeito positivo sobre a performance escolar dos jogos online (entre os quais estão os jogos multijogador em rede).

Tal nível de coerência, incontestavelmente, é tranquilizador. Mas vamos em frente e abordemos o relatório do PISA. Interessante notar que o impacto negativo dos jogos em rede é observado qualquer que seja a frequência de utilização (em média, o déficit é mesmo superior para os jovens que jogam raramente e não com frequência[174]). O mesmo ocorre quanto à influência dos jogos individuais. Estes, a partir de uma simples sessão mensal (e, ainda aí, em média, o ganho é superior nos alunos que jogam raramente do que aqueles que o fazem com frequência[174]). Quantitativamente, uma sessão mensal de videogames individuais tem o mesmo efeito sobre as notas que vinte minutos diários de deveres de casa, algo que algumas mídias não deixaram de enfatizar em termos bem simpáticos, como este gancho sensacionalista: "Como passar tempo jogando videogame em vez de fazer os deveres de casa pode impulsionar as notas dos adolescentes?"[179] Eficaz... mas difícil de justificar; ainda mais porque é preciso também considerar a influência negativa dos jogos em rede. Quanto a esta questão, o responsável do programa de avaliação do PISA tem uma ideia. Ele sugere: "Jogos coletivos online parecem ser com consistência negativamente associados ao desempenho. Uma explicação é que esses jogadores online têm que interagir com outros, e normalmente tarde da noite, o que toma fatias de tempo maiores".[179] Mas, então, como explicar que esses jogos em rede sejam prejudiciais a partir das utilizações mais marginais (uma vez por mês)?;

e, sobretudo, como analisar o fato de serem, em média, mais nefastos naqueles que jogam menos do que nos que são mais assíduos?;[174] e, se rejeitarmos essa hipótese, como explicar o efeito diametralmente oposto de uma sessão mensal, semanal ou diária de um mesmo jogo praticado sozinho ou coletivamente online? Claramente, tudo isso carece de sentido.

▸ Dados não muito confiáveis

Recentemente, um novo estudo do PISA veio confirmar e generalizar as observações precedentes.[180] Em contradição com a quase totalidade dos trabalhos científicos disponíveis, este trabalho mostra que a influência benéfica das telas digitais sobre o desempenho escolar não se limita aos videogames, mas se estende ao conjunto de atividades digitais recreativas; quanto mais os alunos do ensino fundamental se entregam a essas diversões, melhores são suas notas. Extraordinário! No entanto, esse estudo não suscitou nenhuma cobertura midiática importante. Uma hipótese poderia explicar esse curioso desinteresse. Ela remete à "gulodice dos autores que, não satisfeitos de se interessar pelas utilizações recreativas digitais, se debruçaram também sobre o consumo em ambiente escolar (as célebres TIC*); e o mínimo que se pode dizer é que os resultados não são nem um pouco divertidos. De acordo com um grande *corpus* de observação científica, eles mostram que a utilização escolar das telas (tanto em casa quanto na escola) debilita a performance escolar: quanto mais os alunos são entupidos de TIC, mais as notas caem. Isso é frustrante e provoca um pouco de desordem no momento em que a digitalização do sistema escolar avança vigorosamente (voltaremos a esse ponto na próxima seção). É claro, os autores do estudo tentam algumas sábias interpretações (contudo, pouco convincentes) para

---

* TIC: Tecnologias de Informação e de Comunicação para o ensino. Em outros termos, o conjunto de ferramentas utilizadas no contexto escolar.

justificar a anomalia: utilizadas para se divertir, as telas melhoram a performance escolar; utilizadas para aprender, elas a diminuem! Estranho que esse esboço de explicação omita a única interpretação de fato plausível, isto é, os dados utilizados simplesmente não são confiáveis. E, neste caso, qualquer que seja a validade de um processamento estatístico, se as variáveis de entrada são sujas, os dados ao final sairão mal lavados.

Seria, porém, injusto rejeitar o conjunto do estudo do PISA aqui considerado. Na verdade, os elementos analisados não têm todos o mesmo grau de credibilidade,[181] é claro. De um lado, efetivamente, inúmeras variáveis se revelam suspeitas. Não é fácil, por exemplo, responder com precisão, um questionário enfadonho com perguntas tão nebulosas como: "Durante um dia típico de semana, por quanto tempo você usa Internet na escola?"; ou "Durante um dia típico de semana, por quanto tempo você usa Internet fora da escola?"[182] E também é difícil, como já foi enfatizado, realizar análises quantitativas detalhadas a partir de medidas grosseiras do tipo: "Com que frequência você utiliza aparelhos digitais nas seguintes atividades extraescolares?"; atividades estas que incluem, por exemplo: "Acessar e-mail" ou "Obter informações práticas a partir da Internet (e.g. locais, datas de eventos)"; tendo como possíveis escolhas: "Nunca ou muito raramente; Uma ou duas vezes por mês; Uma ou duas vezes por semana; Quase todos os dias; Todos os dias".

Outras perguntas, contudo, são definidas com mais precisão e, por conta disso, menos sujeitas à precaução. Desta forma, é relativamente fácil para um diretor de escola do ensino fundamental responder a questões do tipo: "Em sua escola, qual é o número total de estudantes incluídos na avaliação do PISA?",* "Aproximadamente, quantos computadores são disponibilizados para acesso à Internet?", etc. Da mesma forma, para os alunos, parece bem simples responder a perguntas tais como: "Há alguns desses aparelhos disponíveis para você usar em casa [desktop, laptop ou notebook,

---

* A idade dos alunos avaliados pelo PISA é de 15 anos.

consoles de videogames, telefones celulares com acesso à Internet, telefones celulares sem acesso à Internet, etc.]?, ou "Do que você dispõe em casa [Uma mesa de estudo, um quarto só para você, Uma conexão para Internet, etc.]?", etc. Quando nos concentramos nessas perguntas fáceis (em princípio, portanto, as mais robustas), as anomalias originais se dissipam rapidamente. Observa-se então, de fato, que o desempenho escolar: diminui com a disponibilidade de aparelhos digitais em casa; não varia de modo significativo com a disponibilidade desses mesmos aparelhos em aula. Duas conclusões, cabe admitir, pouco coerentes com o discurso dominante e a feliz fábula do *nativo digital*. Talvez seja por isso, finalmente, que as grandes mídias decidiram ignorar o estudo aqui em discussão: angustiante demais, crítico demais, hostil demais, pessimista demais. Neste caso, é lamentável a falta de coragem. Imaginem as belas manchetes que poderíamos ter! "Nota zero para o digital na escola", "As telas são prejudiciais para as notas", "Fracasso escolar: não gaste mais com aulas particulares, elimine o videogame", etc. Mas vejamos isso mais de perto...

O mundo maravilhoso do digital na escola

"Livros logo se tornarão obsoletos nas escolas [...]. Nosso sistema escolar mudará completamente dentro de dez anos."[183] Bela citação, que, vamos admitir, parece bem atual... só que ela data de 1913 e do deslumbramento demonstrado pelo inventor e industrial americano Thomas Edison a respeito das várias potencialidades pedagógicas do cinema. Na época, essa mídia estava de fato "destinada a revolucionar nosso sistema educacional",[184] e nos prometiam que, graças a ela, seria "possível ensinar todas as ramificações do conhecimento humano".[183] Ainda estamos esperando que esse alegre sonho se torne realidade. Mas isso não impede que o mesmo gênero de discurso apareça, nos anos 1930, a respeito do rádio, destinado a "levar o mundo para a sala de aula a fim de tornar universalmente disponível os serviços dos melhores professores".[185]

Mais recentemente, nos anos 1960, foi a vez de a televisão ser alçada aos píncaros. Graças a essa soberba invenção, diziam-nos os incensadores da época, "é possível multiplicar nossos melhores instrutores, isto é, selecionar um único excelente professor e oferecer a todos os estudantes os benefícios resultantes de uma instrução de qualidade superior [...]. A TV transforma todas as salas de estar, de jantar, sótão, etc., numa potencial sala de aula".[186] Uma visão amplamente partilhada pelo presidente americano do momento, Lyndon Johnson, célebre por ter declarado uma guerra (além da do Vietnã, sem nenhum sucesso) contra a pobreza, e a televisão deveria comandá-la. Em viagem pelo Pacífico, este distinto visitante declara assim, em 1968, que, graças à telinha, "as crianças samoanas estão aprendendo duas vezes mais rápido do que antes, e conservando o que aprenderam [...]. Infelizmente, o mundo dispõe de apenas uma fração dos professores de que precisa. Samoa enfrentou este problema por meio da TV educativa".[187] Cabe sublinhar que os resultados também não corresponderam às expectativas originais?[19]

Mas pouco importa, a hidra não estava pronta para morrer: "Se preciso for, remeta-se à obra incessantemente", dizia o grande Nicolas Boileau em seu *Art poétique*.[188]

▶ *Do que se está falando?*

E é assim que a televisão foi substituída pelas "tecnologias de informação e de comunicação para o ensino"; essas famosas TIC,* sobre as quais um parlamentar francês nos explicava em 2011 que surgiam "como uma resposta adaptada aos desafios da educação do século XXI: lutar contra o fracasso na escola; favorecer a igualdade de oportunidades; devolver aos alunos o prazer de ir à escola e aprender; revalorizar a profissão do magistério, que deve retomar seu lugar com esse papel de 'diretor de cena' [...]. Pois não será sobre a educação

---

* Ver p. 109. Esta observação será omitida em novas ocorrências deste termo.

de ontem que edificaremos os talentos de amanhã".[189] Devemos admitir que a promessa era ambiciosa e seu discurso emocionante... e depois, sinceramente, conceder ao professor o simples papel de "diretor de cena", haja cara de pau. Voltaremos a isso. Antes, porém, indaguemos se essas maravilhosas TIC confirmaram finalmente suas eminentes promessas.

Comecemos, a fim de evitar qualquer ambiguidade, com uma pequena precisão. Muita gente parece confundir (alguns voluntariamente) o aprendizado "do" digital com o aprendizado "pelo" digital. O segundo depende parcialmente do primeiro, pois é necessário, evidentemente, possuir um domínio mínimo das ferramentas de informática para poder aprender "pelo" digital. Mas, além dessa abordagem fragmentária, seria equivocado misturar essas duas problemáticas. Em relação à primeira, são múltiplas as questões a serem colocadas. Por exemplo, excluindo alguns conhecimentos básicos eventualmente necessários ao aprendizado "pelo" digital (ligar um computador ou um tablet, instalar e utilizar os softwares requeridos, etc.), o que deve ser ensinado "do" digital? Todos os alunos devem saber usar os programas padrões (Word, Excel, PowerPoint, etc.)? Todos os alunos devem aprender certas linguagens de programação (Python, C++, etc.)? Todos os alunos devem dominar a utilização de uma câmera digital e os programas de tratamento de imagens (Adobe, Photoshop ou Premiere, etc.)? Se a resposta for afirmativa, em que idade é conveniente introduzir esses saberes e qual é então o grau de prioridade em relação aos conhecimentos mais "tradicionais" (inglês, matemática, história, outras línguas estrangeiras, etc.)? Estas questões são legítimas e devem ser abordadas.

De um ponto de vista prático, é evidente que certas ferramentas digitais podem facilitar o trabalho do aluno. Aqueles que, como o autor destas linhas, viveram os tempos antigos da pesquisa científica, conhecem melhor do que ninguém a vantagem "técnica" da recente revolução digital. Mas, justamente, por definição, as ferramentas e softwares que tornam nossas vidas mais fáceis removem do cérebro uma parte de seus substratos nutrientes. Quanto mais entregamos à máquina uma parte importante de nossas atividades cognitivas, menos nossos neurônios encontram matéria com a qual se estruturar, organizar e conectar.[50,190] A partir daí, torna-se essencial não retirar da criança os elementos fundadores de seu desenvolvimento cognitivo e assim separar o especialista do aprendiz (no sentido de que o que é útil ao primeiro pode se revelar nocivo para o segundo). Dessa forma, por exemplo, não é porque uma calculadora faz o aluno do ensino médio ganhar tempo, pois ele já sabe somar, que ela ajuda o menino na pré-escola a dominar a numeração, as sutilezas do sistema decimal e as regras de subtração. Similarmente, não é porque o Word facilita (enormemente!) a vida dos pesquisadores, secretários, escritores, tradutores, revisores ou jornalistas que a utilização de um software de processamento de texto favorece a aprendizagem da escrita. Pelo contrário, segundo os estudos disponíveis. Estes mostram claramente que as crianças que aprendem a escrever no computador, com um teclado, têm muito mais dificuldade para decorar e reconhecer as letras do que aquelas que aprendem a escrever à mão, com lápis e uma folha de papel.[191-193] Elas encontram igualmente mais dificuldades para aprender a ler,[194] o que não é nem um pouco surpreendente se considerarmos que o desenvolvimento da escrita sustenta solidamente o da leitura – e inversamente.[195-200] No final das contas, uma vez adotado o hábito do teclado, essas crianças apresentam também, em relação aos usuários da boa e velha caneta, um déficit de compreensão e de memorização de suas aulas.[201] Em resumo, se você quiser tornar o mais difícil possível o acesso de um aluno, em primeiro lugar, ao mundo da escrita, e depois ao universo do bom desempenho escolar, seja moderno e (para usar uma palavra tão na moda) progressista. Dê provas de sensatez, esqueça o lápis: passe diretamente da pré-escola ao Twitter e ao processamento de texto.[202]

Assim sendo, ninguém contesta que seja importante se questionar sobre o que deve ser ensinado "do" digital e, correlativamente, sabendo que o tempo não se estende ao infinito, se perguntar quais os saberes do mundo antigo que convém apagar. Mas esta é apenas uma parte (pequenina) do problema, porque a verdadeira questão, no fundo, abrange o tema mais geral da aprendizagem "pelo" digital. Dito de outro modo, uma coisa é se questionar sobre as competências digitais que cada aluno deve possuir; outra coisa é se perguntar se é possível, desejável e eficiente confiar à mediação digital, parcial ou inteiramente, o ensino de saberes não digitais (português, matemática, história, línguas estrangeiras, etc.).

E aí também, sejamos claros. Não se trata de demonizar a abordagem preconceituosamente. Isso seria tão idiota quanto insensato. Todo mundo admite que certas ferramentas digitais, conectadas ou não à Internet, podem constituir suportes de aprendizado pertinentes, no caso de projetos educativos precisos, desenvolvidos por professores qualificados. Mas será de fato esta a questão? É bom duvidar, vendo o quanto o modelo ideal aqui definido contrasta com as realidades de campo. Para ser mais exato, a ideia de uma utilização pontual, conceitualmente dominada e estritamente submetida às necessidades pedagógicas parece muito afastada do extravagante frenesi tecnológico que predomina; um frenesi que tende a erigir "o" digital como o maior graal educativo e ver na distribuição obstinada de tablets, computadores, quadros brancos interativos e conexões à Internet o pináculo da excelência pedagógica. Em outros termos, o que é aqui contestado são os fundamentos teóricos e alicerces experimentais das políticas frenéticas de digitalização do sistema escolar, desde a pré-escola até a faculdade. O que se contesta é a ideia insana segundo a qual "a pedagogia deve se adaptar à ferramenta [digital]",[203] e não o inverso.

Certamente, não há dificuldade alguma em demonstrar que um aluno pode aprender mais com este ou aquele programa tosco do que sem programa nenhum. Mesmo o mais lamentável software ou programa de aulas online de matemática, inglês ou português ensina "alguma coisa" à criança. Mas não é isso o que importa. Para ser convincente, é preciso ir mais longe e satisfazer uma dupla restrição. Primeiramente, é preciso atestar que aquilo que é aprendido tem um valor geral; isso significa mostrar que as aquisições realizadas se transferem para além das características específicas da ferramenta utilizada (quer dizer, afetam positivamente a performance escolar e/ou o bom desempenho em testes padronizados). Em segundo lugar, é necessário comprovar que o investimento digital oferece um ganho educativo. Nesse contexto, duas formas de utilização devem ser distinguidas. Uma exclusiva, significando que o digital substitui o professor: revela-se então essencial comparar quantitativamente os impactos respectivos do digital e de um professor bem formado. A outra opção, supondo que o digital seja utilizado como "simples" suporte pedagógico: revela-se então fundamental mostrar que os resultados produzidos são significativamente superiores àqueles registrados quando o professor age "sozinho" (a resposta obtida levando de forma evidente a se perguntar se os meios envolvidos não poderiam ser mais bem empregados). Por ora, os defensores da escolarização digital ainda não conseguiram trazer a esses diversos pré-requisitos o menor esteio plausível.[82,204-208] Uma falha que interpela de forma grave a afirmação segundo a qual a digitalização desenfreada do sistema escolar seria cientificamente fundada, experimentalmente validada e, portanto, no fim das contas, realizada em prol dos alunos (e mesmo, acessoriamente, dos professores).

▶ *Resultados no mínimo decepcionantes*

Para começar, analisemos os estudos realizados há 20 anos em países industrializados ou em desenvolvimento. Globalmente, apesar dos expressivos investimentos, os resultados se revelaram deveras decepcionantes. No melhor dos casos, as despesas se mostraram inúteis, no pior, elas se mostraram nefastas.[209,217] A mais recente sondagem, requisitada pela OCDE no contexto do PISA,* é, quanto a isso,

---

* Na seção anterior, recolocamos em questão a qualidade de certas avaliações do PISA. Precisemos, então, a fim de evitar qualquer ambiguidade, que os dados aqui discutidos fazem parte daqueles que podem ser considerados *a priori* como robustos: resultados dos exames, investimentos digitais transnacionais, taxa de

interessantíssima.²¹⁸ Não é necessário avançar muito na leitura do documento para avaliar o tamanho do fiasco. Citemos, para evitar qualquer dúvida, os próprios termos do relatório. Os dados do capítulo dedicado à influência das tecnologias da informação e comunicação (TIC) sobre o desempenho escolar são primeiramente recapitulados numa breve síntese: "Apesar dos investimentos consideráveis em computadores, conexões à Internet e softwares para fins educativos, há pouca evidência sólida de que o uso mais amplo de computadores pelos alunos conduza a melhores notas em matemática e leitura". Percorrendo o texto, descobre-se que "para um determinado nível de PIB *per capta* e após levar em conta os níveis de performance iniciais, os países que menos investiram na introdução de computadores na escola progrediram mais rápido, em média, do que os países que mais investiram. Os resultados são similares em relação à leitura, matemática e ciência (Figura 4). Estas tristes conclusões poderiam indicar que os recursos de tecnologia digital oferecidos "não foram, de fato, empregados para a aprendizagem. Mas, no geral, mesmo as medidas de uso de TIC nas salas de aula e escolas apresentam com frequência associações negativas ao desempenho dos alunos". Assim, por exemplo, "em países onde é mais comum que os alunos utilizem Internet para fazer os deveres na escola, a performance dos alunos em leitura, na média, declinou. De modo semelhante, a proficiência em matemática tende a ser inferior em países/economias onde a proporção de alunos que usam computadores em lições de matemática é maior". Claro, poderia ser também que "esses recursos investidos equipando as escolas com tecnologia digital tenham beneficiado outros resultados de aprendizado, tais como habilidades 'digitais', acesso ao mercado de trabalho ou outras capacidades distintas da leitura, matemática e ciência. Todavia, as associações com acesso/uso de TIC são fracas, e por vezes negativas, mesmo quando os resultados em leitura digital e em matemática desenvolvida no computador são examinados, mais do que resultados em testes sobre folhas de papel.

---

penetração digital nos estabelecimentos de ensino (número de computadores por aluno, conexões à Internet), etc.

Além disso, mesmo as competências específicas de leitura digital não parecem muito mais elevadas em países onde surfar na Internet para fazer os deveres de casa é mais frequente". Outra constatação, bem afastada das promessas predominantes, "talvez a descoberta mais decepcionante do relatório", diz-nos Andreas Schleicher, responsável do PISA, em seu prefácio: "a tecnologia pouco pode fazer para ajudar a preencher a lacuna de capacidades entre os alunos favorecidos e desfavorecidos. Simplificando, garantir que cada criança atinja um nível básico de proficiência em leitura e matemática parece ser mais eficaz para criar oportunidades iguais em um mundo digital do que subsidiar ou expandir o acesso a dispositivos e serviços de alta tecnologia".

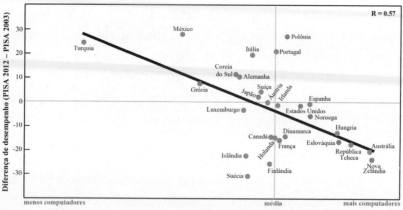

Figura 4 – Impacto dos investimentos digitais sobre o desempenho escolar. Esta figura considera os resultados em matemática para os países da OCDE (as tendências são idênticas para leitura e ciências). Ela mostra que os países que mais investiram são aqueles que viram a performance de seus alunos diminuir mais severamente. Ver detalhes no texto.

Conclusão, caso necessitemos de uma: "A tecnologia pode permitir a otimização de um ensino de excelente qualidade, mas nunca poderá, por mais avançada que seja, atenuar um ensino de baixa qualidade".[219] Esta frase é ilustrada à perfeição por dois estudos realizados, quase simultaneamente, sob a égide do Departamento Americano de Educação. No primeiro, empreendido por solicitação do Congresso, os autores se perguntaram se a utilização de softwares educativos na pré-escola (leitura e matemática) tinha algum efeito sobre o desempenho dos alunos.[220] Resultado: embora todos os professores tenham sido treinados na utilização desses programas – de maneira satisfatória, em suas próprias palavras –, nenhuma influência positiva sobre os alunos pôde ser detectada.* No segundo estudo, analisaram o efeito de cerca de cinquenta horas de formação pedagógica dos professores, que foi avaliado a partir de uma importante revista de literatura científica.[221] Resultado: um impacto expressivamente positivo, representando, para os alunos, uma melhora de desempenho de pouco mais de 20%. Isso significa que se um aluno se revela "médio" e for colocado diante de qualquer software "educativo", no melhor dos casos, ele continuará médio; no pior, sua performance será fragilizada. Agora, se você colocar este mesmo aluno diante de professores competentes, com sólida formação, ele progredirá significativamente e terminará entre os primeiros de sua sala. Este fator "professor" não chega a ser uma surpresa. Na verdade, além das diferenças de ritmos, abordagens e métodos, a qualidade do corpo docente constitui a característica fundamental comum nos sistemas educacionais mais desenvolvidos do planeta.[222-226] A síntese do último relatório do PISA dedicado a essa questão enfatiza isso explicitamente. Segundo os termos desse trabalho, "professores são o mais importante recurso nas escolas de hoje [...]. Ao contrário do que se supõe com frequência, sistemas de alta performance não desfrutam de um privilégio natural simplesmente por conta de um respeito tradicional pelos professores; eles também erigiram uma força de ensino de alta qualidade, resultante de escolhas políticas deliberadas, cuidadosamente implementadas com o tempo".[227] E mais uma vez, para que as coisas fiquem claras, convém lembrar que esses "sistemas

---

* O que significa uma boa notícia em relação aos dados do PISA, que mostram que a utilização desse tipo de software tem um impacto negativo sobre a performance dos alunos.[218]

de alta performance" são também aqueles – que coincidência (!) – que investem menos no equipamento e na transição digital de suas escolas.[218] Impossível não pensar, neste momento, em Bill Joy, cofundador da Sun Microsystem e programador genial, concluindo assim uma discussão sobre as virtudes pedagógicas da tecnologia digital: "Isso tudo, para mim, para estudantes dos últimos anos do ensino médio, soa como um gigantesco desperdício de tempo. Se estivesse competindo com os Estados Unidos, eu adoraria que esses alunos com os quais estou competindo passassem seu tempo com esse tipo de lixo".[228] Um tanto áspero, mas deliciosamente límpido.

Sob a luz desses elementos e comentários, poderia se esperar um certo questionamento das políticas digitais do momento. Mas isso não acontece. Muito pelo contrário. Em vez de enfrentar a aridez dos fatos, os discursos institucionais dominantes continuam a clamar, sem a menor vergonha, que o problema não vem do digital em si, mas dos atores encarregados de sua exploração: os professores. Ancorados na naftalina do passado, inaptos para novas tecnologias, adeptos de um saber rígido frontalmente ministrado, esses fósseis ultrapassados utilizariam tão mal as ferramentas do novo mundo que toda esperança de ganho se tornaria ilusória. É o que explica, por exemplo, de maneira bem civilizada, um relatório da Comissão Europeia: "A falta de uma formação adequada dos professores em relação ao aprendizado digital e às pedagogias digitais é um desafio amplamente reconhecido e documentado em toda a Europa. Vários países estão trabalhando para atualizar seus programas de formação de professores a fim de incluir técnicas e estratégias para o aprendizado digital, mas ainda há muito a fazer".[229] Andreas Schleicher também evoca essa hipótese, em termos bem parecidos. Para este especialista de políticas educacionais, se os resultados não são encorajadores, talvez seja porque "ainda não nos tornamos bons o bastante no tipo de pedagogia que extrai o máximo da tecnologia; adicionar as tecnologias do século XXI às práticas educativas do século XX irá apenas diluir a efetividade do ensino".[218] Entretanto, não é realmente isso que demonstra a análise detalhada dos dados do PISA apresentados mais acima. Além disso, Schleicher apresenta outra hipótese segundo a qual "edificar um entendimento profundo, conceitual, e reflexões de alto nível requer intensas interações entre professor e aluno, e a tecnologia por vezes distrai esse valoroso envolvimento humano".[218] Incontestavelmente, esta última ideia merece ser considerada.

▸ *Antes de tudo, uma fonte de distração*

Para tanto, comecemos com uma breve anedota. Pouco tempo atrás, a direção de uma grande universidade francesa se surpreendeu com o congestionamento de suas infraestruturas de informática. Segue o que podia ser lido numa mensagem endereçada aos estudantes: "Nós constatamos há algum tempo uma saturação importante sobre a rede Wi-Fi. Uma análise mais aprofundada desses fluxos mostra que a banda larga é intensamente utilizada em aplicativos externos, tais quais Facebook, Netflix, Snapchat, YouTube ou Instagram e, bem marginalmente, em recursos universitários".[230] Dito de outra maneira, os suportes pedagógicos disponibilizados aos alunos engendrariam um tráfego ridículo em comparação às plataformas de redes sociais e sites de vídeos sob demanda (VOD, *video on demand*).[231] Esta constatação nada tem de singular; é mais uma regra do que uma exceção. Neste campo, mais do que em qualquer outro, está claro agora que a ficção de uma utilização virtuosa desaba cruelmente sobre a realidade objetiva das práticas nocivas. Um número cada vez maior de estudos mostra que a introdução do digital nas salas de aula é antes de tudo uma fonte de distração para os alunos e, consequentemente, um fator significativo de dificuldades escolares.[62,232-247] O declínio das notas resulta então de um duplo movimento: esterilidade das utilizações estritamente acadêmicas e nocividade dos usos para distração.[241] E, como pôde sugerir a anedota precedente, estes últimos são em número considerável.[234,248-254] Uma pesquisa, por exemplo, analisou a utilização que os estudantes faziam de seus computadores durante um curso de geografia.[253] Este durava 2h45 e incluía projeção dinâmica de imagens, gráficos e vídeos, a fim de solicitar a participação ativa dos alunos. No final, os felizes donos de computadores portáteis dedicaram quase dois terços de seu tempo a tarefas recreativas, não acadêmicas. Outros estudos, porém, sugeriram que essa "interferência" diminuía um pouco quando a aula era mais curta. Assim, por exemplo, nas pesquisas realizadas na Universidade de Vermont (Estados Unidos) para uma aula de 1h15, o tempo roubado por atividades recreativas atingia 42%.[254] É mais ou menos a média "baixa" dos trabalhos disponíveis. É realmente necessário insistir no caráter astronômico desse valor?

Evidentemente, os pesquisadores não se contentaram com esses resultados "de campo". Preocupados em precisar a natureza e o escopo de suas observações, eles também empreenderam a realização de estudos formais, rigorosamente controlados. Com algumas poucas variações locais, esses últimos foram todos efetuados de modo similar: avaliar a compreensão/retenção de um dado conteúdo escolar dentro de duas populações comparáveis, das quais uma só estava exposta a uma fonte digital recreativa. Os resultados se revelaram incontestes: todo derivativo digital (SMS, redes sociais, e-mails, etc.) se traduz em uma baixa significativa do nível de compreensão e de memorização dos elementos apresentados.[114,255-264] Por exemplo, em uma pesquisa recente, estudantes acompanhavam uma aula de 45 minutos, depois da qual deviam responder a cerca de 40 perguntas.[262] A metade dos participantes só usou seus computadores para fazer anotações; a outra metade os utilizou também para atividades recreativas. Os estudantes do primeiro grupo apresentaram uma porcentagem de boas respostas sensivelmente superior à do segundo grupo (+11%). Mais surpreendente, para os estudantes concentrados somente nas anotações, o simples fato de sentarem-se próximos de um colega "volúvel" (cuja tela estava visível) provocava uma substancial queda de performance (-17%). Interessante observar que um estudo comparável havia mostrado previamente que a utilização do computador se revelava prejudicial mesmo quando usado para acessar conteúdos educativos associados à lição da aula.[255] A mensagem é simples: se você desviar sua atenção do ensino ministrado, você perde informações e, no final, obviamente, compreende menos o que foi explicado. Dito de outro modo, se instruir sobre as circunstâncias do cerco de Uruguaiana pela Internet é uma ideia excelente no contexto de uma aula sobre a Guerra do Paraguai... mas depois da aula, não durante!

É claro, o que vale para o computador também vale para o smartphone. Assim, em outro trabalho representativo da literatura existente, os autores estabeleceram que os estudantes que trocavam mensagens de texto durante uma aula compreendiam e retinham menos seu conteúdo. Submetidos a um exame final, eles apresentaram 60% de boas respostas, contra 80% para os indivíduos de um grupo de controle sem distração.[263] Um estudo anterior, por sinal, havia mostrado que sequer era necessário responder às mensagens recebidas para ser perturbado.[258] Para desviar a atenção, basta um telefone tocar dentro da sala (ou vibrar dentro do nosso bolso). Para demonstrá-lo, duas condições experimentais foram comparadas. Na primeira, a aula, gravada em vídeo, transcorria sem perturbação. Na segunda, esta mesma aula foi interrompida duas vezes pelo som de um telefone celular tocando. A compreensão e a memorização dos elementos apresentados no momento das interrupções se revelaram, sem surpresa, altamente afetadas: o número de respostas corretas de um exame caiu aproximadamente 30% em relação à condição sem o som do telefone. Mas há algo ainda mais surpreendente! Um trabalho recente estabeleceu que o simples fato de pedir a um estudante para colocar seu telefone sobre a mesa, durante uma aula, suscitava uma captação de atenção suficiente para perturbar o desempenho cognitivo; e isso, mesmo quando o telefone permanecia perfeitamente inerte e silencioso.[264]

Seguramente, tudo isso contradiz de modo frontal a gloriosa mitologia do *nativo digital* e, com maior precisão, a ideia segundo a qual as novas gerações teriam um cérebro diferente, mais rápido, mais ágil e mais apto para os processamentos cognitivos paralelos. O mais frustrante é que essa farsa pseudocientífica se tornou agora tão profusa que nossos próprios descendentes acabaram por lhe dar crédito. Assim, em sua maioria, os alunos atuais pensam que podem, sem prejuízo, acompanhar uma aula ou fazer seus deveres de casa enquanto assistem a videoclipes ou séries, surfam nas redes sociais e/ou trocando mensagens de texto.[242,243,265,266] Mas este não é o caso, como acabamos de salientar.

▸ *Uma lógica mais econômica do que pedagógica*

Portanto, para resumir, os estudos disponíveis mostram, no melhor dos casos, a inaptidão e, no pior, a nocividade pedagógica das políticas de digitalização do sistema escolar. A partir deste ponto, uma questão simplíssima se coloca: Por quê? Por que tamanho frenesi? Por que tanto ardor em querer tornar o sistema escolar digital, da pré-escola até a universidade, quando os resultados se confirmam pouco convincentes? Por que tal avalanche de discursos apologéticos, quando os elementos disponíveis defendem uma visão cética real? Um artigo de 1996, publicado por um economista francês, lança sobre essa questão uma luz interessante.[267] Avaliando o risco político de diversas medidas de economia orçamentária postas em vigor em certos países em desenvolvimento, este antigo membro dirigente da OCDE apresentava algumas abordagens "pouco arriscadas"; abordagens que "não criam qualquer dificuldade política". Por exemplo, "se diminuirmos as despesas operacionais, é preciso cuidar para não diminuir a quantidade do serviço, ainda que estes percam em qualidade. Pode-se reduzir, digamos, as verbas para as escolas ou universidades, mas seria perigoso restringir o número de alunos ou estudantes. As famílias reagirão violentamente a uma recusa de matrícula a seus filhos, mas não a uma baixa gradual da qualidade do ensino".

É exatamente o que ocorre com a atual digitalização do sistema escolar. Na verdade, embora os primeiros estudos não tenham mostrado globalmente nenhuma influência confirmada desse fenômeno sobre o desempenho dos alunos, os dados mais recentes, provenientes sobretudo do PISA, revelam um forte impacto negativo. Curiosamente, nada é feito para interromper ou desacelerar esse processo. Pelo contrário. Existe apenas uma explicação racional para esse absurdo. Ela é de ordem econômica: substituindo, de maneira mais ou menos parcial, o ser humano pelo digital, será possível, com algum prazo, contemplar uma bela redução dos custos do ensino. É claro, tal empreendimento inclui uma caudalosa campanha de marketing visando persuadir os pais e mais amplamente a sociedade civil em seu conjunto de que a digitalização, num ritmo vigoroso, do sistema escolar, além de não constituir uma renúncia educativa, representa um formidável progresso pedagógico. O presidente americano Lyndon Johnson, ao menos, teve a honestidade (ou a ingenuidade) de reconhecer que a televisão educativa constituía uma notável oportunidade para as crianças, simplesmente porque "o mundo tem somente uma fração dos professores de que precisa". Pois é, o nervo da questão está bem aí. Submetida a um pesado processo de massificação escolar (e universitário), a quase totalidade dos países desenvolvidos sofre hoje em dia para remunerar de forma decente seus professores, o que, consequentemente, produz uma intensa penúria de recrutamento.[268-271] Para sair desse impasse, difícil pensar numa melhor solução do que a famosa "revolução digital". Na realidade, esta autoriza *de facto* a contratação de professores pouco qualificados, deslocados para a simples categoria de "mediadores" ou "formadores" de um saber oferecido pelos programas de computador pré-instalados. O "professor" se torna então um intermediário antropomorfo cuja atividade se resume, essencialmente, a indicar aos alunos seu programa digital diário, ao mesmo tempo garantindo que nossos bravos *nativos digitais* fiquem tranquilos em suas cadeiras. É claro que é fácil continuar a chamar de "professores" aqueles que não passam de simples "capatazes 2.0", subqualificados e sub-remunerados; assim fazendo conforme indicou mais acima o economista francês, reduzem-se os custos de funcionamento sem se provocar uma revolução parental. Pode-se, é logico, num excesso de prudência, revestir tudo isso com uma bela retórica vazia, evocando um "aprendizado misto" ou, ainda melhor, um processo de *blended learning* [aprendizado misturado].

Entretanto, pode-se também (sobretudo quando não houver escolha) reconhecer a realidade e assumir a devastação. É o que fizeram vários estados americanos, como o Idaho[272] e a Flórida.[273] Neste último, por exemplo, as autoridades administrativas se mostraram incapazes de recrutar um número suficiente de professores para atender a uma exigência legislativa que limitava o número de alunos por sala de aula (vinte e cinco no ensino médio). Elas decidiram então criar salas de aula digitais, sem professores. Neste contexto, os alunos aprendem sozinhos, diante de um computador, tendo como único suporte humano um "facilitador"[273] cuja função se limita a resolver pequenos problemas técnicos e garantir que os alunos se concentrem nos estudos. Uma abordagem "quase criminosa", segundo um professor, mas uma abordagem "necessária" nas palavras das autoridades escolares. Para estas, a mutação é ainda mais interessante já que não há limite para o número de alunos (trinta, quarenta ou mesmo cinquenta), supervisionados por um "facilitador". Dito de outra forma, a digitalização das salas de aula permite uma dupla economia, quantitativa e qualitativa. Menos professores/facilitadores (não importa como o chamem) com menores salários: difícil resistir à beleza da equação quando se tem à mão uma calculadora; principalmente se a família dispuser de meios para matricular os filhos numa escola particular, paga e dotada de "verdadeiros" professores qualificados. Os professores de Idaho entenderam muito bem isso, posto que reagiram em massa contra a amputação de seus salários e suas proteções sociais; uma medida destinada a financiar um plano de digitalização graças ao qual todos esses professores empoeirados se veriam promovidos à extraordinária categoria de "guias auxiliando os estudantes com lições apresentadas pelos computadores".[272] Seria sem dúvida inadequado estabelecer a menor conexão entre esses elementos e os resultados de um estudo recente que mostrou que a Flórida e o Idaho estão entre os estados americanos que pior remuneram seus professores, que apresentam o mais baixo nível de obtenção de um diploma de ensino médio e que menos gastam na educação de suas crianças.[274]

Salas de aula sem professores?

Inúmeros aficionados do mundo digital reconhecem prontamente a pertinência dessas considerações econômicas. Assim, por exemplo, em obra recente, um jornalista francês, supostamente "especialista" em questões educativas, enfatizava que "a educação é antes de tudo uma indústria de mão de obra. Noventa e cinco por cento do orçamento da Educação Nacional francesa são dedicados aos salários! [...] Uma das contribuições mais importantes do digital, particularmente sob a forma de um programa chamado MOOC,* é permitir economias significativas neste item de despesa. Hoje, é preciso pagar todos os anos os professores para ministrarem aulas magnas** em anfiteatros com algumas centenas de estudantes, amanhã, pelo mesmo preço, poderemos ministrar essas aulas para um número potencialmente infinito de estudantes. O preço da matéria-prima vai despencar".[275]

O argumento é irrefutável e deveria, em teoria, bastar-se a si mesmo. Na maior parte do tempo, contudo, este não é o caso; como se, sozinha, a razão econômica não pudesse conquistar a adesão coletiva. Para tornar o MOOC (assim como o conjunto dos softwares "educativos") apresentável, parece necessário equipá-lo de sólidas virtudes pedagógicas. Assim, para esse jornalista, essas aulas virtuais permitem passar da "escola que ensina para a escola onde se aprende".[276] Entregues às telas, elas se apresentam "sob uma forma nitidamente mais atraente do que as folhas impressas de antigamente". Além disso, "elas são associadas a recursos complementares extremamente ricos – *links* para outras aulas, textos de referência, etc.) Porque, a cada etapa da aula, é proposta uma série de exercícios, a fim de verificar se as noções apresentadas foram absorvidas – não se deixam instalar essas pequenas lacunas que, acumuladas, acabam bloqueando os aprendizados. Porque a comunidade de estudantes está hoje conectada e pode se ajudar entre si, em tempo real, o que permite limitar o absenteísmo escolar

---

* MOOC: *Massive Open Online Courses*. MOOC são cursos abertos sobre um dado tema, ministrados pela Internet. Esta definição abrange, contudo, realidades extremamente díspares. As versões mais rudimentares se resumem a simples vídeos de aulas. As versões mais avançadas compreendem testes de avaliação sucessivos, um fórum de debate para os participantes e atribuição final de um certificado de competência.

** No sistema educativo francês, as aulas magnas são dadas ao longo do ano letivo, alternando-se com as aulas práticas [N.T.].

e ganhar um tempo de supervisão e tutoria considerável".[275] Devemos entender com isso que, antes do "revolucionário MOOC",[276] o ensino não visava o aprendizado? Devemos entender com isso que os professores não avaliavam a compreensão dos alunos e não lhes propunham, em caso de necessidade, conteúdos, exercícios e/ou explicações complementares? Devemos entender com isso que, antes do advento digital, os alunos vagavam pelo vazio como um aglomerado letárgico, sem jamais se falar, interagir, cooperar nem fazer perguntas a seus professores? Seriamente, quem pode acreditar nessas grotescas caricaturas? E depois, o que dizer dessa fábula da atratividade? Com certeza, é fácil reconhecer que o MOOC pode ser uma ferramenta de aprendizagem potencial. O difícil é compreender como sua natureza desencarnada poderia se revelar mais incentivadora, mobilizadora e operante do que uma verdadeira presença humana. Em outras palavras, ninguém duvida que um MOOC possa permitir a apreensão do teorema de Pitágoras pelo método dos triângulos similares[277]; o que se torna um problema é a ideia incessantemente expressa de que ele possa de modo universal fazê-lo com mais eficácia e de uma forma mais motivadora que um professor qualificado. A hesitação parece ainda mais justificada posto que a hipótese de uma motivação superior suscitada pelo programa MOOC não está muito de acordo com os resultados experimentais disponíveis. Tomemos, por exemplo, essa aula de microeconomia produzida pela universidade americana da Pensilvânia. Dos 35.819 inscritos, somente 886 candidatos (2,5%) tiveram bastante perseverança para chegar ao exame final, dos quais 740 (2,1%) obtiveram seu certificado.[278] Um desastre quantitativo que, infelizmente, está longe de se tratar de um caso isolado. A taxa de abandono observada para esse tipo de aulas online, supostamente hiperdivertidas, envolventes e mobilizadoras, ultrapassa em geral os 90-95%[279-281]; com picos superiores a 99% para os professores mais exigentes.[75] E o que dizer da imensa eficácia do MOOC, quando se sabe que, já em 2013, após poucos meses de experimentação, a universidade americana de San José, na Califórnia, decidiu interromper brutalmente sua cooperação com uma plataforma especializada (Udacity), por conta de uma taxa de fracasso alucinante, compreendida, conforme o curso, entre 49% e 71%. Num artigo do *New York Times*, o cofundador dessa plataforma reconhecia, por sinal, depois de abandonar o mundo acadêmico para concentrar suas atividades na formação profissional, que "o MOOC básico é algo excelente para os 5% do corpo estudantil mais avançados, mas não tão excelente para os 95% mais atrasados".[282] Uma constatação que se une às conclusões de um grande estudo experimental que investigou a eficácia de um MOOC de física. Segundo as palavras dos autores, "o MOOC é como uma droga direcionada para uma população bem específica. Quando funciona, funciona bem, mas ela só funciona para pouquíssimos [...]. O programa MOOC é um ambiente de aprendizagem efetivo apenas para uma pequena e selecionada demografia – alunos mais velhos, bem-educados, com uma sólida formação em física e que possuem uma combinação de autodisciplina e motivação. Esta população é um grupo bem diferente dos nossos calouros da faculdade".[283]

Resumindo, esses programas MOOC reforçam perigosamente as desigualdades sociais ao favorecerem os alunos oriundos das classes mais privilegiadas. Assim, por exemplo, um estudo realizado com 68 cursos propostos pela Universidade de Harvard e o MIT, nos Estados Unidos, permitiu mostrar que, no caso de um adolescente com um dos pais, pelo menos, possuindo uma formação universitária tinha quase duas vezes mais chances de obter seu diploma final do que um adolescente cujos pais, ambos, não possuíam esse diploma.[74] Esse diferencial traduzia, em grande parte, a melhor qualidade dos esteios acadêmicos e motivacionais oferecidos aos alunos favorecidos pelo seu ambiente sociofamiliar.

Tudo isso confirma, caso ainda seja necessário, que o MOOC não é, para a maioria dos estudantes, uma solução fácil, motivadora e eficaz. Sua assimilação exige tempo, esforços, trabalho, conhecimentos prévios robustos e uma (muito) sólida maturidade intelectual. Em outros termos, e independentemente do que dizem os admiradores, é infinitamente mais restritivo aprender com um programa MOOC do que com um professor qualificado. Felizmente, parece que a evidência acaba por se impor de forma gradual no seio da esfera midiática, como indica esse artigo recente publicado num jornal francês de referência (*Le Monde*) sob o título: "Programa MOOC naufraga";[284] um título que se afina perfeitamente com aquele de um texto anterior clamando, nas colunas do *New York Times*, à "desmistificação" do MOOC".[282] Aparentemente, a bolha se esvazia, como se esvaziaram na sua época as gloriosas revoluções pedagógicas prometidas pelo cinema, pelo rádio e pela televisão.

▶ *Internet ou a ilusão dos saberes disponíveis*

Além de questionar unicamente a problemática do MOOC, é o potencial didático da Internet que deve ser analisado. Para muita gente, este elemento parece ter sido absorvido, e tudo indicaria que, como explica essa diretora de uma escola de administração, "o saber vertical puro, típico do curso magistral, está em vias de desaparecimento, e é possível aprender muito mais e bem mais rápido com a ajuda da tela digital".[285] Esse tipo de afirmação é simplesmente surrealista.

Com certeza, as telas digitais abrigam (em teoria) todos os saberes do mundo. Mas ao mesmo tempo também, infelizmente, todos os absurdos do universo. Até mesmo sites supostamente sérios, institucionais, jornalísticos ou enciclopédicos (como Wikipédia), não podem ser considerados absolutamente confiáveis, honestos e completos, conforme revelam inúmeros estudos acadêmicos[286-291] e os elementos até aqui apresentados. A partir daí, como isolar os documentos confiáveis dos textos imbecis, das posições falaciosas, alegações venais ou outras informações fantasistas? Como, em seguida, organizar, hierarquizar e sintetizar os conhecimentos obtidos? Estas perguntas são ainda mais cruciais levando em conta que os algoritmos de busca não dão a mínima sobre a validade dos dados transmitidos. Quando respondem a uma solicitação, eles não refletem sobre o rigor factual dos conteúdos identificados. Normalmente, eles procuram algumas palavras-chaves e analisam diversos elementos técnicos tais como a antiguidade do nome de um domínio, o tamanho, a frequentação do site, sua adaptação aos dispositivos portáteis, o tempo de carregamento das páginas, a data de publicação do *link*, etc. No final, não surpreende que os resultados produzidos sejam com constância um tanto tendenciosos e desonestos; sobretudo se adicionarmos a possível consideração de critérios mais ocultos de essência política ou comercial.[292-295] Desta forma, por exemplo, quando Michael Lynch, professor de filosofia da Universidade de Connecticut, perguntou ao Google "O que aconteceu com os dinossauros?", o primeiro link apontou para um site criacionista.[296] Na dúvida, eu tentei a mesma busca em francês ("*Qu'est-il arrivé aux dinosaures?*"). Acertei na mosca: (1) um blog criacionista no qual se pode ler "o testemunho dos fósseis não confirma a teoria da evolução"[297]; (2) um site criacionista que explica que "não existe prova alguma para que seja permitido afirmar que o mundo e suas camadas fossilíferas tenham milhões de anos de idade[298]; (3) um site de informação que dá conta do fim da Nortel, um "dinossauro" das telecomunicações[299]; (4) o portal de um site cristão prosélito no qual se acha um artigo explicando que "os dinossauros e a Bíblia caminham juntos, mas os dinossauros e a evolução não".[300]

Resumindo, em termos de busca documental, é melhor não confiar muito no Google e seus similares para separar o joio do trigo. A verdade é que o exemplo aqui mencionado não é um caso isolado ou surpreendente. Ele se inscreve dentro da organização da "estupidez estrutural" das ferramentas de busca. O fato é que, para se pronunciar sobre a credibilidade de uma fonte, é preciso não apenas analisá-la detalhadamente, mas também confrontá-la com outros elementos factuais disponíveis. Isso quer dizer que, ao avaliar os dados, é necessário compreender e ponderar o conjunto dos argumentos apresentados. Não existe máquina capaz de fazer isso, ao menos por enquanto.* E o que vale para a máquina vale também, infelizmente, para o indivíduo ingênuo, já que não pode haver aí uma compreensão

---

* Se uma ferramenta de busca conseguisse um dia adquirir essa capacidade, deveríamos deixá-la decidir em nosso lugar o que é e o que não é crível? O risco de manipulação não seria, então, absolutamente maior?

factual, de espírito crítico, de aptidão para a hierarquização dos dados ou de poder de síntese sem um domínio disciplinar considerável.[301-303] Dito de outro modo, nestas matérias, as competências "gerais" não existem.[304] Por sinal, as tentativas feitas para ensinar esse tipo de capacidades universais a adolescentes, no contexto de programas indiferenciados de educação para as mídias, se revelaram bem pouco convincentes.[305,306] Um estudo realizado sobre a leitura parece quanto a isso particularmente eloquente.[307] Um texto que descreve uma partida de beisebol foi apresentado a alunos do segundo ciclo do ensino fundamental. Dois fatores experimentais foram explorados: conhecimento sobre beisebol (sim/não) e competência em leitura (alta/baixa; estimada a partir de um teste psicométrico padronizado). Associando esses fatores, os autores constituíram quatro grupos de interesse: (1) bom conhecimento de beisebol e bons leitores; (2) bom conhecimento de beisebol e leitores fracos; (3) conhecimento fraco de beisebol e bons leitores; (4) conhecimentos fracos de beisebol e leitores fracos. Os resultados mostraram que os leitores fracos que dispunham de conhecimento prévio de beisebol compreenderam muito melhor o texto e se lembraram em seguida com mais precisão dos detalhes factuais relatados do que os bons leitores, ignorantes nesse esporte. Por sinal, nenhuma diferença foi observada entre os leitores bons e fracos que nada conheciam sobre beisebol.

Essa submissão incontornável da compreensão aos saberes internalizados disponíveis explica, em grande parte, a incapacidade descrita anteriormente das novas gerações para utilizar a Internet com fins documentais.[308-314] Na verdade, como indivíduos desprovidos de conhecimentos disciplinares precisos poderiam avaliar e criticar a pertinência de afirmações tais como: "fumar melhora as capacidades de resistência aumentando a concentração de hemoglobina no sangue"; "o chocolate amargo faz emagrecer graças às suas propriedades supressoras de apetite"; "os videogames de ação estimulam o volume cerebral e favorecem o bom desempenho escolar", etc.? De um modo mais geral, como alunos ou estudantes poderiam navegar com eficácia quando cada uma de suas pesquisas provoca um fluxo infinito de links cacofônicos, disparatados e contraditórios? Isso é simplesmente impossível. Aliás, já está confirmado hoje em dia que os não especialistas aprendem bem melhor quando os conteúdos informacionais são apresentados de forma linear, hierarquicamente dispostos (o que é tipicamente o caso com os livros, as aulas magnas e os programas de aulas práticas que forçam o professor a se encarregar de todo o trabalho de seleção, coordenação e estruturação dos saberes). O caso se complica de modo singular quando os dados aparecem sob uma forma reticular, anarquicamente fragmentada (como se produz em resposta às pesquisas na Internet, quando toda uma massa de dados acessíveis nos cai de uma vez sobre a cabeça, sem esquema ou preocupação com a hierarquia, a pertinência ou a credibilidade).[315-320]

A partir daí, em termos pedagógicos, não se trata de saber se os elementos de conhecimento estão disponíveis. Trata-se de determinar se a informação é apresentada de modo a poder ser compreendida e assimilada. Um professor qualificado é bem mais eficaz, pois é exatamente esta a função do "professor", ordenar e ajustar seu campo de conhecimento de modo a torná-lo acessível ao aluno. É porque o professor conhece sua matéria (e as ferramentas pedagógicas de sua transmissão) que ele pode guiar alguém, organizando de forma metódica a sucessão das aulas, exercícios e atividades que vão permitir a aquisição progressiva dos conhecimentos e competências desejados.

Nesse contexto, deve ficar claro, contrariamente a uma crença tenaz do conformismo midiático, que todos os saberes não têm valor igual. Aqueles de um aluno em formação não podem em caso algum ser comparados aos de um professor qualificado. Os primeiros são feitos de ilhotas dispersas, inconsistentes e lacônicas, ao passo que os outros constroem um universo ordenado, coerente e estruturado. Esta implacável assimetria, é claro, não impede certos "especialistas" de explicar, com base em um delírio relativista, que "vocês [os professores] entenderam perfeitamente que oferecer terminais digitais aos alunos conduzia inevitavelmente à contestação de seu ensino. Vocês entenderam o que esses jovens fazem: eles leem, pesquisam, buscam informações, criticam sua mensagem magistral, contestam assim sua autoridade e o fazem descer de sua tribuna... Isso é extremamente desestabilizador. Para que ter estudado por tantos anos e chegar a isso?".[321] Como se estudar não servisse para nada, como se saber do que se fala não tivesse importância para o ensino. Como se, efetivamente, qualquer um pudesse se tornar professor, bastando para isso oferecer Internet a seus alunos. Sempre o mesmo discurso. Sempre o mesmo proselitismo vazio, modelado com a verborragia milagrosa no lugar do método científico.

Conclusão

Do presente capítulo, convém reter dois pontos importantes.

O primeiro trata das telas digitais domésticas. Neste terreno, excetuando alguns estudos iconoclastas (no mais das vezes, deficientes), as conclusões da literatura científica não poderiam ser mais claras, coerentes e indiscutíveis: quanto mais os alunos assistem à televisão, jogam videogames, utilizam o smartphone, mais eles são ativos nas redes sociais e mais suas notas despencam. Mesmo o computador doméstico, cuja potência educativa nos proclamam sem cessar, não exerce nenhuma ação positiva sobre a performance escolar. Isso não significa que a ferramenta seja desprovida de virtudes potenciais. Isso significa simplesmente que, quando você oferece um computador a uma criança (ou um adolescente), as utilizações lúdicas desfavoráveis devoram as utilizações educativas formativas.

O segundo diz respeito às telas digitais usadas na escola. Aí também, a literatura científica é inapelável. Quanto mais os Estados investem nas "tecnologias da informação e da comunicação para o ensino" (as famosas TIC), mais o desempenho dos alunos cai. Paralelamente, quanto mais os alunos passam tempo com as tecnologias, mais suas notas caem. De modo coletivo, esses dados sugerem que o movimento atual de digitalização do sistema escolar se baseia numa lógica mais econômica do que pedagógica. Na verdade, contrariando o juízo oficial, o "digital" não é um simples recurso educativo posto à disposição de professores qualificados e utilizável por estes, se eles o considerarem pertinente, dentro do contexto de projetos pedagógicos direcionados (ninguém poderia contradizer isso, e o único eixo possível de divergência diria respeito então, eventualmente, à possibilidade de utilizar com maior eficácia os subsídios investidos). Não; na verdade, o digital é, antes de tudo, um meio de reduzir as despesas educativas, substituindo, de modo mais ou menos parcial, o homem pela máquina. Essa transferência lança o professor qualificado para a longa lista de espécies ameaçadas. De fato, esse professor custa caro, muito caro, caro demais(?). Além disso, sua formação é difícil e, por conta da concorrência de setores econômicos mais favorecidos, é bem mais complicado recrutá-los. O digital traz para o problema uma solução bem elegante. Evidentemente, o fato de essa solução se fazer em detrimento da qualidade educativa torna a questão inflamável e, portanto, difícil de ser admitida. A partir daí, para que ela seja aceita e evite o furor dos pais, faz-se necessário revesti-la como uma requintada verborragia pedagogista. É preciso transformar o tampão digital numa "revolução educativa", um "tsunami didático" realizado, é claro, unicamente em prol dos alunos. É preciso camuflar o empobrecimento intelectual do corpo docente e incensar a mutação dos velhos dinossauros pré-digitais em brilhantes (pode escolher!) guias, mediadores, facilitadores, organizadores ou transmissores de saber. É preciso esconder o impacto catastrófico dessa "revolução" sobre a perpetuação e o aprofundamento das desigualdades sociais. Enfim, é preciso omitir a realidade das utilizações essencialmente recreativas que os alunos fazem dessas ferramentas.

Em resumo, para que essa solução seja aceita, é preciso eclipsar seriamente a realidade. Mas, apesar de tudo, não obstante esses pequenos ajustes reconfortantes, o mal-estar permanece. Como o resumia uma professora de Idaho, antiga oficial da polícia militar dos fuzileiros navais, "Eu lutei pelo meu país. Agora estou lutando pelos meus filhos [...]. Estou lhes ensinando a pensar com profundidade, *pensar*. Um computador não pode fazer isso".[272] Um computador tampouco pode sorrir, acompanhar, guiar, consolar, encorajar, estimular, tranquilizar, emocionar ou dar provas de empatia. Ora, estes são elementos essenciais da transmissão e da vontade de aprender.[322]

"Sem você", assim escrevia Albert Camus a seu antigo professor, após ter recebido o prêmio Nobel de Literatura, "sem sua mão afetuosa estendida para a criança pobre que eu fui, sem seus ensinamentos, seu exemplo, nada disso teria me acontecido. Eu não faço alarde desta honraria, mas agora tenho pelo menos a oportunidade de dizer o que você foi, e ainda é para mim, e de assegurar que seus esforços, seu trabalho e o sentimento generoso que o acompanharam ainda estão vivos num de seus pequenos alunos que, apesar da idade, não deixou de ser seu aluno agradecido".[323] Diante dessas palavras, talvez seja mais fácil se dar conta do custo exorbitante dessa pretensa "revolução digital".

DESENVOLVIMENTO
Um ambiente prejudicial

Se o uso das telas afeta com muita intensidade o bom desempenho escolar, isso é evidentemente porque sua ação se estende muito além da simples esfera acadêmica. As notas são o sintoma de uma ferida mais ampla, cegamente infligida aos pilares de nosso desenvolvimento. O que é assim agredido é a própria essência do edifício humano em desenvolvimento, desde a linguagem até a concentração, passando pela memória, o QI, a sociabilidade e o controle das emoções. Uma agressão silenciosa, realizada sem hesitação ou moderação, para o lucro de alguns, em detrimento de todos.

Interações humanas amputadas

Sabe-se hoje que o recém-nascido nada tem de uma *tabula rasa*. Desde o seu nascimento, o pequeno humano apresenta uma quantidade de belas aptidões sociais, cognitivas e linguísticas.[1-4] Muitos ficam admirados com isso, e é justo. No entanto, essas competências originais não devem ocultar a floresta de elementos ainda latentes em sua evolução. De fato, por mais impressionante que seja, a bagagem primordial de nossos filhos permanece bem lacunar. Por fim, seria possível representá-la como uma espécie de programa de funcionamento mínimo a partir do qual se operam desenvolvimentos futuros. O que é então preciso entender e salientar é que essa imaturidade primitiva não representa de forma alguma uma deficiência, pelo contrário. Ela é o suporte indispensável de nossas capacidades de adaptação, ou seja, em última análise, de nossa inteligência, no sentido que Jean Piaget dava a essa palavra.[5] De um ponto de vista exclusivamente fisiológico, poderia se dizer que a imaturidade compele à plasticidade. Evidentemente, o prodígio de desenvolvimento assim iniciado tem seu custo. Ele depende do ambiente ao redor em grande parte para sua estruturação cerebral. A partir daí, se o meio se mostra deficiente, o indivíduo só pode exprimir uma fração de suas possibilidades. Este ponto foi amplamente abordado nas páginas precedentes, através do conceito de "período sensível".

A bagagem primordial do recém-nascido, porém, não é uma montagem ecumênica. Ela é metódica e obsessivamente orientada no sentido do humano. Desde sua concepção, a criança é equipada para desenvolver interações sociais. Assim, como nos explica um recente trabalho de síntese, "ao nascimento, as crianças exibem uma quantidade de tendências que, preferencialmente, as orientam no sentido de estímulos socialmente relevantes. Em particular, tem sido demonstrado que os recém-nascidos preferem os rostos a outros tipos de estímulos visuais, vozes a outras espécies de estímulos auditivos e movimento biológico a outros tipos de movimentos".[4] O bebê elabora progressivamente esse equipamento primitivo em resposta às solicitações de seu ambiente, em especial o intrafamiliar. As interações promovidas (ou obstruídas) irão então moldar, de maneira decisiva, o conjunto do desenvolvimento, desde o cognitivo até o emocional, passando pelo social.[6-12] Sobre esta questão, todavia, três pontos devem ser enfatizados a fim de evitar qualquer ambiguidade.

Em primeiro lugar, ainda que elas sejam então particularmente essenciais, as relações intrafamiliares não restringem sua importância somente ao estado infantil; elas continuam a desempenhar papel relevante ao longo de toda a adolescência, em particular para a performance escolar, a estabilidade emocional e a prevenção de comportamentos de risco.[6,13-17]

Em segundo lugar, mesmo os níveis de estimulações (ou de privações) aparentemente "modestos" podem ter impactos importantes, sobretudo se forem acumulados ao longo do tempo. Para o bebê macaco, por exemplo, durante as quatro primeiras semanas de existência, bastam alguns minutos diários de interações faciais com o tratador do animal para favorecer, no longo prazo, a inserção social do primata em seu grupo de pares.[18] O mesmo se dá com um jovem humano, o fato de os pais dedicarem a cada noite um momento para compartilhar um livro ilustrado ou uma história favorece enormemente o desenvolvimento da linguagem, a aquisição da escrita e o desempenho escolar.[19,20] Uma observação corroborada de maneira indireta, mas apaixonante, pelos estudos de irmãos. Estes partem de uma constatação tão simples quanto inquietante: em média, nas famílias com várias crianças, o mais velho se sai melhor que seus irmãos mais jovens em termos de QI, desempenho escolar, salário e problemas com a justiça.[21-24] Conforme demonstra um estudo recente, o "prejuízo" sofrido pelos caçulas reflete essencialmente a progressiva saturação do envolvimento parental (em especial o maternal) quando a quantidade de filhos aumenta.[24] Dito de outra maneira, considerando que o primeiro a nascer tem seus pais "só para ele", a criança se beneficia, em comparação a seus futuros irmãos e irmãs, de uma interação mais rica e, portanto, de uma trajetória de desenvolvimento mais aperfeiçoada. É claro, mais uma vez, isso não quer dizer que todos os primogênitos se saem melhor em todas as famílias. Isso significa apenas que existe, à escala populacional, uma propensão significativa de êxito que favorece os filhos mais velhos e que essa propensão está principalmente associada a um maior nível de estimulação dos pais nas idades precoces.

▸ Um humano "em vídeo" e "de verdade" não é a mesma coisa

Isso nos conduz ao nosso terceiro ponto, o humano. A fim de que a magia relacional se produza, um elemento se revela fundamental: é preciso que "o outro" esteja fisicamente presente. Para nosso cérebro, um humano "de verdade" não é de modo algum a mesma coisa que um humano "em vídeo".

Para sua imensa decepção, Pier Francesco Ferrari forneceu sobre isso uma das mais flagrantes demonstrações. Este pesquisador é um dos maiores especialistas mundiais do desenvolvimento social dos primatas. Ele estuda em particular o papel dos célebres "neurônios-espelho". Estes devem seu nome ao fato de serem ativados de modo similar quando o indivíduo produz sozinho ou vê produzido por terceiros uma ação particular (por exemplo, uma expressão de cólera). Esta concomitância permite sintonizar os comportamentos de outros aos nossos próprios sentimentos e, assim sendo, ela põe os neurônios-espelho no centro de nossos comportamentos sociais.[25-27] Para estudar a vertente perceptiva dessas células surpreendentes, os pesquisadores medem tipicamente a atividade cerebral provocada pela observação de um movimento físico. No entanto, num estudo realizado com animais, Ferrari resolveu, para ganhar tempo e melhor controlar seus parâmetros experimentais, substituir o movimento por um vídeo de movimento.[28] Se deu mal! Na verdade, os "neurônios-espelho que, durante o teste presencial, apresentaram boas respostas a um gesto manual feito pelo pesquisador, mostraram uma resposta fraca ou nula quando a mesma ação, previamente gravada, foi apresentada numa tela". Essa falta de reatividade diante da tela foi desde então amplamente generalizada na espécie humana. Ela afeta tanto a criança quanto o adulto.[29-33] Isso confirma, caso ainda seja necessário, que somos animais sociais e que nosso cérebro reage com muito mais acuidade à presença real de um humano que à imagem indireta desse humano no vídeo. Todos nós, eu acho, já pudemos fazer essa experiência por nós mesmos. De minha parte, há muitos anos, tive a ocasião de ser convidado à Ópera. Que êxtase! Algumas semanas mais tarde, constatando que *Nabucco* de Verdi passava na televisão, resolvi assistir. Que decepção! Um tédio abissal. Felizmente, não comecei por essa triste experiência. Isso teria, eu penso, me afastado da ópera para sempre.

Resumindo, o cérebro humano se revela, pouco importa a idade, bem menos sensível a uma representação em vídeo do que a uma presença humana efetiva. É por esta razão, especialmente, que a potência pedagógica de um ser de carne e osso ultrapassa de modo tão irrevogável a da máquina. Os dados sobre isso são hoje em dia tão convincentes que os pesquisadores decidiram dar um nome ao fenômeno: o "vídeo déficit". Nós já abordamos amplamente este último no capítulo precedente, quando foram evocados os sofríveis desempenhos do digital escolar, o programa MOOC e outros inúmeros programas audiovisuais e de softwares educativos. Este último domínio, por sinal, fornece um número impressionante de estudos experimentais que mostra que a criança aprende, compreende, utiliza e memoriza melhor as informações apresentadas quando estas são transmitidas por um humano, e não por um vídeo desse mesmo humano.[34-41] Por exemplo, num trabalho citado com frequência, crianças de 12 a 18 meses viam o pesquisador manipulando um boneco. Este trazia na extremidade de sua mão direita, presa com velcro, uma luva com um chocalho. A apresentação foi feita presencialmente ou por vídeo. Ela compreendia três etapas: (1) remover a luva; (2) fazer soar o chocalho; (3) recolocar a luva. O boneco foi então colocado diante das crianças, imediatamente ou após um prazo de 24 horas. Resultado, a capacidade dos participantes para reproduzir o que tinham visto foi sistematicamente menor na "condição vídeo". Os mesmos resultados foram registrados num estudo envolvendo indivíduos mais velhos de 24 e 30 meses.[43] A Figura 5 ilustra essas observações.

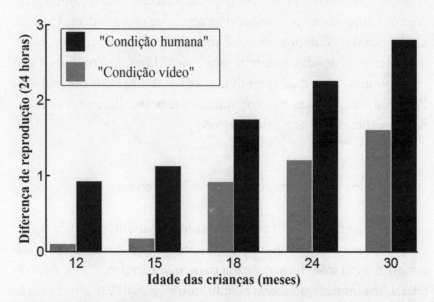

Figura 5 – O fenômeno do "vídeo déficit". Crianças de 12 a 30 meses veem um adulto utilizando um objeto. A demonstração compreende sempre três etapas (ex.: retirar da mão de um boneco uma luva contendo um chocalho; sacudir a luva para fazer soar o chocalho; recolocar a luva). A experiência pode ser efetuada de dois modos: diretamente (o adulto está diante da criança; "condição humana", barras pretas), ou via vídeo (a criança vê o adulto efetuar a ação pelo vídeo; "condição vídeo", barras cinza). Vinte e quatro horas depois da demonstração, a criança foi colocada ao lado do objeto. Cada etapa reproduzida dá um ponto à criança (sendo 3 pontos o máximo possível para uma reprodução perfeita). Os resultados obtidos são sistematicamente superiores na "condição humana". A Figura agrega os dados de duas pesquisas semelhantes (crianças de 12 a 18 meses; crianças de 24 a 30 meses[43]).

Em outro trabalho, são apresentados curtos esquetes pedagógicos, comparáveis àqueles que podem ser encontrados nos programas audiovisuais educativos, utilizados com crianças da pré-escola (3-6 anos).[44] Sem surpresas, a "condição vídeo" revelou um nível de compreensão e de memorização bem inferior à apresentação direta. Finalmente, ainda em outro estudo, crianças de 6 a 24 meses, provenientes de famílias privilegiadas, foram expostas por meio de um smartphone a vídeos do YouTube.[45] Os autores testaram diversos aprendizados envolvendo, em especial, o reconhecimento da mesma pessoa quando ela aparecia em vários vídeos diferentes (uma aptidão que os humanos são capazes de desenvolver bem antes dos 2 anos de idade, na vida real). Um objetivo associado visava determinar se as crianças compreendiam de fato o que elas faziam quando interagiam com os botões tácteis, controlando a reprodução dos vídeos. Conclusão do estudo: "Crianças de até 2 anos de idade puderam se entreter e manter-se ocupadas ao serem mostrados clipes do YouTube pelos smartphones, mas não aprenderam coisa alguma com os vídeos". Por sinal, "as crianças não entendiam o uso dos diferentes botões e ficavam apertando-os aleatoriamente".

> *Mais telas = menos trocas e compartilhamentos*

Enfim, a constatação pode se resumir de maneira bem simples: para favorecer o desenvolvimento de uma criança, o melhor é dedicar tempo às interações humanas, em particular intrafamiliares, e não às telas. Uma informação recente confirmou através de um estudo a ação negativa do tempo global de tela sobre o desenvolvimento motor, cognitivo e social da criança.[46] Comentário dos autores: "Um dos métodos mais efetivos para acentuar o desenvolvimento da criança é através de interações adulto-criança de alta qualidade sem distrações de telas". Infelizmente, como já vimos, não é esta a tendência atual. As atividades digitais ocupam uma parte cada vez mais importante de nossos dias; e como os dias não podem ser alongados, este tempo oferecido à farra digital é preciso ser extraído "de algum lugar".

Dentre as principais fontes contributivas estão os deveres de casa (já falamos sobre isso), o sono, as brincadeiras criativas, a leitura (voltaremos a este ponto) e, evidentemente, as interações intrafamiliares. A respeito destas últimas, os dados da literatura especializada são tão previsíveis quanto convergentes: quanto mais os filhos e os pais permanecem diante das telas, mais se reduzem a dimensão e a riqueza de suas relações recíprocas.[47-59]

Um estudo frequentemente citado que sustenta esta constatação trata da televisão (mas, no fundo, pouco importa, já que os impactos aqui descritos independem do suporte utilizado e dos conteúdos consumidos).[59] Ele envolve crianças de 0 a 12 anos e considera separadamente os consumos semanais e aqueles do fim de semana. Os resultados mostram que o tempo dedicado à televisão reduz unanimemente a duração das interações pais-filhos. Por exemplo, para cada hora passada diante da telinha durante a semana, uma criança de 4 anos perde 45 minutos de conversa com seus pais; um bebê de 18 meses, por sua vez, deixa de lado 52 minutos, e um pré-adolescente de 10 anos, 23 minutos. Para aqueles que julgariam que o caos nem sempre é tão grave, raciocinemos de novo em termos acumulativos. Descobrimos, assim, que o tempo total de interação roubado por 60 minutos diários de TV nos 12 primeiros anos de vida de uma criança chega a 2.500 horas. Isso representa quase 180 dias de vigília (6 meses),* 3 anos letivos e 18 meses de emprego assalariado em tempo integral. Não é pouca coisa, principalmente se esses dados representam um consumo não de uma hora, mas de duas ou três horas diárias. E a este desastre, é preciso ainda acrescentar a alteração relacional provocada pelas exposições de segundo plano. Dito de outra forma, mesmo quando os filhos e os pais se falam, a televisão tem seu efeito. É o que demonstra o estudo seguinte.

Num grande número de lares (de 35% a 45%, segundo as sondagens), a telinha está sempre ou quase sempre ligada, mesmo quando ninguém assiste. A fim de avaliar o impacto desta presença sobre as

---

* Considerando, neste período, uma média de 10 horas por noite,[60] ou seja, 14 horas de atividade diurna.

relações intrafamiliares, um grupo de pesquisadores da Universidade de Massachusetts, nos Estados Unidos, observou, durante uma hora, os pais (principalmente as mães) brincando com seus filhos (de 1, 2 ou 3 anos).[56] Um aparelho de TV se encontrava na sala e era aleatoriamente ligado durante os trinta primeiros minutos ou os últimos trinta minutos da experiência. As análises revelaram um forte efeito de interferência. Pais e filhos passavam significativamente menos tempo se comunicando e brincando quando a TV estava ligada. Por exemplo, um dos pais dedicava 33% do tempo a brincar ativamente com seu filho de 24 meses quando a TV estava desligada. Este valor caía pela metade (17%) quando a tela estava acesa. Este resultado não surpreenderá aqueles que já jantaram um dia num restaurante enquanto a TV ligada vomitava seus programas no salão. Mesmo quando "não se quer", acaba-se em geral por acompanhar o que se passa na tela, ainda que furtivamente; e é inegável que se perde o fio da conversa com seus próximos. Nosso cérebro, na verdade, é programado para reagir aos estímulos externos (sonoros ou visuais), pronunciados, repentinos ou inesperados.[65-70] É claro, pode-se decidir pela "resistência". Mas, neste caso, o esforço é tal que ele desvia uma grande fração de nosso potencial cognitivo; e isso conduz ao mesmo resultado que as "olhadelas" intempestivas: degradação da interação.

    Um estudo recente permitiu confirmar e generalizar esses dados.[49] Ele diz respeito aos telefones celulares e se baseia num protocolo bem simples. Grupos de mãe-filho eram observados durante quatro períodos consecutivos de 4 minutos. No início de cada período, o pesquisador trazia um alimento diferente. A mãe e o filho eram então convidados, se o desejassem, a provar e avaliar esses alimentos, entre os quais alguns familiares (por exemplo, pedaços de bolo) e outros novos (por exemplo, *halva*, um doce turco). Durante a experiência, um quarto das mães utilizou espontaneamente seu telefone celular. Isso provocou uma baixa acentuada das interações tanto verbais quanto não verbais. Este empobrecimento se revelou particularmente sensível para as interações ditas "encorajadoras" (exemplo verbal: "prova um pedacinho"; exemplo não verbal: a mãe aproxima o alimento da criança ou lhe oferece um pedaço) e para os alimentos desconhecidos, que, no caso das mães sem telefone, engendravam os mais altos níveis de interação. Assim, em relação à *halva*, a presença do telefone provocou uma queda de 72% dos encorajamentos maternos e de 33% do conjunto das interações verbais. Esses dados são coerentes com outras observações realizadas pelo mesmo grupo de pesquisa, em vários restaurantes na região de Boston; observações essas que mostram que a utilização do smartphone provoca um menor envolvimento parental e um modo de interação mais mecânico. Dessa forma, como escrevem os autores, "os pais absorvidos pelos aparelhos frequentemente ignoravam o comportamento da criança por um instante e depois reagiam com um tom de voz desdenhoso, dando instruções repetidas de uma maneira um tanto robótica (por exemplo, sem olhar para a criança ou para seu comportamento), parecendo insensíveis às necessidades expressas pela criança, ou optando por respostas físicas (por exemplo, [...] uma das mães afastou as mãos de um menino quando ele estava tentando incessantemente fazer com que ela levantasse o rosto da tela de um tablet)".[50] Na verdade, nada de surpreendente, pois o ser humano não pode estar atento ao mesmo tempo a suas ferramentas digitais e ao ambiente imediato. Dito de outra maneira, quando um dos pais ou uma criança se distrai com seu smartphone, não é possível conceder ao outro senão uma vaga atenção.[47,52]

Por sinal, o aparelho nem sequer precisa ser utilizado para se mostrar perturbador. Sua simples presença monopoliza suficientemente a atenção (com maior frequência, independente de nós) para alterar a qualidade da interação; e ainda mais quando o assunto debatido é considerado importante pelos protagonistas.[71] Essa potência distrativa, por sinal, explica em grande parte a notável capacidade dos smartphones de provocar densos conflitos quando são manipulados dentro de casa (entre pais e filhos e entre os pais[47,50,72-75]). Ninguém gosta de sentir que é, aos olhos de seus próximos, menos importante e digno de atenção que um telefone celular. As tensões então desencadeadas favorecem a emergência de insatisfações relacionais, comportamentos agressivos e mesmo estados depressivos e um certo mal-estar existencial.[51,72-75] Resultados semelhantes foram relatados em relação à TV e consoles de videogames.[76-78] Estas considerações nada têm de anedóticas, quando se conhece o peso importante do "clima" familiar sobre o desenvolvimento social, emocional e cognitivo da criança.[79-81]

▸ *Uma linguagem mutilada*

A linguagem é a pedra angular de nossa humanidade. É a última fronteira que nos separa do animal. É graças a ela principalmente que nós pensamos, nos comunicamos e que conservamos os saberes relevantes. Aliás, existe uma ligação estreita entre desenvolvimento da linguagem e desempenho intelectual.[12] Como explica Robert Sternberg, professor de psicologia cognitiva na Universidade de Yale, "o vocabulário [que reflete muito bem o desenvolvimento linguístico] é provavelmente o melhor indicador do nível geral de inteligência de uma pessoa".[82] Ora, um grande número de estudos demonstra hoje que o consumo de telas recreativas perturba significativamente o desenvolvimento da linguagem.[83-91] Uma conclusão de validação recente de uma meta-análise diz: "Uma maior utilização de telas (ou seja, duração do uso de televisão em segundo plano) está associada a uma queda das capacidades de linguagem".[92]

▸ *As influências precoces*

Não é uma surpresa que a influência das telas sobre o desenvolvimento linguístico comece precocemente, o que parece sustentar a ideia previamente apresentada segundo a qual é melhor evitar toda exposição durante os primeiros anos de vida. Por exemplo, nas crianças de 18 meses, foi demonstrado que cada meia hora diária suplementar passada com um aparelho portátil multiplicava por quase 2,5 a probabilidade de se apresentar atrasos na linguagem.[90] Da mesma forma, nas crianças de 24 a 30 meses, foi relatado que o risco de déficit de linguagem aumentava proporcionalmente à duração de exposição audiovisual.[88] Assim, em relação aos pequenos consumidores (menos de 1 hora por dia), os usuários moderados (1 a 2 horas por dia), médios (2 a 3 horas por dia) e importantes (mais de 3 horas por dia) registravam uma probabilidade de atraso na aquisição da linguagem multiplicada por 1,45, 2,75 e 3,05, respectivamente. Um resultado confirmado em outro estudo que estabeleceu, ainda com a TV, que o risco de déficit era quadruplicado nas crianças de 15 a 18 meses, quando o consumo ultrapassava 2 horas diárias. Esse quádruplo ainda se transformava em sêxtuplo nas crianças iniciadas às diversões da telinha antes de 12 meses (sem que a duração tenha sido levada em conta).[89] Em indivíduos mais velhos, de 3,5 a 6,5 anos, outro trabalho mostrou que o fato de se colocar diante de uma tela (qualquer uma) pela manhã antes de ir para a escola ou para a creche (ou seja, um momento potencialmente propício para interações intrafamiliares) multiplicava por 3,5 o risco de atrasos no desenvolvimento da linguagem.[91] São resultados coerentes com aqueles de um estudo epidemiológico de grande dimensão que demonstrou que, na faixa etária de 8 a 11 anos, os indivíduos que ultrapassam o limite de utilização aconselhado pela Canadian Society for Exercise Physiology (2 horas por dia[93]) apresentavam uma alteração global em seu funcionamento intelectual (linguagem, atenção, memória, etc.).[94] Uma conclusão por si mesma compatível com as observações de duas pesquisas longitudinais* que apontaram, para a televisão[95] e os videogames,[96] a existência de uma correlação negativa entre o tempo de utilização e o QI verbal** em crianças de 6 a 18 anos. Por outras palavras, quanto mais os participantes aumentavam seu consumo de telas, mais sua competência linguística diminuía. Notemos que a ligação então identificada era comparável, pela sua amplitude, à

---

* As análises longitudinais estudam a evolução conjunta de uma ou diversas variáveis, no âmbito de uma mesma população, durante vários meses ou anos (por exemplo, o QI e o tempo diante das telas).

** Os testes de QI compreendem várias tarefas, algumas com um componente verbal. Reunindo estas últimas, pode-se calcular um "QI verbal", que define, de certo modo, a inteligência linguística do indivíduo.

associação observada entre o nível de intoxicação de chumbo (um poderoso desregulador endócrino[97]) e o QI verbal.[98] Isso significa que, se você detesta o moleque insuportável de seus vizinhos horríveis e que seu sonho é arruinar a vida deles o máximo possível, não precisa colocar chumbo na água que eles bebem. Ofereça-lhes uma televisão, um tablet ou um console de videogame. O impacto cognitivo será igualmente devastador sem que você corra nenhum risco judicial.

Ao longo dos últimos anos, os pesquisadores se deram como missão ultrapassar essas constatações comportamentais para tentar identificar os correlatos neurais dos danos observados. Os resultados obtidos indicam que a exposição ao digital recreativo perturba a organização e o desenvolvimento das redes cerebrais que sustentam a linguagem, a leitura e, mais globalmente, o funcionamento cognitivo.[95,96,99,100] Por exemplo, um trabalho recente mostrou que quanto mais a criança (3-5 anos) se afasta das recomendações da Academia Americana de Pediatria (tempo de utilização, conteúdos, etc.), maior é o risco de os déficits de linguagem aumentarem e as anomalias microestruturais se agravarem mais nas conexões da substância branca envolvidas com a linguagem, funções motoras e capacidades emergentes de alfabetização.[101]

▸ Uma casualidade claramente identificada

Por mais interessantes que sejam, esses dados neurofisiológicos não chegam a surpreender. Com um pouco de impertinência, poderíamos quase dizer que eles chovem no molhado. Na verdade, centenas de estudos realizados há mais de um século mostram que, no homem e no animal, as redes cerebrais precisam ser demandadas para se organizarem. A partir daí, toda carência de estímulo funcional se traduz por um déficit de maturação biológica.[102-104] E é exatamente este o grande problema das telas digitais: elas empobrecem brutalmente a quantidade e a qualidade das interações verbais. Dito de outra forma, quanto mais os membros de um lar passam o tempo com suas bugigangas digitais, menos eles trocam palavras.[49,50,56,58,59,89]

Por exemplo, num estudo frequentemente citado, os pesquisadores equiparam crianças de 2 a 48 meses com um toca-fitas, cujas gravações eram em seguida automaticamente decifradas.[55] Em média, ao longo de um dia, as crianças ouviam 925 palavras por hora. Quando a televisão estava presente, esse número caía para 155 palavras, ou seja, uma queda de 85%. Da mesma maneira, o tempo de vocalização diário das crianças alcançava 22 minutos. Cada hora de televisão retirava cinco unidades desse total, isto é, praticamente um quarto.

Essas primeiras trocas verbais são absolutamente essenciais não somente para o desenvolvimento da linguagem, mas também, de modo mais abrangente, para a evolução intelectual.[12,105-111] Um trabalho longitudinal recentemente confirmou isso ao mostrar que a amplidão das interações verbais precoces (18-24 meses) era responsável por uma parte importante (entre 14% e 27%) da variação de pontuações de QI e de competências verbais mensuradas na adolescência (9-13 anos).[112] Conclusões perfeitamente coerentes com as observações pioneiras dos psicólogos Betty Hart e Todd Risley.[12,113] Por sinal, e sem surpresa, de acordo com todos esses dados, um estudo de neuroimagem mostrou há pouco tempo que, em crianças de 4 a 6 anos, quanto mais importante fosse o nível de solicitação verbal (em especial no contexto de diálogos com adultos), mais a conectividade estrutural se reforçava no interior das redes neurais da linguagem.[114]

Para os céticos, podemos citar uma última pesquisa longitudinal, que envolveu mais de 2.400 crianças em idade pré-escolar.[46] Nas palavras dos autores, eles tentaram através deste trabalho determinar "o que vem primeiro: os atrasos no desenvolvimento ou o tempo excessivo diante das telas?". Para isso, o consumo digital dos participantes assim como seus desempenhos num teste padrão[*] de desenvolvimento foram avaliados em três ocasiões (24, 36 e 60 meses). As análises mostraram, por um lado, que uma maior exposição às telas aos 24 meses de idade estava associada a uma

---

[*] A terceira edição de Ages & Stages Questionnaires (ASC-3). Este teste avalia os progressos infantis em cinco áreas de desenvolvimento: Comunicação, Motricidade Grossa, Motricidade Fina, Solução de Problemas e Interação Pessoal-Social.

performance de desenvolvimento menor aos 36 meses de idade e, por outro lado, que uma maior exposição às telas aos 36 meses de idade estava associada a uma performance de desenvolvimento menor aos 60 meses de idade. O inverso não era verdadeiro. Isso significa que o aumento do tempo de telas precedia o surgimento de atrasos de desenvolvimento ou, de modo mais prosaico, "que o tempo de tela é o provável fator original".[46] Em outros termos, não são os atrasos de desenvolvimento que levam a criança a passar mais tempo diante das telas, mas sim as telas que engendram na criança atrasos de desenvolvimento. É possível notar que o interesse desse estudo foi por vezes minimizado devido ao fato de o efeito causal observado ter sido de amplitude modesta.[115,116] Ainda que o argumento seja fundamentado, ele é enganador. De fato, as ferramentas estatísticas utilizadas não permitiam capturar senão uma fração da causalidade total, aquela ligada às evoluções inter-individuais (ou seja, aquilo que mudava para uma mesma criança ao longo do tempo). A parte de causalidade atribuível às diferenças sistemáticas (ou seja, ao que se mantinha estável ao longo do tempo) não pôde ser estimada. Mas isso não quer dizer que esta parte seja nula ou negligenciável. Imaginemos que entre 36 e 60 meses, Marcos passe de 15 a 40 minutos, enquanto Pedro passa de 3h15 a 3h40. O efeito "intra" não levará em conta as 3 horas de diferença sistemática entre essas duas crianças. Entretanto, quando se coloca um menino 3 horas por dia diante de diversas telas recreativas, são ativados evidentemente todos os tipos de canais causais nocivos: fala-se menos com ele, ele se movimenta menos, ele lê menos, ele é submetido a um bombardeio sensorial mais intenso, seu sono é afetado, etc. A partir daí, não é porque a parte de causalidade dos efeitos "estáveis" não pôde ser irrefutavelmente quantificada que ela deva ser ignorada. Para que as coisas fiquem claras, no estudo aqui considerado, a amplitude global da associação observada entre tempo de tela e desenvolvimento nada tinha de modesta: uma hora por dia de tela estava associada a uma redução de 20 pontos dos resultados para o teste comportamental (cuja média atingia 55 pontos aos 60 meses).

> ### A triste fantasia dos programas "educativos"

Se ao menos as telas tivessem algo de positivo a oferecer. Mas este não é realmente o caso. Em termos de linguagem também, o "vídeo déficit"* prevalece, e o digital não pode substituir o humano. Tomemos como exemplo esse estudo relativo às capacidades de discriminação dos sons.[36] A aptidão das crianças para reconhecer as sonoridades estrangeiras à sua língua diminui rapidamente entre 6 e 12 meses.[9] Com base nessa constatação, Patricia Khul e seus colegas expuseram bebês americanos de 9 meses ao idioma mandarim, em duas situações: uma real (um pesquisador presente diante da criança), outra indireta (o rosto do mesmo pesquisador foi apresentado, em grande plano, num vídeo em frente à criança). Resultado, enquanto em condição "real" permitiu preservar as capacidades discriminatórias dos bebês, a condição "vídeo" se revelou totalmente estéril. Isso significa que, se você espera aperfeiçoar o sotaque inglês, alemão, chinês ou japonês de seus filhos enchendo-os desde cedo com programas na língua original, há riscos de ficar muitíssimo decepcionado.

Evidentemente, esse "vídeo déficit" não diz respeito apenas à fonética; ele se aplica também, e em particular, ao léxico. Assim, antes dos 3 anos, a capacidade dos programas pretensamente educativos para aumentar o vocabulário das crianças é, no pior dos casos, negativa e no melhor deles, inexistente.[87,117-120] Num estudo representativo citado com frequência, crianças de 12 a 18 meses foram expostas à visualização de um DVD comercial de sucesso de 39 minutos, destinado a desenvolver a linguagem.[121] Vinte e cinco palavras simples descrevendo objetos corriqueiros (mesa, pêndulo, árvore, etc.) foram então apresentadas três vezes de modo não consecutivo (cada repetição da mesma palavra foi espaçada de vários minutos). As crianças viam o DVD cinco vezes por semana durante quatro semanas, ou seja, um total de sessenta apresentações; uma quantidade exagerada em relação a algumas repetições tipicamente

---

* Ver p. 140.

necessárias a uma criança (ou a um cão![122]) para memorizar esse tipo de palavras em situação "real".[110,123] No final, ao contrário do que pensavam muitos pais, nenhum aprendizado foi observado, mesmo quando a visualização ocorria na presença de um adulto. Conclusão dos autores: "As crianças que viram o DVD não aprenderam nenhuma palavra a mais, a partir dessa exposição de um mês, do que aprendeu um grupo de controle. O nível mais elevado de aprendizado ocorreu em condição destituída de vídeo, na qual os pais tentaram ensinar a seus filhos as mesmas palavras-alvo durante atividades do dia a dia. Outro resultado importante foi que os pais que apreciaram o DVD tendiam a superestimar o quanto seus filhos aprenderam o assistindo". No entanto, esses resultados foram contrariados por um estudo posterior que utilizou um protocolo experimental similar, porém bem mais "reduzido".[124] O DVD durava 20 minutos e compreendia apenas três palavras, apresentadas ao ritmo de nove vezes cada. Ao cabo de 15 dias, as crianças tinham visto o DVD em seis ocasiões, em média, ou seja, para cada palavra 40 minutos de bombardeio e 54 repetições. Antes de 17 meses de idade, essa avalanche não produziu efeito algum. Acima disso, contudo, segundo os termos do autor, as crianças "se beneficiaram com a exposição repetida ao DVD". Impossível dizer, infelizmente, a partir dos meios relatados, quantas crianças aprenderam quantas palavras. Mas pouco importa, pois o que surpreende aqui, mesmo supondo a opção mais favorável (todas as crianças aprenderam as três palavras), é a incrível defasagem existente entre a enormidade de tempo consentido e a dolorosa insignificância das aquisições observadas. Ainda bem que a vida real não é tão gulosa assim e sabe, em matéria de aprendizado do vocabulário, se contentar com alguns encontros esparsos; às vezes até mesmo com um único.[110,123] No dia em que o digital substituir o humano, não serão mais 30 meses (como atualmente), mas dez anos que serão necessários para que nossas crianças atinjam um volume léxico de 750 a 1.000 palavras.[12,110]

Tal sinistra previsão poderia evidentemente ser rebatida dizendo-se que aquilo que fracassa em 18 ou 30 meses pode muito bem obter êxito aos 4 anos. É verdade. Sínteses e meta-análises da literatura confirmam, aliás, com clareza, que os programas audiovisuais educativos permitem certas aquisições linguísticas.[92,117] Uma análise meticulosa dos dados, porém, salienta que o aprendizado visa então essencialmente os conteúdos léxicos bem básicos e se concentra em crianças de nível pré-escolar.[117] As coisas deterioram seriamente quando é ultrapassado esse período pré-escolar e entram em consideração competências mais complexas,[117] por exemplo, as gramaticais[125]; uma limitação que encontramos também no contexto de experiências envolvendo o uso de filmes legendados para ensinar línguas estrangeiras aos adolescentes.[126] Ora, são precisamente estas competências complexas que constituem o núcleo da linguagem e são as mais submetidas às restrições impostas pelas janelas sensíveis do desenvolvimento. O vocabulário pode ser adquirido em qualquer idade, mas não a sintaxe![9] Dito de forma distinta, mais uma vez, o aparente benefício superficial oculta o invisível sacrifício primordial, na medida em que aquilo que é aprendido tem um peso irrisório em relação àquilo que se perdeu. Dito isso, uma coisa deve ficar clara aqui: não é porque uma criança consegue balbuciar *yellow, pear,* ou *lemon* diante da TV (ou de qualquer outro aplicativo ordinário), quando uma marionete lhe mostra uma pera ou um limão, que ela aprende a falar. Um estudo recente demonstra isso com nitidez.[127] Neste caso, os autores não se interessaram pelos substantivos, mas pelos verbos, esses "anjos do movimento que dão ritmo à frase", como dizia o poeta Charles Baudelaire.[128] Dois resultados relevantes foram encontrados. Antes dos 3 anos de idade, as crianças se revelaram incapazes de aprender com o auxílio de um vídeo educativo os verbos simples (como agitar ou balançar), que conseguiram adquirir facilmente à base de uma interação humana. Entre 36 e 42 meses, essas mesmas crianças conseguiam aprender o sentido dos verbos propostos, mas sem, contudo, generalizar a aquisição para novos personagens ou novas situações, como faziam facilmente quando o aprendizado envolvia um ser humano. Em outras palavras, mesmo quando as crianças pareciam aprender alguma coisa, elas aprendiam com mais dificuldade e menos profundidade com a tela. Constatação que confirma o fenômeno, já amplamente evocado, do "vídeo déficit" e que poderíamos resumir da seguinte forma: em matéria de aprendizagem linguística, é melhor colocar a criança diante de uma aplicação dita "educativa" do que abandoná-la a um vácuo relacional; mas a excelência ainda consiste (com vasta vantagem) em conversar com ela, ensinar-lhe o nome das coisas, contar ou ler uma história para ela, solicitar sua palavra, etc.

Mas no fundo, se quisermos refletir sobre o problema, essa incapacidade dos programas ditos "educativos" para enriquecer significativamente a linguagem das crianças pequenas nada tem de surpreendente; e isso se deve a pelo menos três razões. A primeira, como já mencionamos, é o fato de nosso cérebro ser bem menos atento aos estímulos em vídeo do que às encarnações humanas. Pois bem, a atenção favorece enormemente a memorização.[129] A partir daí, não surpreende que papai e mamãe se revelem professores infinitamente mais eficazes do que qualquer conteúdo audiovisual com pretensões educativas. Em segundo lugar, nenhum aprendizado pode acontecer se o espectador olha para os próprios pés quando o vídeo designa um copo. Ora, ao contrário dos pais, a tela não verifica nunca, antes de nomear um objeto, o contato visual da criança. Não é de espantar que esta tenha dificuldades de aprendizado se, quando aparece a palavra "copo", ela estiver olhando para uma mosca que acaba de pousar sobre a mesa, ou a boneca engraçada que aponta para o copo, em vez de olhar para o copo em si. Acrescente a isso o fato de o processo de aquisição léxica ser mais eficaz quando a criança ouve o nome de um objeto para o qual sua atenção já está voltada do que quando é preciso ela inicialmente concentrar essa atenção no objeto de interesse.[130] Por fim, a terceira e principal razão, a interação humana é irrevogavelmente necessária para os aprendizados linguísticos iniciais. De uma parte, ela encoraja a repetição ativa das palavras ouvidas; repetição esta que, por sua vez, favorece enormemente o processo de memorização.[131,132] Por outro lado, só ela encarna a linguagem dentro de sua dimensão comunicacional.[130] Diferentemente dos pais, o vídeo nunca reage quando a criança fala ou mostra algo. Ele não se adapta a seu nível de conhecimento e suas eventuais mensagens corporais de incompreensão. Ele não sorri e não estende a maçã quando a criança diz "maçã". Ele não repreende generosamente a criança quando esta pronuncia "açã" em vez de "maçã". Ele não faz de cada aproximação fonética uma brincadeira fértil de imitações do tipo "sua vez, minha vez". Mais tarde, ele não reformula as expressões da criança, não as enriquece com palavras novas e não corrige as sintaxes inseguras.

Em resumo, no que tange à linguagem, o lamentável rendimento dos programas audiovisuais educativos não é só experimentalmente demonstrado, mas também teoricamente previsível. Talvez isso não venha a durar. Talvez, dentro de algumas décadas, aplicativos de aparelhos portáteis conseguirão compensar as deficiências aqui descritas. Talvez até androides poderão, um dia, educar nossas crianças em nosso lugar, interpretar suas balbuciações, satisfazer sua curiosidade, vigiar seu sono, sorrir de suas mímicas, trocar suas fraldas, entregar-lhes o que pedem ou o que apontam, fazer-lhe carinho, etc. Não precisa mais de papai, mamãe, babá, professor, preceptor, amigo da família, irmãos. A criança sem transtorno, a descendência sem o fardo de criá-la. O Google e seus algoritmos cuidarão de tudo; um verdadeiro "admirável mundo novo digital"! Certamente, ainda estaremos longe disso enquanto os aplicativos atuais permanecerem, segundo uma recente constatação já evocada da Academia Americana de Pediatria, de uma primitividade patética.[133] Mas com o tempo, quem sabe, todos os pesadelos são possíveis.

▸ *Além das idades precoces, sem leitura não há salvação...*

Tendo dito isso, ainda que esses pesadelos se tornassem realidade, nem tudo estaria resolvido; longe disso. Na verdade, acima das idades precoces, a linguagem exige muito mais do que palavras para garantir sua evolução; ela exige livros.[19,134] Quanto a isso, uma de minhas amigas, fonoaudióloga, costumava dizer que suas filhas eram bilíngues "oral/escrito". A ideia pode provocar um sorriso. No entanto, ela é de notável pertinência. Para se convencer disso, basta dar uma olhada nos estudos que compararam a respectiva complexidade dos diferentes *corpus* linguísticos orais e escritos.[19,35,136] Normalmente, esses estudos se baseiam nas escalas normativas que permitem ordenar todas as palavras existentes em função de sua frequência de utilização. Observa-se assim que, em inglês, "*the*" é número 1 (ou seja, que "*the*" é a palavra usada mais frequentemente), que "*it*" é número 10 (ou seja, que "*it*" é a décima palavra mais usada), que "*know*" é número 100, que "*vibrate*" é número 5.000, etc. Partindo dessa classificação, é fácil determinar a complexidade "média" de um texto (por exemplo, ordenando todas as palavras desse texto e utilizando a posição da palavra mediana) e, na sequência, a complexidade média de um grande número de textos similares (romances, filmes, desenhos animados infantis, etc.). Uma vez feito isso, os pesquisadores constataram a extrema pobreza dos *corpus* orais em relação aos seus equivalentes escritos. Como ilustra a Figura 6, em média, a linguagem é mais complexa, e as palavras "raras" (aquelas além da posição 10.000*) mais frequentes nos livros para crianças do que em quaisquer programas de televisão ou conversas ordinárias entre adultos. Entretanto, isso não quer dizer que os textos para a juventude sejam recheados de termos esotéricos, hiperespecializados e jargões. Não, antes, isso significa que o espaço oral propõe geralmente bem pouco das riquezas léxicas e sintáticas. Formulando de outro modo, nossas conversas cotidianas mobilizam uma linguagem singularmente modesta. Palavras como "equação", "resignar", "exposição", "legitimar" ou "literal", por exemplo, cujo domínio nada tem de supérfluo, são encontradas com infinitamente menor frequência no oral que no escrito.[136] O mesmo ocorre com termos como "infernal" ou "xenofobia", que, na França, são ignoradas, respectivamente, por 40% dos alunos da nona série do ensino fundamental e por 25% dos estudantes de Letras.[138]

---

* Ver exemplos na p. 67.

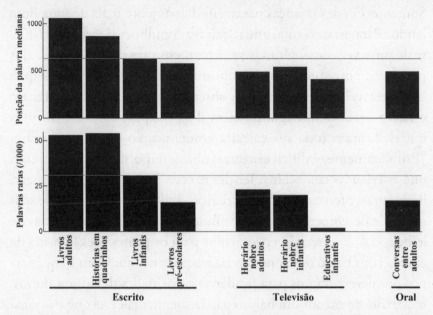

Figura 6 – A riqueza da linguagem está concentrada na escrita.
A complexidade linguística de diferentes suportes é mensurada de duas maneiras: determinando a posição da palavra mediana, avaliando a proporção de palavras raras (para 1.000 palavras). É possível ver que, em média, os programas de televisão e as conversas corriqueiras entre adultos contêm menos palavras do que os livros infantis (traço horizontal cinza). A pobreza linguística dos programas televisuais educativos (*Vila Sésamo* e *Mr. Rogers*) é particularmente chocante.[135,136] Ver detalhes no texto.

Resumindo, tudo isso para dizer que além da base fundamental, oralmente construída ao longo dos primeiros anos de vida, é nos livros e somente neles que a criança vai poder enriquecer e desenvolver plenamente sua linguagem. Sobre esse ponto, há um estudo interessante.[139] Ele mostra, se podemos assim dizer, a excelente "relação custo-benefício" do livro para as crianças do ensino fundamental. Em média, estas liam dez minutos por dia, "pelo prazer"*; ou seja, um treze avos do tempo que dedicavam à televisão. Em um ano, esses escassos dez minutos representavam cerca de 600.000 palavras.

---

* Expressão usada para designar a leitura pessoal, realizada fora do contexto e das necessidades escolares.

Somente 2% das crianças passavam diariamente mais de uma hora lendo. Para estas, o total anual beirava 5 milhões de palavras (!); e, mais uma vez, estas últimas se situam em grande parte longe dos percursos empobrecidos da comunicação verbal. Números que, incontestavelmente, refletem as observações de Anne Cunningham e Keith Stanovich. Segundo estes dois pesquisadores americanos que dedicaram toda sua carreira acadêmica ao estudo da leitura: "Primeiramente, é difícil exagerar sobre a importância de fazer com que as crianças comecem a ler desde cedo [...]. Em segundo lugar, deveríamos oferecer a todas as crianças, independentemente de seus níveis de desempenho, o maior número possível de experiências de leitura [...]. Um recado encorajador para os professores [e pais!] de alunos com baixo desempenho está explícito aqui. Com frequência nós nos desesperamos para mudar as capacidades de nossos alunos, mas existe ao menos um hábito parcialmente maleável que irá por si só desenvolver essas capacidades – ler!".[136] De acordo com esta última observação, diversas pesquisas demonstraram a influência positiva da leitura, "pelo prazer", sobre as performances escolares.[140-145] Um resultado que vale a pena comparar com o impacto extremamente negativo das telas recreativas.

O problema, todos entendemos, é que quanto maior é o tempo de tela, menos as crianças são expostas aos benefícios da palavra escrita. Dois mecanismos encontram-se então envolvidos. Primeiramente, uma redução do tempo passado lendo com os pais.[57] Em segundo lugar, uma queda do tempo dedicado à leitura solitária.[140,144,146-152] Assim, por exemplo, um estudo citado constantemente demonstrou que a frequência com a qual os pais liam histórias para seus filhos da pré-escola diminuía em um terço quando estes últimos consumiam mais de 2 horas de telas por dia.[57] Da mesma forma, um outro trabalho comprovou, para uma população de adolescentes, que cada hora diária de videogame provocava uma baixa de 30% do tempo passado a ler sozinho.[153] São elementos que explicam, ao menos em parte, o impacto negativo das telas recreativas sobre a aquisição do código escrito[154-156]; impacto este que compromete, por sua vez, o desenvolvimento da linguagem. Tudo se encontra, assim, alinhado para que se desenvolva um terrível ciclo vicioso: como ela é menos confrontada com a escrita, a criança tem mais dificuldade para aprender a ler; como tem mais dificuldade para ler, sua tendência é evitar a escrita e assim ler menos; como ela lê menos, suas competências linguísticas não se desenvolvem no nível esperado e ela tem cada vez mais dificuldade a confrontar o que é esperado em sua idade. Extraordinária ilustração do célebre "efeito Mateus" já evocado[*] ou, se preferirmos, do famoso adágio popular segundo o qual "só se empresta dinheiro aos ricos".

De acordo com essas considerações, as sondagens recentes de grande alcance confirmam o desinteresse acentuado das novas gerações pela leitura.[157-159] Somente 35% dos jovens de 8 a 12 anos e 22% daqueles de 13 a 18 anos dizem ler todos os dias "por prazer". O investimento dedicado aos livros (impressos e e-books) aumenta então para 26 e 20 minutos, respectivamente. Isso significa que nossos adolescentes passam 22 vezes mais tempo com as telas recreativas do que com os livros. Para os pré-adolescentes, 11 vezes mais. É claro que uma infinidade de especialistas nos explica que é inútil se preocupar, pois "os jovens nunca leram tanto quanto hoje [...] mas na Internet, não nos livros, procurando o que consideram útil".[161] Para os especialistas do mundo digital, "dizer que 'os jovens leem menos do que antes' não faz sentido algum no tempo da Internet".[162] Este suposto tsunami de leitura online parece, porém, bem modesto: em média 1 minuto por dia para os pré-adolescentes; 7 minutos para os adolescentes (incluindo "artigos, *stories*, poemas e blogs num computador, tablet ou smartphone").[160] Aí está algo com que se entusiasmar. Dito isso, como explica uma socióloga que analisou de maneira solidamente documentada as práticas culturais das novas gerações,[163] "as sequências de leitura dos jovens são mais curtas, com frequência associadas a suas trocas de mensagens escritas via Internet e, portanto, bastante associadas à sociabilidade".[164] O problema é que essas atividades não têm nem um pouco o mesmo

---

[*] Ver p. 62.

potencial de estruturação que os bons e velhos livros, tão caros aos dinossauros das eras pré-digitais. De acordo com essa afirmação, duas pesquisas recentes, por sinal, revelaram a existência de uma clara hierarquia formadora entre obras "tradicionais" e conteúdos digitais. As primeiras exercem uma forte influência positiva sobre a aquisição do léxico e o desenvolvimento das capacidades de compreensão da escrita; os segundos registram um impacto que varia de nulo a negativo.[165,166] Três hipóteses complementares permitem explicar esse resultado. Em primeiro lugar, os conteúdos em geral coletivamente produzidos, compartilhados e consultados pelas novas gerações na Internet apresentam uma riqueza linguística limitada demais para rivalizar com o livro tradicional. Em segundo lugar, na Web, o formato fragmentado da informação e as constantes solicitações de distração (e-mails, links de hipertextos, anúncios, etc.) perturbam o desenvolvimento das capacidades de concentração necessárias à compreensão de documentos escritos complexos. Em terceiro lugar, para nosso cérebro, o formato "livro" é mais fácil de manipular e apreender do que o formato "tela".[167] Assim, inúmeros estudos demonstraram que um determinado texto era em geral mais perfeitamente compreendido em sua forma de papel do que em sua versão tela; e isso independentemente da idade dos leitores.[168,169] Em outras palavras, quando se trata de ler e compreender um documento, mesmo os pretensos *nativos digitais* se sentem mais à vontade com o livro do que com uma tela; o que não os impede, em sua maioria, de afirmar o contrário![170] Outro exemplo, se ainda fosse necessário, da enfermidade estrutural de nossas sensações subjetivas.

▸ *Combater a dislexia com o videogame*

Evidentemente, nos dirão as mídias, o quadro aqui pintado é carregado em cores negativas. Além dos conteúdos "educativos" dos quais já falamos, o digital recreativo esconde com certeza todos os tipos de efeitos positivos indiretos. Os videogames, mais uma vez, estão na linha de frente. Eles favorecem em especial, pelo que nos dizem, a aprendizagem da leitura e o tratamento da dislexia. É mesmo? Assim, por exemplo, após dois estudos científicos aparentemente convergentes, os jornalistas do mundo inteiro se lançaram num inacreditável exagero semântico, com o auxílio de títulos fabulosos: "Videogames para lutar contra a dislexia"[171]; "Videogames ajudam crianças disléxicas na leitura"[172]; "Um dia de videogames supera um ano de terapia para leitores disléxicos"[173]; "Videogames talvez possam tratar a dislexia"[174], etc. Vertiginoso... e desesperadamente prejudicial à realidade dos fatos. Na verdade, nada nas pesquisas em que supostamente se basearam permite aferir tamanho surto bajulador. Algumas precisões permitem demonstrar isso, sem que tenhamos de entrar em detalhes demasiadamente técnicos.

Comecemos pelo estudo mais recente.[157] Realizado com indivíduos adultos, este nada tem a ver com os videogames. Ele confirma simplesmente que existem dificuldades específicas de integração das informações audiovisuais para certos disléxicos. A questão dos videogames aparece de maneira bastante alusiva, no final do artigo, quando os autores sugerem que essas ferramentas talvez pudessem ajudar a resolver o distúrbio audiovisual identificado pelo estudo. Apoiado em especulações tão rudimentares, chega a comover o que um jornal diário ousou intitular: "Os videogames de ação recomendados para os disléxicos"[176]; enquanto um jornalista brada pelas ondas de uma rádio nacional, numa hora de grande audiência, que "recentemente, um estudo da Universidade de Oxford revelou que os videogames de ação poderiam ajudar a combater a dislexia acostumando o cérebro a vincular imagens aos sons"[177]. Se esta espécie de alucinação deve ser rotulada como divulgação científica, então vai ser preciso dar rapidamente o Nobel de Medicina a Rudyard Kipling, pelo seu conto sobre a origem da corcova do camelo.[178]

O problema apontado pelo segundo estudo é mais sutil, mas igualmente fundamental. Nesse trabalho, realizado pela Universidade de Pádua, na Itália, os autores avaliaram a velocidade de decodificação nas crianças disléxicas com 10 anos de idade.[179] Durante 12 horas, divididas em duas semanas, duas populações similares (inacreditavelmente reduzidas: dez indivíduos somente) foram expostas a diferentes sequências de um mesmo videogame (*Rayman*): para o grupo "experimental", sequências rápidas, chamadas de ação; para o grupo "controle", sequências lentas, ditas neutras. Ao fim dessa exposição, somente as crianças do grupo experimental mostraram uma melhora significativa de sua capacidade de decodificação: elas liam as palavras um pouco mais rápido sem cometer erros. O ganho atingia 23 sílabas por minuto, ou seja, mais ou menos dez palavras. Para entender o que isso quer dizer, é preciso saber que uma criança disléxica italiana de 10 anos lê cerca de 95 sílabas por minuto (mais ou menos 45 palavras).[180,181] Uma criança não disléxica, por sua vez, lê 290 sílabas (cerca de 140 palavras). Em outros termos, após a exposição ao videogame, as crianças disléxicas continuavam ainda terrivelmente deficitárias: passaram em média de 45 para 55 palavras lidas por minuto, ou seja, 2,5 vezes menos do que as crianças não disléxicas. A partir daí, dar a entender que "Videogames ensinam crianças disléxicas a ler"[182] parece no mínimo um exagero. Ainda mais que existe também uma séria diferença entre decodificação e leitura. Não é porque uma criança disléxica decodifica as palavras marginalmente mais rápido que ela vai compreender melhor o que lê; e é mesmo, em última análise, esta compreensão que define a leitura! Evidentemente, o problema é evocado pelos autores do estudo, e é de fato lamentável que o exército de sabujos "digitalistas" tenha ignorado o esclarecimento: "Considerando que as crianças com dislexia puderam apresentar problemas de compreensão da leitura em consequência do déficit básico de decodificação da leitura [e disso nem sequer temos certeza!], novos estudos poderiam investigar diretamente o possível efeito de videogames de ação sobre esse parâmetro de leitura de nível mais elevado". Dito de outra forma, ignora-se se a modesta melhora observada nas capacidades de decodificação de um grupo bem pequeno de crianças disléxicas influencia a leitura em si, mas seria interessante efetuar este teste um dia. Estamos ainda longe, ao que parece, dessa prudente realidade científica, com ênfases midiáticas como as anteriormente descritas. Mas esse simples ajuste com a realidade não é nada, convém admitir, ao lado da assustadora inexatidão de outras declarações, do tipo: "Jogar videogames rápidos ajudou a melhorar a velocidade de leitura de crianças disléxicas mais do que um ano de terapia tradicional intensa seria capaz".[173] Porque, na verdade, não se trata de um ano de terapia no estudo, mas, segundo os termos dos autores, de "1 ano de desenvolvimento espontâneo da leitura [quer dizer, de desenvolvimento sem terapia]"[179]; o que é, francamente, bem diferente. Enfim, se é para falar bobagem, é melhor não economizar.

O pior é que, mesmo se admitíssemos que o jogo *Rayman* melhora de fato a capacidade de leitura das crianças disléxicas (e estamos longe disso!), as matérias jornalísticas acima citadas continuariam sendo, para muitos, ilusórias. De fato, em vários casos as fórmulas empregadas deixam a entender, através de suas inclinações generalizadoras, que a influência benéfica dos videogames de ação sobre a aprendizagem da leitura diz respeito, na verdade, ao conjunto de crianças e de videogames. Por exemplo, segundo alguns jornalistas "o aperfeiçoamento da atenção visual impulsiona a capacidade de leitura",[174] ou "um estudo da Universidade de Pádua joga um balde de água fria sobre a ideia de que videogames são ruins para o cérebro de crianças pequenas",[183] ou ainda, "os videogames são com frequência acusados de tornar as crianças agressivas, mas o que se ignora é que eles trariam benefícios médicos [...]". Os pesquisadores fizeram crianças disléxicas jogar videogame, como *Rayman*, durante 9 sessões de 80 minutos por dia. Eles então perceberam que em somente 12 horas, as crianças tinham adquirido uma velocidade de leitura similar àquela adquirida após um ano de treinamento clássico [*sic*], ao mesmo tempo que se divertiam. Uma ótima notícia, portanto, sobretudo para as crianças, que têm agora uma boa desculpa para escapar dos deveres de casa e brincar com seus consoles".[177]

Essas extrapolações são seguramente infundadas. Com efeito, nem todos os videogames têm a mesma estrutura, e o que vale para

Rayman não vale obrigatoriamente para *Minecraft, Fortnite, Super Mario* ou *Grand Theft Auto* (*GTA*). E mesmo se admitirmos que o efeito supostamente positivo seja generalizável a todos os tipos de jogos, como nos certificarmos de um benefício para as crianças não disléxicas? E aí também, ainda que aceitemos este argumento, como saber se a relação risco-benefício final se revelará positiva e que as influências negativas não pesarão mais do que os parcos efeitos positivos observados; sobretudo se a exposição ultrapassar 12 horas para se tornar crônica? Diversos estudos estabelecem, e voltaremos a este ponto, que os videogames de ação não têm, longe disso, somente virtudes positivas em termos de sono, de dependência, de concentração ou de bom desempenho escolar. Mas por que preocupar pais, leitores e ouvintes com esse tipo de detalhes secundários?

Resumindo, os estudos científicos aqui citados são sem dúvida interessantes. Mas considerando suas fragilidades metodológicas e as questões que eles deixam em suspenso, podemos nos interrogar sobre seu formidável impacto midiático e a total falta de análise retrospectiva dos jornalistas. Podemos também observar que, mais uma vez, a balança pende para os videogames, que, definitivamente, parecem trazer muitas qualidades invejáveis, sobre as quais é hora de dizer algumas palavras...

Uma atenção visual otimizada (e outras virtudes presumidas dos videogames de ação)

No mundo digital, excetuando as questões de violência, sobre as quais voltaremos com detalhes no próximo capítulo, a obra propagandista mais bem-sucedida diz respeito incontestavelmente aos supostos benefícios proporcionados à atenção pelos videogames chamados "de ação". O caso não é recente. Ele teve início em 2003, com a publicação de um artigo sobre uma pesquisa que mostrava que esses jogos podiam ter influência favorável sobre inúmeros componentes da atenção visual.[184] Esse resultado desencadeou uma enxurrada de trabalhos que, em grande parte, confirmaram o fenômeno. Daí resultou uma torrente persistente de alegações midiáticas favoráveis: "Videogames do tipo *first-person-shooter* (atirador em primeira pessoa) aperfeiçoam de modo acentuado as capacidades de atenção visual"[185]; "Acusados de desenvolver a agressividade, os videogames de ação são antes de tudo eficazes para melhorar a atenção, a visão e a velocidade de reação"[186]; "Diferentes estudos demonstraram que a prática de jogos de tiros melhora de forma rápida e duradoura a concentração e acuidade visual dos jogadores"[187]; "Videogames podem ajudar a desenvolver uma maior concentração mental"[188], etc. O entusiasmo atinge seu paroxismo em 2013, dentro do contexto de uma notificação da Academia Francesa de Ciências.[189] O impacto foi fenomenal (e continua fazendo efeito). É preciso dizer que a mensagem era promissora. Ela afirmava que "certos videogames de ação destinados às crianças e aos adolescentes melhoram suas capacidades de atenção visual, concentração e facilitam, graças a isso, a tomada de decisão rápida". Dito por outros meios, "as estratégias que o jogador é convidado a pôr em prática podem estimular o aprendizado de competências: capacidade de concentração, de inovação, de decisão rápida e de resolução coletiva dos problemas e tarefas". Infelizmente, tudo o que os autores ofereciam para sustentar essa ideia era uma única referência[190]; referência que, estranhamente, não dizia nada sobre a maioria das asserções apresentadas. E até hoje nada avançou. A fábula midiática tão perfeitamente sintetizada pela Academia Francesa de Ciências continua tão amplamente onipresente quanto precariamente fundada.

▸ *Jogadores mais criativos?*

É incontestável que a indústria do videogame possui uma sólida aptidão inovadora; mas estender essa capacidade do criador ao usuário é simplesmente enganoso. Atualmente, não existe nenhum elemento específico, mesmo embrionário, capaz de validar tamanha extrapolação. Também não há hipótese teórica plausível para explicar como *Fortnite, Super Mario, Call of Duty* ou *GTA* poderiam impulsionar a inventividade dos praticantes. Ao contrário, existem muitas razões para afirmar o caráter fundamentalmente inepto de tal ideia. De fato, as capacidades de criatividade e de inovação não existem em termos absolutos. Elas se articulam e se organizam a partir do conjunto de conhecimentos adquiridos dentro de uma disciplina. Em outros termos, para ultrapassar uma fronteira, é preciso antes alcançá-la. É por isso que, contrariando certas crendices populares, os inovadores não surgem no meio do nada; antes de produzir o que quer que seja de notável, eles passaram um tempo considerável conquistando em profundidade os saberes de seu campo.[191-193] Como explica com clareza Anders Ericsson, um dos maiores especialistas internacionais do assunto: "Se sabemos algo sobre esses inovadores é que eles, quase sem exceção, trabalharam para se tornar proficientes em seus campos antes de começarem a abrir novas fronteiras. Faz sentido que isso tenha sido assim: afinal de contas, como você vai descobrir uma nova teoria valiosa em ciência ou uma nova técnica útil para tocar violino se você não estiver familiarizado com – e apto a reproduzir – as conquistas daqueles que o precederam?".[194] Expresso de outra maneira, a inovação nada tem de uma espécie de competência geral desincorporada que qualquer videogame poderia por milagre nos inspirar. Não; a inovação significa antes de tudo, para um determinado domínio, tempo, trabalho e suor. A partir daí, parece singularmente doentio ousar afirmar que os videogames de ação favorecem a "inovação".

▸ *Jogadores melhor equipados para trabalhar em grupo*

Mais um argumento perfeitamente gratuito. Para começar, já sabemos que vários videogames de ação podem ser jogados sozinho. Em seguida deve ficar claro que uma multidão não é sempre, quase nunca mesmo, uma garantia de bom desempenho. Vários trabalhos mostram que a criatividade é, na esmagadora maioria dos casos, a façanha de espíritos solitários.[195] Em regra, o grupo tende a se revelar bem menos fértil e inteligente que a soma das individualidades. Você tem um problema? Faça um *brainstorming* coletivo. Os resultados obtidos serão infinitamente menos interessantes do que se você tivesse pedido primeiro que cada um refletisse sozinho em seu canto.[196-198]

Ademais, coloca-se, aqui também, a questão fundamental da transferência. Admitamos que os praticantes aprendem a se falar, se organizar e se coordenar para resolver os problemas propostos pelo jogo: atirar num megazumbi, destruir um tanque, etc. Em que e como esses "saberes" podem ser úteis no mundo real (exceto, eventualmente (!), em algumas circunstâncias estruturalmente próximas da situação do jogo – por exemplo, realizar operações de segurança em zona de guerra urbana)? Onde estão os estudos mostrando que as competências desenvolvidas brincando com um *joystick* se estendem para situações sem nenhuma relação direta com o jogo? Onde estão os trabalhos sugerindo que a prática de jogos de ação ajuda o indivíduo a evoluir com maior eficácia dentro de uma equipe de cirurgiões? Onde estão as pesquisas demonstrando que *Fortnite* e seus cúmplices otimizam a performance cooperativa do jogador para tocar um instrumento numa orquestra sinfônica, jogar num time de futebol, integrar um grupo comercial ou uma equipe de cozinha? Em lugar nenhum, é claro. Nada de espantoso ao nos darmos conta de que, aí também, a capacidade de cooperar e trabalhar em grupo depende principalmente de uma competência disciplinar precisa. Para que o coletivo tenha boa performance, cada individualidade deve saber se fundir à melodia cinética do conjunto. Mas, para fazer isso, cada um deve ser capaz de realizar com eficácia sua parte singular da obra, interpretar as manobras do grupo, decifrar o estado de progresso dos objetivos, etc. Como então competências tão específicas poderiam ser adquiridas jogando um videogame de ação com alguns colegas? Enfim, a afirmação segundo a qual a prática do videogame de ação melhora o trabalho coletivo parece vir, na melhor das hipóteses, de uma fabulação e, na pior delas, da hipocrisia propagandista.

▶ *Jogadores mais atentos e mais rápidos?*

Por fim, uma informação fundada em dados concretos. Belo progresso que oculta, contudo, muito mal a ausência de definição precisa dos termos e conceitos tratados. De fato, atrás dessas palavras se escondem competências no mínimo circunscritas. Não há dúvida aqui, por exemplo, quanto a uma capacidade qualquer para prestar atenção por mais tempo e mais eficazmente ao conteúdo do texto. Tampouco se trata de uma melhoria geral das capacidades de decisão. Não, a questão aqui é unicamente uma ligeira otimização do tempo de processamento das informações visuais recebidas pelo cérebro. Em outros termos, o *gamer* sabe reagir um pouco mais rápido que o parvo mediano a certos elementos visuais de seu ambiente.[190,199] Desta forma, quando o comparamos a seus congêneres sem experiência, o jogador: consegue levar em conta um maior número de elementos visuais (Figura 7, linha 1), apresenta uma atenção visual mais amplamente extensa (Figura 7, linha 2); identifica mais rapidamente a presença (ou a ausência) de um elemento-alvo do campo visual (Figura 7, linha 3); se revela capaz de detectar com um pouco mais de prontidão o sentido do deslocamento privilegiado de um grupo de pontos misturados (Figura 7, linha 4). Observemos que a opinião precedentemente evocada pela Academia Francesa de Ciências sugere, baseada neste último resultado, mas sem jamais descrevê-la, "uma capacidade generalizável (para além do jogo) de inferência probabilística".[189] O que, efetivamente, basta para impressionar o leitor hesitante.

Ninguém está afirmando que esses estudos não são interessantes. O problema é a incrível supervalorização de suas conclusões. A questão requer dois comentários. Primeiramente, é preciso enfatizar a existência de reservas metodológicas e observações contraditórias, suscetíveis de lançar dúvida sobre a solidez e a generalidade dos resultados apresentados[202-206]; dúvida que vários trabalhos recentes não permitiram esclarecer, longe disso.[207-211] Em segundo lugar, teria sido importante abordar explicitamente a questão da transferência das competências (da atenção adquirida pelo jogo no sentido das realidades da "vida real"). Com toda evidência, é fácil afirmar que

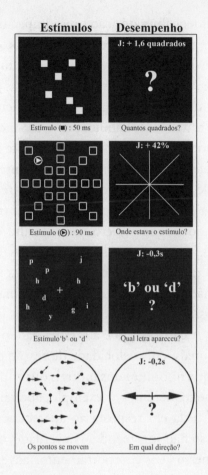

Figura 7 – Videogames e atenção visual.
Os participantes olham fixamente para a tela. *Linha 1*: quadrados aparecem brevemente (entre 1 e 10; 50 ms). O indivíduo deve dizer quantos quadrados ele viu. Os jogadores (J) registram uma performance superior. Em média, eles detectam até 4,9 quadrados sem errar; contra somente 3,3 para os não jogadores. *Linha 2*: os elementos de "distração" (os quadrados) e um objeto "alvo" (o triângulo dentro do círculo) aparecem brevemente (90 ms). O indivíduo deve dizer em qual dos 8 raios o objeto-alvo apareceu. O êxito médio dos jogadores é superior ao dos não jogadores (81% contra 39%). *Linha 3*: os elementos de distração (letras exceto b e d) e uma letra-alvo (b ou d) aparecem. O indivíduo deve identificar a letra-alvo. Os jogadores são mais rápidos do que os não jogadores (1,2 s contra 1,5 s). *Linha 4*: Pontos se movendo de modo mais ou menos coerente aparecem de repente na tela: entre 1% e 50% dos pontos seguem na mesma direção (à direita ou à esquerda); o restante se desloca aleatoriamente. O indivíduo deve determinar o sentido do deslocamento privilegiado. Em média, os jogadores reagem em 0,6 s, os não jogadores em 0,8 s. A superioridade dos jogadores é real em todas as tarefas. Ela se baseia, porém, em competências bem modestas; ainda mais que as superioridades observadas não se transferem, exceto em raras exceções, para as situações verdadeiras da vida. Ver detalhes no texto.

a prática de videogames de ação causa impacto positivo sobre todas as habilidades motoras que requerem um processamento rápido e preciso dos fluxos visuais; por exemplo, jogar futebol.[190] O complicado é prová-lo. Ainda mais complicado, pois as pesquisas disponíveis não são nem um pouco favoráveis. Com efeito, sabe-se hoje com clareza, em se tratando de habilidades visual-motoras complexas, que o grau de proficiência não está absolutamente associado à eficiência das funções básicas da atenção (supostamente desenvolvidas pelos videogames de ação). Vejamos esse estudo relacionado ao handebol: nenhuma ligação significativa foi encontrada entre o nível de competência dos jogadores e o desempenho dos testes padrão de atenção visual.[212] Conclusão dos autores: "Os efeitos de proficiência esportiva não estão relacionados a diferenças básicas na atenção, a proficiência não parece produzir diferenças na atenção básica, e as diferenças básicas na atenção não parecem prever uma eventual proficiência". A constatação é a mesma para o beisebol. Os rebatedores profissionais, cuja velocidade de reação é alucinante, não são melhores do que o comum dos mortais quando submetidos a tarefas de atenção que requerem, por exemplo, apertar o mais rapidamente possível uma tecla em resposta ao aparecimento de um estímulo visual.[194,213] Isso não surpreende. Na verdade, o rebatedor não reage "após o arremesso" aos comportamentos adversos; ele os antecipa, ou seja, ele começa a organizar seu golpe bem antes do lançamento da bola. Para isso, ele focaliza precocemente sua atenção nos índices reveladores do gesto do arremessador (eixo dos ombros, trajetória do braço, etc.) Esse tipo de talento nada tem de nato. Ele se constrói durante a aprendizagem, à custa dos erros, êxitos, repetições e, é importante assinalar, das especificidades da disciplina. Quanto a isso, os estudos disponíveis mostram uma nítida variação das estratégias de exploração visual em função da tarefa.[214-218] Isso significa que as informações coletadas por um cérebro de um tenista, jogador de futebol, basquete ou beisebol, esquiador ou piloto de automóvel são fundamentalmente diferentes. Dito de outra forma, cada habilidade visual-motora complexa constrói e mobiliza um tipo singular de funcionamento da atenção.[194,219,219]

Consequentemente, a ausência de transferência a partir dos videogames para as habilidades visual-motoras complexas não causa surpresa, e é preciso ser terrivelmente espirituoso para afirmar, como se ouve ainda com demasiada frequência nas principais mídias, que as aptidões potencialmente adquiridas pelos *gamers* graças a uma prática intensiva, "não são apenas virtuais: elas podem ajudar a melhorar seu desempenho em situações na vida real, como dirigir seu carro".[220] Consideremos, a propósito, esta última atividade como exemplo. As pesquisas mostram duas coisas: (1) a prática dos jogos de ação não exerce influência positiva alguma sobre o desempenho ao dirigir um carro[221,222]; (2) ao contrário, a natureza frequentemente frenética e excitante desses jogos favorece a emergência de comportamentos arriscados e imprudentes, que levam os praticantes a dirigir mais constantemente sem carteira de habilitação, a se envolver em mais acidentes e a ser multado ou preso com mais frequência pelo guarda de trânsito.[223-228]

Parece claro que esses resultados negativos não estão em sintonia com as manchetes de jornais recentes que sugerem que "Jogar *Mario Kart* faz de você um motorista melhor, isso está provado cientificamente!"[229-231]; que um "Estudo confirma, *Mario Kart* realmente faz de você um motorista melhor, está vendo mamãe?!"[232]; ou que "Jogar *Mario Kart* PODE fazer de você um motorista melhor".[233] Por trás dessas "manchetes" enganosas, encontra-se um estudo que, infelizmente, nada tem a ver com uma situação plausível ao se dirigir um automóvel (de modo real ou simulado).[234] Experimentalmente, o caso compreende três fases. Em primeiro lugar, os indivíduos jogam um videogame rudimentar de direção (uma espécie de *Mario Kart* bem empobrecido). Eles são colocados diante de uma tela de computador simulando um percurso rodoviário (eles veem essa estrada como se estivessem dentro de um carro). São solicitados para que, com a ajuda de um pequeno volante, se mantenham no meio dessa pista sem se deixar "afetar" pelo surgimento de perturbações aleatórias (impulsos laterais repentinos que desviam o carro de sua trajetória retilínea). O ambiente visual é tão miserável quanto possível. Não há obstáculo algum; nenhum veículo, nenhum pedestre, nenhuma árvore, nenhuma sinalização, nenhuma curva ou interseção; nada.

A tela só apresenta um horizonte (preto), o solo (marrom) e duas linhas pontilhadas vermelhas (a estrada). Os resultados mostram que os amantes de videogames de ação têm um pouco mais de êxito que os não jogadores em se manter entre as duas linhas. Em outras palavras, quando consumidores regulares de videogames de ação são submetidos a um novo videogame rudimentar de direção de automóveis, eles apresentam melhores performances do que seus colegas novatos. Grande coisa!

Na segunda fase do estudo, os participantes são submetidos a uma versão um pouco mais aperfeiçoada do jogo inicial. Eles devem, com o auxílio de um *joystick*, na presença de forças perturbadoras aleatórias (desta vez verticais), manter horizontal a trajetória de uma pequena esfera vermelha que se desloca sobre uma tela preta. Aí também (surpresa!), os aficionados de videogames têm mais sucesso do que seus homólogos sem experiência. Na terceira etapa, finalmente, dois grupos de participantes não jogadores são constituídos. Durante dez horas, um grupo joga *Mario Kart*, ao passo que o outro joga *Roller Coaster Tycoon III* (um jogo de estratégia). Ao final do período de treinamento, somente os membros do grupo *Mario Kart* progrediram no domínio da tarefa precedente (manter horizontal a trajetória de uma pequena esfera vermelha sobre a tela preta). É com base nesse resultado mirabolante, é preciso admitir, que nossos amigos jornalistas puderam explicar a seus leitores que "jogar *Mario Kart* realmente o prepara para ser um motorista no mundo real".[232] A partir de agora, "não é mais necessário passar horas estudando o código de trânsito para se tornar um motorista incomparável".[230] De fato, "Horas de treinamento em videogame aperfeiçoaram as capacidades dos jogadores para dirigir no mundo real. Isso poderia ser usado como um meio rentável para treinar motoristas no futuro".[233] Porque, obviamente, todo mundo entendeu, um "motorista melhor" não é um indivíduo que analisa melhor o ambiente, adapta melhor sua velocidade às restrições exteriores, decifra melhor o código de trânsito, avalia com maior precisão as distâncias de segurança, antecipa com mais acuidade o comportamento dos outros usuários (pedestres, motociclistas, ciclistas ou outros motoristas), etc. Não!

Um "motorista melhor" é uma pessoa que revela um melhor desempenho quando lhe pedem para manter na horizontal o deslocamento de uma esfera vermelha sobre uma tela preta, na presença de forças perturbadoras aleatórias.

Concluir, com base no estudo aqui discutido, que *Mario Kart* faz de nós motoristas melhores é simplesmente surreal. Cientificamente, a única utilidade desse trabalho é demonstrar que jogar videogames de ação com frequência nos facilita um pouco a vida quando devemos praticar um jogo de ação que não conhecemos. O resultado é sem dúvida interessante, mas, no fundo, somos obrigados a constatar que ele se revela alheio às extravagantes mensagens transmitidas pela mídia a seus usuários. Conforme indicado mais acima, quando consideramos verdadeiras situações de trânsito, a pretensa melhor aptidão dos *gamers* não apenas desaparece, mas acaba por se tornar negativa (em razão, sobretudo, de uma maior propensão a correr riscos). E, realmente, é preciso ser assustadoramente abusado para afirmar, com base no estudo em questão (realizado, convém lembrar, num deserto ambiental absoluto) que os videogames de ação fazem de nós motoristas melhores porque "eles ajudam os motoristas a identificar os riscos no mundo real".[233] O autor dessa frase gloriosa omite somente um ligeiro detalhe: para perceber os perigos da estrada é preciso identificá-los; ou seja, é preciso saber para onde olhar e quando! Ora, esse tipo de saber, apenas a experiência real e repetida da estrada permite adquirir. Para aqueles que ainda duvidam, um estudo recente registrou as explorações oculares de "verdadeiros" motoristas e usuários de videogames de trânsito. Resultado: "*gamers* sem verdadeira experiência de direção não possuem um padrão de exploração visual da estrada, o que é funcional para dirigir de verdade [...]. Dirigir virtualmente em videogames não ajuda no desenvolvimento de uma exploração adequada de padrões rodoviários".[222]

Resumindo, é, portanto, possível (e sem dúvida provável,[236] mesmo que o caso ainda seja discutido[237]) que os videogames de ação melhorem, não nossa atenção ou nossas capacidades decisórias em geral, mas certas características de nossa atenção visual. O problema é que essas melhoras permanecem "locais" na esmagadora maioria dos casos; elas não se estendem às situações da "vida real". Isso quer dizer, claramente, que jogar um videogame de ação nos ensina essencialmente... a jogar esse jogo e outros semelhantes. É evidente, certas generalizações positivas sobrevêm por vezes, quando o real impõe as mesmas exigências que o jogo. É o caso, por exemplo, para a manipulação de um telescópio cirúrgico[238,239] ou a pilotagem remota de drones de combate.[240] Mas fora dessas situações singulares, é totalmente enganoso, como confirmam diversos estudos, esperar uma transferência de aptidão significativa do videogame para a vida real.[194,241-247] Assim, segundo os termos de uma meta-análise recente de grande alcance[248]: "Não descobrimos qualquer evidência de uma relação causal entre jogar videogame e uma habilidade cognitiva acentuada. Desta forma, o treinamento em videogame não representa exceção alguma para a dificuldade geral de obter transferência extrema [quer dizer, generalizações a partir de um campo particular – por exemplo, a capacidade de memorizar um poema] [...]. Nossos resultados sustentam a hipótese segundo a qual a aquisição de perícia depende em grande parte da especificidade do domínio, e, portanto, de informação não transferível. Em contraste, aquelas teorias que preveem a ocorrência de transferência extrema após treinamento em videogame (e.g., "aprendendo a aprender") e treinamento cognitivo não são sustentáveis".

▸ *Jogadores dotados de uma melhor concentração?*

Voltemos ao relato sobre essa invenção. Ainda que possa parecer surpreendente, do modo como esse discurso é reproduzido de forma recorrente pelas grandes mídias, não existe na literatura científica nenhum dado que possa sustentar tal argumento. Este é fundado apenas na extrapolação falaciosa dos elementos citados anteriormente, relativos à atenção visual. É muito fácil passar desta última para a atenção enquanto faculdade geral e, depois, direto para a concentração. Tal tendência, é claro, não é específica do parecer da Academia

Francesa de Ciências evocado há pouco.[189] Com frequência, os jornalistas se deixam levar pelos atalhos mais selvagens, explicando, por exemplo, num artigo sobriamente intitulado "Esses videogames que nos fazem bem", que "o combate armado virtual apresenta outra virtude interessante: ele melhora o controle da atenção, ou seja, a capacidade de se concentrar numa tarefa sem se distrair"[249]; ou, num documentário para o grande público intitulado "Videogames: os novos mestres do mundo", afirmando que experiências são realizadas "para avaliar a capacidade de atenção dos jogadores, ou seja, sua faculdade de concentração".[250] Recentemente, foi o mesmo Stanislas Dehaene, célebre neurocientista francês, presidente do Conselho Científico da Educação Nacional e membro da Academia Francesa de Ciências, que explicava aos milhões de ouvintes de uma rádio de alcance nacional que não se devia "demonizar os videogames [...]. Mesmo os videogames de ação, os *shooters* (jogos de tiro) têm um efeito positivo sobre a educação porque aumentam a concentração das crianças, sua capacidade de atenção".[251]

O problema, todos entenderão, é que por trás dos termos genéricos "de atenção" ou de "concentração" se escondem realidades funcionais e neurofisiológicas muito díspares.[252-254] Em seu sentido original, dizem-nos os dicionários, a concentração qualifica "a ação de reunir num centro ou num ponto determinado aquilo que é primitivamente disperso"; definição geral que, aplicada ao campo cognitivo, designa "a ação de reunir as forças da mente e conduzi-las a um único objeto". Da mesma maneira, a atenção caracteriza uma "tensão do espírito direcionado a um objeto, excluindo qualquer outro". Essas definições traduzem muito bem a mecânica cerebral da atenção focalizada.[70,252] Com efeito, quando o cérebro se "concentra", duas coisas acontecem. Primeiramente, a atividade das regiões importantes para a tarefa referida aumenta. Em segundo lugar, a atividade das regiões inúteis, em especial aquelas relacionadas ao processamento dos fluxos sensoriais externos perturbadores, diminui.*

---

* Por exemplo, se alguém lhe fizer um carinho na ponta do dedo, enquanto você está concentrado numa tarefa de cálculo mental, a informação que é transmitida às

Este segundo mecanismo desempenha um papel essencial dentro de nossa capacidade de ignorar as informações inoportunas e, assim, finalmente, nos manter focados no objetivo desejado.

Quando se explica aos pais preocupados que os videogames de ação melhoram a "atenção" ou a "concentração" de seus filhos, é nesse processo de hiperfocalização dos recursos cognitivos que eles pensam espontaneamente; um processo absolutamente essencial, se ainda for preciso salientar, ao funcionamento intelectual e, por conseguinte, ao bom desempenho escolar.[256-264] No fundo, para o grande público, estar atento é estar "dentro de sua bolha", centrado na única tarefa em curso. A atenção pode então ser vista como um mecanismo que concentra toda a luz sobre um ponto e escurece ativamente tudo ao redor. O problema é que os videogames têm o efeito oposto. Eles suprimem o feixe luminoso focalizado e iluminam todo o ambiente. Isso se deve à natureza íntima desses jogos e ao fato de eles serem estruturalmente voltados para o mundo exterior. Ao fazer isso, eles exigem uma atenção generosamente dispersa. Para ter uma boa performance, o jogador deve varrer constantemente o espaço visual. Ele deve ser capaz de identificar sem demora, dentro da sucessão de cenas apresentadas, o surgimento de todo estímulo ameaçador ou configuração visual relevante; mesmo na periferia extrema do campo.

Os espíritos mais travessos poderiam se divertir, sem dúvida, com o fato de a aptidão de nossos primos chimpanzés ser, nesses domínios, muito superior à de um humano padrão[265]; e se o objetivo é oferecer a nossos filhos a mesma bagagem de atenção de um primata de laboratório, então os videogames representam efetivamente uma ferramenta didática totalmente adaptada. Mas evitemos o deboche e retenhamos então simplesmente que, em matéria de videogames de ação, um resultado otimizado só pode ser obtido através do desenvolvimento de uma atenção exógena dispersa, ou seja, vigilante ao menor movimento do mundo exterior. Isso significa uma atenção

---

áreas cerebrais sensoriais é significativamente atenuada em relação a uma condição na qual alguém lhe acaricia o dedo sem que você esteja fazendo contas.[255]

cujas propriedades são, por natureza, exatamente opostas àquelas da concentração. Num caso, nos aplicamos e procuramos não deixar passar nenhum dos sinais ambientes externos; no outro, focalizamos e buscamos ignorar tanto quanto possível a influência perturbadora desses mesmos sinais. Confundir esses diferentes tipos de atenção é no mínimo inconveniente. Ainda mais que ficou nitidamente demonstrado que o processo de dispersão da atenção não deixa de causar alguns danos expressivos à concentração: quando provocamos, de um lado da moeda, as capacidades de processamentos visuais rápidos, aumentamos, do outro lado da moeda, a tendência do indivíduo a se deixar distrair pelas agitações de seu ambiente.[266] Em outras palavras, é então literalmente a distração que vamos registrar no funcionamento do indivíduo.

Na prática, a emergência de um fator de distração acentuada, ativamente aprendida e diligentemente implementada no centro da estrutura cerebral, explica por que os videogames possuem, para além de seus efeitos eventualmente positivos sobre a atenção visual, um impacto especialmente deletério sobre a atenção focada, ou seja, a concentração.[267-275] Teremos a oportunidade de voltar a isso com detalhes no próximo capítulo. Até mesmo os pesquisadores mais envolvidos em demonstrar as influências positivas dos videogames de ação sobre a atenção visual admitem a realidade dessa dissociação. Daphné Bavelier, por exemplo, explicou num importante periódico científico, alguns meses antes de ser ouvida pelos redatores já citados da Academia Francesa de Ciências, que: "Se o que se quer expressar é a habilidade de filtrar de forma rápida e eficiente os elementos de distração visual que são precipitadamente apresentados (isto é, a atenção visual), então não há a menor dúvida de que jogar videogames de ação aumenta enormemente esta habilidade. No entanto, se o que se pretende é expressar a habilidade de sustentar o foco numa corrente lentamente evolutiva de informações, tais como prestar atenção às aulas, há um trabalho recente que sugere que o tempo total de tela e a prática de videogame em particular podem ter efeitos negativos".[276] Outro pesquisador, aliás, explicava também, no mesmo artigo, que, segundo ele, "as mesmas capacidades de atenção que são aprendidas ao jogar videogames de ação (tais como campo visual mais abrangente e atenção periférica) são parte do problema. Embora se trate de boas habilidades num ambiente mediado pelo computador, elas são uma desvantagem na escola, quando a criança deve ignorar o coleguinha inquieto na mesa ao lado e se concentrar em uma única coisa". É realmente lamentável (para não dizer danoso) que esse tipo de distinção seja com tanta frequência ignorada, pois ao fazer uma fusão grosseira dos conceitos de atenção visual, de atenção e de concentração, acaba-se por traduzir os dados científicos pelo exato inverso daquilo que eles afirmam realmente.

Assim sendo, um derradeiro ponto a ressaltar, secundário sem dúvida, mas revelador. Curiosa sobre esse caso, uma jornalista se interessou pelo texto acima citado da Academia Francesa de Ciências. O artigo, inicialmente intitulado "Videogames: parcialidade acadêmica",* sugere que esse documento tratava unicamente de ciências.[277] Por fim, de fato, ele se revelou bem útil, nos disse a jornalista, para "remover um obstáculo legislativo que, desde 2007, impedia a indústria de videogames de se beneficiar de créditos fiscais para o desenvolvimento dos jogos PEGI 18, ou seja, jogos destinados aos adultos e contendo cenas violentas ou pornográficas suscetíveis de proporcionar um sentimento de repulsa no espectador".[277] Uma mão amiga para apoiar a indústria, pois, conforme explicado por um senador, "Para falar a verdade, eu fui o primeiro a ficar surpreso com a aprovação dessa emenda [...] Era preciso fazer um gesto a fim de impedir a fuga de cérebros para a América do Norte, onde créditos fiscais importantes facilitam o desenvolvimento, complexo e oneroso, dos jogos PEGI 18".[277] Pode-se entender o argumento. Mas ele não bastava em si mesmo? Era necessário escorá-lo num relatório "científico" tão partidário? Relatório que, hoje ainda, alimenta as piores propagandas demago-geeks? Era necessário ferir assim tão gravemente a credibilidade de uma instituição oficial multicentenária, destinada a garantir a integridade da ciência? Essas questões não são triviais num

---

* Antes de ser rebatizado: "Quando a Academia de Ciências se inclina a favor dos videogames".[277]

momento em que, por meio da profusão das mais furiosas teorias da conspiração, um movimento de suspeita generalizada do discurso público está se desenvolvendo.

Uma capacidade de concentração saqueada

Assim então, por trás do conceito aparentemente unitário de "atenção", ocultam-se realidades comportamentais e neurofisiológicas díspares. Certas atividades, como os videogames de ação, requerem uma atenção "distribuída", extrinsecamente estimulada e amplamente aberta para as efervescências do mundo. Ao contrário, outras práticas, tais quais a leitura de um livro, a redação de um documento de síntese ou a resolução de um problema matemático exigem uma atenção "focada", intrinsecamente sustentada e pouco permeável às agitações ambientes e aos pensamentos parasitas. Na sequência deste texto, utilizaremos os qualificativos "exógeno" ou "visual" para caracterizar o tipo de atenção desenvolvida pelos videogames de ação. Ao mesmo tempo, de acordo com o uso comum, falaremos simplesmente de "atenção" ou de "concentração" para caracterizar a atenção "focada" mobilizada pelas atividades reflexivas, como a leitura de um livro.

▶ *Provas irrefutáveis*

Em nossos dias, a quase totalidade dos trabalhos disponíveis mostra de maneira convergente que as telas recreativas têm, globalmente,[274,278,279] um impacto danoso profundo sobre as capacidades de concentração. Dito de outro modo, nesses termos, os videogames[267-273,275,280] se revelam tão nocivos quanto a televisão[261,271,272,279-285] e as mídias portáteis.[286-289] Uma meta-análise realizada sobre o assunto por sinal confirmou, sem o menor equívoco, a existência de uma correlação positiva entre consumo de telas recreativas (videogame e/ou televisão) e distúrbios de atenção.[279] A relação mensurada tinha uma força comparável àquela observada entre QI e resultados escolares[290,291] ou, alternativamente, entre tabagismo e câncer de pulmão.[292] O impacto individual dos videogames se revelou estritamente idêntico àquele da televisão. Da mesma forma, os conteúdos não violentos se mostraram tão nocivos quanto os conteúdos violentos.

A título ilustrativo, podemos citar, por exemplo, um estudo de longo prazo que confirmou que cada hora por dia passada diante da telinha, quando a criança estava nas primeiras séries do ensino fundamental, aumentava em quase 50% a probabilidade de surgimento de distúrbios de atenção nos últimos anos desse mesmo ciclo.[282] Resultado idêntico foi relatado num trabalho subsequente,[261] mostrando que o fato de passar de 1 a 3 horas diariamente diante da televisão aos 14 anos multiplicava por 1,4 o risco de registrar dificuldades de atenção aos 16 anos. Além de 3 horas, esse risco quase triplicava (Figura 8). São números inquietantes que refletem um resultado complementar, mostrando que a existência de distúrbios de atenção aos 16 anos quadruplicava praticamente o risco de fracasso escolar aos 22 anos. Inúmeros estudos, como já vimos, confirmam a importância fundamental da atenção endógena para o bom desempenho escolar.[256-260,262-264] Em outro trabalho, os autores compararam diretamente o efeito dos videogames e da televisão em duas populações, uma de crianças (6 a 12 anos), outra de jovens adultos (18 a 32 anos).[271] Os resultados revelaram que as duas atividades alteravam a atenção de modo quantitativamente equivalente, qualquer que fosse a idade. Em média, os participantes que ultrapassavam duas horas de utilização diária (TV e/ou videogame) corriam duas vezes mais riscos de sofrer de dificuldades de atenção. De maneira interessante, as análises indicaram que o consumo inicial de telas (TV e/ou videogames) previa um agravamento dos distúrbios de atenção ao longo do período estudado (13 meses). Em outro estudo, resultados comparáveis foram obtidos para as utilizações de aparelhos portáteis em indivíduos de 12 a 20 anos.[289] Aqueles que possuíam um smartphone tinham, em relação a seus pares não equipados, quase três vezes mais probabilidades de apresentar déficits de atenção. Os consumos recreativos (jogos, vídeos, etc.) se revelaram então particularmente nocivos.

Na verdade, os indivíduos que dedicavam mais de uma hora por dia a esse tipo de atividade apresentavam quase o dobro de risco de sofrerem de dificuldades de atenção em comparação àqueles que se mantinham abaixo de 20 minutos diários. São observações preocupantes, mas que poderiam parecer quase "razoáveis" em comparação a uma pesquisa recente, realizada com crianças de 5 anos.[293] Neste estudo, foi levado em conta o tempo total de telas (TV, consoles, aparelhos portáteis, etc.). Resultado: os indivíduos que apresentavam um consumo digital superior a 2 horas por dia tinham, em relação àqueles que não ultrapassavam 30 minutos, seis vezes mais riscos de apresentar distúrbios de atenção.

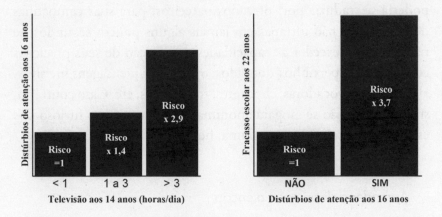

Figura 8 – Impacto das telas sobre a atenção.
O risco de serem observados distúrbios de atenção aos 16 anos aumenta em função do tempo passado diante da televisão aos 14 anos (painel à esquerda); ao mesmo tempo, o risco de fracasso escolar constatado aos 22 é significativamente maior em adolescentes que apresentam distúrbios de atenção aos 16 anos (painel à direita). Ver detalhes no texto.

Para os céticos, um último estudo merece certamente ser aqui mencionado. Ele não provém de um grupo acadêmico, mas do serviço de marketing da Microsoft Canadá.[294] Esse trabalho, curiosamente tornado público, começa explicando que as capacidades de atenção de nossa bela humanidade não cessaram de se degradar nos últimos quinze anos; elas teriam alcançado hoje o mais baixo nível histórico e seriam inferiores às do... peixinho-dourado (*goldfish*).

Essa alteração estaria diretamente relacionada ao desenvolvimento das tecnologias digitais. Assim, segundo os termos desse documento, "Estilos de vida digitais afetam a habilidade de se manter concentrado por períodos extensos. Canadenses com estilos de vida digitais mais intensos (aqueles que consomem mais mídia, que são multitelas, grandes entusiastas da mídia social e sempre os primeiros a adotar novas tecnologias) se esforçam para se concentrar em ambientes onde uma atenção prolongada se faz necessária [...] Eles estão sempre carentes de novidades". Conclusões do departamento publicitário: "Capturar imediatamente consumidores com mensagens claras e concisas que são comunicadas o mais cedo possível [...] Seja diferente, sobressaia e desafie as normas". Algo que em linguagem simples poderia se traduzir por: prezados parceiros, para suas campanhas de marketing, não ultrapassem jamais alguns poucos segundos, se não quiserem exceder as capacidades de atenção de seus preciosos consumidores peixinhos-dourados; optem por mensagens incisivas, aliciantes, provocadoras, chocantes, truculentas, etc. Caso contrário, sua comunicação se afogará anonimamente no oceano furioso dos estímulos digitais. Que programa, hein?

Aprender a dispersar a atenção

O impacto negativo das telas sobre a concentração solicita múltiplas alavancas complementares. Estas agem de modo mais ou menos direto, segundo constantes temporais mais ou menos longas. Tomemos o sono como exemplo: sabe-se hoje que existe uma forte ligação entre o funcionamento da atenção diurna e a eficácia dos bloqueios noturnos.[295-298] Dito de outra maneira, quando o cérebro não dorme o suficiente e/ou suficientemente bem, ele não pode se concentrar com eficácia nas tarefas cotidianas. Ora, está claramente comprovado, e voltaremos a este ponto no próximo capítulo, que quanto mais importantes são os consumos digitais, mais a qualidade e a duração do sono são alteradas. Trata-se de uma fonte essencial de desatenção. A esse respeito, acontece com frequência comigo de comparecer a salas de aula do ensino fundamental para falar das telas digitais. Sou então sistematicamente surpreendido pela quantidade de alunos sonolentos, lutando para manter os olhos abertos e bocejando longamente a ponto de se deslocar a mandíbula. Quaisquer que sejam suas vontades de aprender, essas crianças estão fisiologicamente incapazes de absorver o menor conhecimento. Ainda mais que várias entre elas têm sua atenção exógena solicitada em abundância, todas as manhãs antes da escola, por videogames ou programas audiovisuais excitantes.[91] Ora, hoje em dia está comprovado que essa prática altera de forma duradoura a capacidade de concentração e, em consequência disso, o desempenho intelectual.[299-302] Um estudo citado com frequência ilustra este ponto à perfeição. Crianças de 4 a 5 anos foram submetidas a diversos testes cognitivos após terem sido expostas, durante 9 minutos, a um desenho animado fantástico, altamente ritmado (*Bob Esponja*).[303] Os resultados se revelaram bem piores do que aqueles obtidos pelos participantes incluídos na condição "controle" (9 minutos colorindo desenhos ou assistindo a um desenho animado educativo lento). Num teste de "impulsividade", por exemplo, as crianças tinham diante delas um chocalho e dois pratos: um contendo duas balas, o outro dez. A instrução era a seguinte: se você esperar até que eu volte (ao fim de 5,5 minutos), você poderá comer as dez balas; se não quiser esperar, você pode a qualquer momento fazer soar o chocalho e comer as duas balas. Os participantes resistiram 146 segundos na "condição Bob Esponja", contra 250 segundos, em média, na "condição controle" (+71%). Numa outra tarefa de "concentração", o pesquisador se dirigia à criança: "Quando eu disser 'toque na sua cabeça', quero que você toque nos seus dedos do pé, mas quando eu disser 'toque nos seus dedos do pé', quero que você toque na sua cabeça". Após dez experimentações, as instruções mudavam (ombro/joelho); e após dez novas experimentações elas mudavam novamente, uma última vez (cabeça/ombro). A criança obtinha dois pontos por acerto e um ponto por erro corrigido (a criança se dirigia primeiro ao alvo errado, antes de se dirigir ao correto). Os participantes totalizaram 20 pontos na "condição Bob Esponja", contra 32 pontos, em média, na "condição controle" (+60%). Em resumo, excitar os circuitos de atenção exógena antes de pedir a uma criança para mobilizar sua concentração sobre todos os tipos de tarefas reflexivas não é uma boa ideia; da mesma forma que, usando uma analogia, não é particularmente prudente ingerir um pequeno concentrado de cafeína à noite, antes de ir dormir.

A esses prejuízos pontuais, acrescenta-se evidentemente, no longo prazo, a ação condicionante de um ambiente sempre mais recreativo. Os aparelhos portáteis se encontram então na linha de frente. Neste domínio, ainda que se admita a extrema variabilidade dos estudos de utilização (principalmente pesquisas), só podemos nos surpreender com a magnitude do problema. A cada dia, em média, os indivíduos que possuem smartphones, adultos e adolescentes, submeteriam-se a algo entre 50 e 150 interrupções, ou seja, uma a cada 10 ou 30 minutos; e mesmo 7 ou 20 minutos, se retirarmos 7 horas de sono de nossos dias.[252,294,304,305] Para a metade, essas interrupções estariam relacionadas à ocorrência de solicitações externas intrusivas (mensagens, SMS, chamadas, etc.).[306,307] Para a outra metade, elas viriam de um movimento endógeno compulsivo. Isso seria inato. Refletiria a seleção progressiva ao longo do processo biológico de evolução, os indivíduos mais "curiosos", quer dizer, os mais dispostos a recolher e analisar a informação proveniente de seu ambiente (em termos de oportunidades ou de perigos). Esta curiosidade seria ela mesma entretida pala ativação do sistema cerebral de recompensa.[*,252,308-310] Dito de outra forma, se consultamos tão freneticamente nossos aparelhos portáteis, sem nenhuma necessidade objetiva, isso se deveria, de uma parte, ao fato de temermos (inconscientemente) deixar passar uma informação vital, e, de outra parte, porque a realização do processo de verificação nos oferece uma pequena "dose" de dopamina bastante agradável (e viciante). Esse duplo mecanismo é agora frequentemente evocado através do acrônimo FoMO: *Fear of Missing Out* (medo de perder alguma coisa).[311-313]

---

[*] Ver nota na p. 35. Esta observação será omitida nas novas ocorrências desta expressão.

Em concordância com essa ideia, uma pesquisa recente mostrou o quanto é difícil resistir ao "chamado do telefone celular".[314] Uma população diversa de alunos (do ensino fundamental à universidade) foi observada durante uma sessão de trabalho de quinze minutos. Em média, os participantes passaram somente 10 minutos estudando. Apesar da presença inquisidora de um pesquisador, eles não conseguiram ultrapassar 6 minutos de concentração antes de se lançarem esfomeados sobre seus aparelhos eletrônicos. Seis minutos é certamente melhor do que o peixinho-dourado padrão da Microsoft[294]; mas não chega a ser nada extraordinário! Esse resultado reflete um outro estudo já citado, que demonstrou que o simples fato de ter um telefone celular ao alcance das mãos suscita uma captação suficiente da atenção para perturbar a performance intelectual; e isso mesmo se o aparelho permanecer perfeitamente inerte. Essa observação pode ser associada à existência de um duro combate interior travado contra a necessidade impulsiva de "verificar" o ambiente, ou seja, certificar-se de que não se deixou passar informações importantes. O processo é semelhante àquele que ocorre quando surge uma chamada externa (bip, campainha, vibração, etc.); a única diferença sendo então a origem do estímulo (exógeno ou endógeno). Em ambos os casos, o resultado é o mesmo: o funcionamento cognitivo é perturbado, a concentração sofre e o desempenho intelectual é prejudicado.[315,316]

É necessário notar aqui que uma interrupção não precisa ser persistente para ser nociva. Segundo dados de um estudo recente, dois a três segundos de desatenção bastam amplamente para "perder o fio da meada"; sem dúvida porque este último é espantosamente frágil e que, uma vez desestabilizado, ele não se restabelece facilmente. Imaginemos, por exemplo, que seja pedido um trabalho de síntese. Você está pondo em ordem seus argumentos, selecionando-os, separando-os, estruturando-os e... de repente seu telefone começa a vibrar ou emitir uma notificação sonora. Queira ou não, sua atenção se orienta imediatamente para a mensagem que chega. Seguem várias questões: devo lê-la, devo esperar, devo responder, quem será, etc.? O problema é que, mesmo que você decida rapidamente ignorar a perturbação, o mal está feito, considerando que não se trata mais então, como poderia se pensar, de recuperar o fio de uma reflexão momentaneamente interrompida, mas fielmente armazenada numa parte de seu cérebro; uma reflexão que seria possível "reativar" a partir do maquinário neuronal. Não, após a interrupção, é necessário reconstruir o fluxo reflexivo, reencontrar seus elementos constituintes e reuni-los para voltar ao estado original anterior à interrupção. O tempo e a energia gastos para fazer isso afetam evidentemente, de modo considerável, a confiabilidade e a produtividade cognitiva.[318-321] E, ainda, este é o cenário mais favorável. Na verdade, o dano piora de forma automática quando o pensamento é acionado com base em informações oferecidas em meio a uma aula, uma conferência ou um simples diálogo. Nestas situações, a suspensão da atenção cria uma dupla fissura no acesso à informação e no processo de reflexão; o que obviamente se revela pouco propício à apreensão dos conteúdos apresentados. Este ponto foi amplamente debatido no capítulo anterior, quando foram evocados os impactos da utilização digital nas escolas sobre o desenvolvimento cognitivo. À presente discussão podem-se acrescentar numerosos dados experimentais que mostram que, enquanto estamos dirigindo um carro, há uma incrível quantidade de notificações e utilizações portáteis prontas a sequestrar nossa atenção e, desta forma, aumentar expressivamente o risco de acidente.[322,323] Para as mensagens de texto, por exemplo, este risco seria multiplicado por 23, segundo os resultados de um relevante estudo do Ministério dos Transportes dos Estados Unidos.[324] Isso não impede que 50% dos pais consultem suas mensagens quando estão dirigindo com seus filhos no banco de trás; 30% se dão mesmo o direito de responder essas mensagens escritas![325] Ao dizer isso, não se pretende aqui culpar quem quer que seja, mas ressaltar a inacreditável potência compulsiva de nossas ferramentas digitais portáteis.

▶ *Fazer várias coisas ao mesmo tempo*

Além dos problemas de interrupção, é preciso abordar o tema geral do *multitasking*, que significa realizar simultaneamente diversas tarefas. Certamente, explicam-nos que os jovens teriam mudado, que seu cérebro seria hoje diferente, mais vivaz, mais rápido, mais adaptado à estrutura pulverizada dos espaços digitais. Eles nos contam que, após milênios de obstrução, a organização neuronal das novas gerações teria enfim se libertado do tormento da realização sequencial (tarefa após tarefa) para alcançar o nirvana das operações simultâneas (o *multitasking*). É uma bela história, mas é absurda. Jovem ou velho, moderno ou antigo, o cérebro humano é perfeitamente incapaz de fazer duas coisas sem perder sua precisão, rigor e produtividade.[321,326-328] Nosso encéfalo não é um processador de informática. Tudo o que ele sabe fazer quando necessita processar diversos problemas ao mesmo tempo é malabarismo.[329-332] De modo mais abrangente, o caso se passa então da seguinte maneira: (1) nós processamos a primeira tarefa (como ler um texto), depois resolvemos passar à segunda; (2) colocamos em suspensão então os processamentos associados à tarefa 1 e armazenamos os elementos adquiridos dentro de uma memória temporária; (3) depois executamos a tarefa 2 (por exemplo, responder às mensagens de Camila no Snapchat); (4) até concluirmos que é hora de voltar à tarefa 1; (5) interrompemos então a tarefa 2 e armazenamos os elementos pertinentes dentro de uma memória temporária; (6) em seguida, recuperamos os dados relativos à primeira tarefa (esperando que nada tenha sido esquecido e/ou deturpado) e retomamos nosso trabalho lá onde (supostamente) o tínhamos deixado; (7) e assim por diante. Cada transição exige tempo e favorece a ocorrência de erros, omissões e perda de informações. Por sinal, para cada tarefa, o envolvimento cognitivo só pode ser parcial ou mutilado. Na verdade, o processo de malabarismo mobiliza, unicamente para funcionar, uma parte muito importante dos recursos cerebrais. As tarefas-alvo devem então ser tratadas com a sobra neuronal disponível. No final, a compreensão do texto lido e a qualidade das respostas dadas à pobre Camila têm, ambas, todas as chances de acabarem muito distantes da excelência desejável.

Mas isso não é tudo. É provável, também, que o processo de *multitasking* venha a alterar a memorização das operações realizadas.[333-335] De fato, existe uma estreita ligação entre a retenção de um dado conteúdo e o nível de atenção que foi concedido ao processamento desse conteúdo; nível que, em termos energéticos, traduz a magnitude do esforço cognitivo consentido.[129] Ora, em situação de *multitasking*, a atenção sobrevoa as tarefas mais do que as penetra. A partir daí, não surpreende que a memorização, também, seja penalizada quando fazemos várias coisas ao mesmo tempo.

O mesmo mecanismo revela, para a tarefa de fazer anotações, a considerável superioridade do lápis em relação ao computador.[336,337] Quanto a isso, os pesquisadores mostraram que era mais rápido e menos trabalhoso digitar do que escrever (para os indivíduos que têm esse hábito, obviamente). Assim sendo, onde o teclado permite que sejam feitas anotações de modo relativamente fluido e exaustivo, a mão obriga a parcimônia. Desta forma, ela impõe um esforço de síntese e de reformulação bastante favorável ao processo de memorização. Esse elo entre memorização e esforço cognitivo é por sinal bem fácil de ser isolado experimentalmente. Ficou assim demonstrado, por exemplo, que uma mesma informação escrita era mais bem retida quando apresentada num formato menos legível.[338] Da mesma maneira, ficou comprovado que a memorização de listas lexicais era significativamente superior quando as palavras-alvo tinham algumas letras suprimidas (o que as tornava mais dificilmente decifráveis).[339]

▶ *Inscrever a desatenção no centro do cérebro*

O potencial de distração dos universos digitais se revela, portanto, considerável. Resistir a essa onda de tentações é difícil; ainda mais que as solicitações dessas prezadas ferramentas digitais ativam, conforme vimos, as mais íntimas falhas de nossa organização neuronal. Nossos filhos são jovens, é verdade; mas o cérebro deles é ancestral. Ele é geneticamente programado para adquirir informação e receber uma "recompensa" – sob a forma de uma pequena dose de dopamina – cada vez que consegue.[252,308-310] Essa realidade é perfeitamente controlada pelos atores econômicos da Internet.[340,341] Faz pouco tempo, Sean Parker, antigo presidente do Facebook, admitia que as redes sociais haviam sido pensadas, com toda lucidez, para "explorar uma vulnerabilidade na psicologia humana".[342] Para ele, o que motiva as pessoas que criaram e administram essas redes é: "Como podemos consumir tanto do seu tempo e atenção consciente quanto possível?".[342,343] Neste contexto, para mantê-lo cativo, "é preciso liberar em seu cérebro um pouco de dopamina, de modo suficientemente regular. Assim como ocorre quando você recebe *likes* e comentários em resposta a uma foto ou uma postagem... Isso o levará a contribuir cada vez mais e assim receber mais comentários e *likes*, etc. Trata-se de um encadeamento sem fim de julgamento pela quantidade".[343] Um discurso que reencontramos quase palavra por palavra em Chamath Palihapitiya, antigo vice-presidente do Facebook, responsável pelas questões de crescimento e audiência.[344,345] Esse executivo arrependido declara hoje sentir uma "culpa terrível" por ter trabalhado com "ferramentas que estão rasgando o tecido social que é a base do funcionamento da sociedade".[344] Sua conclusão é inapelável: "Não consigo controlá-los [seus antigos empregados no Facebook]. Mas consigo controlar minha decisão, que é a de não usar essa porcaria, e consigo controlar as decisões de meus filhos, que é a de que eles não têm autorização para usar essa porcaria".[344] Athena Chavarria, que também trabalhou com o Facebook, diz mais ou menos o mesmo: "Estou convencida de que o diabo mora em nossos telefones e está destruindo nossos filhos".[346] Será uma formulação exagerada? Não é certo, se nos referirmos à quantidade crescente de estudos mostrando que os comportamentos de *multitasking* associados às incessantes solicitações do mundo digital (em especial as redes sociais) fixam a desatenção e a impulsividade cognitivas não só no âmago de nossos hábitos comportamentais,[335,347-353] mas também, mais intimamente, de nosso funcionamento cerebral.[354]

À luz desses resultados, é totalmente legítimo considerar a existência de uma causalidade inversa. Conforme indicado num artigo de referência, a questão se coloca então da seguinte forma: "A prática intensa de *multitasking* em mídias digitais causa diferenças cognitivas e neuronais, ou são os indivíduos com tais diferenças preexistentes que tendem mais a um comportamento de *multitasking* nessas mídias?".[355] A resposta agora é conhecida, e é exatamente o *multitasking*, ao menos em parte, a fonte das adaptações acima evocadas. Um primeiro elemento probatório provém de um estudo experimental recente no qual foi emprestado, durante três meses, um smartphone a um grupo de jovens adultos não equipados anteriormente.[356] Ao fim desse período relativamente breve, os participantes registraram uma degradação de desempenho bem significativa num teste de aritmética rápida que exigia uma atenção intensiva. Por sinal, eles viram seu nível de impulsividade aumentar proporcionalmente ao tempo passado usando o smartphone.

Uma segunda prova de causalidade, ainda mais decisiva, se encontra nas conclusões, infelizmente bastante sombrias, de diversos estudos recentes realizados com animais. A ideia subjacente é bem simples: aquilo que não se pode fazer com os humanos, pode por vezes ser feito com animais. Em particular, é possível pôr em prática protocolos de estimulação da atenção exógena similares àqueles produzidos pelos ambientes digitais aos quais são expostas as crianças e avaliar as perturbações de desenvolvimento induzidas. Uma observação, contudo, se faz necessária. Não se trata aqui de colocar os animais num ambiente enriquecido, ou seja, num ambiente físico e social favorável às explorações, interações e aprendizados ativos.* Antes, trata-se de submetê-los a uma repetição de estímulos sensoriais exógenos sonoros, visuais e/ou olfativos. De maneira simples, poderia se dizer que essa diferença entre protocolos de enriquecimento e de solicitação sensorial recobre a dualidade semântica do verbo "estimular". Na verdade, este significa ao mesmo tempo "colocar alguém ou alguma coisa em condições adequadas a fazê-lo agir ou reagir" e "submeter a uma excitação, sob a ação de um estímulo".[357] O enriquecimento diz respeito ao primeiro sentido; a estimulação sensorial ao segundo. No início, o impacto desses dois procedimentos sobre o desenvolvimento social, emocional, cognitivo e cerebral dos animais é evidentemente diferente: as situações de enriquecimento se revelam extremamente positivas,[103,104,358] ao passo que os protocolos de estimulações sensoriais se comprovam intensamente nocivos.[359] É este segundo ponto que

---

* Neste caso, tipicamente, os animais são criados em grupo, dentro de uma gaiola espaçosa, dotada de elementos físicos atraentes, favoráveis à exploração (bolas, rampas, rodas, túneis, etc.) e substituídos regularmente.

nos interessa aqui. Ele foi abordado inicialmente, no camundongo, pela equipe de Dimitri Christakis, na Universidade de Washington.[360] Os animais eram submetidos a estímulos audiovisuais reproduzindo os efeitos da televisão. Uma exposição diária de 6 horas era mantida por um período de 42 dias, cobrindo a infância e a adolescência dos roedores. Estes ouviam trilhas sonoras de desenhos animados para a juventude (por exemplo, *Pokémon* ou *Bakugan*). Esse fluxo sonoro, de intensidade moderada (equivalente ao que capta normalmente uma criança assistindo à televisão), estava associado ao funcionamento de fontes luminosas coloridas (verdes, vermelhas, azuis e amarelas). Na idade adulta, em comparação com camundongos padrão, os camundongos estimulados se revelaram hiperativos, menos estressados e mais inclinados a correr riscos (por exemplo, ao se afastar das paredes da gaiola ou dos espaços escuros). Eles apresentaram também dificuldades significativas de aprendizagem e de memorização; o mesmo protocolo experimental foi utilizado num estudo subsequente.[361] Os autores confirmaram a emergência de condutas hiperativas sem aumento do nível de estresse (este último parâmetro sendo desta vez mensurado diretamente à base de coletas sanguíneas de corticosterona, o hormônio do estresse presente nos roedores). No entanto, e este é um ponto essencial, o estudo mostrou também maior vulnerabilidade ao vício dos animais estimulados; vulnerabilidade esta associada a modificações profundas do circuito cerebral de recompensa. No ser humano, esse circuito desempenha um papel relevante nas patologias de vício e nos transtornos de déficit de atenção com hiperatividade (TDAH); dois danos frequentemente associados.[362-364]

Esses resultados, contudo, não são específicos aos estímulos audiovisuais. Eles se exprimem de maneira semelhante no contexto de manipulações olfativas.[365] Uma pesquisa recente, por exemplo, estudou duas populações de ratos. A primeira (grupo experimental) foi submetida durante uma hora por dia em um período de cinco semanas (correspondendo aproximadamente à adolescência do animal), a uma sucessão de odores diferentes (um a cada 5 minutos). A segunda (grupo controle), por sua vez, foi exposta a um único odor (resultante da mistura de todos os odores apresentados aos ratos do primeiro grupo). Na idade adulta, os animais do grupo experimental apresentavam importantes transtornos de atenção, em relação a seus congêneres do grupo controle.

Obviamente, conforme ressaltado antes, é impossível, por razões éticas evidentes, conduzir este tipo de experimentações nos humanos. No entanto, diversos trabalhos antigos, realizados em creches ou com famílias socialmente desfavorecidas, confirmaram as conclusões dos estudos com animais aqui relatados. Esses trabalhos mostram de fato que a dimensão do barulho ambiente e, mais globalmente, do nível de simulação sensorial, teve um impacto negativo importante sobre o desenvolvimento cognitivo,[366-368] e em particular sobre as capacidades de atenção.[369]

Em seu conjunto, todos esses dados sugerem expressivamente que um excesso de estímulos sensoriais durante a infância e a adolescência age negativamente sobre o desenvolvimento cerebral. Excesso de imagens, sons e solicitações diversas parecem criar condições favoráveis ao surgimento de déficits de concentração, transtornos de aprendizagem, sintomas de hiperatividade e vícios. É sem dúvida tentador comparar esses achados com observações epidemiológicas que mostram um aumento acentuado nos diagnósticos de TDAH (e de prescrições de medicamentos associados) ao longo das duas últimas décadas.[370-372] É também tentador lembrar que o consumo de telas recreativas está, além de seus efeitos anteriormente documentados sobre a concentração, associado de modo significativo ao risco de TDAH na criança e no adolescente.[279,293,373,374]

Conclusão

Do presente capítulo, convém reter que as telas minam os três pilares mais essenciais do desenvolvimento infantil.

O primeiro diz respeito às interações humanas. Quanto mais tempo a criança passa com seu smartphone, sua televisão, seu computador, seu tablet ou seu console de videogame, mais as trocas intrafamiliares enfraquecem em quantidade e em qualidade. Da mesma forma, quanto mais o pai e a mãe mergulham nos meandros digitais, menos eles ficam disponíveis. Este duplo movimento seria irrelevante se as telas fornecessem à criança uma "nutrição" cerebral adequada, ou seja, possuindo um valor nutritivo igual ou superior àquele das relações vivas e personificadas. Mas este não é o caso. Para o desenvolvimento, a tela é uma fornalha quando o ser humano é uma forja.

O segundo é a linguagem. Neste campo, a ação das telas opera segundo dois eixos complementares. De início, alterando o volume e a qualidade das primeiras trocas verbais. Em seguida, impedindo a entrada no mundo da escrita. É claro, a partir da idade de 3 anos, certos conteúdos audiovisuais chamados "educativos" podem ensinar alguns elementos lexicais à criança. Os ganhos então registrados são, porém, infinitamente mais demorados, fragmentados e superficiais que aqueles oferecidos pela "vida real". Em outras palavras, em termos de desenvolvimento da linguagem, não é por que é preferível colocar a criança diante de uma tela em vez de trancá-la sozinha num quarto escuro[375] que se pode, sem danos, na falta de um quarto, substituir o ser humano pela tela. Pois, mais uma vez, para desenvolver sua capacidade verbal, a criança não precisa de vídeos ou de aplicativos digitais; ela precisa que falem com ela, que suas palavras sejam solicitadas, que ela seja encorajada a dar nome aos objetos, seja estimulada a organizar suas respostas, que lhe contem histórias e a convidem a ler.

O terceiro ponto refere-se à concentração. Sem ela, não há meios de mobilizar o pensamento para um objetivo. No entanto, as novas gerações estão imersas num ambiente digital perigosamente distrativo. A influência dos videogames, portanto, não é menos nociva que a da TV, ou de outras ferramentas digitais. Aliás, pouco importa o suporte e o conteúdo; a realidade é que o cérebro humano simplesmente não foi concebido para uma tal densidade de demandas externas. Submetido a um fluxo sensorial constante, ele "sofre" e se constrói mal. Dentro de algumas dezenas ou centenas de milhares de anos, as coisas terão talvez mudado, se nossa espécie não tiver, até lá, desaparecido do planeta. Enquanto isso, estamos assistindo a uma verdadeira devastação cognitiva.

SAÚDE
Uma agressão silenciosa

A comunidade científica afirma há anos que "a mídia [eletrônica] precisa ser reconhecida como um grande problema de saúde pública".[1] É preciso dizer que o *corpus* da pesquisa que associa os consumos digitais recreativos e os riscos sanitários é exorbitante. A lista de campos afetados parece infinita: obesidade, comportamento alimentar (anorexia/bulimia), tabagismo, alcoolismo, toxicomania, violência, sexo desprotegido, depressão, sedentarismo, etc.[2-4] Diante desses dados, pode-se afirmar sem a menor dúvida que as telas se encontram entre os piores causadores de doenças de nosso tempo (os médicos diriam fatores "mórbidos"). Ora, o tema permanece ainda enormemente ignorado pelos artigos e obras de divulgação científica. Sem dúvida, é hora de sair da sombra e lhe dedicar algumas linhas. Mais uma vez, não se pretende aqui nenhuma exaustividade, visto que as pesquisas potencialmente pertinentes são variadas e profusas. Nós nos limitaremos ao essencial e nos concentraremos em três problemáticas seriamente estudadas, relativas ao impacto sobre a saúde, transtornos do sono, sedentarismo e conteúdos "perigosos" (sexo, violência, tabagismo, etc.).

Um sono brutalmente afetado

Em relação às telas, inúmeras obras abordam a questão do sono. Entretanto, na maioria dos casos, essa evocação toma a forma de uma simples e breve menção. Ela não suscita nenhum estudo de desenvolvimento preciso e documentado.[5-9] Como se a questão não fosse, afinal de contas, de máxima gravidade. Como se se tratasse, finalmente, de uma dificuldade relativamente secundária. Os próprios pais parecem, por sinal, compartilhar essa visão, se me baseio em minha experiência pessoal. Na verdade, nunca fui indagado sobre o tema do sono nas numerosas conferências que dediquei à questão do digital. Isso se deve, creio eu, à convicção popular segundo a qual dormimos para descansar; e se não descansarmos suficientemente isso nada tem de dramático. Ficamos apenas um pouquinho cansados, bocejamos um pouco mais que de costume, mas ainda sobrevivemos.

▸ *Enquanto dormimos, o cérebro trabalha*

O problema é que não dormimos para descansar. Dormimos porque existem tarefas que nosso cérebro não pode realizar quando estamos ativos. Uma analogia (esquemática) permite esclarecer este ponto. Imagine um supermercado no primeiro dia de promoção e liquidação. Logo após a abertura, uma massa compacta de clientes ataca as prateleiras. Mercadorias são retiradas das estantes, outras deslocadas e outras quebradas. Detritos, refugos e lixos se espalham pelo chão. Ocupadíssimos, os empregados tentam limpar tudo rapidamente. Eles se precipitam para reabastecer as prateleiras, remover os entulhos, responder às perguntas dos clientes, passar as mercadorias nos caixa, etc. Apesar de todo esse esforço, porém, a situação se deteriora inteiramente. A noite cai e é então hora de fechar. Os clientes vão embora. A calma retorna. Os funcionários podem então reparar os danos. Eles resgatam o que ainda é possível, limpam o chão, abastecem as estantes, fazem o inventário dos estoques, fecham os caixas, preparam a abertura do dia seguinte, etc. Nosso organismo é um pouco como esse supermercado. Durante o dia, os "funcionários neurais" se apressam para controlar o frenesi constante. Qualquer trabalho de base se revela impossível. Depois, chega a hora do fechamento, quando vem o sono. O cérebro se acha assim oportunamente liberado de uma boa parte de seu fardo. Pode se dedicar às suas missões essenciais de manutenção. O corpo está restaurado. As memórias são processadas e arquivadas, os aprendizados assimilados, o crescimento estimulado, as infecções e doenças combatidas, etc. Ao final da noite, pronto, a máquina está pronta para funcionar e enfrentar o ardor do dia que nasce. As portas se abrem e o sono cessa.

Imaginemos agora que o período de "fechamento" seja um tanto curto ou perturbado demais para permitir a realização completa das operações de manutenção necessárias. Se o incidente for raro, ele não provocará nenhum problema importante. Por outro lado, se ele se tornar crônico, os danos causados serão relevantes. De fato, quando o organismo não é mais mantido corretamente, seu funcionamento se deteriora. Como mostra a Tabela 1, é então a integridade do indivíduo que se acha abalada por inteiro em suas dimensões cognitivas, emocionais e fisiológicas mais essenciais. No fundo, a mensagem trazida pela enorme quantidade de pesquisas disponível sobre o tema pode ser resumida de maneira bem simples: um ser humano (criança, adolescente ou adulto) que não dorme bem e/ou o bastante não pode funcionar corretamente.[10-12] Alguns estudos representativos permitem que isso seja demonstrado.

▸ *Saúde, emoções, inteligência: o sono controla tudo*

Comecemos pelas emoções e por um trabalho realizado numa ampla população de adolescentes (cerca de 16 mil jovens). A intenção dos autores era analisar o papel das instruções parentais e, mais precisamente, a hora imposta para o sono. Os resultados mostraram um aumento substancial do risco de depressão (+25%) e de pensamentos suicidas (+20%) nos adolescentes autorizados a ir se deitar após meia-noite (adolescentes que, de fato, apresentavam um tempo de sono reduzido).[13] Esses resultados refletem o que dizem diversas pesquisas recentes que demonstram que a falta de sono perturba a reatividade e a conectividade dos circuitos cerebrais envolvidos na gestão das emoções.[14-16]

Em termos de saúde, inúmeros trabalhos se consagram à questão da obesidade.[17,18] Um estudo, por exemplo, estabeleceu que indivíduos de peso normal triplicavam seus riscos de se tornarem obesos ao cabo de seis meses, quando não dormiam o suficiente (menos de 6 horas por dia).[19] Aí também, um resultado pouco surpreendente, se levarmos em consideração que a carência de sono (através especialmente das desregulações bioquímicas – em particular as hormonais – a que isso induz) estimula a fome.[20] Orienta o cérebro para os alimentos hedônicos que mais levam à obesidade[21] e diminui o gasto energético diurno.[22]

Por fim, no que tange à esfera cognitiva, um estudo recente é particularmente interessante.[23] Os autores acompanharam quase 1.200 crianças desde o começo da classe maternal até o quinto ano do ensino fundamental (entre 2,5 e 10 anos). Os resultados revelaram uma duração relativamente estável do sono ao longo desse período para a maioria dos participantes. De modo surpreendente, aos 10 anos de idade, o grupo que dormia menos (entre 8h30 e 9 horas de sono por noite) registrava, em comparação ao grupo de referência (11 horas de sono por noite), 2,7 vezes mais riscos de apresentar atrasos na linguagem. Esse aumento era de "apenas" 1,7 para os participantes que mantinham a média de sono (10 horas de sono por noite). Esses dados nada têm de extraordinário quando se conhece a importância do sono para o funcionamento da memória, a eficiência da atenção e o processo de amadurecimento cerebral (ver Tabela 1).

Terminemos por uma pesquisa um pouco mais leve, mostrando que os mecanismos mais ajustados se degradam quando o sono é insuficiente.[24] Os autores se concentraram nos jogadores de basquete da liga profissional americana* que mantiveram uma conta de Twitter ativa no período 2009-2016. Foram selecionados 112 jogadores. Para cada um deles, duas informações foram coletadas: (1) as estatísticas de performance; (2) a postagem (ou não) de *tweets* tardios (após 23 horas) na véspera dos jogos. Essas informações foram em seguida cruzadas para determinar se o desempenho mudava quando o jogador se deitava mais tarde na véspera da partida (este último parâmetro sendo inferido a partir das atividades observadas no Twitter). Sem surpresa, esses jogadores mostraram melhor desempenho quando tinham dado atenção a suas horas de sono. Eles marcaram então mais pontos (+12%) e ganharam mais rebotes (+12%).

---

* A famosa NBA: National Basket Association.

Cognição	↘ Tomada de decisão, especialmente no contexto de tarefas complexas[25-27] ↘ Atenção[28-34] ↘ Memorização[31,35-37] ↘ Maturação cerebral e desenvolvimento cognitivo[23,38-43] ↘ Criatividade (resolução de problemas complexos)[44] ↘ Resultados escolares[45-50] ↘ Produtividade no trabalho[51,52]
Emoção	↗ Desordens emocionais (depressão, suicídio, ansiedade, etc.)[13-16,53-59] ↗ Impulsividade, hiperatividade, transtornos comportamentais[32,34,43,49,50,60-63] ↗ Agressividade[48,55,64]
Saúde	↗ Obesidade[17-19, 65-70] ↗ Diabetes do tipo 2[71,72] ↗ Riscos cardiovasculares (hipertensão, infarto, etc.)[73-77] ↘ Resposta imunológica[78-80] ↘ Integridade celular (em particular, correção de danos infligidos ao DNA pela atividade celular)[81] ↗ Mortalidade[82,83] ↗ Acidentes de trânsito e no trabalho[84-86] ↗ Risco de demência[87-92]

Tabela 1 – Impacto da falta de sono sobre o indivíduo.
Quando o sono é cronicamente alterado, o conjunto de nosso funcionamento cognitivo, emocional e fisiológico é negligenciado (as flechas ↘ significam diminuição e ↗ aumento – assinalando o efeito de um sono longamente perturbado e/ou insuficiente sobre a função considerada; por exemplo: ↘ diminuição das faculdades de atenção e ↗ aumento do risco de obesidade).

▶ *Dormir menos e pior por culpa das telas*

Seria possível, quase infinitamente, multiplicar esses tipos de exemplos, mas em nada afetaria a constatação do conjunto, isto é, o sono é a pedra angular de nossa integridade emocional, fisiológica e cognitiva. E isso é particularmente verdadeiro para a criança e o adolescente, quando o corpo e o cérebro se desenvolvem ativamente. Tendo dito isso, é preciso evitar acreditar que neste ponto só entram em conta as grandes alterações. Há 50 anos, de fato, muitos estudos demonstraram que as modulações aparentemente modestas do tempo de sono podem ter influências importantes sobre o funcionamento do indivíduo. Assim, é possível melhorar (ou degradar) significativamente este último prolongando (ou encurtando) de 30 a 60 minutos as noites de nossos filhos.[93-98]

Valores que certamente nos induzem a relacioná-los à farra digital experimentada a cada dia pelas novas gerações. Esse paralelo parece ainda mais fundamentado visto que nos remete a uma dupla realidade amplamente comprovada nos dias de hoje. Em primeiro lugar, um grande número de crianças e adolescentes (entre 30% e 90% segundo a idade, o país e os parâmetros considerados) apresenta um tempo de sono bem inferior ao mínimo recomendado.[11,99-104] Em segundo lugar, para uma parcela significativa, essa dívida de sono, em sério crescimento há vinte anos,[100,103,105] está associada aos consumos digitais cada vez mais intensos.[4,104,106-108] Todos os suportes e usos são então considerados, desde a TV até os videogames, passando pelo smartphone, o tablet e as redes sociais.[103,109-117] Da mesma forma, todos os parâmetros do sono são afetados, sejam qualitativos (noites fracionadas, dificuldades para adormecer, distúrbios do sono, etc.) ou quantitativos (duração).

Por exemplo, uma meta-análise que abrangeu mais de 125 mil indivíduos de 6 a 19 anos identificou recentemente "uma associação forte e consistente entre o uso de aparelhos digitais à noite na cama e a quantidade de sono inadequada (taxa de probabilidade, 2,17), qualidade de sono insatisfatória (taxa de probabilidade, 1,46) e sonolência excessiva durante o dia (taxa de probabilidade, 2,72)".[107] Resultados compatíveis com aqueles de um outro trabalho que demonstrou, com indivíduos de 11 a 13 anos, que a utilização frequente de diversas ferramentas digitais antes de se deitar aumentava significativamente a probabilidade de ver a criança experimentar, várias noites por semana, noites incompletas, em função do despertar prematuro sem possibilidade de adormecer novamente.[109] O risco era precisamente multiplicado por 4,1 para a televisão; 2,7 para os videogames; 2,9 para o telefone celular; e 3,5 para as redes sociais. Em outro trabalho, ficou comprovado que os adolescentes que consomem mais de 4 horas de tela por dia tinham 3,6 vezes mais risco de dormir muito pouco (menos de 5 horas), 2,7 vezes mais risco de dormir pouco (5-6 horas) e 2,1 vezes mais risco de dormir insuficientemente (6-7 horas).[113] Uma observação confirmada por uma pesquisa posterior que comprovou que mais da metade dos grandes consumidores de telas (mais de 5 horas por dia) dormia menos de 7 horas por noite. Essa proporção era de apenas um terço para os pequenos utilizadores (menos de 1 hora por dia).[103] Outras pesquisas se interessaram na necessidade de proteger o espaço pessoal de nossas crianças contra as intrusões digitais.[118-122] Observou-se assim, por exemplo, que o risco de transtornos do sono triplicava nas crianças (5-11 anos) que dispunham de uma televisão em seu quarto.[116]

Além das populações em idade escolar, os pesquisadores analisaram também o caso de bebês e crianças bem pequenas. Assim constataram, para as crianças de 6 a 36 meses, que cada hora diária passada brincando com um tablet ou smartphone reduzia o tempo de sono noturno em quase 30 minutos.[111] São resultados compatíveis com as conclusões de outro trabalho que mostrou que as crianças de 2 a 5 anos que passavam mais de 2 horas por dia com uma tela portátil tinham, em relação a seus homólogos mais parcimoniosos (menos de 1 hora por dia), quase duas vezes mais riscos de apresentar uma duração do sono insuficiente. Para as de 0-1 ano, esse risco praticamente quadruplicava.[115] Aí também, o impacto das telas dentro do quarto se revelou, em particular, problemático.[123] Ficou assim demonstrado que, por exemplo, as crianças de 3 anos que dispunham de uma televisão no seu quarto tinham, comparadas com seus pares não equipados, quase 2,5 vezes mais riscos de sofrer um sono perturbado e pouco reparador (pesadelos, terrores noturnos, cansaço ao despertar, etc.).[117]

Poderíamos multiplicar esses exemplos. Isso, contudo, em nada afetaria a mensagem do conjunto: os consumos digitais recreativos têm sobre o sono das crianças e adolescentes um importante impacto nocivo. Em termos de causalidade, essa associação nada tem de misteriosa. Ela se baseia em quatro grandes pilares.[4,104,106-108] Em primeiro lugar, as telas atrasam a hora de se deitar. E assim, elas encurtam a duração do sono, em particular nos dias de semana, quando a hora de acordar é imposta pelo ritmo escolar. A respeito dessa observação, já foi por sinal demonstrado que o fato de atrasar o começo das aulas afetava positivamente o tempo de sono e, por conseguinte, o desempenho escolar.[11,124,125] Em segundo, as telas aumentam a latência do adormecimento (quer dizer, o tempo que transcorre entre o momento em que você se deita e o instante em que Morfeu o abraça). O problema se deve então, especialmente, à ação perturbadora dos terminais visuais modernos sobre a secreção de melatonina.[*,126-128] Em terceiro lugar, as telas (em particular as portáteis) interrompem a continuidade das noites. Dessa forma, elas diminuem tanto a duração quanto a qualidade do sono. Um estudo recente demonstrou que quase 50% dos jovens adultos respondiam a chamadas (SMS, e-mails) e consultavam seus smartphones (não para saber a hora) ao menos uma vez por noite.[129] Numa outra pesquisa, são quase 20% dos adolescentes que declaram ser despertados pelos seus smartphones várias noites por semana.[130] Essas descontinuidades impostas ao sono causam obviamente um impacto expressivo sobre o funcionamento cognitivo e emocional dos usuários.[131-135] Em quarto lugar, finalmente, certos conteúdos particularmente

---

* A melatonina, chamada o "hormônio do sono", está envolvida no controle do ciclo sono-vigília. Sua secreção depende de características de luminosidade. Ora, quando a noite cai, certos componentes da luz emitida pelas telas levam o cérebro a "acreditar" que ainda é dia, o que inibe a secreção de melatonina e, por fim, atrasa o adormecimento.

excitantes, estressantes e/ou angustiantes atrasam o adormecimento e alteram a qualidade do sono. Pesquisadores, por exemplo, estudaram o impacto da TV sobre o sono das crianças pequenas (5-6 anos).[136] Aquelas que ficavam regularmente expostas a programas que não lhes eram destinados tinham três vezes mais riscos de apresentar um sono muito perturbado (dificuldade para adormecer, despertar no meio da noite, etc.). Portanto, pouco importa a natureza ativa (a criança assiste à TV) ou passiva (a criança faz outra coisa enquanto a TV funciona na proximidade) da exposição. Em outro estudo,[137] alunos de 13 anos foram submetidos a um aprendizado verbal (reter palavras, nomes e números). Imediatamente depois dessa exposição, um teste de memorização foi efetuado. Em seguida, cerca de 60 minutos mais tarde, os participantes foram classificados em três condições experimentais[*]: (a) uma hora de videogame de ação ("condição videogame"); (b) uma hora de um filme "excitante" ("condição filme"); (c) uma hora de atividade livre exceto videogame e televisão ("condição controle"). Entre 2 e 3 horas mais tarde, os indivíduos iam se deitar. Durante a noite, os parâmetros cerebrais do sono foram registrados; no dia seguinte, o nível de memorização foi novamente avaliado. Os resultados mostraram que: (1) a retenção do material verbal era significativamente enfraquecida na "condição videogame" em relação à "condição controle" (Figura 9); (2) a mesma tendência negativa ocorreu para a "condição filme" – mas sem que fosse possível distinguir estatisticamente a "condição filme" da "condição videogame"[**] (Figura 9); (3) o sono se mostrava perturbado nas duas condições experimentais. Para a "condição filme" os dados mostraram uma diminuição significativa da eficiência do sono (relação "tempo total passado na cama"/"tempo de sono": 90,7%

---

[*] Os participantes passam pelas três condições, de maneira aleatória, com uma semana de intervalo.

[**] Conforme mostra a Figura 9, o nível de memorização para a "condição filme" se situava entre a "condição controle" e a "condição videogame". Na verdade, essa condição não pode ser estatisticamente distinguida da "condição controle" ou da "condição videogame".

contra 94,8% para a "condição controle". A mesma redução foi identificada para a "condição videogame", mas com o complemento de dois outros danos fundamentais. Primeiro, um forte aumento do período de adormecimento (tempo decorrido entre o deitar-se e o adormecer: +22 minutos em relação à "condição controle"). Em seguida, uma maior dificuldade para ingressar no sono profundo (implicado especialmente nos processos de memorização[138,139]): este representava 34% do tempo total de sono na "condição controle", contra somente 29% na "condição videogame". A partir desses dados, os autores propuseram uma dupla explicação para a degradação do processo de memorização. A primeira, demorada, associada ao sono; a segunda, imediata, associada a um excesso de excitação física (os estados de forte tensão psíquica provocando, com efeito, a liberação maciça de certos neurotransmissores* conhecidos por interferirem nos processos de memorização). À luz dessas duas hipóteses, a influência negativa mais importante dos videogames sobre a retenção podia ser explicada por uma forte erosão do sono e/ou pelo fato de os jogadores manifestarem um estado de excitação superior àquele dos espectadores (e portanto uma maior liberação de neurotransmissores interferentes). Um estudo recente parece bem mais favorável à segunda hipótese.[140]

É realmente necessário insistir sobre a importância quantitativa dessas observações. Jogando durante 60 minutos um videogame de ação, uma hora após ter feito seus deveres e duas horas antes de ir se deitar, a criança apresenta ao despertar uma taxa de retenção de memória decrescida em quase 30%! Acumule esse déficit em vários anos, com tempos de utilização bem superiores a uma hora, frequentemente realizados tão perto quanto possível do momento de ir para a cama, e você poderá tirar conclusões como essa da Comissão Europeia em um de seus relatórios: "Autorizar os videogames, mas após os deveres".[141] Entretanto, isso será sempre melhor do que esse especialista, cossignatário do já mencionado relatório da Academia Francesa de

---

* Compostos bioquímicos que modulam o funcionamento cerebral.

Ciências, onipresente nas mídias e que declarou, a respeito do estudo aqui descrito, que ficou demonstrado que "os adolescentes tendo passado duas horas, à noite, assistindo à TV aprenderão melhor sua lição no dia seguinte do que os adolescentes tendo jogado videogame. Talvez seja uma ferramenta de aprendizagem".[142] Arrepiante!

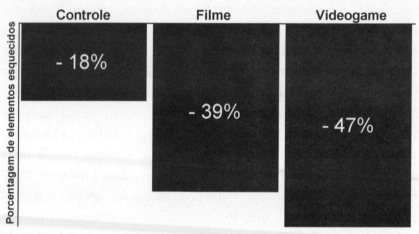

Figura 9 – Efeitos dos videogames e filmes de ação sobre a memorização.
Ao final da tarde, alunos de 13 anos aprendem uma lista de palavras. Após este aprendizado, eles são submetidos a uma atividade excitante durante uma hora (videogame ou filme na televisão) ou fazem o que desejam fora dessas atividades (grupo controle). No dia seguinte, o nível de memorização é avaliado (as porcentagens representam o número de elementos esquecidos).[137]

Evidentemente, quando uma criança vai para a cama muito tarde, quando ela multiplica os pesadelos e o número de vezes em que acorda no meio da noite, quando ela adormece sobre sua carteira na escola, quando manifesta uma irritabilidade exagerada, é fácil compreender (para o outro) e sentir (para a criança) que há alguma disfunção no âmbito do sono. O caso se complica quando o grau de dano se revela menos grosseiro. Assim, quando uma criança que se deita razoavelmente cedo leva um tempo maior para adormecer, quando um adolescente que normalmente é ativo parece um pouco preguiçoso, quando um sono que apresenta uma duração respeitável muda um pouquinho de estrutura em detrimento das fases profundas, o problema pode escapar com facilidade da vigilância de quem dorme e de seu círculo familiar. Esta cegueira não é isenta de consequências. Além de sua ação prejudicial, acima evocada, sobre o funcionamento individual, ela explica também por que tantos pais negam o efeito nocivo da televisão sobre o sono (90%) e fazem da telinha um elemento regular das rotinas de adormecimento da criança pequena (77%). Um terço dos adultos que põe uma TV no quarto de seus filhos chega mesmo a afirmar que isso favorece o adormecimento.[143] Os dados aqui sintetizados mostram a extravagância desse tipo de crença. Certamente, se passamos a noite diante de uma tela, qualquer que seja, acabamos ficando cansados. É então tentador pensar que é a tela que nos traz o sono. Infelizmente, na realidade, é o inverso que acontece: as atividades digitais noturnas não suscitam o adormecimento, elas o adiam até que a sensação de cansaço se torne imperiosa demais para ser ignorada. Dito de outro modo, acredita-se que a tela nos adormeceu pacientemente, quando na verdade ela apenas atrasou indevidamente nossa imersão no sono. Se fosse preciso uma prova definitiva, poderíamos encontrá-la num estudo destinado a mensurar, numa população adolescente, o "potencial de sono" de quatro atividades comuns: TV, videogame, música e livro.[144] Resultado: os participantes que utilizaram uma mídia eletrônica para adormecer (TV, videogame e/ou música) se deitaram mais tarde e apresentaram um tempo de sono particularmente reduzido (cerca de 30 minutos). Uma influência inversa foi observada em relação aos livros, cuja ação sobre o tempo de sono se revelou, através da antecipação da hora de se deitar, ligeiramente positiva (da ordem de 20 minutos).

No fundo, esses dados apenas revelam, mais uma vez, a total inadequação de nossa ancestral fisiologia às influências benditas da modernidade digital. O organismo pode sobreviver sem Instagram, Facebook, Netflix ou *GTA*; ele não pode se privar de um sono excelente, ou pelo menos sem que isso acarrete consequências importantes. Perturbar uma função tão vital para satisfazer distrações tão subalternas demonstra uma loucura. Mas por essa loucura não podemos responsabilizar as vítimas. Ela está inscrita em nós, sustentada pelas fragilidades de nosso sistema cerebral de recompensa, sistema este que as atividades digitais sabem solicitar com raro talento. Em termos de suscetibilidade hedônica, o cérebro de nossos filhos nada tem de diferente daquele dos nossos bons e velhos ratos de laboratórios. Ratos capazes de sacrificar suas necessidades mais primitivas (alimentação, reprodução, etc.), quando estão diante da oportunidade de estimular eletricamente, com a ajuda de um pedal, certas células essenciais de seu sistema de recompensa.[145] Realmente, não é fácil para uma criança ou um adolescente lutar contra essa primazia fisiológica; sobretudo quando tropas de pesquisadores e engenheiros vendem, sem vergonha, ao mundo industrial todas essas chaves exigidas para transformar cada potencial fraqueza biológica em dinheiro vivo.

Se ao menos essa orgia digital deixasse nossos filhos felizes, poderíamos sem dúvida nos resignarmos. Mas não é o caso! Já há alguns anos que se multiplicam estudos que mostram a existência de uma estreita ligação, em meio às novas gerações, entre consumo digital* e sofrimento psíquico (depressão, ansiedade, dor de cabeça, suicídio, etc.).[146-165]

▶ *Um impacto "irrelevante"?*

O impacto nocivo das telas recreativas sobre o sono é hoje a tal ponto um consenso científico, que se tornou impossível negar o problema. Na verdade, ninguém mais ousa afirmar, como se fazia então há apenas uma década, que não existe nenhum estudo que prove que as telas interferem no sono. "Há anos – ainda ousava-se dizer –, que as pessoas adormecem diante da TV; se fosse ruim, nós saberíamos".[166] Não, agora, a contestação é mais sutil. Ela não desmente mais, ela minimiza. Os recentes argumentos desse professor de psicologia do desenvolvimento oferecem uma excelente e representativa ilustração a esse respeito. Durante um programa

---

* O efeito pode ser observado normalmente para utilizações superiores a 2-3 horas diárias, mesmo se alguns estudos relataram um efeito a partir de 60 minutos.[146]

dirigido ao grande público, tratando do impacto das telas, esse senhor começava reconhecendo a influência delas sobre o sono (ainda que rejeitando a existência – nunca se é prudente o bastante – de possíveis consensos em outros campos).[167] Ele declarou: "Talvez seja um dos únicos fatores sobre o qual dispomos de dados que são ligeiramente convergentes". Dolorosa confissão, ao que parece, logo temperada por uma importante precisão: "A diferença absoluta em tempo de sono para um adolescente é de 8 minutos, para 8h30 em média. Sim, isso tem seu efeito, mas será que é preciso uma política de saúde pública para essa questão? É de fato uma questão? Quando falamos de 8 minutos?" A vontade é de dizer que a resposta está em parte contida na pergunta, mas não sejamos rabugentos. Oito minutos em 8h30 de sono, isso faz 1,6%, uma ninharia realmente. O problema é que esses números são totalmente enganosos. Considerando o tempo de sono, um estudo recente estabeleceu, é verdade, uma duração média diária de cerca de 8h30 por semana para os alunos das últimas séries do ensino fundamental.[168] Contudo, esse valor global oculta grandes disparidades. De fato, na França passamos de 9 horas de aulas na sexta série do ensino fundamental para 7h25 na nona série. Um número coerente com os dados de uma pesquisa publicada pelo Instituto Francês do Sono e da Vigília que estabelece em 7h17 o tempo de sono dos jovens de 15 a 24 anos.[169] Um valor também confirmado por uma meta-análise internacional que reuniu quase 80 estudos realizados em 17 países e estabeleceu durações de sono médias de 8h30 para os jovens de 12-14 anos e de 7h24 para os de 15-18 anos.[170] Será necessário precisar que essas durações ultrapassam amplamente os intervalos ideais recomendados (respectivamente, 9-11 horas e 8-10 horas[171])? Agora, em relação ao impacto das telas sobre o sono, o estudo[172] evocado pelo citado especialista não diz que o efeito é de "8 minutos", mas de "8 minutos por hora diária de tela", o que é sensivelmente diferente. Aliás, esse valor não representa em nada os dados existentes. Já na década de 1950, a professora de psicologia americana Eleanor Maccoby observou que a hora de ir pra cama das crianças se dava 30 minutos mais tarde nas famílias que haviam comprado uma televisão.[173] Mais recentemente, em 2007, uma equipe japonesa mostrou que os estudantes viam seu tempo de sono passar de 7h04 para 8h13 quando seu consumo de televisão era experimentalmente reduzido para um máximo de 30 minutos por dia.[174] Há pouco tempo, um amplo estudo norueguês estabeleceu que os adolescentes que jogavam videogame nos computadores mais de 4 horas por dia registravam um déficit de sono de cerca de 40 minutos, em comparação com aqueles que jogavam 30 minutos ou menos.[113] Para os usuários de redes sociais, o déficit superava uma hora. Outro estudo, realizado na Inglaterra, com estudantes de 11 a 13 anos, demonstrou que a utilização frequente do telefone celular, durante a semana, antes de dormir, reduzia o tempo de sono em 45 minutos.[109] Quase meia hora para os videogames. Para as redes sociais, o resultado ultrapassava 50 minutos. Além disso, conforme assinalado nos parágrafos anteriores, deve ficar claro que o impacto das telas sobre o sono não se limita a uma questão de duração. A qualidade também é importante e, não se deve esquecer, muito sensível ao mesmo tempo aos conteúdos visualizados (excitantes, angustiantes, violentos, etc.) e à frequência das utilizações digitais noturnas. Resumindo, a respeito da indagação desse citado especialista (representante de uma tendência geral a minimizar impactos que se tornaram incontestáveis), podemos claramente afirmar que não (!), a influência das telas sobre o sono não é irrelevante e, sim (!), esta questão necessitaria de uma política rigorosa de saúde pública.

Um sedentarismo devastador

Além do sono, se fosse preciso preparar uma lista dos principais estragos ignorados do mundo digital, o sedentarismo acabaria em primeiro lugar. Cabe dizer que a questão não é trivial e que ela levou algum tempo para se emancipar do campo da obesidade (sobre a qual falaremos mais adiante).

Geralmente, o sedentarismo se define de forma negativa, pela ausência prolongada de atividade física. Neste contexto, o sedentário é aquele que fica sentado ou deitado sem se mexer durante longos períodos (excluindo o período do sono). Apesar da aparência banal, sua precisão é importante. Ela indica, com efeito, que não se pode ser ao mesmo tempo sedentário e ativo. Um carteiro, por exemplo, pode caminhar bastante em sua jornada de trabalho e se entupir todas as noites de séries de televisão sentado em seu sofá. Da mesma forma, um aluno do ensino médio pode correr ou jogar futebol regularmente e passar horas sentado distraindo-se com o *joystick* de seu videogame. Para levar em consideração essa dissociação, pesquisadores recentemente propuseram o conceito do "*active couch potato*" [algo como "batata de sofá ativa"].*,175 Além de seu aspecto provocador, a expressão traz uma mensagem dupla. Primeiramente, as influências (positivas) da atividade física e os impactos (nocivos) do sedentarismo devem ser estudados separadamente. Em segundo lugar, um nível de atividade física importante não protege o indivíduo (ou, em todo caso, não totalmente) dos malefícios do sedentarismo. Convém deixarmos claro aqui que não poderemos oferecer uma visão geral do problema (no trabalho, na escola, nos transportes, etc.). Nós nos concentraremos unicamente nos comportamentos sedentários associados aos consumos digitais recreativos.

▸ *Ficar sentado degrada a saúde*

Como preâmbulo, convém lembrar que a mecânica humana não foi concebida para que fiquemos sentados de maneira crônica por longas horas. O sedentarismo danifica nosso organismo. Pior, ele acaba por nos matar prematuramente.[176] Por um lado, essa triste constatação se baseia no estudo de um comportamento muito comum: assistir à televisão. Nesse campo, um dos primeiros estudos[177] acompanhou durante sete anos uma vasta população adulta (cerca de 9 mil pessoas com idade superior a 25 anos). Os resultados mostraram que cada

---

* Um prolongamento da expressão hoje correntemente utilizada para debochar dos telespectadores passivos e barrigudos que assistem à televisão se empanturrando de refrigerante e batatas fritas: "*couch potato*".

hora suplementar passada diariamente diante da telinha aumentava em 11% o risco de morte (todas as causas incluídas).* Para as patologias cardiovasculares, a "punição" atingia 18%. Em outro trabalho, é um grande grupo de jovens adultos (cerca de 13.500 pessoas; idade média de 37 anos) que foi acompanhado durante oito anos.[178] Os resultados revelaram uma duplicação do risco letal, quando o nível de consumo audiovisual diário passava de menos de uma hora para mais de três horas. Uma pesquisa mais recente (4.500 participantes; acima de 35 anos) estendeu esses dados ao conjunto dos usuários do digital recreativo.**,[179] O risco de falecimento foi multiplicado por 1,5 quando o tempo de tela diário passava de menos de 2 horas para mais de 4 horas. A probabilidade de ocorrência de uma patologia cardiovascular (fatal ou não) foi, por sua vez, duplicada.

Recentemente, diversas equipes se dedicaram a reformular todos esses dados de um modo menos austero. A abordagem revelou que nos Estados Unidos a expectativa de vida aumentaria em quase um ano e meio se o consumo audiovisual médio ficasse abaixo do nível de duas horas por dia.[180] Um resultado comparável foi divulgado por uma equipe australiana, mas no sentido inverso.[181] Na verdade, os autores mostraram que o sedentarismo audiovisual retirava quase dois anos da expectativa de vida dos habitantes daquele país. Formulado de modo diferente, isso quer dizer que "em média, cada hora assistindo à TV após os 25 anos de idade reduz a expectativa de vida do telespectador em 21,8 minutos". Em outras palavras, publicidade inclusa, cada episódio de *Mad Men, Dr. House* ou *Game of Thrones* retira quase 22 minutos de sua existência (e, sem dúvida, bem mais, se integrarmos, para além do simples sedentarismo, o impacto da TV

---

* Mesmo se a precisão foi omitida ao longo de toda a obra, por questões de legibilidade (nota p. 83), talvez não seja inútil lembrar que todos os dados aqui descritos são obtidos após a consideração de covariáveis potencialmente importantes. No presente caso, por exemplo, é utilizado o modelo estatístico padrão: gênero, idade, circunferência abdominal e nível de atividade física.

** Os tempos de utilização profissional ou escolar foram explicitamente excluídos do estudo.

sobre os consumos tabagistas, alimentares, alcoólicos, etc.; voltaremos a isso mais adiante). Recentemente, uma meta-análise permitiu, após tê-los corroborados, estender esses dados para o risco de diabetes (tipo 2).[182] Outros trabalhos, ainda que menos bem controlados, também associaram o excesso de telas e da posição sentado ao surgimento de distúrbios emocionais (depressão, ansiedade, suicídio).[183-186] Nos indivíduos idosos, um impacto foi também observado sobre o declínio cognitivo e o surgimento de transtornos neurodegenerativos (entre os quais o mal de Alzheimer).[187]

Até hoje, infelizmente, os mecanismos suscetíveis de documentar todas essas observações ainda são pouco conhecidos. A pista mais promissora é de ordem bioquímica. Ela sugere que a posição sentado provoca, no nível muscular, importantes problemas metabólicos, cuja acumulação se revela perigosa a longo prazo.[*,175,188-190]

▶ *Não se mover é uma ameaça ao desenvolvimento*

Em resumo, depreende-se desses dados que o sedentarismo ocasionado pelos consumos digitais é, por si só, um importante fator de risco sanitário e (potencialmente) uma fonte de patologias emocionais e neurovegetativas. Dito de outra forma, não é porque Lucie faz um bocado de esporte que sua saúde não sofrerá com as horas que ela dedica todos os dias à Netflix e seu console de videogame. Dito isso, os impactos potenciais sobre seu organismo serão provavelmente bem mais mensuráveis do que aqueles sofridos pelos demais indivíduos da população. De fato, os *active couch potatoes* não fazem nem um pouco parte do grupo majoritário. São a exceção, não a regra. Isso

---

[*] De maneira esquemática, o sedentarismo causa uma redução da atividade de uma enzima (a lipoproteína lipase ou LPL) envolvida no metabolismo dos lipídios e, mais precisamente, na captação dos ácidos graxos que circulam no sangue. Desse ponto de vista, o sedentarismo provocaria especialmente um acúmulo de gorduras não captadas nos órgãos (fígado, coração) e vasos sanguíneos; o que favoreceria o risco cardiovascular.

é facilmente compreensível se incluirmos o tempo nessa equação. Vê-se, assim, que realmente não é fácil conservar um espaço satisfatório de atividade física quando se concede, a cada dia, 4, 5, 6 ou mesmo 7 horas às telas recreativas. Um grande número de estudos, aliás, confirmou a existência, na criança, no adolescente e no adulto, de uma relação negativa entre tempo de tela e atividade física.[191-199] Essa associação transparece indiretamente na redução, constatada ao longo dos últimos quarenta anos, das capacidades cardiovasculares de nossas crianças.[200-202] Um comunicado recente da Federação Francesa de Cardiologia resume bem essa constatação: "Em 1971 [ou seja, mais ou menos no início do processo de universalização da televisão], uma criança corria 800 metros em 3 minutos; em 2013, para a mesma distância, ela precisa de 4 minutos".[203]

É claro, as telas não são a única causa. O desenvolvimento de uma urbanização sempre favorável à inatividade física, por exemplo, desempenha também um papel indiscutível.[204,205] Mas esse papel, e a implicação de outros fatores potenciais, não poderá eximir a "revolução digital" de sua responsabilidade. Inúmeros estudos confirmam, por sinal, a existência de uma relação danosa significativa entre consumo de telas e redução das capacidades físicas, especialmente em termos de resistência.[155,206-210] Podemos citar também uma recente pesquisa que mostrou, numa grande população infantil (cerca de 1.500 crianças de 6 anos de idade), que uma hora de telas por dia bastava para perturbar o desenvolvimento do sistema cardiovascular.[211] Mesmo que não exista ainda, nesse campo, nenhuma pesquisa longitudinal de longo prazo, os índices convergem, indicando que as anomalias então observadas poderiam estar associadas a um crescimento do risco patológico numa idade mais avaçada.[212-215] Esse impacto remoto poderia explicar, por exemplo, em parte, o aumento impressionante do número de acidentes vasculares-cerebrais (AVC) sofridos por jovens adultos nos últimos trinta anos.[216-217]

Os benefícios da atividade física não se limitam, contudo, somente ao sistema cardiovascular. Como o sono, ela exerce uma ação positiva profunda sobre o conjunto dos funcionamentos individuais, desde a obesidade até o risco de depressão, passando pela memória, a atenção e o desenvolvimento cerebral.[218-223] Porém, esses benefícios têm um "custo". Para crianças e adolescentes, há relativa unanimidade em situá-lo em 60 minutos diários de atividade física moderada e/ou vigorosa; tendo em mente, no entanto, que esse é um período mínimo que pode e deve ser ultrapassado.[224-226] Assim, todas as pesquisas disponíveis indicam que, qualquer que seja o país considerado, nossos caros *nativos digitais* sofrem um bocado para atingir esse marco mínimo.[227] Na França, por exemplo, somente 20% das crianças (com menos de 11 anos) e 33% dos adolescentes (11-17 anos) ultrapassam a fatídica divisa.[228] Nos Estados Unidos, esses valores representam 43% para as crianças de 6-11 anos, 8% para as de 12-15 anos e 5% para os jovens de 16 a 19 anos.[229] Um estudo recente mostrou que um adolescente de 18 anos apresenta hoje mais ou menos o mesmo nível de atividade física que um senhor de 60 anos.[230] A partir daí, é fácil entender que essa "epidemia de inatividade", para usar os termos da Academia Americana de Pediatria,[231] tenha consequências dramáticas sobre o desenvolvimento tanto da criança quanto do adolescente. É óbvio que uma limitação do tempo de tela não resolverá sozinha a totalidade do problema. Mas é também óbvio que, ao se colocar em prática tais limitações, estamos contribuindo imensamente para reduzir os danos.

Influências inconscientes porém profundas

Os elementos apresentados até aqui indicam que o impacto nocivo das telas recreativas é, em grande parte, não específico, quer dizer, independente das ferramentas utilizadas e dos programas consumidos. Isso não significa, é claro, que a questão dos conteúdos esteja desprovida de importância; muito pelo contrário. E é isso que queremos mostrar aqui. Para tanto, é importante identificar os mecanismos neurofisiológicos que permitem à imagem modelar nossas representações do mundo e, assim, restringir nossos comportamentos; no mais das vezes, sem que o percebamos.

▸ A memória: uma máquina de criar associações

Numa obra célebre de Antoine de Saint-Exupéry, uma raposa solitária cruza o caminho de um pequeno príncipe melancólico.[232] "Vem brincar comigo", propõe este último. "Eu não posso brincar com você", responde o animal, "ninguém me cativou ainda". "Ah, desculpe!", retoma o menino, antes de interrogar com curiosidade: "O que significa 'cativar'?". "É uma coisa praticamente esquecida por todo mundo", responde a raposa. "Significa 'criar laços...'"

Criar laços para cativar o mundo e lhe dar sentido, é exatamente isso o que faz a memória. Porque, ao contrário do que se poderia pensar precipitadamente, ela nada tem de um simples banco de registros. Ela é uma verdadeira inteligência organizadora, ou seja, uma inteligência capaz de conectar diferentes saberes entre si.[233-235] O processo é vantajoso porque assim que tenha se associado, esses saberes apresentam uma forte tendência à "coativação"; o que significa que, se você cutucar uma conexão particular da rede de neurônios envolvida na memorização, é toda a teia que se põe a vibrar e se coloca assim a serviço do pensamento ou da ação. Essa tendência propagadora explica, por exemplo, que a palavra "doutor" seja reconhecida mais rapidamente após a palavra "enfermeira" do que após a palavra "pão".[236,237] Da mesma forma, ela permite entender como os indivíduos podem ser persuadidos de que ouviram o verbo "dormir" quando eles só foram expostos a alguns vizinhos semânticos, como "cama", "descanso", "sonho" ou "bocejo".[238,239]

O problema, infelizmente, é que nossa memória não está sempre atenta em relação aos laços que ela tece entre as coisas. A observação vale sobretudo para as associações operadas por "contiguidade temporal". O processo empreendido neste caso é bem simples. Ele pode se resumir da seguinte forma: se dois elementos são apresentados juntos, de modo suficientemente frequente, eles acabam por se conectar um ao outro nas redes da memória.[240,241] Vejamos o vinho, por exemplo. Neste campo, a "experiência" tende a nos ensinar que se paga pela qualidade e que, quanto mais cara é uma garrafa, melhor é o produto. Isso significa que as noções de preço e prazer vão progressivamente se associar dentro de nossos labirintos neuronais, até se ativarem de modo recíproco. Um estudo realizado por pesquisadores do instituto californiano de tecnologia (Caltech) mostra isso nitidamente.[242] Três resultados foram relatados: (1) um mesmo vinho é mais bem avaliado quando seu preço é mais alto; (2) este efeito de apreciação se baseia na ativação de uma zona particular do córtex (córtex orbitofrontal mediano) associado às sensações agradáveis; (3) qualquer que seja o preço do vinho, a resposta das áreas cerebrais envolvidas no processamento das informações sensoriais gustativas é idêntica. Dito de outra maneira, a ideia de que "é caro", por um lado, provoca o recrutamento de uma população de neurônios que controla o sentimento de prazer e, por outro, não tem nenhum impacto detectável sobre a sensação sensorial efetiva; o que, em bom português poderia ser traduzido por: quando pesa no bolso, o cérebro nos diz que é melhor, mesmo quando é igual.

Curiosamente, uma tendência semelhante é observada para algumas das principais marcas de alimentos. Um estudo frequentemente citado, por exemplo, avaliou as respectivas virtudes da Coca-Cola e da Pepsi-Cola. No primeiro teste "cego", indivíduos saudáveis deviam comparar esses dois refrigerantes apresentados em dois copos idênticos.[243] Uma maioria se pronunciou a favor da Pepsi (55%). Num segundo teste, em modo "semicego", os indivíduos faziam mais ou menos a mesma coisa, exceto por dois detalhes: (1) um dos copos estava explicitamente identificado como Coca; (2) os dois copos continham Coca (mas isso era ignorado pelos indivíduos). Uma nítida reversão de preferência foi mensurada. Sessenta por cento dos participantes estimaram que o refrigerante rotulado Coca era melhor que o refrigerante não identificado.

Todo o estudo foi então reproduzido com pacientes que apresentavam uma lesão do córtex pré-frontal ventromedial (uma região à frente e embaixo do cérebro que inclui a zona orbitofrontal aqui evocada no exemplo do vinho). Os resultados confirmaram a inclinação majoritária por Pepsi na condição cega (63%), mas não foram capazes de validar o logotipo na condição semicega. Em outros termos, a associação "Coca/melhor", arbitrariamente estabelecida pelo fabricante graças às intensas campanhas publicitárias, se perdeu nos pacientes por conta de seu dano cerebral. Vários trabalhos de neuroimagem confirmam essa observação mostrando que a preferência geralmente apresentada pela Coca-Cola não está ligada à superioridade gustativa do produto, mas sim à publicidade que permite criar dentro do cérebro conexões artificiais, dentro das redes mnésicas,* entre essa marca de refrigerante e diversos atributos emocionais positivos.[244,245]

Esse tipo de inclinação não é evidentemente específico para a Coca-Cola nem para as populações adultas. Ele afeta os cérebros dos mais jovens e diz respeito a outros gigantes do consumismo, como Nike, Apple ou McDonald's. Tomemos pois esta última empresa. Num estudo hoje em dia bem conhecido, os pesquisadores pediram a crianças de 4 anos que avaliassem alimentos idênticos, apresentados numa embalagem neutra ou identificada com o logotipo McDonald's.[246] Entre os participantes, 77% acharam as batatas fritas do McDonald's melhores, contra 13% que penderam para as batatas fritas sem rótulo e 10% que não viram diferença alguma. Para os nuggets, essas porcentagens foram respectivamente de 59%, 18% e 23%. Mesmo se nenhum estudo neurofisiológico pôde ser realizado em função da pouca idade das crianças, as inclinações de preferência aqui expostas se baseavam claramente no estabelecimento dentro das redes neurais nascentes de uma relação aberrante entre a marca McDonald's e diversos atributos emocionais positivos; relação esta suscitada por intensas campanhas de bombardeio publicitário.

▸ *Comportamento: o peso das representações inconscientes*

Seguramente, o poder associativo das "contiguidades temporais" supera amplamente a esfera das manipulações de marketing. O mecanismo é universal. É ele, por exemplo, que em grande parte constrói nossos estereótipos sociais associados ao gênero, à deficiência, à idade,

---

* Esta expressão designa as redes neurais envolvidas no processo de memorização.

à origem étnica, à orientação sexual, etc.[247] É claro, esses estereótipos estão com frequência implícitos, ou seja, aninhados dentro de nossos funcionamentos mais inconscientes.[248,249] Mas isso não impede que estejam em condições de influenciar de modo perigoso nossos comportamentos supostamente "voluntários" e "esclarecidos".[250-253] As representações de gênero fornecem uma excelente ilustração. Agindo na maioria das vezes sem nossa intenção, elas são capazes de afetar profundamente não apenas o olhar que lançamos aos outros, mas também a imagem que temos de nós mesmos. Dois estudos demonstram isso à perfeição. No primeiro, os indivíduos deviam contratar um candidato para realizar um trabalho científico.[254] Uma sólida tendência de seleção foi observada a favor dos homens. Quando a informação disponível se limitava ao gênero (a partir de fotos), os indivíduos recrutadores (fossem homens ou mulheres) escolhiam com frequência duas vezes mais um candidato masculino. Quando os dados objetivos de competência eram acrescentados ao quadro, a tendência em detrimento das mulheres diminuía, sem, contudo, desaparecer. De modo interessante, essas escolhas arbitrárias refletiam diretamente a existência de estereótipos implícitos de gênero (do tipo "as mulheres são ruins em matemática") identificados nos participantes, graças a um teste padrão de associação de itens.[*]

O segundo estudo é ainda mais surpreendente. Ele mostra que somos por vezes vítimas de nossos próprios pressupostos.[255] Estudantes asiáticos de uma grande universidade americana foram inicialmente divididos em três grupos, devendo cada um responder a um questionário habilmente elaborado para ativar redes memoriais específicas (chamavam-se então *priming* ou preparação): (1) versão "neutra" (indicar por exemplo: se eles usavam os serviços telefônicos

---

[*] Esquematicamente, apresenta-se aos indivíduos um item (imagem ou palavra) pertencente às categorias "homem" ou "mulher" e mede-se o tempo levado, em seguida, para identificar outro item pertencente a categorias como "científico" (por exemplo, cálculo, engenheiro, etc.) ou "ciências humanas" (como literatura, artes, etc.). A hipótese subjacente, já mencionada no texto, sugere que os itens funcionalmente associados dentro das redes da memória serão mais rápida e mais facilmente encontrados.

da universidade, se considerariam fazer uma assinatura de televisão a cabo, etc.); (2) versão "gênero", para ativar o estereótipo "eu sou uma moça, as moças são ruins em matemática" (por exemplo: se seus andares na residência estudantil eram mistos ou para um único gênero, se eles tinham companheiros de quarto, etc.); (3) versão "étnica", para ativar o estereótipo "sou asiático, os asiáticos são bons em matemática" (por exemplo, que idiomas falavam em casa, quantas gerações de suas famílias tinham vivido nos Estados Unidos, etc.). Os três grupos se submetiam em seguida a um mesmo teste de matemática. Os resultados revelaram um efeito bem significativo do questionário sobre o êxito no teste, sem o conhecimento, é claro, dos participantes. O número de problemas realizados com sucesso ficou em 49% para a "condição neutra", 43% para a "condição moça" e 54% para a "condição asiática". Dito de outra maneira, os laços lentamente tecidos por contiguidade nos bancos de memória dos participantes, entre "moça/ruim em matemática" e "asiático/bom em matemática", interferiram muito sensivelmente no desempenho cognitivo.

Por mais impressionante que seja, este último resultado está longe de ser uma surpresa, visto que inúmeras são as observações no mesmo sentido, além dos estereótipos sociais. Por exemplo, os estudantes levam mais tempo para ir da sala de testes até o elevador quando eles construíram previamente frases a partir de palavras associadas ao conceito de velhice (grisalho, rugas, velho, etc.).[256] De maneira semelhante, os indivíduos comem um quarto de chocolate a menos, no prato à sua frente, quando a tela de um computador posicionado nas proximidades (mas em geral não detectada conscientemente pelos participantes) menciona ideias de magreza, peso e regime, expondo a imagem de certas esculturas humanoides extremamente delgadas de Alberto Giacometti.[257] Da mesma forma, estudantes aos quais foi solicitado girar uma maçaneta, sem instruções sobre a força a aplicar, produzem uma pressão bem superior se eles tiverem sido preliminarmente expostos a palavras como "potência" ou "vigor", de maneira subliminar (ou seja, rápido demais para permitir uma leitura consciente).[258] Aí também, o que se destaca desses dados é o extraordinário poder dos processos de "coativação mnésica", capazes de flexionar nossos pensamentos e comportamentos sem nenhuma contribuição do consciente.

Para evitar qualquer mal-entendido,[259] convém precisar que não se trata aqui de falar propriamente de "aprender coisas", quer dizer, desenvolver uma habilidade (por exemplo, tocar violino) ou memorizar um saber (por exemplo, um poema). É apenas uma questão de unir representações já construídas. É por isso que o esforço necessário é mínimo, sobretudo no nível de atenção. Para lançar mão de uma analogia, poderia se dizer que redigir um livro e produzir uma escultura em mármore são duas atividades que exigem paciência, trabalho e energia. Entretanto, assim que esses objetos são realizados, é facílimo guardá-los dentro de um mesmo armário. Portanto, não há paradoxo entre a dificuldade que experimentam as crianças para "aprender" com uma tela e a facilidade com a qual elas conseguem associar artificialmente dentro de sua memória elementos já armazenados (por exemplo, a marca McDonald's com os conceitos do tipo "legal", "agradável", "festivo", etc.).

Em resumo, nossa memória não é um simples órgão de armazenamento, mas uma máquina de criar associações. Para tanto, ela utiliza em especial as regras de contiguidade temporal. Assim, estas últimas às vezes carecem de clarividência no sentido de que sua automaticidade favorece a formação de conexões artificiais potencialmente nocivas, que, uma vez estabelecidas, influenciam de forma expressiva nossas percepções, representações, decisões e ações.

Vender a morte em nome da "cultura"

As fraquezas de nossa memória aqui descritas abrem obviamente imensos horizontes lucrativos para todos os mercadores de "tempo de cérebro disponível"* do planeta e todos os mercenários do "neu-

---

* Numa entrevista hoje famosa, Patrick Le Lay, CEO do grupo TF1 (importante emissora da televisão francesa e europeia), explicou que seu trabalho tinha por objetivo "ajudar a Coca-Cola, por exemplo, a vender seu produto". A descrição

romarketing". Essas pessoas não têm escrúpulos. Sustentadas pela utilização de aparelhos digitais de nossos filhos, elas não hesitam, em nome do próprio lucro, em alimentar os três maiores assassinos do planeta: o tabagismo, o alcoolismo e a obesidade.

▶ *Tabagismo*

Para começar, alguns pontos gerais para que todos compreendam bem a magnitude do problema. O cigarro mata mais de 7 milhões de pessoas por ano,[261] das quais cerca de 500 mil nos Estados Unidos[262] e 80 mil na França.[263] No total, é o equivalente à população do Paraguai[264] ou do estado do Arizona, nos Estados Unidos, que desaparece do planeta a cada ano. Para a coletividade, o custo econômico anual gira em torno de 1,25 bilhão de euros.[266] O que representa 165 euros por ser humano. Para um país desenvolvido como a França, que oferece uma excelente previdência social, o preço do tabagismo atinge a cada ano cerca de 1.800 euros por habitante.[267] E, por favor, não venham nos dizer, como ouço às vezes, que o Estado não tem do que se queixar, posto que ele se farta com os impostos e enche os bolsos. Na França, as receitas fiscais cobrem apenas 40% dos gastos sanitários provocados pelo tabagismo.[267]

Decerto, a questão colocada aqui não é de modo algum moral. Não se trata de denunciar e culpar o usuário. Trata-se somente de compreender os mecanismos de conversão que fazem com que uma criança não fumante caia um dia nas mãos da Philip Morris e outras empresas similares. Como explica com clareza a OMS: "Vender produtos que matam até a metade de todos os seus usuários exige

---

do método empregado soou chocante à época (contudo, nada de tão honesto havia sido dito sobre a razão de ser das televisões comerciais). "Para que uma mensagem publicitária seja percebida", detalhava Le Lay, "é preciso que o cérebro do telespectador esteja disponível. Nossos programas têm por vocação torná-lo disponível; ou seja, distraí-lo, relaxá-lo a fim de prepará-lo entre duas mensagens. O que vendemos para a Coca-Cola é o tempo do cérebro humano disponível".[260]

uma habilidade comercial extraordinária. Os fabricantes de tabaco são um dos melhores profissionais de marketing do mundo".[268] Convém lembrar que esses vendedores de cigarro têm atrás de si mais de 60 anos de experiência, com suas astúcias, maracutaias e tramoias diversas. Sua habilidade propagandista se tornou tão desenvolvida que mesmo a precavida OMS acabou perdendo seu sangue frio. No centro de um documento intitulado *Tobacco Industry Interference* [Interferência da Indústria do Tabaco], esta organização decidiu denunciar brutalmente "uma indústria que tem tanto dinheiro e nenhum pudor, para gastá-lo do modo mais desonesto imaginável".[269] Dentre as estratégias falaciosas repertoriadas, encontramos especialmente: "Descreditar comprovações científicas", "manipular a opinião pública para revestir-se de uma aparência respeitável", "intimidar governos com processos ou ameaças de processos judiciais", "fraudar processos políticos e legislativos", etc.

Reconheçamos, contudo, que a posição dos empresários não é fácil, e isso se deve a pelo menos três razões. Primeiramente, eles enfrentam regulações que, sem serem perfeitas em muitos países, tendem a se tornar cada vez mais drásticas e rigorosas.[270] Em segundo lugar, eles perdem rapidamente seus clientes para as empresas de serviços funerários.[271] Em terceiro, eles só dispõem de uma janela temporal extremamente limitada para recrutar novos clientes. Quanto a este último ponto, sabe-se hoje que o risco de conversão ao tabagismo afeta de modo desproporcional os menores de idade e, no fundo, diz pouco respeito ao adulto. Assim, 98% dos fumantes começaram antes dos 26 anos, e desses, 90% começaram antes dos 18 anos[272]; e como enfatiza mais uma vez a OMS, "quanto mais jovem for a criança quando experimenta fumar pela primeira vez, maior é a probabilidade de ela se tornar fumante regular, e menos são suas chances de interromper o hábito".[268]

Enfim, para as indústrias de fumo, recrutar grandes tropas de crianças e adolescentes é uma necessidade vital. É aí que entra o inesperado apoio das indústrias de audiovisual. Sob o manto da liberdade criativa e da grandeza artística, estas despejam sobre nossas proles, dia após dia, uma enxurrada de estereótipos favoráveis ao consumo de tabaco. No cinema ou na televisão, cigarros e charutos se tornaram símbolos maravilhosamente convenientes da virilidade (Sylvester Stallone em *Rocky*); da sensualidade (Sharon Stone em *Instinto selvagem*); do espírito de rebeldia (James Dean em *Juventude transviada*); da cientista visionária (Sigourney Weaver em *Avatar*); do poder e do sexo (Jon Hamm em *Mad Men*); da liberdade (Eric Lawson e vários outros que representaram o caubói da Marlboro... mortos por conta de seu consumo tabagista[273,274]); etc. Que inventividade! O pior é que em diversos países, como a França, os Estados Unidos, a Alemanha ou a Itália, esses filmes recebem, ou pelo menos uma grande parte deles recebe, generosos subsídios públicos.[275,276]

O caso começou nos anos 1960-1970, com o cinema e a TV.[277,278] Para as indústrias tabagistas, essas "novas tecnologias" foram o braço armado de uma intensa campanha de normalização do consumo de tabaco. O objetivo era simples: fazer com que a morte fosse esquecida e associar o fumo a tantas virtudes positivas quanto possível. Foi assim, por exemplo, que Sylvester Stallone foi um dos primeiros a aceitar um contrato de 500 mil dólares garantindo que fumaria em cinco de seus futuros filmes (de *Rambo* a *Rocky IV*). Um primeiro passo "ligando o ato de fumar ao poder e à força, em vez da doença e da morte".[278]

Seria um equívoco acreditar que o problema está hoje resolvido. Na verdade, essa infâmia dura há 50 anos e nada realmente mudou e nenhuma conscientização coletiva emergiu. Pior, o simples fato de abordar a questão[279] nos expõe a todos os tipos de comentários abissalmente estúpidos, como "você tem que morrer de alguma coisa" ou "eu não entendo, sou um verdadeiro cinéfilo e no entanto não fumo".[280] Francamente, devemos nos abster de qualquer medida profilática devido ao fato de existirem muitas formas de adoecer e morrer? Devemos renunciar à luta contra o flagelo da morbidade tabagista a pretexto de que é muito mais perigoso saltar de paraquedas de um avião do que fumar? Devemos renunciar a toda a realidade epidemiológica porque existem estatísticas extravagantes e o risco envolvido não é de 100%? Se você esquia, você corre mais risco de cair do que se caminhar. Isso não quer dizer que ninguém caia ao caminhar, nem que todo mundo quebra a perna ao esquiar! Da mesma forma, não é porque houve sobreviventes da grande epidemia da peste que afligiu a Europa no século XIV, que a doença não é mortal! Todos esses pseudoargumentos são de uma estupenda inanidade. Há pouco tempo, um jornalista americano sintetizou limpidamente o problema: "Há um jogo que gosto de praticar às vezes. Ele se chama 'Quantos comentários da Internet eu devo ler até perder a fé na humanidade?' Com demasiada frequência, a resposta é: *um comentário*".[281]

Para quem duvida da realidade do problema, um estudo recente dissecou os 2.429 filmes mais lucrativos,* lançados entre 2002 e 2018 no mercado norte-americano (Estados Unidos e Canadá).[282] Isso representa mais de 95% dos ingressos para o período considerado. As análises identificaram uma taxa global de "penetração" do tabaco nesses filmes próxima de 60%. Importantes disparidades foram, contudo, identificadas, em função da classificação dos filmes. Para o ano de 2008, 70% dos filmes assinalados "restritos" (proibido a menores de 17 anos não acompanhados) continham cenas em que atores apareciam fumando, com uma média de 42 aparições a cada obra. Para os filmes assinalados "para maiores de 13 anos" (indicando que certos conteúdos poderiam ser desapropriados aos jovens com menos de 13 anos), esses valores se elevaram a 38% e 54 aparições. Para os filmes classificados "público geral" (acessível a todas as idades), foram registrados 13% e 6 aparições. Conforme mostra a Tabela 2, se considerarmos a porcentagem de longas-metragens afetados, os dados indicam uma orientação global decrescente de 2002 a 2010, e então uma fase de estabilização. Por outro lado, se focarmos no número de aparições por filme, a tendência é sobretudo de alta, particularmente para filmes voltados diretamente aos adolescentes ("13 anos ou mais"). Dito de outra maneira, desde 2002, fuma-se cada vez menos nos filmes (o que é positivo), mas fuma-se muito mais em cada filme relacionado à presença do tabaco (o que é bem

---

* O conjunto dos filmes que, ao serem lançados, registraram as dez maiores bilheterias durante pelo menos uma semana.

desencorajador). Resultados comparáveis foram divulgados para a televisão[283] com as prevalências tabagistas atingindo, respectivamente, 0% (uma excelente notícia), 43%, 25% e 64% para os programas TV-Y7,* TV-PG,** TV-14*** e TV-MA,**** respectivamente.

Classificação		2002	2010	2014	2018
"Restritos"	%	79%	72%	59%	70%
	Aparições	47	35	54	42
"Para maiores de 13 anos"	%	77%	43%	39%	38%
	Aparições	23	25	42	54
"Público geral"	%	29%	11%	5%	13%
	Aparições	8	7	9	6

Tabela 2 – Prevalência de cenas de tabagismo no cinema.
São levados em conta todos os filmes do mercado norte-americano entre as dez maiores bilheterias, durante ao menos uma semana, ao serem lançados. % de filmes que apresentam atores fumando. "Aparições": número de vezes em que se vê um ator fumar.[282]

Para além de todas essas sutilezas digitais, o que deve ser lembrado é que o tabagismo continua maciçamente presente nas produções norte-americanas, em especial, e sem surpresa, nos filmes com classificação "restritos" e "13 anos ou mais". Ainda mais frustrante, pois essas produções são exportadas generosamente e o sistema de classificação utilizado nos Estados Unidos é, em seu conjunto, muito mais rígido do que aqueles usados em outros países, como a

---

* "Programas apropriados para crianças acima de 7 anos."[284]

** "Orientação parental recomendada; esses programas podem ser inadequados para crianças pequenas."[284]

*** "Esses programas podem ser inadequados para crianças com menos de 14 anos."[284]

**** "Programas destinados a serem assistidos por uma audiência adulta e madura e podem ser inapropriados para jovens com menos de 17 anos."[284]

França[275] – onde se vê com frequência aparecer na categoria "todos os públicos" filmes classificados como "restritos" ou "13 anos ou mais" na América do Norte.* Convém notar que os produtores americanos costumam se mostrar bons alunos nesse ponto; embora, mais uma vez, seu desempenho esteja longe de ser excelente. Outros países fazem pior, como a Alemanha, a Itália, a Argentina, a Islândia, o México e a França.[275,285] Neste último, um estudo analisou as 180 produções nacionais de maior bilheteria num período de cinco anos (2005-2010). Resultado: 80% continham imagens de atores fumando durante uma média de 2,5 minutos por filme.

Obviamente, devemos ter o cuidado de não pensar que o cinema é o único responsável pelo problema do tabagismo. Um trabalho recente abordou as séries mais populares difundidas pelas televisões a cabo e sites de *streaming*.[287] No final, os autores observaram, na maior parte dos casos, uma verdadeira orgia de consumo de tabaco envolvendo produções como *Stranger Things, The Walking Dead, Orange Is The New Black* e *House of Cards*. Os dignos sucessores, não resta dúvida, do aclamado *Mad Men*.

Decerto, depois de uns vinte anos, a avalanche do tabagismo se espalhou pelo conjunto dos novos suportes digitais disponíveis,[288-292] desde as redes sociais[293-297] até os videogames,[298-303] passando por sites tais como o YouTube.[304-309] Por exemplo, quase a metade dos clipes musicais de hip-hop mais assistidos em diferentes plataformas da Internet (YouTube, iTunes, Vimeo, etc.) entre 2013 e 2017 contém cenas de tabagismo.[310] A mesma coisa para 42% dos videogames mais utilizados pelos adolescentes[311]; sendo que, neste caso, como a TV, com imensas divergências ligadas à classificação das obras. A taxa de presença do tabaco é, portanto, de 75% para os produtos indicados como "maduro" (17 anos ou mais), de 30% para aqueles assinalados como "adolescentes" (13 anos ou mais) e de 22% para

---

* Exemplos: "Menores de 13 anos": *Avatar, Titanic, Forrest Gump, O senhor dos anéis, Independence Day; Gravidade*, etc.; "Restritos": *Um tira da pesada* (1, 2 e 3), *Uma linda mulher, Penetras bons de bico, Perfeita é a mãe, Força Aérea Um, Cartas de Iwo Jima*, etc.

aqueles assinalados como "crianças" (10 anos ou mais). Observemos, contudo, que esses rótulos estão longe de ser realmente protetores: 22% das crianças de 8-11 anos, 41% das de 12-14 anos e 56% dos jovens de 15-18 anos jogam videogames classificados como "maduros".[312] E ainda, este quadro é amplamente temperado pela fusão dos gêneros: se tomarmos apenas os meninos, chegamos a um nível de exposição bem superior a 50% nos jovens de 8-18 anos.

A série de videogames *GTA* ilustra perfeitamente essa realidade perturbadora. Esse fenômeno de vendas[313,314] é tão violento quanto recheado de pornografia* e incitações ao consumo de tabaco.[301] No entanto, 70% dos meninos de 8 a 18 anos declaram já tê-lo jogado, dos quais 38% de 8-10 anos, 74% de 11-14 anos e 85% de 15-18 anos.[315] Permitam-me reformular este ponto: quatro em cada dez garotos de 4ª e 5ª séries do ensino fundamental são autores, através de seus avatares virtuais, de atos de hiperviolência, no mais das vezes totalmente gratuitos; atos de tortura inacreditáveis, dignos dos piores episódios da guerra do Vietnã ou da Bósnia; e de práticas sexuais explícitas que não devem nada aos mais sórdidos filmes pornôs.

Resumindo, ao que parece, o mundo digital das crianças e dos adolescentes está saturado de imagens impregnadas de fumo: televisão, videogames, redes sociais, sites de *streaming*, etc.; nenhum espaço escapa dessa imensa onda. Isso não seria um problema, naturalmente, se o impacto do cigarro sobre a saúde fosse apresentado com honestidade. Infelizmente, este não é o caso. Todos esses atores, cantores, rappers, influenciadores, instagramadores e personagens de jogos que exibem seu prazer de fumar raramente são cancerosos, ou afásicos ou hemiplégicos, em consequência de um acidente vascular cerebral, não sofrem de catarata nem de degeneração macular associada à idade, eles não têm nenhum problema de ereção, seus fetos não nascem com má formação, seu sistema imunológico não parece fragilizado, etc.** Ao

---

* Ver nota na p. 70.

** Mais uma vez, sejamos claros. Não se trata aqui de julgar o fumante. Trata-se tão somente de entender como a criança se torna consumidora de uma substância com essa enorme lista de efeitos secundários (de modo não exaustivo).

contrário, os fumantes são mostrados sob uma luz incrivelmente favorável.[4,297,301-303,316-319] Na indiscutível maioria dos casos, essas pessoas são lindas, inteligentes, socialmente dominantes, descoladas, divertidas, ousadas, rebeldes, viris (para os homens), sensuais (para as mulheres), etc. E é aí, obviamente, que entram as falhas da nossa memória. Na verdade, à força de coincidências temporais judiciosas, a visão do tabaco se conecta a todos os tipos de atributos positivos dentro das redes neurais; e, no final das contas, quando o fumo é evocado por uma imagem (ou alguém fumando) ou mesmo uma oportunidade (alguém tentando fumar), é toda uma teia de ações e representações associadas que é ativada (simpático, sexy, rebelde, viril, etc.), em detrimento do processo de tomada de decisão.

Não se trata mais de se perguntar se a exposição repetida de imagens positivas do tabagismo aumenta as chances de iniciação nos adolescentes. Esse debate, hoje em dia, está resolvido, como indicam diversos relatórios divulgados recentemente pelas maiores instituições sanitárias do planeta.[275,320-322] Conforme resume uma monografia do Instituto Nacional do Câncer na França, "o peso total de evidência a partir de estudos transversais, longitudinais e experimentais, combinados com alta plausibilidade teórica a partir da perspectiva de influências sociais, indica uma relação causal entre exposição de cenas de cinema que retratam o fumo e iniciação ao tabagismo dos jovens".[323] A afirmação se baseia em dezenas de estudos rigorosamente realizados a partir de protocolos variados em um grande número de países.[3,4,275,288] Globalmente esse amplo *corpus* mostra que os adolescentes mais expostos têm, em comparação a seus homólogos menos impregnados, duas a três vezes mais probabilidades de começar a fumar.[325-332] Por exemplo, um estudo citado com frequência acompanhou 1.800 crianças de 10 a 14 anos durante oito anos. Numa primeira fase, todos os indivíduos eram solicitados a identificar, dentro de uma longa lista, os filmes que tinham assistido. Isso permitiu aos pesquisadores avaliar, para cada participante, um grau de exposição ao tabaco. Os resultados mostraram que um quarto dos jovens mais expostos entre 10 e 14 anos corria duas vezes mais riscos de se tornar fumantes crônicos oito anos mais tarde, em comparação ao um quarto dos jovens menos expostos.* Formulada de outra maneira, essa observação significa que 35% dos fumantes sucumbiram ao vício do tabaco através de um processo precoce de absorção audiovisual.

Em outra pesquisa semelhante, cerca de 5 mil adolescentes, em média com 12 anos de idade, foram acompanhados durante 24 meses.[334] Os resultados revelaram duas coisas: (1) suprimir as cenas com pessoas fumando nos filmes destinados aos adolescentes (classificação "13 anos ou mais") diminuiria em 18% o número de iniciações ao fumo; (2) acrescentar a essa supressão um respeito rigoroso à recomendação de idades (classificação "restrito") permitiria melhorar ainda mais o quadro e obter uma redução total de 26%. Em outro estudo, os pesquisadores acompanharam durante mais de 20 anos um grupo de mil crianças.[335] Os resultados mostraram que a conversão ao tabaco de 17% dos fumantes adultos (26 anos) podia ser atribuída a um consumo televisivo superior a 2 horas por dia entre 5 e 15 anos (e assim, uma exposição globalmente aumentada de imagens que valorizam o tabaco). Para aqueles que acharem essas porcentagens irrelevantes, uma reformulação pode ser interessante. Consideremos uma diminuição de 20% do número de fumantes (ou seja, aproximadamente a média estimada a partir dos estudos citados). Isso representa um milhão e meio de mortes evitadas anualmente em escala planetária, o equivalente à cidade da Filadélfia [ou de Recife]. Para os Estados Unidos, se nos basearmos nos números comunicados por seu Departamento de Saúde e Serviços Humanos,[320] isso significa que um milhão de crianças que têm hoje menos de 18 anos não começarão a fumar e não morrerão prematuramente de uma doença associada ao cigarro. Entretanto, mais uma vez, o simples fato de enfatizar a onipresença

---

* Aí também, talvez não seja vão voltar a precisar que, para evitar quaisquer equívocos, os dados descritos nesta seção (e nas seguintes) são obtidos após serem levadas em conta inúmeras covariáveis potenciais. No caso presente, por exemplo: idade, gênero, tabagismo dos pais, amigos, irmãos e irmãs; atitude parental em relação ao tabaco; testes de personalidade, etc.

do tabaco nos conteúdos digitais acessíveis aos jovens ou de sugerir que seria justificado tomar medidas legislativas protetivas para os menores desperta torrentes de indignações furiosas. Talvez os aiatolás obtusos da liberdade de expressão irão se perguntar, um dia, se a elevada opinião que eles têm de si mesmos e de sua sacrossanta arte justifica a chacina atual.

Não se deveria acreditar, contudo, que apenas os não fumantes são vítimas das imagens tabagistas fartamente produzidas pelos nossos universos digitais. De fato, os usuários são, eles também, enormemente afetados. Isso se deve ao fenômeno de *priming* do qual falamos antes.* A ideia, convém lembrar, é bastante simples: quando o cérebro é confrontado com estímulos tabagistas (cigarro, isqueiro, fumantes, etc.), isso ativa a vontade de fumar e, por conseguinte, aumenta sensivelmente o risco de se passar ao ato. Esse processo acarreta duas consequências: (1) o consumo cotidiano aumenta, reforçando o vício[336] e, assim, o risco de perenização do consumo de tabaco no fumante iniciante, em especial os adolescentes; (2) os esforços empregados para parar de fumar se fazem mais eventuais e dolorosos. Foi assim observado que os fumantes que passam mais tempo diante da televisão fumam mais.[337] Da mesma forma, foi mostrado que a presença de estímulos tabagistas na tela atrai mais frequentemente e mais longamente o olhar dos fumantes.[339,340] O fenômeno é então intenso o bastante para ser detectado no nível fisiológico mais básico (temperatura da pele e sudorese).[341] Enfim, todos esses elementos conduzem, sem surpresa, à instauração de comportamentos de satisfação. Desta forma, num estudo representativo, cem jovens fumantes em torno dos 20 anos** de idade assistiam a um videoclipe de 8 minutos contendo (grupo experimental) ou não (grupo controle) imagens associadas ao tabaco. Os membros do grupo experimental tinham

---

* Ver p. 217.

** Por motivos éticos, os pesquisadores não são autorizados a efetuar esse tipo de estudos experimentais (que induzem ao uso) em indivíduos mais jovens, sem idade legal para consumir e/ou comprar tabaco.

quatro vezes mais chances de acender um cigarro nos 30 minutos seguintes, ao final da projeção.[342] Um trabalho de neuroimagem recente identificou um nítido impacto de tais imagens sobre o cérebro.[343] Duas populações de fumantes e não fumantes, com cerca de 20 anos de idade, foram expostas a filmes contendo estímulos tabagistas. Eles provocaram nos fumantes, em comparação a seus homólogos não fumantes, uma dupla ativação envolvendo zonas cerebrais associadas: (1) à manifestação do desejo de consumo e (2) ao planejamento do gesto manual. Dito de outro modo, tudo se passava como se o cérebro dos indivíduos experimentasse uma forte vontade de fumar e simulava o movimento dos atores (ou alternativamente preparava a mão para acender um cigarro).

Resumindo, a onipresença das imagens de consumo de tabaco no centro do mundo digital oferece um triplo interesse para os fabricantes de cigarro: (1) facilita expressivamente o recrutamento de novos usuários; (2) dificulta muito mais o processo de interrupção do vício; (3) ao ocultar a publicidade por trás do biombo da liberdade criativa, permite contornar as restrições legais e, no final, violar o espírito da lei, sem correr o risco de qualquer processo judiciário.

▸ Alcoolismo

A engrenagem detalhada acima não limita evidentemente sua contribuição apenas ao tabagismo. Ela também afeta amplamente o campo do consumo de álcool. É o que propomos demonstrar a seguir. Esta seção, porém, será menos detalhada que a anterior. Na verdade, considerando a similaridade dos mecanismos envolvidos, parece mais acertado simplificar a demonstração a fim de evitar repetições cansativas. Nós nos concentraremos aqui, sobretudo, na cadeia causal que conduz das imagens ao alcoolismo.

Como o tabaco, o álcool é uma das principais causas de mortes evitáveis, com 3 milhões de mortes anuais em sua folha corrida.[344] Em relação aos menores de idade, a comunidade científica considera de modo unânime que a única maneira de consumi-lo com segurança é não consumi-lo.[345,346] Uma conclusão coerente com o estabelecimento, na quase totalidade dos países do mundo, de uma idade legal, abaixo da qual toda venda de álcool é rigorosamente proibida. Esta idade é de 18 anos na França e no Brasil, e de 21 anos nos Estados Unidos.[347] Se fosse preciso encontrar uma justificativa para esse tipo de prudência, seria fácil encontrá-la na extrema fragilidade do cérebro em desenvolvimento. Beber na adolescência (e, ainda mais antes) perturba o amadurecimento do cérebro[346,348,349] e aumenta o risco de dependência no longo prazo.[346,350]

Ora, ainda que ele pareça diminuir ligeiramente em diversos países, em especial na Europa, o consumo de álcool continua muito alto entre os jovens.[344] Na França, um quarto dos alunos do ensino médio com 16 anos de idade bebe regularmente e se embriaga uma vez por mês, pelo menos. Sessenta por cento dos garotos de 11 anos já beberam.[351] Aí também, as telas têm sua responsabilidade. Na verdade, no âmbito dos espaços digitais, o uso do álcool é ao mesmo tempo onipresente e retratado com uma aura abusivamente favorável.[309,332,352-364] Para a televisão, por exemplo, um estudo revelou níveis de prevalência absurdos, estabelecendo-se, respectivamente, em 3%, 75%, 73% e 79% para os programas TV-Y7,[*] TV-PG, TV-14 e TV-MA.[283] Essa agressão alimenta de modo implacável as falhas associativas de nossas redes de memória. Submetidos a uma enxurrada de representações positivas, estas irão progressivamente associar o álcool a todas as características desejáveis: descolado, festivo, relaxado, rebelde, etc. Essas conexões vão em seguida encorajar as iniciações precoces e, assim que estas ocorrem, sustentar os consumos excessivos (crônicos ou de *binge-drinking*[**]).[365-371]

Por exemplo, um estudo acompanhou quase 3 mil crianças alemãs com 13 anos de idade, em média, que jamais tinham ingerido

---

[*] Ver notas na p. 224.

[**] Esta expressão caracteriza comportamentos de alcoolização rápida e intensa. Este tipo de consumo é particularmente perigoso. Seus efeitos são extremamente fortes sobre o cérebro. Ele aumenta também o risco de acidentes, relações sexuais não protegidas, coma alcoólico, comportamentos violentos e dependência química.

álcool.[372] Um ano depois, 25% dos participantes que haviam absorvido mais filmes com veiculação de bebida alcoólica (independente do suporte) apresentavam, em comparação aos 25% menos expostos, duas vezes mais riscos de ter bebido apesar da vigilância parental e 2,2 vezes mais riscos de se entregar a consumos perigosos do tipo *binge-drinking*.

A boa notícia, como para o cigarro, é que a vigilância parental compensa. Numa pesquisa citada com frequência, 2.400 estudantes americanos do ensino fundamental que nunca tinham bebido foram acompanhados durante 18 meses,[373] em média. A probabilidade de iniciação alcoólica foi medida em função da propensão dos pais em permitir que o filho assistisse a filmes com classificação "restrita". E, de fato, essa dimensão educacional mostrou-se fortemente associada ao risco envolvido. Em relação à resposta "nunca", as probabilidades de que a criança comece a beber durante o período de acompanhamento foram multiplicadas por 5,1, 5,6 e 7,3, respectivamente, para as respostas "raramente", "de vez em quando" e "sempre". Esses resultados confirmam aqueles de outro estudo recente que envolveu mais de mil adolescentes ingleses de 11 a 17 anos.[332] Aqueles que tinham jogado videogames fartos de conteúdos alcoólicos (rotulados "adultos" em sua maioria – por exemplo, *GTA V, Max Payne 3, Sleeping Dogs*, etc.) – apresentavam três vezes mais riscos de consumir álcool do que seus pares não expostos.

Acrescentemos, conforme foi observado para o tabaco, que o fato de ver gente beber na tela tem também um efeito significativo sobre o consumo imediato.[374-376] Formulado de outro modo, quando o cérebro é confrontado com estímulos alcoólicos, isso ativa a ideia de beber e, consequentemente, aumenta de forma sensível o risco de passagem ao ato. O mesmo fenômeno pode ser observado quanto aos refrigerantes.[377]

Em resumo, a onipresença das imagens alcoólicas dentro do mundo digital apresenta duplo interesse para as indústrias: (1) reduz substancialmente a idade da primeira iniciação; (2) aumenta convenientemente o volume dos consumos crônicos.

▶ *Obesidade*

Depois do tabaco e do álcool, observemos a questão do peso. Aqui também nós nos concentraremos no essencial e trataremos, sobretudo, de esclarecer a cadeia causal que, a partir das imagens, conduz ao excesso de peso e à obesidade.

Em todo o mundo, o excesso de peso afeta 2 bilhões de adultos e 350 milhões de crianças.[378] A cada ano, ele mata cerca de 4 milhões de seres humanos.[379] Ainda que o problema tenha múltiplas origens, ninguém contesta seriamente, a esta altura, a implicação prejudicial de nossos hábitos digitais, em particular para as crianças e os adolescentes.[3,4,380-383] Várias alavancas são então solicitadas, entre elas o sono e a diminuição do nível de atividade física, sobre os quais já falamos. A possível contribuição do rolo compressor publicitário estaria, dizem, em evitar a implementação de medidas legislativas regulatórias, muito mais incertas.[384-386] Trata-se de uma boa guerra, sem dúvida, mas pouco confiável. Há quinze anos, para a criança e para o adolescente, todas as publicações científicas e institucionais importantes têm indicado o impacto negativo, sobre o risco de obesidade, de um marketing alimentar tão agressivo quanto onipresente (televisão, redes sociais, plataformas de compartilhamento de vídeos, etc.).[4,387-386] Em sucessivos estudos, as mesmas conclusões se repetem: "Uma ampla evidência indica que a obesidade epidêmica é, pelo menos em grande parte, o resultado da crescente pressão publicitária sobre a dieta americana".[387] Em outras palavras, "a literatura científica documenta que o marketing alimentar voltado para as crianças: (*a*) é maciço; (*b*) está em expansão (publicidades, videogames, Internet, telefones celulares, etc.); (*c*) é composto quase inteiramente de mensagens para alimentos pobres em nutrientes e ricos em calorias; (*d*) produz efeitos nocivos; e (*e*) é cada vez mais global, tornando difícil a regulamentação por parte de cada país, individualmente".[397] Ou ainda, para citar uma síntese há pouco publicada, existe hoje "um expressivo conjunto de evidências de que a exposição ao marketing alimentar provoca impacto nas atitudes, preferências e consumo de alimentos não saudáveis por parte das crianças, com consequências danosas à saúde. Estudos atuais oferecem importantes percepções e persuasiva evidência para apoiar as restrições ao marketing alimentar direcionado às crianças".[395]

Desta forma, para citar alguns exemplos, ficou demonstrado que o risco de obesidade aumentava significativamente em crianças expostas a canais de televisão comerciais repletos de publicidades alimentares, mas não em crianças expostas aos canais públicos não comerciais desprovidos dessas mesmas publicidades.[398] Igualmente, foi calculado que a interdição desse tipo de publicidade permitiria, segundo os modelos considerados, reduzir a obesidade infantil entre 15% e 33%.[399,400] De acordo com essa conclusão, uma comparação internacional, realizada em uma dezena de países desenvolvidos (Estados Unidos, Austrália, França, Alemanha, Suécia, etc.), comprovou que a taxa de obesidade infantil aumentava quase linearmente com a frequência das publicidades alimentares inseridas em programas para a juventude.[401]

No fundo, nada disso surpreende. Estes dados nos levam ao que já foi dito para o álcool e o tabaco; a única diferença, porém, é que a publicidade alimentar não está sujeita a restrição alguma. Os anunciantes têm carta branca para agir e imprimir literalmente suas marcas e seus produtos dentro do cérebro florescente de nossas crianças. Uma vez que as estruturas de memória são infectadas, todas as preferências de sabor são alteradas, em favor dos alimentos hipercalóricos mais amplamente promovidos. A este respeito, inúmeros estudos mostram que a propensão das crianças a exigir, obter e consumir produtos transformados, hipercalóricos (guloseimas, fast-foods, refrigerantes, etc.) cresce com a intensidade das pressões de marketing exercidas.[400,402-407] Quem pode pensar seriamente, nem que seja por um instante, que o excesso energético assim induzido deixaria ileso o peso dessas crianças?[408,409] Um estudo analisou, por exemplo, o impacto de uma hora diária de televisão aos 3 anos de idade sobre o peso, a atividade física e o comportamento alimentar adotados mais tarde aos 10 anos.[191] Resultado: mais junk food (refrigerantes, guloseimas; +10%), menos frutas e legumes (-16%), menos atividade física no fim de semana (-13%) e, sem surpresa, um índice de massa corporal* sensivelmente mais elevado (+5%). Esta observação é ainda mais inquietante posto que as tendências aqui identificadas costumam se propagar bem além da infância. De fato, as preferências gustativas adquiridas precocemente persistem com frequência ao longo de toda a vida.[410-413] Isso explica, em parte – além das predisposições genéticas potenciais –, a aptidão da obesidade infantil para perseguir por muito tempo suas vítimas.[414,415]

A tudo isso, é claro, vêm se juntar os problemas de *priming* evocados mais acima, pois, evidentemente, o fato de ver pessoas comendo na tela aumenta de modo significativo nosso consumo imediato.[390,416] Dito de outra forma, quando o cérebro é confrontado com estímulos alimentares, a ideia de comer é ativada e, consequentemente, aumenta o risco de "beliscar" fora da hora das refeições.[17,18]

Resumindo, analisados em seu conjunto, esses elementos mostram que o marketing alimentar, onipresente na televisão e em todos os suportes digitais, aumenta seriamente o risco de obesidade na criança e no adolescente.

O peso das normas

No fundo, os elementos precedentes apenas refletem a capacidade geral dos conteúdos audiovisuais de massa de formatar nossas representações sociais. YouTube, séries, filmes, clipes musicais, videogames são verdadeiras máquinas de fabricar normas, ou seja, regras, frequentemente implícitas, de conduta, aparência ou de expectativa.

---

* O índice de massa corporal (IMC) é obtido dividindo-se o peso (em quilogramas) pelo quadrado da altura (em metros). Ele se exprime então em kg/m^2. Quando o IMC se situa entre 18,5 e 25, o peso do indivíduo é saudável. Inferior a 18,5 ele se encontra abaixo do peso. Entre 25 e 30, ele está com sobrepeso. Acima de 30, trata-se de obesidade.

▶ Na raiz da classe média

Juliet Schor, hoje professora na Universidade de Boston, foi uma das primeiras a teorizar sobre esse ponto. Em um de seus best-sellers, publicado em 1998 e intitulado *The Overspent American* ["O americano pródigo"], essa socióloga analisa com brio o papel da telinha na imprudência consumista de seus compatriotas.[417] Ainda que ricamente documentada, essa análise pode ser facilmente resumida: antes, nós nos comparávamos a nossos vizinhos, nossos próximos, nossos amigos; agora, nós nos comparamos a nossos *alter egos* televisivos. Para a classe média, essa mudança provocou um incrível sentimento de regressão social, tal era a deformação da imagem do "mundo real" que o mundo audiovisual oferecia: vastos *lofts* em Manhattan, residências suburbanas faraônicas, carros espaçosos (um para a esposa e outro para o marido), roupas e restaurantes chiques, etc. No fundo, diz Schor, "a história dos anos oitenta e noventa é que milhões de americanos chegaram ao fim desse período tendo mais, mas se sentindo mais pobres".[417] Baseando-se em sua própria pesquisa, ela diz: "Quanto mais uma pessoa assiste à televisão, mais ele ou ela gasta dinheiro. A provável explicação para a associação entre televisão e gastos é que o que vemos na TV infla nosso senso do que é normal [...] Assistir à televisão resulta num aumento de desejo, e isso, por sua vez, leva as pessoas a comprar – bem mais do que fariam se não assistissem à TV. Na pesquisa intitulada Telecom Sample,* descobri que cada hora adicional passada assistindo à TV durante a semana conduz a um gasto anual adicional de US$ 208** [ou seja, o equivalente a US$ 360 atualmente]".*** Com 3 a 4 horas

---

* Em referência a uma pesquisa de opinião efetuada entre novembro de 1994 e maio de 1995 numa empresa de telecomunicações do sudeste dos Estados Unidos, envolvendo mais de 80 mil pessoas.

** Schor explica que, para evitar qualquer ambiguidade: "outros fatores que influenciam os gastos, assim como assistir à televisão, foram controlados de modo a incluir renda, ocupação, educação, gênero e idade".

*** Segundo cálculos do Bureau of Labor Statistics; https://www.bls.gov/:/data/inflation_calculator.htm.

diárias de telinha, o valor total de despesas suplementares fica entre US$ 4.368 e US$ 5.824 dólares anuais [isto é, entre US$ 7.567 e US$ 10.090 de hoje].* E é assim que se desenvolve, nos Estados Unidos, uma corrida perpétua em busca de status, alimentada por empréstimos, estresse e esgotamento profissional.[418]

▶ *Uma imagem adulterada do corpo*

A partir dessa observação original, a potência normativa dos conteúdos audiovisuais foi confirmada em numerosos domínios e generalizada para uma grande quantidade de suportes digitais. Tomemos, por exemplo, a questão do peso. Na França, cerca de 60% das mulheres e 30% dos homens que desfrutam de um peso medicamente saudável desejam emagrecer.[419] A apologia quase universal veiculada pelas mídias, especialmente as digitais, à extrema magreza para as mulheres e de musculatura excessiva para os homens não é estranha a essa extravagância. Cada dia, de fato, somos confrontados nos filmes, séries, clipes musicais, videogames ou Instagram com um tsunami de tipos físicos totalmente "anormais" (no sentido estatístico do termo).[18] E o problema é que, de tanto se ver apenas corpos excepcionais, acabamos pensando que eles são a norma e que nós somos a exceção. Consideremos o caso feminino a fim de obter uma ilustração mais ampla. O tema é hoje particularmente documentado, e as provas de distorção são inúmeras.[18] Por exemplo, há pouco menos de um século, o peso das Misses América passou da normalidade à quase anorexia.[420] O mesmo para os ícones das revistas de glamour e os desfiles de moda, nos quais a magreza extrema, sempre problemática,[421-423] já era denunciada há cerca de 25 anos.[424] As estrelas de nossos pódios são mais magras do que 98% da população feminina[425]; em média, elas medem 17 cm a mais e pesam 21 kg a menos que a mulher "normal".**,[426-428] Nas

---

* Idem.

** Mais uma vez, este termo deve ser considerado em seu sentido estritamente estatístico.

séries televisivas do horário nobre, cerca de um terço das atrizes tem um índice de massa corporal qualificativo do estado de magreza; 3% são obesas.[429] Na vida real, esses valores são rigorosamente inversos, com um terço de obesidade e 2% de magreza.[425,430] Um conjunto de dados que, seguramente, está associado à onipresença nas mídias, conforme já dissemos,* de estereótipos negativos em relação aos indivíduos obesos: indolência, falta de vontade, imundice, deslealdade, falta de jeito, preguiça, grosseria, etc.[18,431-434]

Essa discrepância provoca em muitas mulheres do "mundo real" um legítimo e violento sentimento de insatisfação, conhecido por abrir caminho a uma ampla gama de sofrimentos psíquicos (depressão, baixa autoestima, etc.) e distúrbios alimentares (anorexia, bulimia, etc.).[18] Uma meta-análise dedicada a essa problemática, aliás, concluiu "que a exposição às mídias está ligada ao descontentamento generalizado das mulheres com seu corpo, maiores investimentos na aparência e maior endosso de comportamentos alimentares desordenados. Esses efeitos parecem robustos: estão presentes em múltiplos resultados e são demonstrados tanto na literatura experimental quanto na correlacional. Assim, podemos ver que a exposição às mídias parece estar relacionada com a imagem do corpo da mulher de forma negativa, independentemente da abordagem técnica, variáveis de diferenças individuais, tipo de mídia, idade ou outras características de estudo idiossincráticas".[435] Um trabalho experimental demonstra perfeitamente esse ponto. Pesquisadores da Universidade de Harvard estudaram uma província das ilhas Fiji, onde não havia televisão, mas cuja disponibilização estava prevista para em breve.[436] A existência de transtornos do comportamento alimentar foi avaliada a partir de um teste padrão em duas populações comparáveis de adolescentes, sendo uma delas antes (algumas semanas) e outra depois (três anos) da chegada da televisão. Resultado: um nítido aumento do número de moças que admitiam provocar o vômito a fim de não engordar (0% a 11%)

---

* Ver p. 78-79.

e uma quase triplicação do número de adolescentes consideradas "de risco" pelo teste. Como nem todas as famílias adquiriram uma televisão, os pesquisadores puderam comparar as participantes que tinham um aparelho em casa com aquelas que não tinham. A probabilidade de serem identificadas como sendo "de risco" triplicou nas primeiras em relação às segundas.

▸ Uma profunda alteração das representações sexuais

A sexualidade apresenta resultados similares. Neste campo, a questão dos conteúdos pornográficos mascara com frequência o impacto insidioso de filmes e séries, digamos, mais "comuns", tais como *Mad Men*, *Avatar* ou *Desperate Housewives*. De fato, os episódios sexuais não são brutalmente explícitos. Mas isso não os impede de serem reais, frequentes e, em diversos casos, ameaçadores pela sua tendência de serem apresentados de forma bastante "casual" (isto é, sem evocar os riscos potenciais e as medidas profiláticas recomendáveis).[3,4,437-439] Na televisão, por exemplo, os comportamentos sexuais de risco aparecem, respectivamente, em 8%, 65%, 55% e 91% dos programas TV-Y7,* TV-PG, TV-14 e TV-MA.[283] O problema é que o espectador acaba, inconscientemente, através das tendências associativas de seu sistema mnésico (memória), convertendo essa enxurrada em padrão de conduta. Neste caso, dois efeitos são teoricamente previsíveis: uma facilitação da passagem ao ato e um abandono das condutas de proteção. É exatamente o que relata a literatura científica.[440-445] Um estudo, por exemplo, focou a televisão. Cerca de 1.800 adolescentes de 13 a 17 anos foram acompanhados durante um ano.[446] Ao final desse período, a probabilidade de ter experimentado uma primeira relação sexual era multiplicada por dois em 10% dos participantes inicialmente expostos a um grande número de conteúdos sexuais, em comparação

---

* Ver nota p. 224.

aos 10% de indivíduos menos expostos. Em outra pesquisa, também concentrada na televisão, 1.700 moças adolescentes de 12 a 17 anos foram acompanhadas por três anos.[447] Nesse período, a probabilidade de ter experimentado uma gravidez precoce não desejável foi multiplicada por dois em 10% das participantes expostas a um grande número de conteúdos sexuais, em comparação aos 10% de participantes menos expostas. Segundo essa constatação, um estudo subsequente permitiu demonstrar a extrema persistência dos impactos identificados. Assim, de acordo com os termos do autor, "uma maior exposição precoce a cenas sexuais (antes dos 16 anos) prediz comportamentos sexuais mais arriscados (i.e., um maior número de parceiros sexuais durante a vida conduz à prática sexual mais frequente sem utilização de preservativos) na vida adulta".[444] Em outra pesquisa, ainda, é o impacto dos vídeos de rap que foi analisado.[448] Mais de 500 moças adolescentes afro-americanas de 14 a 18 anos foram acompanhadas durante um ano. Ao final, as probabilidades de terem tido vários parceiros e contraído uma doença sexualmente transmissível foram respectivamente multiplicadas por 2,0 e 1,6 entre as participantes mais expostas.

E o que dizer de conteúdos explicitamente pornográficos? Em vários países, as restrições de acesso são simplesmente ridículas. Basta apertar o botão mágico "mais de 18 anos" para acessar as imagens mais explícitas.* Um simples clique e pronto, a criança está exposta a todo tipo de radiantes práticas favoráveis ao desenvolvimento dos piores estereótipos de gênero e à emergência de comportamentos sexuais arriscados e violentos[3,449-455]: sadismo, humilhação, agressão, orgias, relações múltiplas não protegidas, etc. Não podemos colocar em prática discursos (fundamentais!) relacionados à prevenção do estupro, à necessidade de usar preservativo e à natureza inaceitável das discriminações de gênero e, ao mesmo tempo, tolerar que nossos filhos sejam expostos sem controle a conteúdos que valorizam e (frequentemente) estetizam essas condutas, mostrando por exemplo (um script muito comum

---

* Acabo de tentar dois sites importantes de streaming (22/11/2020): PornHube e YouPorn.

dos vídeos pornográficos) que a mulher que é estuprada, na verdade, desejava ser estuprada, pois, como todas as demais, elas escondem obrigatoriamente sua essência mais íntima de "vadia" sob um verniz burguês e acaba pedindo mais, gozando sem se conter, submissas aos ataques de seus agressores! Um script, aliás, bem conhecido em certos videogames de "ação" extremamente populares. Jogos recheados de testosterona e que promovem uma masculinidade viril que tende a se exprimir em detrimento das personagens femininas secundárias, com frequência representadas como simples coadjuvantes sexuais do macho dominante.[456] Jogos cujo papel negativo sobre os estereótipos de gênero e atitudes sexistas é cada vez mais documentado.[456-464] Os céticos poderão, a fim de obter uma ideia mais precisa da problemática, dar uma olhada no *GTA*, do qual já falamos. Esse blockbuster, que mistura altas doses de violência e pornografia,[*] é, permitam-me repetir (!), consumido por 38% das crianças de 8-10 anos, 74% de 11-14 anos e 85% dos jovens de 15-18 anos.[315]

Em resumo, tomados em seu conjunto, esses dados mostram que os conteúdos audiovisuais e digitais são poderosos prescritores de padrões sociais. Ao modificar nossa visão do mundo, esses prescritores afetam nosso modo de agir; e na maioria das vezes, eles fazem isso na surdina, sem despertar o radar das defesas conscientes. Neste ponto, a questão não é mais saber, como ainda tentam nos convencer certos lobistas arcaicos, se esses dados são confiáveis. Eles são. E são ainda mais, posto que os efeitos descritos se inscrevem dentro da intimidade biológica de nossa organização neuronal. O cérebro é uma máquina maravilhosa, mas é também uma máquina profundamente vulnerável. Ela processa uma enormidade de informações, independentemente de nossa vontade, de maneira puramente automática.[248,252,465-467] De um ponto de vista funcional, isso não apenas não é uma falha, como é um verdadeiro milagre evolutivo, sem o qual os processos de pensar e decidir ficariam instantaneamente saturados. É lamentável que, de um ponto de vista mercantil, trate-se de um desastre. Para o exército

---

* Ver nota na p. 70.

de "vendedores de tempo de cérebro disponível", esse desastre é uma dádiva. Ele constitui uma formidável falha de segurança, graças à qual se torna possível orientar e manipular o comportamento humano. E, francamente, sem uma rápida conscientização coletiva, há poucas chances de que as coisas melhorem nos próximos anos. Na verdade, o que até pouco tempo era apenas um empreendimento bastante rudimentar de irrigação generalizada está se tornando, graças à onipresença exponencial das ferramentas de segurança digitais, uma obra cruelmente perniciosa e imoral com foco cirúrgico.[468] Cada vestígio, cada dado, cada compra, cada palavra, cada visita, cada clique, cada *like*, que deixamos na rede é agora utilizado contra nós com uma precisão inquietante. A manipulação orquestrada pela sociedade "Cambridge Analytica" em vários países, inclusive nos Estados Unidos, para interferir em diversas eleições democráticas, baseando-se nos dados pessoais deixados no Facebook por milhões de usuários confiantes demais, é somente uma precursora de uma longa lista de agressões que estão por vir.[469-472] Esse escândalo, pois é disso que se trata, permitiu confirmar, em larga escala, que agora é possível identificar, atingir e influenciar certos eleitores-chave para influenciar seus votos ou encorajá-los a não votar. Mas há realmente algo de chocante nisso, quando se sabe que essas "ferramentas" já são, nos dias de hoje, utilizadas em grande escala para a segmentação de anúncios? Na verdade, é este o modelo de negócio dos gigantes digitais como Google e Facebook.

Violência

Assim então, a lista de conteúdos que ameaçam nossos filhos está longe de ser pequena e trivial. Ela se estende generosamente do tabaco ao álcool, passando pela junk food, a pornografia, o consumismo e diversos estereótipos particularmente nauseantes: sexuais, corporais, de gênero, de peso ou de raça (ainda que este último item não seja evocado, ele foi intensamente estudado[473-475]). No entanto, ainda falta um monstro nessa lista: a violência. Esta se revela a tal ponto presente nos espaços digitais que já é quase impossível preservar nossas crianças contra ela. Como reconheceu recentemente a Academia Americana de Pediatria: "A exposição à violência difundida pela mídia está se tornando um componente incontornável da vida de nossos filhos".[476] Entretanto, um amplo consenso científico, ao qual voltaremos em detalhes mais adiante, existe hoje em dia para denunciar a influência profundamente nociva desse atentado ao desenvolvimento de nossos jovens. Em geral, três questões principais são consideradas: (i) intensificação dos pensamentos, sentimentos e comportamentos agressivos; (ii) insensibilização e diminuição do potencial de empatia; (iii) exacerbação infundada do sentimento subjetivo de insegurança. Apesar de tudo, como veremos também, a controvérsia midiática permanece viva, e os debates se encadeiam, com regularidade alimentados por estudos e opiniões iconoclastas. Essa persistência é totalmente improvável; pois, mesmo se esquecêssemos a totalidade das provas experimentais acumuladas há 50 anos, o impacto dos conteúdos violentos sobre as representações e comportamentos dos jovens não poderia ser contestado! De fato, de um ponto de vista causal, os mecanismos associativos e normativos aqui envolvidos são os mesmos que aqueles evocados nas páginas anteriores em relação ao tabaco, ao álcool, à sexualidade, à imagem do corpo, etc. Graças a qual milagre a violência poderia se colocar fora do campo universal dessas fraquezas evolutivas? No fundo, sob o ângulo do funcionamento cerebral, a surpresa não é que os conteúdos violentos tenham uma influência profunda sobre nossos comportamentos; surpresa seria se eles não tivessem.

▶ *Um debate há muito tempo resolvido*

Por mais de 60 anos, a influência dos conteúdos midiáticos violentos foi obsessivamente trabalhada pelos cientistas de todas as maneiras possíveis. Além da variação de suportes (filmes, séries, videogames, jornais televisivos, etc.), de protocolos (experimentais, observacionais, longitudinais, transversais, etc.), de populações (idade, gênero, etnia, etc.) e de metodologias estatísticas, o resultado nunca variou: os conteúdos violentos favorecem a curto e a longo prazo a emergência de comportamentos e sentimentos agressivos na criança e no adulto.[476-485] Agressivo, contudo, não quer dizer que os filmes ou os videogames violentos transformem todos os jovens em matadores sanguinários e os levem a cometer todo tipo de estupros, assassinatos ou crueldades em massa. Tampouco quer dizer que os conteúdos violentos são o único (ou mesmo o principal) fator explicativo das condutas de agressão. Isso, por fim, não significa que o efeito é incondicional e uniformemente expresso. Isso significa "simplesmente" que, se você tomar uma população de indivíduos expostos a conteúdos violentos, os comportamentos de agressão verbal e/ou física serão mais frequentes e mais acentuados do que numa população comparável, não submetida a tais conteúdos. O efeito médio crescerá então com a dose, ou seja, com a intensidade da exposição. Assim sendo, voltemos a afirmar uma última vez para evitar qualquer ambiguidade: ninguém pode garantir que o aumento do nível de agressividade inerente ao consumo de conteúdos violentos é suscetível de conduzir, mesmo de modo episódico, a comportamentos brutalmente violentos... mas ninguém, também, pode de forma alguma excluí-lo. Por exemplo, sem esse pequeno excedente de agressividade ou de irritabilidade (e/ ou sem essa imagem do macho viril lentamente interiorizada à base de conteúdos virtuais violentos e sexistas), o senhor X talvez não tivesse saído de seu carro para confrontar o indivíduo que o cortou... e o caso não teria degenerado numa pancadaria brutal e selvagem.

O problema, como aponta a Academia Americana de Pediatria, é que "infelizmente, a cobertura da imprensa com frequência apresenta 'ambos os lados' da questão da violência e da agressão na mídia na forma de debate entre um cientista pesquisador e um especialista ou porta-voz da indústria, ou ainda um acadêmico contrário, o que cria falsas equivalências e percepções errôneas de que faltam dados da pesquisa e do consenso científico".[476] E, de fato, inúmeros artigos voltados para o "grande público" não hesitam em ressaltar a falta de unanimidade científica para negar a existência de uma relação causal entre aumento do nível de agressividade comportamental e conteúdos midiáticos violentos.[486,487] Para concluir esta triste fábula, um grupo de pesquisadores recentemente empreendeu a análise quantitativa da questão.[488,489] Várias centenas de cientistas ligados ao mundo digital, pediatras e pais foram interrogados (Figura 10). Resultado: "Há amplo consenso [...] Embora alguns cientistas aleguem que há 'debate' sobre esse ponto, a esmagadora maioria dos pesquisadores acredita que a mídia violenta aumenta as condutas agressivas das crianças, e que o relacionamento é causal. Pediatras estão ainda mais convictos, e os pais também não duvidam".[488] Estas duas últimas observações nada têm de surpreendente, quando se sabe que os médicos e os pais, bem mais do que os pesquisadores, são ativamente confrontados com o efeito que o uso massivo de telas, especialmente com conteúdos violentos, pode causar sobre o comportamento infantil. Com efeito, a reação dos pais se mostra particularmente tranquilizadora, pois revela que eles não ignoram totalmente esse problema nem as manipulações propagandistas a que são submetidos.

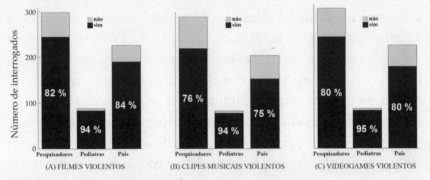

Figura 10 – Um consenso amplo sobre o impacto dos conteúdos violentos.
Pesquisadores (de comunicação e psicologia nas mídias – não necessariamente especialistas em questões de violência), pediatras e pais devem se pronunciar sobre a validade de três afirmações: os filmes (A); os clipes musicais (B) e os videogames (C) violentos "podem aumentar o comportamento agressivo entre as crianças". A Figura ilustra a ampla supremacia das respostas positivas ("concordo" e "concordo enfaticamente" agregadas como "sim"; parte escura da barra) sobre as respostas negativas ("discordo" e "discordo veementemente", agregados como "não", parte cinza da barra). A Figura não leva em conta os sem opinião (≈ 15% dos interrogados) pois não é possível saber se essa falta de resposta reflete um sentimento de incompetência ("não conheço suficientemente o assunto para me manifestar") ou uma confissão de incerteza ("no estado atual dos saberes, é impossível se pronunciar").[488,489]

No fundo, o mais surpreendente à luz desses dados é que o consenso observado não ocupe lugar mais importante dentro da comunidade científica. Pode se pensar que isso se deve à ausência de especificidade da amostragem acadêmica examinada. De fato, é provável que um estudo centrado somente nos verdadeiros especialistas da área (ou seja, os especialistas que conduzem diretamente as pesquisas sobre o efeito dos conteúdos violentos) teria resultado num diferente nível de unanimidade bem superior.[490] Para provar essa afirmação, podemos notar que todos os painéis hiperespecializados reunidos sob a égide de instituições governamentais,[491,492] médicas[476,482,493-495] e/ou acadêmicas[481,496] importantes chegaram a conclusões similares[*]: "Abrangente evidência científica indica que a violência nas mídias contribui para um comportamento agressivo, a dessensibilização à violência, pesadelos e medo de ser ferido".[494] A essas contribuições se acrescenta evidentemente um punhado de meta-análises e estudos de síntese rigorosamente efetuados.[477,478,480,483,484,497-501]

Resumindo, quando nos dedicamos a analisar seriamente, dentro de seu conjunto, os dados disponíveis, parece-nos implausível que a controvérsia artificial sobre os efeitos das imagens e videogames violentos ainda não tenha sido superada. Já em 1999, no *New York Times*, o secretário-geral da Associação Americana de Psicologia declarava que "a evidência é surpreendente. Argumentar contra ela é o mesmo que argumentar contra a lei da gravidade".[502] No entanto, o debate perdura, e a contestação, por mídias interpostas, segue viva. Um estudo de conteúdos realizado no início dos anos 2000 permite objetivar o problema. Nessa época, dois pesquisadores começaram a se perguntar com afinco sobre o olhar aparentemente bastante brando (para não dizer bastante favorável) que as grandes

---

[*] Citemos, entre outros exemplos, só nos Estados Unidos: a American Academy of Pediatrics, American Psychological Association, American Psychiatric Association, American Academy of Child and Adolescent Psychiatry, Society for Psychological Study of Social Issues, American Medical Association, American Academy of Family Physicians, International Society for Research on Aggression, U.S. Surgeon General, U.S. National Institute of Health.[490]

mídias americanas dedicavam à questão das imagens violentas.[503] Após a *Newsweek* ter recusado seu direito de resposta a um artigo julgado pouco objetivo, esses especialistas resolveram, um tanto irritados, estudar de uma vez por todas o assunto sob seu ângulo quantitativo. Para isso, eles decidiram comparar, a partir de uma pesquisa bibliográfica aprofundada, a evolução respectiva do saber científico e das representações midiáticas em um quarto de século. Resultado: um encaminhamento estritamente oposto. Entre 1975 e 2000, quanto mais aumentava o grau de certeza científica quanto ao efeito tóxico da violência audiovisual sobre o comportamento, mais o discurso midiático se tornava bonitinho e tranquilizador. Dito de outro modo, quanto mais os estudos acadêmicos convergiam para ressaltar a realidade do problema, mais os jornalistas explicavam à sua clientela que não havia motivo para se preocupar e que, se algum problema havia, este não podia de qualquer maneira ter mais que consequências marginais na "vida real". Como era de se temer, essa distorção não se desfez desde a publicação dessa constatação original. Segundo os resultados de um estudo recente, o viés das mídias continua crescendo com o tempo.[504] No começo dos anos 2000, havia 2,2 vezes mais artigos jornalísticos "afirmativos" (reconhecendo a existência de uma ligação significativa entre violência audiovisual e comportamentos agressivos) do que artigos "neutros" (enfatizando que a questão ainda não havia sido resolvida). Dez anos mais tarde, conforme vimos, apesar de um consenso bem preciso dentro da comunidade científica, essa relação praticamente se inverteu, com 1,5 mais frequência dos artigos "neutros" do que artigos "afirmativos". Interessante notar que estes últimos aparecem com mais frequência escritos por mulheres do que homens. Conhecidos por serem os maiores consumidores de videogames,[505] os homens estavam talvez menos inclinados a reconhecer o problema.[506] Sem surpresa, os artigos "afirmativos" eram menos frequentes à medida que aumentava o número de fontes "não específicas" (pesquisadores sem vínculo com a área, membros da indústria midiática, consumidores, etc.).

É claro, a ação contestadora de alguns pseudoespecialistas incompetentes ou corruptos não pode, por si só, explicar essa lenta divergência entre saber científico e quadro midiático. Para instilar com eficácia o verme da incerteza dentro da maçã do saber, é preciso que a refutação venha do próprio corpo dos pesquisadores; a dúvida só pode criar raízes na impressão íntima de que o combate se trava entre estudos e partes de igual autoridade. Em resumo, a refutação deve vir de um universitário. E nesse quesito ninguém se sai melhor do que o agora famoso Christopher Ferguson. Há anos, esse doutor em psicologia, professor da Universidade de Stetson, na Flórida, acumula declarações midiáticas[507-509] e publicações acadêmicas[510-515] que indicam que não existe ligação alguma entre conteúdos audiovisuais violentos e agressividade comportamental. Essas publicações, porém, têm o mau hábito de apresentar distorções e aproximações metodológicas alarmantes.[477,478,488,516-518] Vejamos apenas um exemplo representativo recente, extraído de uma meta-análise, realizada por Ferguson, com o objetivo de resolver o debate relativo ao impacto potencial dos videogames (em particular violentos) sobre o funcionamento cognitivo e o comportamento.[511] Não surpreende que esse pesquisador "ache", novamente, que os videogames têm uma influência marginal sobre as condutas de agressão, as performances escolares e os distúrbios de atenção. Infelizmente, para esse iconoclasta, seu trabalho cruzou o caminho de Hannah Rothstein.[519] Essa pesquisadora é uma das maiores especialistas internacionais das estatísticas meta-analíticas, tema complicado sobre o qual ela ajudou a desenvolver um software[520] e a publicar vários textos de referências sob forma de livros.[521-523] Suas conclusões, apresentadas pelo periódico que aceitara anteriormente o artigo de Ferguson, são no mínimo ácidas, como sugere o título do *paper*: "Methodological and reporting errors in meta-analytic reviews make other meta-analysts angry"*,[519] (Erros em artigos metodológicos e meta-analíticos deixam outros meta-analistas irritados). Após ter produzido uma longa lista de aberrações metodológicas e estatísticas, o texto conclui: "Não

---

* Sem dúvida, uma referência ao título do artigo de Ferguson: "Do Angry Birds Make for Angry Children?" (Angry Birds [o videogame; "Pássaros irritados"] produz crianças irritadas?).

acreditamos na confiabilidade e na validade das variáveis codificadas. As dimensões dos efeitos parcializados e corrigidos são incorretas e não podem ser interpretadas. Ainda assim, tememos que os leitores (e.g., pais, pediatras e legisladores) venham a deduzir que, pelo fato de essa meta-análise ser publicada neste respeitado periódico – *Perspective on Psychological Science* – ela seja uma síntese válida de pesquisa sobre os efeitos dos videogames sobre as crianças. Ela não é. Ela é irrevogavelmente falha e não deveria ter sido publicada neste jornal ou em qualquer outro".[519] Quando se conhecem todas as sutilezas da retórica científica, esse tipo de comentário testemunha uma singular clareza.

Mas façamos um jogo limpo e admitamos, apesar dos questionamentos que com frequência suscitam, que os estudos produzidos por Ferguson sejam sólidos, rigorosos e aceitáveis. Afinal de contas, isso não altera em nada o problema. Na verdade, quando os comparamos ao conjunto de pesquisas disponíveis, com meta-análises exaustivas (e corretamente conduzidas!), descobre-se que os trabalhos (e posições) desse pesquisador destacam-se nitidamente por constituir, com outras produções levianas da mesma espécie, verdadeiras anomalias estatísticas.[477,478] Em outros termos, esse iconoclasta não encontra nada, quando quase todos os outros encontram alguma coisa. Curioso... mas prático, pois isso fornece a todos os mercadores da dúvida no planeta munições poderosas; e ainda mais que, dentro das grandes mídias, persiste uma enganosa "doutrina de equidade", que impõe que seja oferecido a todos os "campos" uma exposição globalmente comparável e, assim, apagam o caráter anedótico desses trabalhos aberrantes.[278] A partir daí, à anomalia é conferida a mesma admissibilidade que às dezenas de estudos que ela contradiz; e é desta forma, como podia ser lido há 20 anos, na prestigiosa revista *Science*, que persiste o debate sobre a influência de imagens violentas, "muito depois do que deveria, assim como a controvérsia cigarros/câncer persistiu por muito tempo depois de a comunidade científica saber que fumar causa câncer".[527] Mas, certamente, é hora de estabelecer definitivamente a realidade desta afirmação, de olhar atentamente os dados.

▶ *O que dizem os dados*

Comecemos pelos estudos de conteúdo. Estes mostram que as tendências observadas para o tabaco, o álcool ou a sexualidade dizem respeito também à violência. No mundo digital, esta última não é simplesmente onipresente. Ela é igualmente valorizada e associada a todos os tipos de características positivas, dentre elas, o poder, o dinheiro, a obstinação ou (para os homens) a virilidade. Em muitos casos, ela é apresentada sob uma luz singularmente glamorosa e retratada como um recurso legítimo, para não dizer necessário. Seus efeitos traumáticos são extraordinariamente subestimados tanto a curto quanto a longo prazo (que ser humano poderia suportar, sem sofrer sequelas neurológicas irreversíveis, um centésimo das surras que levou Rocky em cada um de seus filmes?)[3,4,494,528]. Isso pode ser observado a curto e longo prazos.

Vejamos as influências a curto prazo. Elas estão ancoradas, especialmente, nos fenômenos já evocados do *priming*. A ideia é bem simples: a exposição a estímulos e comportamentos violentos favorece a hostilidade comportamental ativando as redes mnésicas da agressividade. Dezenas de pesquisas demonstram a realidade desse mecanismo. Num estudo, por exemplo, jovens adultos deviam infligir um choque elétrico de intensidade livremente escolhida (entre 1 e 10) a um desconhecido, quando este respondia incorretamente a uma pergunta que lhe era feita.[529] Pouco antes da experiência, um estudante surgia na sala, explicando que precisava muito terminar uma pesquisa para obter seu exame, mas que seu objeto de estudo lhe dera o bolo. Ele solicitava ajuda e afirmava que seria só por alguns minutos. O pesquisador da primeira experiência dava, evidentemente, sua anuência. A nova tarefa consistia em formar frases a partir de palavras esparsas. Estas últimas eram "neutras" (ex.: 'a porta está aberta') ou "hostis" ('bata nele, nela, neles'). Os resultados mostraram que os participantes do grupo "hostil" utilizavam em seguida intensidades elétricas significativamente mais elevadas do que aqueles do grupo "neutro" (+50%, 3,3 contra 2,2). Em outro estudo, comparável, as frases eram formadas a partir de palavras que evocavam gentileza ('respeito', 'educado', 'pacientemente', etc.) ou a grosseria ('intruso', 'incomodar', 'tumulto', etc.).[256] Assim que a tarefa terminava, os participantes deviam se apresentar ao pesquisador, que, "por acaso" estava no meio de uma conversa. Os membros do grupo "grosseria" que decidiram interromper a conversa foram quase 4 vezes mais numerosos do que os do grupo "gentileza" (63% contra 17%).

Esses resultados, evidentemente, foram amplamente reproduzidos a partir de *primings* audiovisuais. Um estudo, por exemplo, expôs inicialmente jovens adultos a vídeos de curta duração, violentos ou não.[530] Numa segunda fase, os participantes deviam decidir o mais rápido possível se uma sequência de letras brevemente apresentadas numa tela constituía uma palavra verdadeira. Os indivíduos previamente expostos a um vídeo violento reconheceram os termos "agressivos" ('destruição', 'dano', 'ferir', etc.) com mais rapidez do que seus homólogos expostos a um vídeo não violento. Nenhuma diferença foi observada para as palavras neutras. Em outra pesquisa, estudantes eram expostos a quatro filmes em quatro dias.[531] Ao final de cada projeção, eles deviam dar notas a esses filmes. No quinto dia, explicaram aos participantes que o estudo estava interrompido e lhes pediram para realizar, no seu lugar, uma tarefa de reconhecimento facial. Isso feito, os estudantes eram convidados a avaliar os dois pesquisadores que tinham organizado a realização desta segunda tarefa (eles são corteses [numa escala de 1 a 10]? Eles merecem uma bolsa de estudo [sim/não]? Etc.). Os estudantes submetidos a uma série de filmes "violentos" durante a primeira fase da experiência mostraram um nível de hostilidade bem superior àquele de seus congêneres expostos a obras mais "neutras". Estes últimos afirmaram mais que os pesquisadores tinham dado prova de uma maior cortesia (+29%; 5,8 contra 4,5) e a estimar que eles deviam receber a bolsa (+23%; 66% contra 43%). Resultados comparáveis foram obtidos numa população de delinquentes menores de idade, dentro de um internato.[532] Durante uma semana, alguns foram expostos a filmes "neutros", e outros a filmes "violentos". Esta segunda condição se traduziu, contrariamente à primeira, num aumento significativo das agressões físicas.

Não é de surpreender que diversas pesquisas tenham permitido generalizar esses comportamentos para populações mais jovens. Por exemplo, crianças de 4 a 6 anos foram convidadas a brincar livremente com dois diferentes mecanismos.[533] Em reação à pressão de uma alavanca, o primeiro largava uma bola que circulava em seguida através de obstáculos e depois voltava à posição inicial. O segundo acionava um boneco que, com a ajuda de uma vara, vinha agredir o boneco vizinho. Antes de brincar, as crianças eram expostas a um desenho animado com imagens neutras ou violentas. Esta segunda condição atiçou expressivamente a preferência dos participantes pelo boneco agressor, cuja frequência de utilização passou de 29% (desenho animado neutro) a 50% (desenho animado violento). Resultados semelhantes foram obtidos num outro estudo comparável envolvendo crianças um pouco mais velhas (5-9 anos). Estas foram primeiramente expostas a um filme violento ou a um programa esportivo de atletismo (saltos, corridas, etc.).[534] Em seguida, elas foram colocadas atrás de um vidro, em condição de favorecer ou impedir o movimento de uma alavanca que uma outra criança tentava supostamente mover. Sem surpresa, os resultados mostraram um aumento significativo dos comportamentos hostis na condição "violenta".

Mais recentemente, essas observações foram estendidas para o campo das violências não mais passivamente observadas, mas ativamente perpetradas. Num estudo representativo, estudantes eram expostos diariamente, durante 20 minutos num período de 3 dias consecutivos, a um videogame violento ou não.[535] Após cada sessão, pediam-lhes para completar uma história "ambígua", que permitia avaliar o nível de hostilidade experimentado (ou seja, atribuído ao mundo exterior). Em seguida, numa terceira fase, cada participante era colocado numa situação de oposição direta (mas falsa, algo que os jogadores evidentemente ignoravam). Tratava-se, em resposta a um sinal visual repentino, de produzir uma reação mais rápida que seu oponente. Após cada duelo, o vencedor tinha o direito de infligir ao perdedor, através de um capacete com fones de ouvido, uma agressão sonora de intensidade (1 a 10) e de duração (0 a 5 segundos) livremente ajustáveis. "Como esperado", escrevem os autores do estudo, "a expectativa de comportamento agressivo e hostil aumentou ao longo dos dias para os jogadores de vídeos violentos, mas não para os que se submeteram a videogames não violentos, e o aumento do comportamento agressivo foi parcialmente devido às expectativas hostis". Assim, ao final do terceiro dia, a pontuação de agressão média (calculada agregando os parâmetros de intensidade e duração) era 1,7 vezes mais importante no grupo "violento" (6,8) que no grupo "neutro" (4,1). Um resultado compatível foi obtido em outro estudo mais "ecológico", efetuado sobre uma população de alunos (8-10 anos).[536] Ficou então demonstrado que, no final de um período de 6 meses, a instalação de um protocolo de redução do nível de exposição midiática (videogames, televisão, DVD) tinha causado uma diminuição significativa das condutas agressivas. Estas tinham permanecido estáveis no grupo controle, não tendo sido objeto de nenhuma intervenção. Esse resultado reflete uma observação mais antiga, que permitiu demonstrar que a chegada da televisão numa cidade canadense se traduziu, em dois anos, num aumento relevante de comportamentos de agressões físicas (x 2,6) e verbais (x 2,0) observados, na escola, durante o período de recreio.[537] Essa progressão contrastava com a ausência de evolução identificada em duas cidades controladas, e já equipadas de televisores.

Enfim, o impacto a curto e longo prazo dos conteúdos midiáticos violentos sobre a emergência de comportamentos hostis e agressivos é absolutamente incontestável. Mas e quanto às influências em prazos mais longos? A questão, é óbvio, só pode ser abordada experimentalmente. Ela necessita do estabelecimento de estudos epidemiológicos transversais e longitudinais. O princípio é bastante padronizado. Ele consiste em determinar, após considerar as covariáveis pertinentes, se os indivíduos que consomem mais conteúdos audiovisuais violentos produzem um maior número de comportamentos agressivos. A resposta é nitidamente positiva. Por exemplo, um estudo mostrou que cada hora passada assistindo à televisão na escola maternal (4 anos) aumentava em 9% os riscos de assédio (*bullying*) na escola primária (6-11 anos).[538] Este efeito é sem dúvida "puxado" pela onipresença dos conteúdos violentos na telinha. De fato, uma outra pesquisa complementar estabeleceu que a exposição precoce (entre 2 e 5 anos) a programas audiovisuais violentos (filmes, esportes, desenhos animados, etc.) previa o surgimento de distúrbios comportamentais cinco anos mais tarde.[539] O efeito só era significativo para os meninos (o risco sendo quadruplicado). Ele não era identificado para os programas educativos ou não violentos. Em outro estudo, crianças de 6 a 10 anos foram acompanhadas durante 15 anos.[540] À idade adulta, a frequência dos comportamentos de agressão foi comparada entre os indivíduos que, durante a infância, tinham absorvido mais imagens violentas (20% os mais expostos) contra os que tinham absorvido menos (80% os menos expostos) imagens violentas. Para os homens, os resultados mostraram uma maior probabilidade de ter maltratado sua companheira (x 1,9), de ter sofrido uma condenação judicial (x 3,5) e/ou cometido infração de trânsito (exceto estacionamento irregular; x 1,5). As mulheres registraram, por sua vez, um risco maior de ter atirado algum objeto contra seu esposo (x 2,3), de ter agredido outro adulto (x 4,8), e de ter cometido (segundo suas próprias palavras) um ato criminoso ao longo do último ano (x 1,9). Ainda em outro estudo, grupos distintos de adolescentes americanos (9-12 anos) e japoneses (12-15 anos e 13-18 anos) foram acompanhados durante um período de 3 a 6 meses.[541] Os resultados mostraram que o fato de ser consumidor regular de videogames violentos no tempo T1 (início do estudo) duplicava e triplicava, segundo os grupos, a probabilidade de agressão física no tempo T2 (final do estudo). Em outra pesquisa, o impacto dos vídeos de rap foi avaliado num painel de adolescentes afro-americanas (14 a 18 anos).[448] Ao final do período de acompanhamento de 12 meses, as participantes inicialmente mais expostas apresentavam um risco significativamente maior de ter agredido um professor (x 3,0), de ter sido presa (x 2,6) ou de ter consumido drogas (x 1,6).

Poderíamos multiplicar os exemplos e estender esses resultados para conteúdos (exemplo: pornográficos[452]) e grupos (exemplo: idade, cultura, origem socioeconômica[542-545]) diferentes. Mas isso não traria grandes coisas para o argumento, tamanha é a convergência. A única controvérsia ainda concebível neste nível diz respeito à existência de um possível erro de atribuição causal. A ideia sugere que os impactos observados poderiam não ir da exposição ao comportamento, mas, contrariamente, do comportamento à exposição. Dito com outras palavras, poderia simplesmente ser que os indivíduos "naturalmente" agressivos sejam mais atraídos pelos conteúdos violentos. Procedimentos de controle do nível de agressividade inicial assim como diversas ferramentas estatísticas específicas permitiram rejeitar essa hipótese ao demonstrar que a cadeia causal funcionava, essencialmente, da exposição para o comportamento, e não ao contrário.[540,541,543-545] Resumindo, aí também o caso parece compreendido e pode-se concluir que o confronto precoce com conteúdos midiáticos violentos modifica de maneira duradoura a propensão agressiva do indivíduo. Falta compreender a natureza dos mecanismos envolvidos. Duas pistas parecem particularmente prováveis: a apropriação normativa e a dessensibilização.

A apropriação normativa já foi evocada neste capítulo. Ela faz referência à assimilação progressiva, por absorção indireta, frequentemente inconsciente, de um certo número de normas ou padrões sociais.[546] Aplicado às questões que abordamos aqui, esse modelo sugere que a exposição repetida a todos os tipos de conteúdos brutais ensina às crianças que violência e agressividade permitem resolver com eficácia os conflitos interpessoais, obter aquilo que se merece e, de fato, constituem traços de personalidade desejáveis.[545,547-550] Com o tempo, essas crenças acabam literalmente por colonizar a psique, como demonstrou um estudo particularmente interessante.[551] Estudantes (de 18 anos) eram submetidos a um teste de associação semântica a fim de determinar a ligação existente, dentro de suas redes mnésicas inconscientes, entre o conceito do "eu" e diversos atributos agressivos.[*] Os resultados identificaram

---

[*] Esquematicamente, apresenta-se aos indivíduos um item retirado de uma dessas duas categorias: eu/outro (este item pode ser um nome, um sobrenome, uma data de nascimento, uma imagem, etc.). Em seguida, mede-se o tempo levado para identificar um outro item também retirado de outras duas categorias: agressivo/calmo (vingança, ameaça, ataque, etc./diálogo, reconciliação, troca, etc.). A hipótese subjacente, já mencionada em uma nota anterior (p. 217), sugere que itens funcionalmente ligados dentro de redes de memória vão ser acessados mais rápida e facilmente.

um grau de conexão significativamente mais acentuado nos usuários de videogames violentos.[551]

A dessensibilização descreve, por sua vez, um fenômeno de habituação que conduz a uma perda gradual da eficácia do estímulo original. Trata-se de um processo biológico básico que se traduz por uma baixa gradual das respostas neuronais[552] e explica, por exemplo, por que deixamos, bem rapidamente, de perceber o cheiro do perfume que usamos.[553] Em relação ao presente capítulo, a ideia pode ser resumida por meio do conceito de "violência aceitável". De um ponto de vista fisiológico, este poderia ser definido como o limite máximo de violência que deixa de produzir uma emoção negativa. Hoje em dia, está plenamente comprovado que esse limiar varia bastante na criança, no adolescente e no adulto, em função do grau de exposição aos conteúdos midiáticos violentos: quanto mais o indivíduo é impregnado, mais seu nível de insensibilidade aumenta.[554-556] Uma pesquisa longitudinal, por exemplo, acompanhou um grupo de alunos de Cingapura (7 a 15 anos) durante dois anos. Os resultados mostraram que a utilização de videogames violentos no começo dos estudos prenunciava um menor nível de empatia 24 meses mais tarde.[557] Recentemente, estudos de neuroimagens permitiram identificar os substratos neuronais dessa dessensibilização.[558] A curto prazo, foi demonstrado que o cérebro desativava suas redes emocionais quando submetido a uma repetição de imagens violentas.[559,560] A longo prazo, foi observado que os adolescentes mais expostos à violência audiovisual apresentavam anomalias de desenvolvimento discretas, mas significativas, no nível das regiões pré-frontais implicadas no controle das emoções e da inibição das condutas agressivas.[561] De acordo com essas observações, diferentes trabalhos baseados na condutividade elétrica da epiderme (que se modifica quando sentimos uma emoção importante) indicaram que crianças e adolescentes acostumados à violência audiovisual apresentaram em comparação a seus pares menos expostos, uma tolerância mais alta às imagens reais de brigas ou de agressão.[560,562,563] Resultados similares foram observados, para o videogame, em estudos de neuroimagens que mostraram uma menor reatividade das redes cerebrais emocionais à violência nos usuários regulares de jogos violentos.[564-566] Sem surpresa, várias pesquisas confirmaram que esse processo de dessensibilização favorecia a emergência de condutas agressivas e hostis.[564,567,568]

Se ao menos essa perda de sensibilidade à dor do outro nos ajudasse a melhor controlar nosso próprio medo de ser vitimizado. Mas não é o caso. Dito de outra maneira, podemos nos revelar menos empáticos sem por isso nos mostrarmos menos temerosos. Um grande número de estudos indica, por exemplo, na criança e no adolescente, que os conteúdos violentos aumentam o risco de ansiedade, depressão e distúrbios do sono (recusa de ir deitar-se, dificuldades para adormecer, pesadelos, etc.).[165,494,569-571] O efeito é evidentemente mais importante para os relatos de desastres e/ou de extrema violência (terrorismo, catástrofes naturais, mudança climática, etc.)[572] do que para os conteúdos mais "comuns" (filmes policiais, séries criminais, notícias, desenhos animados, etc.).[573] Uma vasta variabilidade individual parece, porém, se produzir a partir deste último caso. Assim, segundo os resultados de uma meta-análise recente, "há poucos elementos que sugerem que, no nível do grupo, programas assustadores de TV tenham um impacto *severo* sobre a saúde mental da criança (em termos de internalização de problemas [medo, ansiedade, tristeza, problemas de sono]). No entanto, tal programação tem um efeito consistente que é comparável aos efeitos encontrados para externalizar comportamentos [agressão, violência, associabilidade, etc.] [...] Alguns estudos individuais mostram de fato reações *extremas* numa minoria substancial de crianças".[573] E, a fim de evitar qualquer ambiguidade, lembremo-nos mais uma vez: "Uma minoria substancial", isso significa muita gente quando o risco se aplica a uma população de dezenas de milhares de indivíduos.

▸ *A guerra das correlações*

No combate perpétuo travado pelo mercantilismo contra o bem público, certas trapaças foram tão exploradas que poderíamos crer que nunca seriam repetidas. Nada disso. Os mesmos atores, cansados de guerra, continuam produzindo as mesmas declarações retumbantes e as mesmas manchetes chamativas e abusivas. Na primeira fila dessas artimanhas ilusórias se encontra incontestavelmente a "correlação falaciosa". O conceito é bem simples e opera em duas etapas. Inicialmente a premissa: se A age sobre B, então, quando A aumenta, B aumenta. Em seguida o sofisma[*]: se B não aumenta quando A aumenta, então A não age sobre B. Na quase totalidade dos casos, esse esquema é absurdo. Na verdade, ele só funciona se A for o único fator de influência sobre B, o que praticamente nunca acontece na "vida real". Vejamos um exemplo simples. Sigo com minha moto de baixa cilindrada por uma estrada plana. Quando acelero, a velocidade aumenta. Concluo, assim, que o acelerador controla a velocidade do veículo. Até aí, não tem problema. Mas, de repente, a estrada começa a subir terrivelmente. Acelero outra vez, mas a velocidade não aumenta; pior, ela diminui. Devo então concluir que o acelerador desacelera minha moto? Claro que não. Se avanço com menor velocidade é porque o aclive age também sobre a velocidade, de uma maneira oposta à do acelerador. Como esse efeito "ladeira" pesa mais do que o efeito "acelerador", a moto avança mais lentamente. Todo indivíduo que tirar vantagem dessa observação para afirmar que o acelerador não exerce nenhuma influência positiva sobre a velocidade seria imediatamente solicitado a comprar um novo cérebro. No entanto, esse tipo de confusão é onipresente nas mídias, em especial quando se trata de negar o impacto dos conteúdos violentos sobre a agressividade comportamental. Isso é particularmente verdadeiro no campo dos videogames. Ao lado dos discursos gerais já evocados aqui ("não há consenso sobre isso", "os

---

[*] Esse termo designa "um argumento ou raciocínio concebido com o objetivo de produzir a ilusão da verdade, que, embora simule um acordo com as regras da lógica, apresenta, na realidade, uma estrutura interna inconsistente, incorreta e deliberadamente enganosa" [Fonte: *Dicionário Houaiss*]. Assim, falaremos aqui de uma correlação que, derivada do sofismo, parte de premissas verdadeiras para chegar a conclusões falsas.

dados se contradizem", etc.), a correlação falaciosa se transforma em argumento central dos vendedores de dúvidas. É por isso que parece importante abordarmos brevemente aqui essa questão. Na prática, o caso assume então várias formas. A primeira é transnacional e nos ensina, como afirmaram espalhafatosamente algumas "manchetes" midiáticas recentes, que "países onde se jogam mais videogames violentos como o *Grand Theft Auto* (*GTA*) e *Call of Duty* têm MENOS assassinos" ou que "uma comparação entre dez países sugere que existe pouco ou nenhum vínculo entre videogames e assassinatos com armas de fogo".[575] Afinal, explica um jornalista, "se os videogames fossem realmente a raiz de todos os males [algo que nenhum pesquisador sério jamais sugeriu, mas deixemos para lá], então a lógica sugeriria que haveria mais crimes violentos com armas de fogo como, pelo menos, um resultado parcial. Isso simplesmente não está acontecendo [...] Na verdade, *países em que o consumo de videogames é o mais elevado tendem a ser alguns dos mais seguros do mundo*".[576] Sem dúvida, é melhor ler isso do que ser cego, costumava dizer com um sorriso gentil, após cada um dos meus péssimos ditados, a senhora Vessilier, minha formidável professora do quarto ano do ensino fundamental. A "lógica" aqui apresentada é, de fato, perfeitamente absurda. Ela só faria sentido se os videogames fossem a única causa de crimes e agressões violentas. O que, obviamente, não é o caso. Quem poderia pensar, mesmo por um só segundo, que a ação eventualmente facilitadora dos videogames violentos sobre os comportamentos agressivos possa contrabalançar a instabilidade política, social ou religiosa observada nos países mais perigosos do planeta? Rejeitar todo impacto possível dos jogos violentos sobre a agressividade comportamental alegando que existem mais videogames e menos assassinatos no Japão que em países endemicamente instáveis como Honduras, El Salvador ou Iraque[574,577] é simplesmente uma aberração.

É claro, certos observadores são suficientemente espertos para evitar essa aflitiva caricatura e confrontar países aparentemente comparáveis como os Estados Unidos e o Japão. Torna-se então tentador argumentar que há conjuntamente mais assassinatos e menos videogames na terra do Tio Sam que no país do Sol Nascente.[575]

Mas isso seria esquecer que certos fatores de violência, cuja ação combinada pesa bem mais que o impacto possível dos videogames, se exprimem potencialmente de maneira bem distinta nesses dois países: o acesso às armas de fogo (a venda é praticamente livre nos Estados Unidos), as condições econômicas (a criminalidade cresce, por exemplo, com o aumento dos níveis de desemprego e de pobreza), a exposição precoce a determinados poluentes orgânicos (existe uma ligação significativa entre criminalidade e intoxicação pelo chumbo), a pirâmide etária (quanto mais a população envelhece, mais o nível de criminalidade diminui), os efetivos e os métodos policiais, o consumo de substância psicotrópicas (a criminalidade cresce com o uso de álcool e de crack), etc.[578-583] Afirmar que não existe nenhuma relação entre o nível de penetração dos videogames dentro de uma população e a taxa de criminalidade é impossível se esses fatores de risco não forem integrados ao modelo estatístico (para voltar à nossa analogia inicial, omitir esses fatores significa omitir o efeito da ladeira no momento de estimar o papel do acelerador da motocicleta). Em outros termos, ainda que sejam agradáveis ao "bom senso", todas as correlações transnacionais aqui descritas, que as mídias tanto adoram evocar para justificar a tese da inofensividade dos videogames violentos, não fazem absolutamente sentido algum.

Numa outra versão, mais frequente, o princípio da correlação falaciosa toma uma forma longitudinal. Neste caso, há quem declare que, por exemplo, "a proliferação de videogames violentos não coincidiu com os picos de crimes violentos cometidos por jovens".[486] Em outras palavras, "à medida que as vendas de videogames aumentam, ano após ano, os crimes violentos continuam em queda".[584] Um estudo recente sustenta efetivamente a veracidade dessa observação.[585] "Mais um estudo", nos diz uma grande revista, "que estrangula os clichês mais frequentes".[586] Uma bela formulação... mas um tanto otimista. Vejamos brevemente isso um pouco mais de perto.

Em primeiro lugar, o estudo em questão mostra simplesmente que, nos Estados Unidos, as vendas de videogames evoluem no sentido inverso ao da criminalidade. Assim, desde o início dos anos 1990, as primeiras cresceram enormemente, ao passo que a segunda teve forte queda. Um resultado simpático que, todavia, mais uma vez, não quer dizer coisa alguma. Com efeito, durante as últimas décadas, inúmeros fatores colaboraram para tornar possível uma diminuição expressiva do nível de criminalidade na América do Norte: explosão das taxas de encarceramento, aumento dos efetivos policiais, melhora da situação econômica, regressão de certos fatores importantes que levam ao cometimento de crimes (álcool, droga, chumbo, etc.), etc.[578,580,582] Está claro que a ação combinada desses fatores pesa muito mais do que a influência potencial dos videogames sozinhos. A partir daí, estes últimos podem muito bem ter um impacto negativo não negligenciável na presença de uma diminuição global da curva de criminalidade. Ainda mais que não falamos aqui unicamente de videogames violentos. A correlação apresentada mistura curiosamente todos os tipos de jogos, desde os mais infantis até os de interpretação de papéis (RPG), passando pelos jogos de estratégia, de *arcade* ou de esporte. Tal amálgama minimiza evidentemente as chances de observar o que quer que seja de significativo. Todo cuidado é pouco.

Sem dúvida conscientes das limitações de seu primeiro estudo, os autores apresentam uma segunda análise, supostamente "mais precisa".[586] Para isso, eles procuram estabelecer um laço entre os números de venda de três jogos violentos (*Grand Theft Auto San Andreas, Grand Theft Auto IV e Call of Duty Black Ops*) e as estatísticas mensais de criminalidade. Conforme é explicado no artigo, a ideia é bem simples (ousemos dizer, simplista): "Se os videogames são a causa de crimes graves e violentos, parece provável que agressões graves e fatais deveriam aumentar, acompanhando o lançamento desses três videogames violentos e populares".[585] Mas acontece que o aumento de que se suspeitava não ocorre. Nos doze meses que se seguiram ao lançamento de cada um desses jogos, o número de agressões violentas permanece estável e, em média, o número de homicídios parece mesmo baixar ligeiramente no terceiro e quarto meses; um resultado que os autores são, obviamente, incapazes de explicar. Mas pouco importa, o problema é outro. Na verdade, se você leu com atenção a frase precedente, não terá deixado de notar que nós falamos aqui do lançamento *de um jogo*; um único jogo (a análise é simplesmente repetida três vezes para jogos lançados respectivamente em 2004, 2008 e 2010). Ora, jogos violentos são lançados todos os meses. Vejamos em novembro de 2010, por exemplo, e o lançamento de *Call of Duty Black Ops*, tomado como referência pelos autores do estudo. Nos doze meses precedentes foram registrados lançamentos espaçados de inúmeros videogames hiperviolentos extremamente populares*; e o mesmo ocorreu nos doze meses subsequentes.** Assim sendo, não há razão alguma para que um jogo isolado faça, por si só, aumentar significativamente o nível de criminalidade, exceto se supormos que o efeito nocivo desse jogo particular seja muito superior àquele dos demais. Usando outras palavras, a lógica aqui proposta só funciona se o impacto singular de *Call of Duty Black Ops* superar significativamente o impacto conjunto de todos os outros jogos; hipótese no mínimo pouco provável.

Para ilustrar concretamente o desconforto, tomemos um exemplo simples. Um comerciante de frutas e verduras organiza a cada mês uma ou várias promoções em função do seu estoque: janeiro [semana 1: lichias; semana 2: tangerinas; semana 4: maçãs]; fevereiro [semana 2: abacates; semana 4: abacaxis]; etc. Esse comerciante deseja saber se as promoções têm algum efeito sobre seus faturamentos. Para isso, ele escolhe uma referência (a pera – março, semana 1) e uma duração (seis meses; na verdade, ele suspeita que o impacto da promoção poderia se estender no tempo, pois ela poderia despertar nos clientes a vontade de voltar a comprar peras fora da promoção e/ou que os consumidores poderiam considerar que vale a pena voltar a esse estabelecimento, pois ele oferece descontos interessantes com frequência). O comerciante observa então a evolução de sua receita nos seis meses que precederam e se seguiram à promoção. Sem surpresa, ele não encontra nada. Entretanto, esse impasse não se traduz

---

* *Battlefield (Bad Company 2), God of War 3, Halo (Reach), Dead Rising 2, Medal of Honor, Fallout (New Vegas), Saw 2*, etc.

** *Assassin's Creed (Brotherhood), Battlefield (Bad Company 2 Vietnam), Dead Space 2, Mortal Kombat, Gears of War 3, Dark Souls, The Elder Scrolls V, Assassin's Creed (Revelations)*, etc.

pela falta de efeito, sobre as vendas, das operações comerciais postas em prática, mas sim pela estupidez do modelo experimental empregado; pois esse modelo não leva em conta o impacto das promoções precedentes e subsequentes.

O estudo aqui evocado sobre os videogames sofre da mesma enfermidade metodológica. De fato, mais uma vez, a lógica aplicada para saber se *Call of Duty* afeta a criminalidade só faria sentido se nenhum produto do mesmo tipo houvesse chegado ao mercado nos meses e semanas que precederam ou sucederam o lançamento do jogo. Como não é este o caso, é impossível extrair qualquer conclusão do trabalho apresentado. Ainda mais impossível posto que é bem difícil acreditar que os jogadores não jogassem outro jogo antes do lançamento de *Call of Duty*. Na verdade, para que o raciocínio proposto fizesse sentido, seria preciso garantir também que o lançamento de *Call of Duty* provocasse um aumento significativo do tempo de prática, e não uma simples mudança de jogo (o jogador substituindo simplesmente, por exemplo, *Medal of Honor*, lançado no mês precedente, pelo recente *Call of Duty*). E, mesmo admitindo que os jogadores aumentem temporariamente seu tempo de prática, quem nos diz que esse aumento é suficiente para engendrar uma mudança notável de comportamento? De um lado, o aumento pode ser fraco demais para apresentar uma influência detectável; do outro, ele pode também se situar além do limiar de impacto otimizado (podemos legitimamente pensar que o efeito comportamental não variará nem um pouco, quando a duração de consumo diário passa momentaneamente de 4 horas para 5 horas).

Em resumo, no que tange à ciência, além do verniz da superfície, essa espécie de estudo não faz absolutamente sentido algum; e chega a ser fascinante que os periódicos científicos possam ainda acolher tais calamidades em suas páginas. Assim sendo, para os lobistas, os mercadores da dúvida e a mídia carente de audiência, essas "pesquisas" são uma dádiva. Desta forma, vimos alguns jornalistas se projetar em inacreditáveis voos líricos para escrever, por exemplo, que os resultados, com certeza, "não permitem provar com segurança o efeito benéfico dos videogames sobre a criminalidade, mas destroem (*sic*) assim mesmo, de passagem, a eterna afirmação segundo a qual a violência virtual encorajaria a violência real. O clichê é antigo. Nascida nos meios políticos puritanos, a convicção simplista rapidamente contaminou diversas camadas de uma sociedade dentro da incompreensão de um fenômeno que a ultrapassa".[587] Nem mais nem menos. A título pessoal, não sei se sou puritano ou submerso pela incompreensão, mas me parece claro que, antes de apresentar um argumento desse tipo em praça pública, seria bom se basear em estudos adequados e sensatos. A menos, é claro, que a intenção não seja a de informar, mas a de convencer. Com efeito, o principal interesse das correlações aberrantes aqui discutidas é fornecer aos lobistas uma base argumentativa para suas atividades. E o mínimo que se pode dizer é que essa brava gente não se priva de explorar esse filão.[385,588] A *fake news*, sem dúvida, faz parte do jogo. Mas este deixa de ser o caso quando a torrente propagandista começa a se escorar em informações jornalísticas pretensamente sérias e objetivas. No entanto, uma regra simples nos permite nos protegermos desse tipo de artimanha: se alguém lhe disser que dois fenômenos são independentes porque suas variações não são aparentemente correlatas, ouça isso com desconfiança. Procure sempre saber se esses fenômenos são determinados por várias causas. Quando for o caso, e quase sempre este é o caso no campo epidemiológico, procure saber se essas causas são levadas em conta dentro do modelo estatístico (ou seja, incluídas como covariáveis). Quando a resposta for negativa, não resta dúvida de que aquilo que acabam de afirmar está mais próximo do triste embuste do que da soberba ciência.

▸ *Quando a justiça se envolve*

Decerto, existe essa decisão tomada, em 2011, pela Suprema Corte dos Estados Unidos, em favor dos fabricantes de videogames.[589] Um ano antes, estes últimos tinham questionado uma lei californiana que visava "restringir a venda ou aluguel de videogames violentos para menores de idade [definidos como qualquer um com menos de 18 anos]". Entre os nove membros da corte, sete declararam esse texto inconstitucional. Durante o julgamento, o juiz Antonin Scalia dedicou dois breves parágrafos à questão das provas científicas. Para ele, "a evidência não é convincente. [...] Não há prova de que videogames violentos *levem* os menores de idade a *agir* agressivamente (o que seria pelo menos um começo). Em vez disso, "quase toda a pesquisa se baseia em correlação, não em evidência de causalidade, e a maior parte dos estudos sofre de falhas metodológicas reconhecidas e significativas". *Video Software Dealers Assn.* 556 F. 3d, at 964." Uma última afirmação extraída (descaradamente!), como indicam as aspas e a referência, de um texto produzido pelos representantes do setor.

Suprema dádiva, evidentemente, para os defensores da tese de inofensividade dos videogames. Mas, infelizmente, outra vez, tudo indica que a máscara das primeiras aparências não basta para esclarecer toda a realidade do problema. De fato, contrariamente ao que dão a entender as linhas anteriores, o caso aqui considerado não foi avaliado com base científica, mas política.[501,590,591] Dessa forma, os juízes não se perguntaram se os videogames violentos podiam ter algum efeito negativo sobre o comportamento; eles se perguntaram se o texto da lei apresentado respeitava a primeira emenda constitucional dos Estados Unidos, relativa à liberdade de expressão. A prova disso, como é relatado num artigo acadêmico posterior ao julgamento, "o juiz que escreveu a opinião majoritária (Scalia) admite que ele não leu nenhum dos artigos científicos oferecidos para sustentar a lei da Califórnia, mas simplesmente citou um resumo da Entertainment Software Industry para sustentar sua argumentação de que 'a evidência de que a violência dos videogames seja nociva não foi convincente'".[501] Um membro da Suprema Corte (Stephen Breryer), aliás, reconhece explicitamente, num adendo ao julgamento principal, a total falta de atitude dos membros da Suprema Corte no sentido de examinar as bases científicas do litígio: "Eu, como a maioria dos juízes, carecemos da especialização em ciência social para dizer em definitivo quem tem razão. Mas profissionais das associações de saúde pública, que possuem tal especialização, analisaram muitos desses estudos e descobriram um risco significativo de que os videogames violentos, quando comparados a mídias mais passivas, podem causar danos às crianças".[589] Com um traço de humor ácido, por sinal, esse homem associa o presente julgamento com um parecer mais antigo emitido pela mesma Suprema Corte que limitava a venda aos menores de idade de qualquer produto com imagens de nudez. Ele escreve: "Que sentido faz proibir a venda para um garoto de 13 anos de idade uma revista com uma imagem de uma mulher nua, quando se protege a venda para esse garoto de 13 anos de um videogame interativo no qual ele ativamente, ainda que virtualmente, amarra e amordaça uma mulher, depois a tortura e a mata? Que espécie de Primeira Emenda permitiria ao governo proteger as crianças restringindo as vendas desse videogame extremamente violento *somente* quando a mulher – amarrada, amordaçada, torturada e assassinada – estiver com os seios de fora? [...] Em última análise, esse caso diz menos respeito à censura do que à educação".[589] De fato, a lei aqui atacada pela indústria de videogames, e cuja anulação alegrou todos os *geeks* demagogos do planeta, não propunha nada além de impedir que as prerrogativas educativas parentais fossem contornadas. Assim, como ressaltou outro juiz (Clarence Thomas): "Tudo o que essa lei faz é proibir a venda direta ou o aluguel de um videogame violento a um menor de idade por parte de pessoas que não são seus pais, avós, tias, tios ou responsáveis legais. No caso de o menor de idade ter pais ou responsáveis, como é habitualmente o caso, a lei não impede que a criança obtenha um videogame violento com a ajuda de seus pais ou responsáveis".[589] Mas isso era pedir demais ao juiz Scalia. Este, aliás, observa que "sem dúvida, o Estado possui poder legítimo para proteger a integridade das crianças, mas isso não inclui um poder flutuante para restringir as ideias às quais as crianças podem ser expostas..."[589] mesmo se essas ideias provêm de instituições estritamente mercantis e contornam galhardamente a liberdade educativa dos pais. Mas, atenção, aqui também, é preciso ser sensato: deixar esses últimos livres em suas escolhas poderia causar uma queda cruel das vendas, o que seria terrivelmente desagradável.

Como enfatizou com clareza um senador do estado da Califórnia: "A Suprema Corte novamente põe o interesse da América corporativa na frente do interesse de nossos filhos. É simplesmente um erro deixar a indústria de videogames estabelecer suas margens de lucro em detrimento dos direitos parentais e do bem-estar das crianças".[591]

Enfim, e em última análise, é com base num argumento relativo à liberdade de expressão, e não na validade dos fundamentos científicos, que a Suprema Corte efetuou seu julgamento. Por sinal, para aqueles que ainda duvidam, o juiz Scalia (que mais uma vez não leu os estudos envolvidos) concluiu o processo da seguinte forma: "Não estamos aqui para julgar a opinião da legislatura da Califórnia de que videogames violentos (ou, aliás, quaisquer outras formas de discurso) corrompam a juventude ou prejudiquem seu desenvolvimento moral. Nossa tarefa é apenas dizer se tais obras constituem ou não 'um tipo de discurso bem definido e estreitamente limitado, cuja prevenção e punição nunca foram consideradas causadoras de qualquer problema Constitucional' (a resposta é simplesmente não)".[589] Um ano antes, a Suprema Corte tinha utilizado argumentos da mesma natureza para enterrar um texto federal que criminalizava a criação, venda e posse de imagens que expõem comportamentos cruéis, infligidos intencionalmente aos animais vivos (mutilações, ferimentos, torturas, morte, etc.).[589] Dito de outra maneira, nos Estados Unidos, a Primeira Emenda confere o direito de comprar vídeos nos quais animais são espancados, torturados, queimados e decepados vivos. Permite também a venda para meninos de 5, 6 ou 8 anos de jogos nos quais, como admite um dos juízes (que apesar disso votou contra o estado da Califórnia), "a violência é estarrecedora. Dezenas de vítimas são mortas com todas as armas imagináveis, incluindo metralhadoras, revólveres, bastões, martelos, machados, espadas e motosserras. Vítimas são desmembradas, decapitadas, estripadas, incendiadas e cortadas em pedaços. Elas urram em agonia e imploram piedade. O sangue jorra, se espalha e se acumula [...] Há jogos nos quais um jogador pode assumir a identidade de um assassino e reencenar os homicídios realizados pelos autores da chacina de Columbine High School e Virginia Tech. O objetivo de um desses jogos é estuprar uma mãe e suas filhas; em outro, o propósito é estuprar mulheres indígenas americanas. Há um jogo em que os participantes se lançam numa 'faxina étnica' e pode escolher atirar em afro-americanos, latinos ou judeus. Em outro, ainda, os jogadores tentam atirar com um rifle na cabeça do Presidente Kennedy, quando seu veículo passa diante da Texas School Book Depository".[589] Sim, nos Estados Unidos, tudo isso é protegido pela liberdade de expressão; e para esses juízes da Suprema Corte isso justifica o direito das indústrias de vender seus produtos livremente para menores de idade. Pouco importa o impacto eventual que esses conteúdos e práticas possam ter sobre as representações sociais e sobre o amadurecimento psíquico de uma criança do ensino maternal ou primário. E, por favor, que não venham nos explicar que se trata da responsabilidade dos pais e que o Estado, portanto, não deve se envolver: tudo o que essa lei pedia, justamente, era permitir a plena expressão dessa responsabilidade parental.

Conclusão

Do presente capítulo, convém reter que o consumo de telas recreativas tem um impacto muito negativo sobre a saúde de nossas crianças e adolescentes. Três expedientes se revelam, assim, particularmente prejudiciais.

Em primeiro lugar, as telas afetam intensamente o sono. Ora, este é um pilar essencial, para não dizer vital, do desenvolvimento. Quando ele sai dos trilhos, é toda a integridade individual que é afetada, em suas dimensões físicas, emocionais e intelectuais. É bastante surpreendente (e inquietante) ver a que ponto esse problema é hoje subestimado.

Em segundo lugar, as telas aumentam expressivamente o grau de sedentarismo, ao mesmo tempo que reduz de maneira significativa o nível de atividade física. Ora, para evoluir perfeitamente e se manter em boa saúde, o organismo precisa ser solicitado de forma intensa e ativa. Ficar sentado mata! Fazer exercício nos constrói!; e não apenas em nossas dimensões físicas. O movimento tem um impacto importante sobre o funcionamento emocional e o intelectual. Aí também, o problema é inexplicavelmente ignorado nos debates relativos às utilizações de ferramentas digitais pelos nossos filhos.

Por fim, em terceiro lugar, os conteúdos ditos "de risco" (sexuais, tabagistas, alcoólicos, hipercalóricos, violentos, etc.) abundam no universo digital. Todos os suportes incluídos. Pois bem, para a criança e o adolescente, esses conteúdos são importantes prescritores de normas (com frequência inconscientemente). Eles dizem o que se deve ser (por exemplo, um estudante "normal" fuma e faz sexo – sem se preocupar com o uso de preservativos). Uma vez assimiladas, essas normas têm um efeito considerável sobre o comportamento (por exemplo, a probabilidade de um estudante do ensino médio começar a fumar ou ter relações sexuais desprotegido).

EPÍLOGO
UM CÉREBRO MUITO ANTIGO PARA UM ADMIRÁVEL MUNDO NOVO

> *Cada um de teus passos hoje é tua vida amanhã.*
> Wilhelm Reich,
> psiquiatra e psicanalista[1]

Dizem que escrever acalma. Receio que nem sempre seja o caso. Às vezes, as palavras só aumentam a angústia. Nós nos lançamos de boa-fé, avançamos com escrúpulos, acabamos aterrorizados. Este livro é um bom exemplo. No início, munido de um conhecimento bibliográfico ainda fragmentado, ele só exprimia uma vaga incerteza. Depois, lentamente, confrontado de um lado com uma massa sempre crescente de estudos científicos inquietantes e, do outro, com uma enxurrada de argumentos públicos cada vez mais complacentes, ele se tornou uma cólera sincera. O que impomos às nossas crianças é indesculpável. Sem dúvida, jamais na história da humanidade, uma tal experiência de embrutecimento cerebral foi realizada em tão grande escala.

Disseram-me recentemente que eu era "desdenhoso" em relação às novas gerações. Nada mais falso que esse tipo de bobagem. Se eu desdenhasse esses jovens, faria suas vontades. Eu lhes diria que são todos mutantes com cérebros transcendentes e lhes sugeriria todos os tipos de aplicativos "educativos" falhos (mas rentáveis). Elogiaria sua formidável criatividade, enquanto explicaria discretamente para minha lucrativa clientela que essas crianças têm um sistema de atenção tão deficiente que qualquer anúncio com mais de dez segundos está fadado ao fracasso. Eu exaltaria seu gênio digital, fazendo o meu melhor para proteger meus próprios filhos dessa loucura ameaçadora. Eu admiraria sua prodigiosa inventividade lexical para não ter que lamentar sua preocupante anemia linguística. No fundo, se desprezasse esses jovens, eu não teria escrito o presente livro, mas uma apologia complacente, nojenta e incentivadora. Teria vendido meu verbo e minha decência a qualquer indústria do aprendizado online ou fabricante de videogames, carentes de legitimação científica. Teria me tornado "consultor", cheio de um zelo amplamente remunerado, e teria comparecido aos programas de televisão e conferências jornalísticas.

A realidade é que escrevi este livro não porque desprezo esses jovens, mas porque os amo e os respeito. Em grande parte, minha vida está concluída. A deles é ainda uma promessa, e essa promessa deveria ser sagrada. No entanto, estamos devastando-a sobre o altar do lucro. "As crianças são as mensagens vivas que enviamos para um tempo que não veremos", escrevia Neil Postman há quase quarenta anos.[2] À luz dessa belíssima imagem, sem dúvida, deveríamos nos perguntar que tipo de testemunho queremos edificar e que tipo de sociedade desejamos fundar. Esta que o mundo atual nos promete parece cada vez mais com um espectro distópico do *Admirável mundo novo* de Huxley. De um lado, os *Alfas*: pequena casta minoritária de crianças privilegiadas, preservadas dessa orgia recreativa e dotadas de um sólido capital humano, linguístico, emocional e cultural. De outro, os *Gamas*: vasta casta majoritária de crianças pouco favorecidas, privadas das ferramentas fundamentais do pensamento e da inteligência. Uma casta subalterna de executores zelosos, falando a "novilíngua" de Orwell, embrutecidos por diversões idiotas e felizes com a própria sorte. Para aqueles que se sentiriam tentados a rejeitar cegamente esse risco, uma breve recapitulação dos principais elementos enunciados neste livro pode se revelar útil.

Do que devemos nos lembrar?

Quatro conclusões principais.

Em primeiro lugar, em termos de utilização de ferramentas digitais, a informação oferecida ao grande público carece singularmente de rigor e confiabilidade. Submetidos a inacreditáveis imperativos de produtividade, vários jornalistas simplesmente não dispõem de tempo para aprofundar o bastante sua compreensão do assunto para, de um lado, se exprimir com pertinência, e do outro, distinguir os especialistas qualificados das fontes incompetentes ou corruptas.

Em segundo lugar, o consumo digital recreativo das novas gerações não é apenas "excessivo" ou "exagerado"; ele é extravagante e está fora de controle. Dentre as principais vítimas dessa orgia temporal encontramos todos os tipos de atividades essenciais ao desenvolvimento; por exemplo, o sono, a leitura, as trocas interfamiliares, os deveres escolares, as práticas esportivas ou artísticas, etc.

Em terceiro lugar, esse frenesi digital que tudo consome prejudica gravemente o desenvolvimento intelectual, emocional e físico de nossas crianças. De um ponto de vista estritamente epidemiológico, a conclusão a extrair desses dados se revela bem simples: as telas recreativas são um desastre absoluto. Qualquer doença que apresentasse o mesmo "pedigree" (obesidade, transtornos do sono, tabagismo, violência, déficits de atenção, atrasos na linguagem, ansiedade, memorização precária, etc.) encontraria manifestações de um exército de pesquisadores. No entanto, em relação a esses brinquedinhos digitais, nada dizem. Apenas, aqui e acolá, algumas tímidas advertências e recomendações de "vigilância racional".[3]

Em quarto lugar, se o efeito das telas recreativas é tão nocivo, isso se deve em grande parte ao fato de nosso cérebro não ser adaptado à fúria digital que nos assola. Para se construir, ele precisa de moderação sensorial, de presença humana, de atividade física, de sono e de uma nutrição cognitiva favorável. Pois bem, a onipresença digital lhe oferece um mundo inverso: constante bombardeio perceptivo; desmoronamento das trocas interpessoais (especialmente intrafamiliares); perturbação tanto quantitativa quanto qualitativa do sono; amplificação das condutas sedentárias; e insuficiência de estimulação intelectual crônica. Submetidos a essas pressões ambientais insalubres, o cérebro sofre e se constrói mal. Dito de outro modo, ele continua funcionando, é claro, mas muito aquém de seu potencial pleno. Isso é ainda mais trágico porque os grandes períodos de plasticidade cerebral próprios da infância não são eternos. Uma vez terminados, eles não ressuscitam mais. O que foi estragado está perdido para sempre. O argumento da modernidade tão frequentemente apresentado adota assim sua dimensão ridícula. "É preciso viver com seu tempo", diz-nos o exército progressista. Isso é incontestável... Mas seria preciso prevenir nosso cérebro de que os tempos mudaram; porque ele, por sua vez, é o mesmo há séculos. E, infelizmente, antes de se adaptar perfeitamente a seu novo ambiente digital (se conseguir um dia), serão necessárias algumas dezenas de milênios! Enquanto isso, as coisas não vão se ajeitar, e a realidade corre o risco de permanecer amarga. Sem dúvida, seria bom que os defensores de uma digitalização forçada do sistema escolar se conscientizassem disso também. Até hoje, uma única alavanca demonstrou influência realmente positiva e profunda sobre o futuro dos jovens estudantes: o professor qualificado e bem formado. Trata-se do único elemento comum a todos os sistemas escolares mais desenvolvidos do planeta.

Escrevendo isso, estou consciente "de que ninguém gosta daquele que traz notícias desagradáveis", como Sófocles fazia dizer Antígona. Eu teria preferido, certamente, que as coisas fossem diferentes. Teria preferido que a literatura científica fosse mais positiva, encorajadora, menos inquietante. Mas não é o caso. Alguns não deixarão de lamentar a natureza "alarmista" da presente obra. Está anotado. Mas, com toda objetividade: não há, nos elementos aqui apresentados, do que se alarmar? Cada um julgará por si mesmo.

O que devemos fazer?

Então, o que é preciso fazer? Duas coisas, eu acho. Primeiro, não se resignar. Não há, nisso tudo, nada de inelutável. Enquanto cidadãos e pais, temos escolha, e nada nos obriga a entregar nossos filhos à terrível potência corrosiva de todas essas ferramentas digitais recreativas. Certo, resistir não é fácil, mas é sempre possível; muitos o fazem, especialmente nos meios mais privilegiados. Posso, é claro, ouvir a célebre fábula do pária social, esse pobre mártir que, sendo privado de acesso às redes sociais, aos videogames e aos benefícios de uma "cultura digital comum", se encontraria irrevogavelmente isolado e rejeitado pelos seus pares. Por sinal, na hora de negociar a compra de um smartphone, um tablet ou um console de jogos, crianças e adolescentes entenderam muito bem todas as vantagens que podem tirar desse tipo de discurso. Mas, na prática, essa conversa-fiada não se sustenta. Até hoje, nenhum estudo indica que a privação de telas para uso recreativo poderia conduzir ao isolamento social ou a qualquer transtorno emocional que seja! No entanto, um grande número de pesquisas enfatiza o impacto densamente prejudicial dessas ferramentas sobre os sintomas de depressão e de ansiedade de nossos filhos. Expresso de outra maneira, a presença devasta enquanto a ausência não causa danos. Entre essas duas opções, a escolha parece clara;

ainda mais clara, em suma, posto que não se trata aqui de proibir todo acesso ao digital, mas de garantir que os tempos de utilização sejam mantidos abaixo do limite da nocividade.

Assim que são rejeitados os discursos de impotência, a ação educativa pode retomar seus direitos. Vai se tratar então, para os pais, de estabelecer regras precisas de consumo. Com a base desenvolvida ao longo do presente livro, podemos reter sete que são essenciais. Sete regras que cada um, evidentemente, poderá adaptar às características de seus filhos e do contexto familiar.

Sete regras fundamentais

▸ *Antes dos 6 anos*

Ausência de telas. Para crescerem de modo saudável, crianças pequenas não precisam de telas. Elas precisam que falemos com elas, que leiamos histórias para elas, que lhes demos livros. Elas precisam se entediar, brincar, montar quebra-cabeças, construir casas com Lego, correr, pular, cantar. Elas necessitam desenhar, praticar esporte, música, etc. Todas essas atividades (e muitas outras semelhantes) constroem seu cérebro de forma mais segura e eficaz do que qualquer tela recreativa. Ainda mais que a ausência de exposição digital durante os primeiros anos da vida não provoca nenhum impacto negativo a curto ou longo prazo. Dito de outra maneira, a criança não se tornará um deficiente no mundo digital porque não foi exposta às telas durante os seis primeiros anos de sua vida. Ao contrário. O que ela desenvolverá longe das telas a ajudará a melhor utilizar o que o digital pode oferecer de positivo.

▸ *Depois de 6 anos*

Menos de trinta minutos a uma hora por dia (tudo incluído!). É neste ponto, sem dúvida, que se encontra "a" boa notícia deste texto!

Em dose modesta, as telas não são nocivas (obviamente, desde que os conteúdos sejam adaptados e o sono preservado). Em particular, quando o consumo diário é inferior a 30 minutos, elas não parecem ter efeitos negativos detectáveis. Entre 30 minutos e uma hora, emergem os danos, mas estes parecem bem fracos e podem ser considerados toleráveis. A partir desses dados, uma abordagem prudente poderia propor uma graduação por idade: máximo de 30 minutos até os 12 anos e 60 minutos além disso. Aos pais, convém lembrar que a quase totalidade de suportes digitais (tablets, smartphones, consoles de videogames, computadores, televisão, Internet, etc.) propõe hoje, sob forma de opções ou aplicativos, sistemas úteis e eficazes de controle temporal. Uma vez atingido o limite diário previamente definido, o aparelho é bloqueado. Dito isso, alguns pais parecem considerar que "proibir todo uso de telas é quase tão fácil quanto permitir o uso reduzido", como indicou recentemente ao *New York Times* uma mãe de família, antiga pesquisadora de computação social e casada com um engenheiro do Facebook.[5] A opção parece ainda mais interessante, pois ela é, ao mesmo tempo, livre de dano (conforme já observamos) e capaz de evitar inúmeros conflitos. É um pouco como ocorre com os consumos alimentares hedônicos. Com frequência, é mais fácil não comer chocolate quando não há mais em casa do que quando é preciso se controlar para comer só um pedacinho.[6]

Quartos sem telas digitais. As telas nos quartos têm um impacto especificamente desfavorável. Elas aumentam o tempo de uso (em particular tomando o lugar do sono) e favorecem o acesso a conteúdos inadequados. O quarto deveria ser um santuário, livre de qualquer presença digital. E para responder a uma objeção frequentemente apresentada: existem relógios despertadores de qualidade e baratos... O smartphone não é necessário (eles podem muito bem passar a noite dentro de um cesto na sala de estar).

Ausência de conteúdos inadequados. Seja sob a forma de videoclipes, séries ou videogames, etc., os conteúdos de caráter violento, sexual, tabagista, alcoólico, etc., têm profundo efeito sobre a maneira como as crianças e adolescentes percebem o mundo. No mínimo, é importante respeitar as indicações etárias (tendo em mente a impressionante permissividade de certos sistemas de classificação que, tomando o exemplo do sistema francês, revela uma tolerância quase surrealista). Aí também, os aplicativos permitem, em quase todos os suportes digitais, bloquear o acesso a conteúdos inadequados. É claro, há exposições terceiras, através do smartphone, do computador ou do tablet de um colega. Estas são incontroláveis. É essencial falar sobre o assunto com as crianças (inclusive adolescentes!). Não é perfeita, mas infelizmente é a única opção possível... ao menos enquanto o poder público não ousar regular com seriedade o acesso de menores de idade aos conteúdos hiperviolentos, pornográficos, racistas e outros.

Nunca antes de ir para a escola. Os conteúdos "estimulantes", em especial, esgotam de forma duradoura as capacidades cognitivas da criança. De manhã, deixe-a sonhar, se entediar e tomar o café da manhã num ambiente sereno; escute-a, fale com ela, etc. Seu rendimento escolar será bem melhor.

Nunca à noite, antes de ir se deitar. As telas "noturnas" afetam intensamente a duração (deita-se mais tarde) e a qualidade (dorme-se mal) do sono. Os conteúdos "estimulantes" são, aí também, muito prejudiciais. Desligue tudo ao menos 1h30 antes da hora de ir para a cama.

Uma coisa de cada vez. Último ponto, mas de extrema importância; as telas devem ser utilizadas sozinhas (uma de cada vez). Devem ficar fora do alcance durante as refeições, os deveres e as conversas familiares. Quanto mais um cérebro em desenvolvimento é submetido a *multitarefas*, mais ele se torna permeável à distração. Além disso, quanto mais coisas ele faz ao mesmo tempo, pior é seu desempenho e pior é seu nível de aprendizado e memorização. Demonstração definitiva, como se isso ainda fosse necessário, de que nosso cérebro não é de fato feito para as práticas da nova modernidade digital.

Menos telas significa mais vida

Estas regras, sem dúvida restritivas, nada têm de extravagantes. Elas são incrivelmente eficazes, conforme vimos. Quanto às horas reconquistadas da hegemonia das telas, é preciso devolvê-las à vida. Isso não é simples nem imediato, pois é toda a ecologia familiar que precisa se reorganizar. Mas, se houver vontade, as crianças se adaptam; e o tempo "vazio", enfim, pode se encher de novas atividades: falar, trocar ideias, dormir, praticar esporte, tocar um instrumento musical, desenhar, pintar, esculpir, dançar, cantar, fazer cursos de teatro e, obviamente, ler. E se o livro parecer realmente inóspito, não hesite em procurar as histórias em quadrinhos. Algumas têm uma riqueza criativa e linguística surpreendente.

Finalmente, se tudo isso parece difícil, se seus filhos protestam e lançam contra você o ferro em brasa da culpabilidade, lembre-se de uma coisa: quando crescerem, muitos lhe agradecerão por ter oferecido à sua existência a fertilidade libertadora do esporte, do pensamento e da cultura, no lugar da esterilidade perniciosa das telas. Ainda recentemente, um dos meus alunos, entre os mais brilhantes, me explicava como as telas (especialmente o smartphone e os videogames) haviam constituído um tema tenso entre ele e seus pais, e como, retrospectivamente, ele hoje lhes agradecia por não terem "relaxado".

Um fio de esperança?

"Uma mosca atacando um elefante": estas são as palavras que teria proferido Sébastien Castellion para definir o combate que ele travou em Genebra, cerca de meio milênio atrás, contra a loucura fundamentalista e ditatorial de João Calvino, autor da maior reforma protestante.[7] Quando comecei a presente obra, há cerca de quatro anos, foi nessas palavras que pensei primeiro. A onda digital estava em seu ápice; tão alta e poderosa que parecia indestrutível. E então as coisas começaram a mudar. Imperceptivelmente, ventos contrários se levantaram. Os profissionais da infância, em particular, começaram a hesitar. Fui então contatado por sindicatos e associações de professores, fonoaudiólogos, pais de alunos, pediatras e enfermeiras escolares. A cada vez, o mesmo discurso, as mesmas observações, as mesmas perguntas e as mesmas confissões de impotência. Nada de "científico" evidentemente nessa constatação, mas uma impressão tenaz e persistente de que o ceticismo está tomando conta. Convém dizer que a realidade é teimosa, e o desastre começa a ser percebido.

Não é por acaso que o mal-estar surge principalmente entre os homens e mulheres que têm contato direto com as gerações mais jovens. Tudo o que é relatado neste livro, esses profissionais descrevem com uma acuidade impressionante: problemas de atenção, de linguagem, de impulsividade, de memória, de agressividade, de sono, de desempenho escolar, etc. Isso é ao mesmo tempo triste para o presente e encorajador para o futuro. Na verdade, uma conscientização saudável parece estar surgindo. Espero sinceramente que este livro possa ajudar em sua propagação.

BIBLIOGRAFIA

EPÍGRAFE (P. 5)
1. DE TOCQUEVILLE, A. *De la démocratie en Amérique*. Paris: Michel Lévy Frères, 1864.

PREFÁCIO (P. 9-15)
1. BRAQUE, G. *Le jour et la nuit*. Paris: Gallimard, 1952.
2. SCHLEICHER, A. *In*: UNE culture qui libère?. Mesa-redonda organizada pelo jornal *Libération*. Lyon, Université Catholique de Lyon, 19 set. 2016.
3. CARTER, C. Head Teachers to Report Parents to Police and Social Services if They Let Their Children Play Grand Theft Auto or Call of Duty. *Daily Mail*, 2015. Disponível em: dailymail.co.uk. Acesso em: 27 jul. 2021.
4. OECD. PISA 2018 Results. OECD, 2019. v. 1. Disponível em: oecd.org. Acesso em: 27 jul. 2021.
5. PHILLIPS, T. Taiwan Orders Parents to Limit Children's Time with Electronic Games. *The Telegraph*, 2015. Disponível em: telegraph.co.uk. Acesso em: 27 jul. 2021.
6. HERNANDEZ, J. *et al*. 90 Minutes a Day, Until 10 P.M.: China Sets Rules for Young Gamers. *The New York Times*, 2019. Disponível em: nytimes.com. Acesso em: 27 jul. 2021.
7. BILTON, N. Steve Jobs Was a Low-Tech Parent. *The New York Times*, 2019. Disponível em: nytimes.com. Acesso em: 27 jul. 2021.
8. BOWLES, N. A Dark Consensus about Screens and Kids Begins to Emerge in Silicon Valley. *The New York Times*, 2018. Disponível em: nytimes.com. Acesso em: 27 jul. 2021.
9. RICHTEL, M. A Silicon Valley School that Doesn't Compute. *The New York Times*, 2011. Disponível em: nytimes.com. Acesso em: 27 jul. 2021.
10. BOWLES, N. The Digital Gap between Rich and Poor Kids Is Not What We Expected. *The New York Times*, 2018. Disponível em: nytimes.com. Acesso em: 27 jul. 2021.
11. ERNER, G. Les geeks privent leurs enfants d'écran, eux. *Huffington Post*, 2014. Disponível em: huffingtonpost.fr. Acesso em: 27 jul. 2021.
12. TAPSCOTT, D. New York Times Cover Story on "Growing Up Digital" Misses the Mark. *HuffPost*, 2011. Disponível em: huffpost.com. Acesso em: 27 jul. 2021.
13. BAUERLEIN, M. *The Dumbest Generation*. New York: Tarcher; Penguin, 2009.
14. ORESKES, N. *et al. Merchants of Doubt*. London: Bloomsbury, 2010.
15. PETERSEN, A. M. *et al*. Discrepancy in Scientific Authority and Media Visibility of Climate Change Scientists and Contrarians. *Nature Communications*, v. 10, 2019.
16. GLANTZ, S. A. *et al. The Cigarette Papers*. Berkeley, CA: University of California Press, 1998.
17. PROCTOR, R. *Golden Holocaust*. Berkeley, CA: University of California Press, 2012.
18. ANGELL, M. *The Truth About the Drug Companies*. New York: Random House, 2004.

PREFÁCIO (P. 9-15)

19. MULLARD, A. Mediator Scandal Rocks French Medical Community. *The Lancet*, v. 377, 2011.
20. HEALY, D. *Pharmageddon*. Berkeley, CA: University of California Press, 2012.
21. GOLDACRE, B. *Bad Pharma*. London: Fourth Estate, 2014.
22. GOTZSCHE, P. *Deadly Psychiatry and Organized Denial*. [S.l.]: People's Press, 2015.
23. LESLIE, I. The Sugar Conspiracy. *The Guardian*, 2016. Disponível em: theguardian.com. Acesso em: 27 jul. 2021.
24. HOLPUCH, A. Sugar Lobby Paid Scientists to Blur Sugar's Role in Heart Disease: Report. *The Guardian*, 2016. Disponível em: theguardian.com. Acesso em: 27 jul. 2021.
25. KEARNS, C. E. *et al.* Sugar Industry and Coronary Heart Disease Research: A Historical Analysis of Internal Industry Documents. *JAMA Internal Medicine*, v. 176, 2016.
26. CUNNINGHAM, A. *et al. Book Smart*. Oxford: Oxford University Press, 2014.
27. CUNNINGHAM, A. *et al.* What Reading Does for the Mind. *American Educator*, v. 22, 1998.

PRIMEIRA PARTE (P. 17-38)

1. ESQUIROS, A. *L'Esprit des Anglais*. Paris: Hachette, [s.d.].
2. KIRSCHNER, P. *et al.* Do Learners Really Know Best? Urban Legends in Education. *Educational Psychology*, v. 48, 2013.
3. SERRES, M. *Petite poucette*. Paris: Le Pommier, 2012.
4. TAPSCOTT, D. *Grown up Digital*. New York: Mc Graw Hill, 2009.
5. VEEN, W. *et al. Homo Zappiens: Growing Up in a Digital Age*. [S.l.]: Network Continuum Education, 2006.
6. BROWN, J. S. Growing Up Digital. *Change*, v. 32, 2000.
7. PRENSKY, M. Digital Natives, Digital Immigrants (Part 1). *On the Horizon*, v. 9, 2001.
8. FOURGOUS, J. *Réussir à l'école avec le numérique*. Paris: Odile Jacob, 2011.
9. SEGOND, V. Les "digital natives" changent l'entreprise. *Le Monde*, 2016. Disponível em: lemonde.fr. Acesso em: 27 jul. 2021.
10. PRENSKY, M. Listen to the Natives. *Educational Leadership*, n. 63, 2006.
11. LE CERVEAU des natifs du numérique en 90 secondes. *Le Monde*, 2015. Disponível em: lemonde.fr. Acesso em: 27 jul. 2021.
12. DAVIDENKOFF, E. *Le Tsunami numérique*. Paris: Stock, 2014.
13. PRENSKY, M. *Teaching Digital Natives*. Thousand Oaks, CA: Corwin, 2010.
14. KHAN, S. *The One World Schoolhouse*. [S.l.]: Twelve, 2012.
15. FOURGOUS, J. Oser la pédagogie numérique!. *Le Monde*, 2011. Disponível em: lemonde.fr. Acesso em: 27 jul. 2021.
16. REYNIE, D. *apud* FOURGOUS, J. *"Apprendre autrement" à l'*ère numérique. Rapport de la mission parlementaire de Jean-Michel Fourgous. La Documentation Française, 2012.
17. TAPSCOTT, D. Educating the Net Generation. *Educational Leadership*, n. 56, 1999.
18. KIRSCHNER, P. *et al.* The Myths of the Digital Native and the Multitasker. *Teacher and Teaching Education*, v. 67, 2017.
19. DE BRUYCKERE, P. *et al. Urban Myth about Learning and Education*. Cambridge, MA: Academic Press, 2015.
20. GALLARDO-ECHENIQUE, E. *et al.* Let's Talk about Digital Learners in the Digital Era. *International Review of Open and Distance Learning*, v. 16, 2015.
21. JONES, C. The New Shape of the Student. *In*: HUANG, R. *et al.* (Ed.). *Reshaping Learning*. [S.l.]: Springer, 2013.
22. JONES, C. *et al.* The Net Generation and Digital Natives. *Higher Education Academy*, York, 2011.
23. BULLEN, M. *et al.* Digital Learners in Higher Education. *Canadian Journal of Learning and Technology*, v. 37, 2011.
24. BROWN, C. *et al.* Debunking the "Digital Native": Beyond Digital Apartheid, towards Digital Democra-

cy. *Journal of Computer Assisted Learning*, v. 26, 2010.
25. BENNETT, S. *et al.* Beyond the "Digital Natives" Debate: Towards a More Nuanced Understanding of Students' Technology Experiences. *Journal of Computer Assisted Learning*, v. 26, 2010.
26. BENNETT, S. *et al.* The "Digital Natives" Debate. *British Journal of Educational Technology*, v. 39, 2008.
27. SELWYN, N. The Digital Native: Myth and Reality. *Aslib Proceedings*, v. 61, 2009.
28. CALVANI, A. *et al.* Are Young Generations in Secondary School Digitally Competent?. *Computers & Education*, v. 58, 2012.
29. TRICOT, A. *apud* MILLER, M. "Etre un 'digital native' ne rend pas meilleur pour prendre des notes". *Le Monde*, 2018. Disponível em: lemonde.fr. Acesso em: 27 jul. 2021.
30. KENNEDY, G. *et al.* Beyond Natives and Immigrants. *Journal of Computer Assisted Learning*, v. 26, 2010.
31. BEKEBREDE, G. *et al.* Reviewing the Need for Gaming in Education to Accommodate the Net Generation. *Computers & Education*, v. 57, 2011.
32. JONES, C. *et al.* Net Generation or Digital Natives. *Computers & Education*, v. 54, 2010.
33. ZHANG, M. Internet Use that Reproduces Educational Inequalities. *Computers & Education*, v. 86, 2015.
34. LAI, K. *et al.* Technology Use and Learning Characteristics of Students in Higher Education: Do Generational Differences exist?. *British Journal of Educational Technology*, v. 46, 2015.
35. RIDEOUT, V. *The Common Sense Census: Media Use by Tweens and Teens.* Common Sense Media, 2015.
36. FRAILLON, J. *et al. Preparing for Life in a Digital Age: The IEA International Computer and Information Literacy Study.* Springer Open, 2014.
37. DEMIRBILEK, M. The "Digital Natives" Debate. *Eurasia Journal of Mathematics, Science and Technology*, v. 10, 2014.
38. ROMERO, M. *et al.* Do UOC Students Fit in the Net Generation Profile?. *International Review of Open and Distance Learning*, v. 14, 2013.
39. HARGITTAI, E. Digital Na(t)ives? Variation in Internet Skills and Uses among Members of the "Net Generation". *Sociological Inquiry*, v. 80, 2010.
40. NASAH, A. *et al.* The Digital Literacy Debate. *Educational Technology Research and Development*, v. 58, 2010.
41. RIDEOUT, V. *et al. The Common Sense Census: Media Use by Tweens and Teens.* Common Sense Media, 2019.
42. STOERGER, S. The Digital Melting Pot. *First Monday*, v. 14, 2009.
43. EVALUATING Information: The Cornerstone of Civic Online Reasoning. Report from the Stanford History Education Group. Stanford History Education Group, 2016.
44. COMPUTERKENNTNISSE der ÖsterreicherInnen (Austrian Computer Society). Austrian Computer Society, 2014.
45. SECURITY of the Digital Natives. Tech and Law Center Project, 2014.
46. INFORMATION Behaviour of the Researcher of the Future. University College London, 2008.
47. JOHNSON, L. *et al. Horizon Report Europe: 2014 Schools Edition.* Publications Office of the European Union & The New Media Consortium, 2014.
48. ROWLANDS, I. *et al.* The Google Generation. *Aslib Proceedings*, v. 60, 2008.
49. THIRION, P. *et al. Enquête sur les compétences documentaires et informationnelles des étudiants qui accèdent à l'enseignement supérieur en Communauté française de Belgique.* ENSSIB, 2008. Disponível em: enssib.fr. Acesso em: 27 jul. 2021.
50. JULIEN, H. *et al.* How High-school Students Find and Evaluate Scientific Information. *Library & Information Science Research*, v. 31, 2009.
51. GROSS, M. *et al.* What's Skill Got to Do with It?. *Journal of the American Society for Information Science and Technology*, v. 63, 2012.
52. PERRET, C. Pratiques de recherche documentaire et réussite universitaire

des étudiants de première année. *Carrefours de l'Éducation*, v. 35, 2013.
53. DUMOUCHEL, G. *et al*. Mon ami Google. *Canadian Journal of Learning and Technology*, v. 43, 2017.
54. TNS SOFRES. Les Millennials passent un jour par semaine sur leur smartphone. 2015. Disponível em: tns-sofres.com. Acesso em: 2015.
55. LHENART, A. *Teens, Social Media & Technology Overview 2015*. Pew Research Center, 2015.
56. RIDEOUT, V. *et al. Generation M2: Media in the Lives of 8-18 Year-olds*. Kaiser Family Foundation, 2010.
57. DUMAIS, S. Cohort and Gender Differences in Extracurricular Participation. *Sociological Spectrum*, v. 29, 2009.
58. LAURICELLA, A. *et al. The Common Sense Census: Plugged in Parents of Tweens and Teens*. Common Sense media, 2016.
59. OFCOM. *Adults' Media Use and Attitudes*. Report 2016. 2016. Disponível em: ofcom.org. Acesso em: 27 jul. 2021.
60. GREENWOOD, S. *et al*. Social Media Update 2016. Pew Research Center, 2016. Disponível em: pewresearch.org. Acesso em: 27 jul. 2021.
61. ANDERSON, M. *et al.* Tech Adoption Climbs Among Older Adults. Pew Research Center, 2017. Disponível em: pewresearch.org. Acesso em: 27 jul. 2021.
62. RICHTEL, M. A Silicon Valley School that Doesn't Compute. *The New York Times*, 2019. Disponível em: nytimes.com. Acesso em: 27 jul. 2021.
63. AMERICAN ACADEMY OF PEDIATRICS. Council of Communications and Media. Media and Young Minds. *Pediatrics*, v. 138, 2016.
64. CHRISTODOULOU, D. *Seven Myths About Education*. London: Routledge, 2014.
65. GUÉNO, Jean-Pierre. *Paroles de poilus*. Paris: J'ai Lu, 2013.
66. FOURGOUS, J. *Réussir l'école numérique*. Rapport de la mission parlementaire sur la modernisation de l'école par le numérique. La Documentation Française, 2010.
67. FOURGOUS, J. *"Apprendre autrement" à l'ère numérique. Rapport de la mission parlementaire de Jean-Michel Fourgous*. La Documentation Française, 2012.
68. SMALL, G. *et al. iBrain*. New York: HarperCollins, 2009.
69. FOURGOUS, J. *Réussir à l'école avec le numérique*. Paris: Odile Jacob, 2011.
70. DES DESERTS, S. Nos enfants, ces mut@nts. *L'Obs*, 2012. Disponível em: nouvelobs.com. Acesso em: 27 jul. 2021.
71. SERRES, M. *Petite poucette*. Paris: Le Pommier, 2012.
72. SMALL, G. *et al*. Your Brain Is Evolving Right Now. *In*: BAUERLEIN, M. (Ed.) *Digital divide*. London: Penguin, 2011.
73. BISSON, J. Le cerveau de nos enfants n'aura plus la même architecture. *Le Figaro*, 2012. Disponível em: lefigaro.fr. Acesso em: 27 jul. 2021.
74. PRENSKY, M. *Brain Gain*. New York: St Martin's Press, 2012.
75. KUHN, S. *et al*. Amount of Lifetime Video Gaming Is Positively Associated with Entorhinal, Hippocampal and occipital Volume. *Molecular Psychiatry*, v. 19, 2014.
76. KUHN, S. *et al*. Playing Super Mario Induces Structural Brain Plasticity. *Molecular Psychiatry*, v. 19, 2014.
77. KUHN, S. *et al*. Positive Association of Video Game Playing with Left Frontal Cortical Thickness in Adolescents. *PLoS One*, v. 9, 2014.
78. GONG, D. *et al*. Enhanced Functional Connectivity and Increased Gray Matter Volume of Insula Related to Action Video Game Playing. *Scientific Reports*, v. 5, 2015.
79. TANAKA, S. *et al*. Larger Right Posterior Parietal Volume in Action Video Game Experts. *PLoS One*, v. 8, 2013.
80. JOUER à Super Mario augmente le volume de matière grise. *L'Express*, 2013. Disponível em: lexpress.fr. Acesso em: 27 jul. 2021.
81. GRACCI, F. Les adeptes des jeux vidéos ont plus de matière grise et une

meilleure connectivité cérébrale. *Science et Vie*, 2015. Disponível em: science-et-vie.com. Acesso em: 27 jul. 2021.

82. DiSALVO, D. The Surprising Connection Between Playing Video Games and a Thicker Brain. *Forbes*, 2014. Disponível em: forbes.com. Acesso em: 27 jul. 2021.

83. BERGLAND, C. Video Gaming Can Increase Brain Size and Connectivity. *Psychology Today*, 2013. Disponível em: psychologytoday.com. Acesso em: 27 jul. 2021.

84. COSTANDI, M. *Neuroplasticity*. Cambridge, MA: MIT Press, 2016.

85. DRAGANSKI, B. et al. Neuroplasticity. *Nature*, n. 427, 2004.

86. MUNTE, T. F. et al. The Musician's Brain as a Model of Neuroplasticity. *Nature Reviews Neuroscience*, v. 3, 2002.

87. BECKER, M. P. et al. Longitudinal Changes in White Matter Microstructure after Heavy Cannabis Use. *Developmental Cognitive Neuroscience*, v. 16, 2015.

88. PREISSLER, S. et al. Gray Matter Changes Following Limb Amputation with High and Low Intensities of Phantom Limb Pain. *Cerebral Cortex*, v. 23, 2013.

89. MAGUIRE, E.A. et al. Recalling Routes around London. *Journal of Neuroscience*, v. 17, 1997.

90. TAKEUCHI, H. et al. The Impact of Television Viewing on Brain Structures. *Cerebral Cortex*, v. 25, 2015.

91. TAKEUCHI, H. et al. Impact of Reading Habit on White Matter Structure. *Neuroimage*, v. 133, 2016.

92. KILLGORE, W. D. et al. Physical Exercise Habits Correlate with Gray Matter Volume of the Hippocampus in Healthy Adult Humans. *Scientific Reports*, v. 3, 2013.

93. FRITEL, J. *Jeux vidéo: les nouveaux maîtres du monde*. Documentaire Arte, 15 nov. 2016.

94. KANAI, R. et al. The Structural Basis of Inter-individual Differences in Human Behaviour and Cognition. *Nature Reviews Neuroscience*, v. 12, 2011.

95. SHAW, P. et al. Intellectual Ability and Cortical Development in Children and Adolescents. *Nature*, n. 440, 2006.

96. SCHNACK, H. G. et al. Changes in Thickness and Surface Area of the Human Cortex and Their Relationship with Intelligence. *Cerebral Cortex*, v. 25, 2015.

97. LUDERS, E. et al. The Link between Callosal Thickness and Intelligence in Healthy Children and Adolescents. *Neuroimage*, v. 54, 2011.

98. TAKEUCHI, H. et al. Impact of Videogame Play on the Brain's Microstructural Properties. *Molecular Psychiatry*, v. 21, 2016.

99. LI, W. et al. Brain Structures and Functional Connectivity Associated with Individual Differences in Internet Tendency in Healthy Young Adults. *Neuropsychologia*, v. 70, 2015.

100. BRAIN Regions Can Be Specifically Trained with Video Games. *ScienceDaily*, 2013. Disponível em: sciencedaily.com. Acesso em: 27 jul. 2021.

101. BOEHLY, A. Super Mario joue sur notre cerveau. *Sciences et Avenir*, 2013. Disponível em: sciencesetavenir.fr. Acesso em: 27 jul. 2021.

102. RICHARDSON, A. et al. Video Game Experience Predicts Virtual, but Not Real Navigation Performance. *Computers in Human Behavior*, v. 27, 2011.

103. WEST, G. L. et al. Impact of Video Games on Plasticity of the Hippocampus. *Molecular Psychiatry*, v. 23, 2017.

104. TANJI, J. et al. Role of the Lateral Prefrontal Cortex in Executive Behavioral Control. *Physiological Reviews*, v. 88, 2008.

105. MATSUMOTO, K. et al. The Role of the Medial Prefrontal Cortex in Achieving Goals. *Current Opinion in Neurobiology*, v. 14, 2004.

106. FUNAHASHI, S. Space Representation in the Prefrontal Cortex. *Progress in Neurobiology*, v. 103, 2013.

107. BALLARD, I. C. et al. Dorsolateral Prefrontal Cortex Drives Mesolimbic Dopaminergic Regions to Initiate Motivated Behavior. *Journal of Neuroscience*, v. 31, 2011.

108. WEINSTEIN, A. *et al*. Internet Addiction or Excessive Internet Use. *The American Journal of Drug and Alcohol Abuse*, v. 36, 2010.

109. WEINSTEIN, A. *et al*. New Developments in Brain Research of Internet and Gaming Disorder. *Neuroscience & Biobehavioral Reviews*, v. 75, 2017.

110. MENG, Y. *et al*. The Prefrontal Dysfunction in Individuals with Internet Gaming Disorder. *Addiction Biology*, v. 20, 2015.

111. KUSS, D. J. *et al*. Neurobiological Correlates in Internet Gaming Disorder: A Systematic Literature Review. *Frontiers in Psychiatry*, v. 9, 2018.

112. YUAN, K. *et al*. Cortical Thickness Abnormalities in Late Adolescence with Online Gaming Addiction. *PLoS One*, v. 8, 2013.

113. JURASKA, J. M. *et al*. Pubertal Onset as a Critical Transition for Neural Development and Cognition. *Brain Research*, V. 1654, 2017.

114. KONRAD, K. *et al*. Brain Development during Adolescence. *Deutsches Ärzteblatt International*, v. 110, 2013.

115. SELEMON, L. D. A Role for Synaptic Plasticity in the Adolescent Development of Executive Function. *Translational Psychiatry*, v. 3, 2013.

116. SISK, C. L. Development: Pubertal Hormones Meet the Adolescent Brain. *Current Biology*, v. 27, 2017.

117. CABALLERO, A. *et al*. Mechanisms Contributing to Prefrontal Cortex Maturation during Adolescence. *Neuroscience & Biobehavioral Reviews*, v. 70, 2016.

118. CABALLERO, A. *et al*. GABAergic Function as a Limiting Factor for Prefrontal Maturation during Adolescence. *Trends in Neurosciences*, v. 39, 2016.

119. PAUS, T. *et al*. Why Do Many Psychiatric Disorders Emerge during Adolescence?. *Nature Reviews Neuroscience*, v. 9, 2008.

120. SAWYER, S. M. *et al*. Adolescence: A Foundation for Future Health. *The Lancet*, v. 379, 2012.

121. OEI, A. C. *et al*. Are Videogame Training Gains Specific or General?. *Frontiers in Systems Neuroscience*, v. 8, 2014.

122. PRZYBYLSKI, A. K. *et al*. A Large Scale Test of the Gaming-enhancement Hypothesis. *PeerJ*, v. 4, 2016.

123. VAN RAVENZWAAIJ, D. *et al*. Action Video Games do Not Improve the Speed of Information Processing in Simple Perceptual Tasks. *Journal of Experimental Psychology: General*, v. 143, 2014.

124. JÄNCKE, L. *et al*. Expertise in Video Gaming and Driving Skills. *Zeitschrift für Neuropsychologie*, v. 22, 2011.

125. GASPAR, J. G. *et al*. Are Gamers Better Crossers? An Examination of Action Video Game Experience And Dual Task Effects in a Simulated Street Crossing Task. *Human Factors*, v. 56, 2014.

126. OWEN, A. M. *et al*. Putting Brain Training to the Test. *Nature*, n. 465, 2010.

127. SIMONS, D. J. *et al*. Do"Brain-Training" Programs Work?. *Psychological Science in the Public Interest*, v. 17, 2016.

128. AZIZI, E. *et al*. The Influence of Action Video Game Playing on Eye Movement Behaviour during Visual Search in Abstract, In-game and Natural Scenes. *Attention, Perception, & Psychophysics*, v. 79, 2017.

129. SALA, G. *et al*. Video Game Training Does Not Enhance Cognitive Ability. *Psychological Bulletin*, v. 144, 2018.

130. BAVELIER, D. *et al*. Brain Plasticity through the Life Span. *Annual Review of Neuroscience*, v. 35, 2012.

131. KOZIOL, L. F. *et al*. Consensus Paper: The Cerebellum's Role in Movement and Cognition. *The Cerebellum*, v. 13, 2014.

132. MANTO, M. *et al*. Consensus Paper: Roles of the Cerebellum in Motor Control. *The Cerebellum*, v. 11, 2012.

133. KENNEDY, A. M. *et al*. Video Gaming Enhances Psychomotor Skills but not Visuospatial and Perceptual aBilities in Surgical Trainees. *Journal of Surgical Education*, v. 68, 2011.

134. DESMURGET, M. *Imitation et apprentissages moteurs*. Ballan-Miré: Solal, 2007.

SEGUNDA PARTE (P. 39-74)

1. PENSEES de monsieur le comte d'Oxenstirn sur divers sujets (T2). Aux Dépens de la Société, 1787.
2. BACH, J. *et al. L'Enfant et les écrans: un avis de l'académie des sciences*. Paris: Le Pommier, 2013.
3. VANDEWATER, E. A. *et al*. Measuring Children's Media Use in the Digital Age. *American Behavioral Scientist*, v. 52, 2009.
4. ANDERSON, D. R. *et al*. Estimates of Young Children's Time with Television. *Child Development*, v. 56, 1985.
5. DESMURGET, M. *TV Lobotomie*. Paris: J'ai Lu, 2013.
6. DONALDSON-PRESSMAN, S. *et al. The Learning Habit*. [S.l.]: Perigee Book, 2014.
7. AMERICAN OPTOMETRIC ASSOCIATION. Survey Reveals Parents Drastically Underestimate the Time Kids Spend on Electronic Devices. AOA, 2014. Disponível em: aoa.org. Acesso em: 27 jul. 2021.
8. LEE, H. *et al*. Comparing the Self-Report and Measured Smartphone Usage of College Students. *Psychiatry Investigation*, v. 14, 2017.
9. OTTEN, J. J. *et al*. Relationship between Self-report and an Objective Measure of Television-viewing Time in Adults. *Obesity (Silver Spring)*, v. 18, 2010.
10. RIDEOUT, V. *The Common Sense Census: Media Use by Tweens and Teens*. Common Sense Media, 2015.
11. RIDEOUT, V. *The Common Sense Census: Media Use by Kids Age Zero to Eight*. Common Sense Media, 2017.
12. ROBERTS, D. F. *et al. Generation M: Media in the Lives of 8-18 Year-olds*. Kaiser Family Foundation, 2005.
13. ESTEBAN: Étude de santé sur l'environnement, la biosurveillance, l'activité physique et la nutrition, 2014-2016. *Santé Publique*, 2017. Disponível em: santepubliquefrance.fr. Acesso em: 27 jul. 2021.
14. SANTE des collégiens en France/2014 (données françaises de l'enquête internationale HBSC). *Santé Publique*, 2016. Disponível em: santepubliquefrance.fr. Acesso em: 27 jul. 2021.
15. BARR, R. *et al*. Amount, Content and Context of Infant Media Exposure. *International Journal of Early Years Education*, v. 18, 2010.
16. GARRISON, M. M. *et al*. The Impact of a Healthy Media Use Intervention on Sleep in Preschool Children. *Pediatrics*, v. 130, 2012.
17. SISSON, S. B. *et al*. Television, Reading, and Computer Time. *Journal of Physical Activity and Health*, v. 8, 2011.
18. FELISONI, D. *et al*. Cell Phone Usage and Academic Performance. *Computers & Education*, v. 117, 2018.
19. RIDEOUT, V. *et al. Generation M2: Media in the Lives of 8-18 Year-olds*. Kaiser Family Foundation, 2010.
20. RIDEOUT, V. *Zero to Eight: Children Media Use in America 2013*. Common Sense, 2013.
21. RIDEOUT, V. *et al. The Media Family: Electronic Media in the Lives of Infants, Toddlers, Preschoolers and Their Parents*. Kaiser Family Foundation, 2006.
22. MÉDIAMAT Annuel 2017. Médiamétrie. Disponível em: mediametrie.fr. Acesso em: 27 jul. 2021.
23. OFCOM. Children and Parents: Media Use and Attitudes Report. 2017. Disponível em: ofcom.org. Acesso em: 27 jul. 2021.
24. HYSING, M. *et al*. Sleep and Use of Electronic Devices in Adolescence. *BMJ Open*, v. 5, 2015.
25. AUSTRALIAN INSTITUTE OF FAMILY STUDIES. *The Longitudinal Study of Australian Children Annual Statistical Report 2015*. Australian Institute of Family Studies, 2016. Disponível em: growingupinaustralia.gov.au. Acesso em: 27 jul. 2021.
26. WINN, M. *The Plug-In-Drug*. Rev. ed. London: Penguin Group, 2002.
27. LEE, S. J. *et al*. Predicting Children's Media Use in the USA. *British Journal of Developmental Psychology*, v. 27, 2009.
28. CHIU, Y. C. *et al*. The Amount of Television that Infants and Their Parents Watched Influenced Children's Vie-

wing Habits when They Got Older. *Acta Paediatrica*, v. 106, 2017.

29. BIDDLE, S. J. *et al.* Tracking of Sedentary Behaviours of Young People. *Preventive Medicine*, v. 51, 2010.

30. CADORET, G. *et al.* Relationship between Screen-time and Motor Proficiency in Children. *Early Child Development and Care*, v. 188, 2018.

31. TRINH, M. H. *et al.* Association of Trajectory and Covariates of Children's Screen Media Time. *JAMA Pediatrics*, v. 174, 2019.

32. OLSEN, A. *et al.* Early Origins of Overeating. *Current Obesity Reports*, v. 2, 2013.

33. ROSSANO, M. J. The Essential Role of Ritual in the Transmission and Reinforcement of Social Norms. *Psychological Bulletin*, v. 138, 2012.

34. DEHAENE-LAMBERTZ, G. *et al.* Bases cérébrales de l'acquisition du langage. *In*: KAIL, M. *et al.* (Ed.). *L'Acquisition du langage: le langage en émergence*. Paris: PUF, 2000.

35. UYLINGS, H. Development of the Human Cortex and the Concept of "Critical" or "Sensitive" Periods. *Language Learning*, v. 56, 2006.

36. NELSON 3rd, C. A. *et al.* Cognitive Recovery in Socially Deprived Young Children. *Science*, v. 318, 2007.

37. ZEANAH, C. H. *et al.* Sensitive Periods. *Monographs of the Society for Research in Child Development*, v. 76, 2011.

38. KNUDSEN, E. I. Sensitive Periods in the Development of the Brain and Behavior. *Journal of Cognitive Neuroscience*, v. 16, 2004.

39. HENSCH, T. K. Critical Period Regulation. *Annual Review of Neuroscience*, v. 27, 2004.

40. FRIEDMANN, N. *et al.* Critical Period for First Language. *Current Opinion in Neurobiology*, v. 35, 2015.

41. McLAUGHLIN, K. A. *et al.* Neglect as a Violation of Species-Expectant Experience: Neurodevelopmental Consequences. *Biological Psychiatry*, v. 82, 2017.

42. ANDERSON, V. *et al.* Do Children Really Recover Better? Neurobehavioural Plasticity after Early Brain Insult. *Brain*, v. 134, 2011.

43. BEURIAT, P. A. *et al.* Cerebellar Lesions at a Young Age Predict Poorer Long-term Functional Recovery. *Brain Communications*, v. 2, 2020.

44. CHAPUT, J. P. *et al.* Sleeping Hours: What Is the Ideal Number and How Does Age Impact This?. *Nature and Science of Sleep*, v. 10, 2018.

45. SKINNER, J. D. *et al.* Meal and Snack Patterns of Infants and Toddlers. *Journal of the American Dietetic Association*, v. 104, 2004.

46. ZIEGLER, P. *et al.* Feeding Infants and Toddlers Study. *Journal of the American Dietetic Association*, v. 106, 2006.

47. JIA, R. *et al.* New Parents' Psychological Adjustment and Trajectories of Early Parental Involvement. *Journal of Marriage and Family*, v. 78, 2016.

48. KOTILA, L. E. *et al.* Time in Parenting Activities in Dual-Earner Families at the Transition to Parenthood. *Family Relations*, v. 62, 2013.

49. AMERICAN Time Use Survey 2016. BLS, 2017. Disponível em: bls.gov. Acesso em: 27 jul. 2021.

50. HORAIRES d'enseignement des écoles maternelles et élémentaires – France. 2015. Disponível em: education.gouv.fr. Acesso em: 2015.

51. NUMBER of Instructional Days and Hours in the School Year, by State: 2018 –USA. NCES, 2018. Disponível em: nces.ed.gov. Acesso em: 27 jul. 2021.

52. HART, B. *et al. Meaningful Differences*. Baltimore, MD: Paul H Brookes Publishing Co, 1995.

53. WARTELLA, E. *et al. Parenting in the Age of Digital Technology*. Center on Media and Human Development School of Communication Northwestern University, 2014.

54. MENDELSOHN, A. L. *et al.* Do Verbal Interactions with Infants During Electronic Media Exposure Mitigate Adverse Impacts on their Language Development as Toddlers?. *Infant and Child Development*, v. 19, 2010.

55. CHONCHAIYA, W. *et al.* Elevated Background TV Exposure over

Time Increases Behavioural Scores of 18-Month-old Toddlers. *Acta Paediatrica*, v. 104, 2015.
56. DUCH, H. *et al.* Association of Screen Time Use and Language Development in Hispanic Toddlers. *Clinical Pediatrics (Philadelphia)*, v. 52, 2013.
57. KABALI, H. K. *et al.* Exposure and Use of Mobile Media Devices by Young Children. *Pediatrics*, v. 136, 2015.
58. ERICSSON, A. *et al.* The Role of Deliberate Practice in the Acquisition of Expert Performance. *Psychological Review*, v. 100, 1993.
59. FETLER, M. Television Viewing and School Achievement. *Journal of Communication*, v. 34, 1984.
60. BEENTJES, J. *et al.* Television's Impact on Children's Reading Skills. *Reading Research Quarterly*, v. 23, 1988.
61. COMSTOCK, G. Television and the American Child. *In*: HEDLEY, C. N. *et al.* (Ed.). *Thinking and Literacy: The Mind at Work*. London: Routledge, 1995.
62. JACKSON, L. *et al.* A Longitudinal Study of the Effects of Internet Use and Videogame Playing on Academic Performance and the Roles of Gender, Race and Income in These Relationships. *Computers in Human Behavior*, v. 27, 2011.
63. RIDEOUT, V. *et al. The Common Sense Census: Media Use by Tweens and Teens.* Common Sense Media, 2019.
64. L'EMPLOI du temps de votre enfant au collège. 2017. Disponível em: education.gouv.fr. Acesso em: 2017.
65. AVERAGE Annual Hours Actually Worked (2019 or Latest Available). OECD, 2020. Disponível em: data.oecd.org. Acesso em: 27 jul. 2021.
66. ORBEN, A. *et al.* The Association between Adolescent Well-being and Digital Technology Use. *Nature Human Behaviour*, v. 3, 2019.
67. ORBEN, A. *et al.* Screens, Teens, and Psychological Well-Being: Evidence From Three Time-Use-Diary Studies. *Psychological Science*, v. 30, 2019.
68. KASSER, T. *The High Price of Materialism*. Cambridge, MA: MIT Press, 2002.
69. PUBLIC HEALTH ENGLAND. How Healthy Behaviour Supports Children's Wellbeing. Public Health England, 2013. Disponível em: gov.uk. Acesso em: 27 jul. 2021.
70. KROSS, E. *et al.* Facebook Use Predicts Declines in Subjective Well-being in Young Adults. *PLoS One*, v. 8, 2013.
71. YANG, F. *et al.* Electronic Screen Use and Mental Well-being of 10-12-Year-old Children. *European Journal of Public Health*, v. 23, 2013.
72. VERDUYN, P. *et al.* Passive Facebook Usage Undermines Affective Well-being: Experimental and Longitudinal Evidence. *Journal of Experimental Psychology: General*, v. 144, 2015.
73. TROMHOLT, M. The Facebook Experiment. *Cyberpsychology, Behavior, and Social Networking*, v. 19, 2016.
74. LIN, L. Y. *et al.* Association between Social Media Use and Depression among U.S. Young Adults. *Depression and Anxiety*, v. 33, 2016.
75. PRIMACK, B. A. *et al.* Social Media Use and Perceived Social Isolation among Young Adults in the U.S. *American Journal of Preventive Medicine*, v. 53, 2017.
76. PRIMACK, B. A. *et al.* Association between Media Use in Adolescence and Depression in Young Adulthood. *Archives Of General Psychiatry*, v. 66, 2009.
77. COSTIGAN, S. A. *et al.* The Health Indicators Associated with Screen-based sedentary Behavior among Adolescent Girls. *Journal of Adolescent Health*, v. 52, 2013.
78. SHAKYA, H. B. *et al.* Association of Facebook Use with Compromised Well-being. *American Journal of Epidemiology*, v. 185, 2017.
79. BABIC, M. *et al.* Longitudinal Associations between Changes in Screen-time and Mental Health Outcomes in Adolescents. *Mental Health and Physical Activity*, v. 12, 2017.
80. TWENGE, J. *et al.* Increases in Depressive Symptoms, Suicide-Related Outcomes, and Suicide Rates Among U.S. Adolescents after 2010 and Links

to Increased New Media Screen Time. *Clinical Psychological Science*, v. 6, 2018.
81. TWENGE, J. M. *et al.* Decreases in Psychological Well-Being Among American Adolescents After 2012 and Links to Screen Time During the Rise of Smartphone Technology. *Emotion*, v. 18, 2018.
82. KELLY, Y. *et al.* Social Media Use and Adolescent Mental Health. *EClinicalMedicine*, v. 6, 2019.
83. DEMIRCI, K. *et al.* Relationship of Smartphone Use Severity with Sleep Quality, Depression, and Anxiety in University Students. *Journal of Behavioral Addictions*, v. 4, 2015.
84. HINKLEY, T. *et al.* Early Childhood Electronic Media Use as a Predictor of Poorer Well-being. *JAMA Pediatrics*, v. 168, 2014.
85. HUNT, M. *et al.* No More FOMO. *Journal of Social and Clinical Psychology*, v. 37, 2018.
86. SEO, J. H. *et al.* Late Use of Electronic Media and Its Association with Sleep, Depression, and Suicidality among Korean Adolescents. *Sleep Medicine*, v. 29, 2017.
87. TOURNIER, P. *apud* WEYNANTS, E. "Les collégiens ont trop d'heures de cours". *L'Express*, 2010. Disponível em: lexpress.fr. Acesso em: 27 jul. 2021.
88. DUPIOT, C. "L'école? On va finir par y dormir". *Libération*, 2012. Disponível em: liberation.fr. Acesso em: 27 jul. 2021.
89. GLADWELL, M. *Outliers*. [S.l.]: Black Bay Books, 2008.
90. TOUGH, P. *How Children Succeed*. New York: Random House, 2013.
91. ANGRIST, J. D. *et al.* Who Benefits from KIPP?. *Journal of Policy Analysis and Management*, v. 31, 2012.
92. DENNISON, B. A. *et al.* Television Viewing and Television in Bedroom Associated with Overweight Risk Among Low-income Preschool Children. *Pediatrics*, v. 109, 2002.
93. BORZEKOWSKI, D. L. *et al.* The Remote, the Mouse, and the No. 2 Pencil. *Archives of Pediatric and Adolescent Medicine*, v. 159, 2005.
94. BARR-ANDERSON, D. J. *et al.* Characteristics Associated with Older Adolescents Who Have a Television in Their Bedrooms. *Pediatrics*, v. 121, 2008.
95. GRANICH, J. *et al.* Individual, Social, and Physical Environment Factors Associated with Electronic Media Use among Children. *Journal of Physical Activity and Health*, v. 8, 2011.
96. SISSON, S. B. *et al.* TVs in the Bedrooms of Children. *Preventive Medicine*, v. 52, 2011.
97. RAMIREZ, E. R. *et al.* Adolescent Screen Time and Rules to Limit Screen Time in the Home. *Journal of Adolescent Health*, v. 48, 2011.
98. GARRISON, M. M. *et al.* Media Use and Child Sleep. *Pediatrics*, v. 128, 2011.
99. TANDON, P. S. *et al.* Home Environment Relationships with Children's Physical Activity, Sedentary Time, and Screen Time by Socioeconomic Status. *International Journal of Behavioral Nutrition and Physical Activity*, v. 9, 2012.
100. WETHINGTON, H. *et al.* The Association of Screen Time, Television in the Bedroom, and Obesity among School-aged Youth. *Journal of School Health*, v. 83, 2013.
101. DUMUID, D. *et al.* Does Home Equipment Contribute to Socioeconomic Gradients in Australian Children's Physical Activity, Sedentary Time and Screen Time?. *BMC Public Health*, v. 16, 2016.
102. LI, S. *et al.* The Impact of Media Use on Sleep Patterns and Sleep Disorders among School-aged Children in China. *Sleep*, v. 30, 2007.
103. BROCKMANN, P. E. *et al.* Impact of Television on the Quality of Sleep in Preschool Children. *Sleep Medicine*, v. 20, 2016.
104. VAN DEN BULCK, J. Television Viewing, Computer Game Playing, and Internet Use and Self-reported Time to Bed and Time out of Bed in Secondary-school Children. *Sleep*, v. 27, 2004.
105. GENTILE, D. A. *et al.* Bedroom Media. *Developmental Psychology*, v. 53, 2017.
106. SHOCHAT, T. *et al.* Sleep Patterns, Electronic Media Exposure and Daytime Sleep-related Behaviours among

Israeli Adolescents. *Acta Paediatrica*, v. 99, 2010.
107. OWENS, J. et al. Television-viewing Habits and Sleep Disturbance in School Children. *Pediatrics*, v. 104, 1999.
108. VELDHUIS, L. et al. Parenting Style, the Home Environment, and Screen Time of 5-Year-old Children; the "Be Active, Eat Right" Study. *PLoS One*, v. 9, 2014.
109. PEMPEK, T. et al. Young Children's Tablet Use and Associations with Maternal Well-Being. *Journal of Child and Family Studies*, v. 25, 2016.
110. LAURICELLA, A. R. et al. Young Children's Screen Time. *Journal of Applied Developmental Psychology*, v. 36, 2015.
111. JAGO, R. et al. Cross-sectional Associations between the Screen-time of Parents and Young Children. *International Journal of Behavioral Nutrition and Physical Activity*, v. 11, 2014.
112. JAGO, R. et al. Parent and Child Screen-viewing Time and Home Media Environment. *American Journal of Preventive Medicine*, v. 43, 2012.
113. DE DECKER, E. et al. Influencing Factors of Screen Time in Preschool Children. *Obesity Reviews*, v. 13, Suppl. 1, 2012.
114. BLEAKLEY, A. et al. The Relationship between Parents' and Children's Television Viewing. *Pediatrics*, v. 132, 2013.
115. COLLIER, K. M. et al. Does Parental Mediation of Media Influence Child Outcomes? A Meta-analysis on Media Time, Aggression, Substance Use, and Sexual Behavior. *Developmental Psychology*, v. 52, 2016.
116. BANDURA, A. *Social Learning Theory*. New Jersey: Prentice Hall, 1977.
117. DURLAK, A. et al. *Handbook of Social and Emotional Learning*. New York: Guilford Press, 2015.
118. JAGO, R. et al. Parental Sedentary Restriction, Maternal Parenting Style, and Television Viewing Among 10- to 11-Year-olds. *Pediatrics*, v. 128, 2011.
119. BUCHANAN, L. et al. Reducing Recreational Sedentary Screen Time: A Community Guide Systematic Review. *American Journal of Preventive Medicine*, v. 50, 2016.
120. COMMUNITY PREVENTIVE SERVICES TASK FORCE. Reducing Children's Recreational Sedentary Screen Time. *American Journal of Preventive Medicine*, v. 50, 2016.
121. DESMURGET, M. *L'Antirégime au quotidien*. Paris: Belin, 2017.
122. WANSINK, B. *Mindless Eating*. New York: Bantam Books, 2007.
123. FEELEY, J. Children's Content Interest: A Factor Analytic Study. *In*: ANNUAL MEETING OF THE NATIONAL COUNCIL OF TEACHERS OF ENGLISH, Nov. 23-25, 1972, Minneapolis, Minnesota.
124. KILLINGSWORTH, M. A. et al. A Wandering Mind Is an Unhappy Mind. *Science*, v. 330, 2010.
125. KOERTH-BAKER, M. Why Boredom Is Anything but Boring. *Nature*, n. 529, 2016.
126. MILYAVSKAYA, M. et al. Reward Sensitivity Following Boredom and Cognitive Effort: A High-powered Neurophysiological Investigation. *Neuropsychologia*, v. 2018.
127. WILSON, T. D. et al. Just Think. *Science*, v. 345, 2014.
128. HAVERMANS, R.C. et al. Eating and Inflicting Pain out of Boredom. *Appetite*, n. 85, 2015.
129. MAUSHART, S. *The Winter of Our Disconnect*. New York: Tarcher; Penguin, 2011.
130. DUNKLEY, V. Gray Matters: Too Much Screen Time Damages the Brain *Psychology Today*, 2014. Disponível em: psychologytoday.com. Acesso em: 27 jul. 2021.
131. WALTON, A. Investors Pressure Apple over Psychological Risks of Screen Time For Kids. *Forbes*, 2018. Disponível em: forbes.com. Acesso em: 27 jul. 2021.
132. HUERRE, P. apud PICUT, G. Comment aider son enfant à ne pas devenir accro aux écrans?. *L'Express*, 2014. Disponível em: lexpress.fr. Acesso em: 27 jul. 2021.

133. BRAND, M. *et al.* Prefrontal Control and Internet Addiction: A Theoretical Model and Review of Neuropsychological and Neuroimaging Findings. *Frontiers in Human Neuroscience*, v. 8, 2014.
134. DE-SOLA GUTIERREZ, J. *et al.* Cell-Phone Addiction. *Frontiers in Psychiatry*, v. 7, 2016.
135. CERNIGLIA, L. *et al.* Internet Addiction in adolescence. *Neuroscience & Biobehavioral Reviews*, v. 76, 2017.
136. KUSS, D. J. *et al.* Neurobiological Correlates in Internet Gaming Disorder: A Systematic Literature Review. *Frontiers in Psychiatry*, v. 9, 2018.
137. MENG, Y. *et al.* The Prefrontal Dysfunction in Individuals with Internet Gaming Disorder. *Addiction Biology*, v. 20, 2015.
138. PARK, B. *et al.* Neurobiological Findings Related to Internet Use Disorders. *Psychiatry and Clinical Neurosciences*, v. 71, 2017.
139. WEINSTEIN, A. *et al.* New Developments in Brain Research of Internet and Gaming Disorder. *Neuroscience & Biobehavioral Reviews*, v. 75, 2017.
140. GENTILE, D. A. *et al.* Internet Gaming Disorder in Children and Adolescents. *Pediatrics*, v. 140, 2017.
141. GRIFFITHS, M. *et al.* A brief overview of internet gaming disorder and its treatment. *Australian Clinical Psychologist*, v. 2, 2016.
142. HE, Q. *et al.* Brain Anatomy Alterations Associated with Social Networking Site (SNS) Addiction. *Scientific Reports*, v. 7, 2017.
143. OMS. Trouble du jeu vidéo. OMS, 2018. Disponível em: who.int. Acesso em: 27 jul. 2021.
144. ANDERSON, E. L. *et al.* Internet Use and Problematic Internet Use. *International Journal of Adolescence and Youth*, v. 22, 2016.
145. KUSS, D. J. *et al.* Internet Addiction. *Current Pharmaceutical Design*, v. 20, 2014.
146. PETRY, N. M. *et al.* Griffiths et al.'s Comments on the International Consensus Statement of Internet Gaming Disorder. *Addiction*, v. 111, 2016.
147. GRIFFITHS, M. D. *et al.* Working towards an International Consensus on Criteria for Assessing Internet Gaming Disorder: A Critical Commentary on Petry *et al.* (2014). *Addiction*, v. 111, 2016.
148. WEINSTEIN, A. *et al.* Internet Addiction or Excessive Internet Use. *The American Journal of Drug and Alcohol Abuse*, v. 36, 2010.
149. DURKEE, T. *et al.* Prevalence of Pathological Internet Use among Adolescents in Europe: Demographic and Social Factors. *Addiction*, v. 107, 2012.
150. FENG, W. *et al.* Internet Gaming Disorder: Trends in Prevalence 1998-2016. *Addictive Behaviors*, v. 75, 2017.
151. MIHARA, S. *et al.* Cross-sectional and Longitudinal Epidemiological Studies of Internet Gaming Disorder: A Systematic Review of the Literature. *Psychiatry and Clinical Neurosciences*, v. 71, 2017.
152. INSEE. Population par sexe et groupe d'âges en 2018. INSEE, 2018. Disponível em: insee.fr. Acesso em: 27 jul. 2021.
153. UNITED STATES CENSUS BUREAU. 2017 National Population Projections Tables. United States Censu Bureau, 2017. Disponível em: census.gov. Acesso em: 27 jul. 2021.
154. BALLET, V. Jeux vidéo: "Ma pratique était excessive, mais le mot 'addiction' me semblait exagéré". *Libération*, 2018. Disponível em: liberation.fr. Acesso em: 27 jul. 2021.
155. YOUNG, K. S. Internet Addiction. *CyberPsychology & Behavior*, v. 1, 1998.
156. DOUGLAS, A. *et al.* Internet Addiction. *Computers in Human Behavior*, v. 24, 2008.
157. KUSS, D. *et al.* Excessive Internet Use and Psychopathology. *Clinical Neuropsychiatry*, v. 14, 2017.
158. HUBEL, D. H. *et al.* The Period of Susceptibility to the Physiological Effects of Unilateral Eye Closure in Kittens. *The Journal of Physiology*, v. 206, 1970.
159. DE VILLERS-SIDANI, E. *et al.* Critical Period Window For Spectral Tu-

ning Defined in the Primary Auditory Cortex (A1) in the Rat. *Journal of Neuroscience*, v. 27, 2007.
160. KRAL, A. Auditory Critical Periods. *Neuroscience*, v. 247, 2013.
161. KRAL, A. *et al.* Developmental Neuroplasticity after Cochlear Implantation. *Trends in Neurosciences*, v. 35, 2012.
162. BAILEY, J. A. *et al.* Early Musical Training Is Linked to Gray Matter Structure in the Ventral Premotor Cortex and Auditory-motor Rhythm Synchronization Performance. *Journal of Cognitive Neuroscience*, v. 26, 2014.
163. STEELE, C. J. *et al.* Early Musical Training and White-matter Plasticity in the Corpus Callosum. *Journal of Neuroscience*, v. 33, 2013.
164. JOHNSON, J. S. *et al.* Critical Period Effects in Second Language Learning. *Cognitive Psychology*, v. 21, 1989.
165. KUHL, P. K. Brain Mechanisms in Early Language Acquisition. *Neuron*, v. 67, 2010.
166. KUHL, P. *et al.* Neural Substrates of Language Acquisition. *Annual Review of Neuroscience*, v. 31, 2008.
167. GERVAIN, J. *et al.* Speech Perception and Language Acquisition in the First Year of Life. *Annual Review of Psychology*, v. 61, 2010.
168. WERKER, J. F. *et al.* Critical Periods in Speech Perception: New Directions. *Annual Review of Psychology*, v. 66, 2015.
169. FLEGE, J. *et al.* Amount of Native-language (L1) Use Affects the Pronunciation of an L2. *Journal of Phonetics*, V. 25, 1997.
170. WEBER-FOX, C. M. *et al.* Maturational Constraints on Functional Specializations for Language Processing. *Journal of Cognitive Neuroscience*, v. 8, 1996.
171. PIAGET, J. *The Origins of Intelligence in Children*. Madison, CT: International Universities Press, 1952.
172. *The New Jerusalem Bible -Standard Edition-*, Doubleday, 1999.
173. DUFF, D. *et al.* The Influence of Reading on Vocabulary Growth. *Journal of Speech, Language, and Hearing Research*, V. 58, 2015.
174. PERC, M. The Matthew Effect in Empirical Data. *Journal of the Royal Society Interface*, V. 11, 2014.
175. CUNNINGHAM, A. *et al.* *Book Smart*. Oxford: Oxford University Press, 2014.
176. HIRSCH, E. *The Knowledge Deficit*. Boston, MA: Houghton Mifflin Harcourt, 2006.
177. MOL, S. E. *et al.* To Read or Not to Read. *Psychological Bulletin*, v. 137, 2011.
178. PETERSEN, A. M. *et al.* Quantitative and Empirical Demonstration of the Matthew effect in a study of Career Longevity. *Proceedings of the National Academy of Sciences of the United States of America*, v. 108, 2011.
179. RIGNEY, D. *The Matthew Effect*. New York: Columbia University Press, 2010.
180. HECKMAN, J. J. Skill Formation and the Economics of Investing in Disadvantaged Children. *Science*, v. 312, 2006.
181. VAN DEN HEUVEL, M. *et al.* Mobile Media Device Use Is Associated with Expressive Language Delay in 18-Month-Old Children. *Journal of Developmental & Behavioral Pediatrics*, v. 40, 2019.
182. WEN, L. M. *et al.* Correlates of Body Mass Index and overweight and Obesity of Children Aged 2 Years. *Obesity (Silver Spring)*, v. 22, 2014.
183. TOMOPOULOS, S. *et al.* Infant Media Exposure and Toddler Development. *Archives of Pediatric and Adolescent Medicine*, v. 164, 2010.
184. PAGANI, L. S. *et al.* Prospective Associations between Early Childhood Television Exposure and Academic, Psychosocial, and Physical Well-being by Middle Childhood. *Archives of Pediatric and Adolescent Medicine*, v. 164, 2010.
185. CHRISTAKIS, D. A. *et al.* How Early Media Exposure May Affect Cognitive Function. *Proceedings of the National Academy of Sciences of the United States of America*, v. 115, 2018.
186. NIKKELEN, S. W. *et al.* Media Use and ADHD-related Behaviors in Chil-

dren and Adolescents. *Developmental Psychology*, v. 50, 2014.
187. RUEB, E. W.H.O. Says Limited or No Screen Time for Children Under 5. *The New York Times*, 2019. Disponível em: nytimes.com. Acesso em: 27 jul. 2021.
188. WHO. To Grow up Healthy, Children Need To Sit Less and Play More. Who, 2019. Disponível em: who.int. Acesso em: 27 jul. 2021.
189. AMERICAN ACADEMY OF PEDIATRICS. Committee on Public Education. Media Education. *Pediatrics*, v. 104, 1999.
190. AUSTRALIAN DEPARTMENT OF HEALTH. *Is Your Family Missing out on the Benefits of Being Active Every Day?*. Australian Department of Health, 2014. Disponível em: health.gov.au. Acesso em: 27 jul. 2021.
191. AMERICAN ACADEMY OF PEDIATRICS. Council of Communications and Media. Media and Young Minds. *Pediatrics*, v. 138, 2016.
192. CANADIAN PAEDIATRIC SOCIETY D.H.T.F.O.O. Screen Time and Young Children: Promoting Health and Development in a Digital World. *Paediatrics & Child Health*, v. 22, 2017.
193. FRENCH BROADCASTING AUTHORITY. Utiliser les écrans, ça s'apprend. Sept. 2018. Disponível em: csa.fr. Acesso em: set. 2018.
194. KOSTYRKA-ALLCHORNE, K. *et al.* The Relationship between Television Exposure and Children's Cognition and Behaviour. *Developmental Review*, v. 44, 2017.
195. MADIGAN, S. *et al.* Associations between Screen Use and Child Language Skills: A Systematic Review and Meta-analysis. *JAMA Pediatrics*, v. 174, 2020.
196. MURRAY, L. *et al.* Randomized Controlled Trial of a Book-sharing interveNtion in a Deprived South African Community. *Journal of Child Psychology and Psychiatry*, v. 57, 2016.
197. VALLY, Z. *et al.* The Impact of Dialogic Book-sharing Training on Infant Language and Attention. *Journal of Child Psychology and Psychiatry*, v. 56, 2015.
198. HAYES, D. Speaking and Writing. *Journal of Memory and Language*, v. 27, 1988.
199. CUNNINGHAM, A. *et al.* What Reading Does for the Mind. *American Educator*, v. 22, 1998.
200. AMERICAN ACADEMY OF PEDIATRICS. Council on Communications and Media. Children and Adolescents and Digital Media. *Pediatrics*, v. 138, 2016.
201. RYMER, R. *Genie: A Scientific Tragedy*. New York: Harper Perennial, 1994.
202. WHITEBREAD, D. *et al.* Pretend Play in Young Children and the Emergence of Creativity. *In*: PREISS, D. *et al.* (Ed.). *Creativity and the Wandering Mind*. Cambridge, MA: Academic Press, 2020.
203. NICOLOPOULOU, A. *et al.* What Do We Know about Pretend Play and Narrative Development?. *American Journal of Play*, v. 6, 2013.
204. RAO, Z. *et al.* The Role of Pretend Play in Supporting Young Children's Emotional Development. *In*: WHITEBREAD, D. *et al.* (Ed.). *The SAGE Handbook of Developmental Psychology and Early Childhood Education*. Thousand Oaks, CA: Sage, 2019.
205. VANDEWATER, E. A. *et al.* Time Well Spent? Relating Television Use to Children's Free-time Activities. *Pediatrics*, v. 117, 2006.
206. HANCOX, R. J. *et al.* Association of Television Viewing during Childhood with Poor Educational Achievement. *Archives of Pediatrics and Adolescent Medicine*, v. 159, 2005.
207. ZHENG, F. *et al.* Association between Mobile Phone Use and Inattention in 7102 Chinese Adolescents. *BMC Public Health*, v. 14, 2014.
208. STETTLER, N. *et al.* Electronic Games and Environmental Factors Associated with Childhood Obesity in Switzerland. *Obesity Research*, v. 12, 2004.
209. EXELMANS, L. *et al.* Sleep Quality Is Negatively Related to Video Gaming

Volume in Adults. *Journal of Sleep Research*, v. 24, 2015.
210. GOPINATH, B. *et al.* Influence of Physical Activity and Screen Time on the Retinal Microvasculature in Young Children. *Arteriosclerosis, Thrombosis, and Vascular Biology*, v. 31, 2011.
211. DUNSTAN, D. W. *et al.* Television Viewing Time and Mortality. *Circulation*, v. 121, 2010.
212. STRASBURGER, V. C. *et al.* Children, Adolescents, and the Media. *Pediatric Clinics of North America*, v. 59, 2012.
213. AMERICAN ACADEMY OF PEDIATRICS. Policy Statement: Media Violence. *Pediatrics*, v. 124, 2009.
214. MacDONALD, K. How Much Screen Time is Too Much for Kids? It's Complicated. *The Guardian*, 2018. Disponível em: theguardian.com. Acesso em: 27 jul. 2021.
215. KEZA MacDonald, Video Games Editor. *The Guardian*, 2019. Disponível em: theguardian.com. Acesso em: 27 jul. 2021.
216. DESMURGET, M. *L'Antirégime*. Paris: Belin, 2015.
217. USDA *et al. Dietary Guidelines for Americans 2010*. 7th ed. U.S. Department of Agriculture; U.S. Department of Health and Human Services, 2010.
218. MORGENSTERN, M. *et al.* Smoking in Movies and Adolescent Smoking. *Thorax*, v. 66, 2011.
219. MORGENSTERN, M. *et al.* Smoking in Movies and Adolescent Smoking Initiation. *American Journal of Preventive Medicine*, v. 44, 2013.
220. DALTON, M. A. *et al.* Early Exposure to Movie Smoking Predicts Established Smoking by Older Teens and Young Adults. *Pediatrics*, v. 123, 2009.
221. DALTON, M. A. *et al.* Effect of Viewing Smoking in Movies on Adolescent Smoking Initiation: A Cohort Study. *The Lancet*, v. 362, 2003.
222. SARGENT, J. D. *et al.* Exposure to Movie Smoking. *Pediatrics*, v. 116, 2005.
223. WINGOOD, G. M. *et al.* A Prospective Study of Exposure to Rap Music Videos and African American Female Adolescents' Health. *American Journal of Public Health*, v. 93, 2003.
224. CHANDRA, A. *et al.* Does Watching Sex on Television Predict Teen Pregnancy? Findings from a National Longitudinal Survey of Youth. *Pediatrics*, v. 122, 2008.
225. COLLINS, R. L. *et al.* Relationships between Adolescent Sexual Outcomes and Exposure to Sex in Media. *Developmental Psychology*, v. 47, 2011.
226. O'HARA, R. E. *et al.* Greater Exposure to Sexual Content in Popular Movies Predicts Earlier Sexual Debut and Increased Sexual Risk Taking. *Psychological Science*, v. 23, 2012.
227. POSTMAN, N. *Amusing Ourselves to Death*. London: Penguin Books, 2005.

TERCEIRA PARTE (P. 75-269)
1. BAUERLEIN, M. *The Dumbest Generation*. New York: Tarcher; Penguin, 2009.

PREÂMBULO (P. 77-80)
1. VRIEND, J. *et al.* Emotional and Cognitive Impact of Sleep Restriction in Children. *Sleep Medicine Clinics*, v. 10, 2015.
2. KIRSZENBLAT, L. *et al.* The Yin and Yang of Sleep and Attention. *Trends in Neurosciences*, v. 38, 2015.
3. LOWE, C. J. *et al.* The Neurocognitive Consequences of Sleep Restriction. *Neuroscience & Biobehavioral Reviews*, v. 80, 2017.
4. TAROKH, L. *et al.* Sleep in Adolescence. *Neuroscience & Biobehavioral Reviews*, v. 70, 2016.
5. CURCIO, G. *et al.* Sleep Loss, Learning Capacity and Academic Performance. *Sleep Medicine Reviews*, v. 10, 2006.
6. CARSKADON, M. A. Sleep's Effects on Cognition and Learning in Adolescence. *Progress in Brain Research*, v. 190, 2011.
7. SHOCHAT, T. *et al.* Functional Consequences of Inadequate Sleep in Adolescents. *Sleep Medicine Reviews*, v. 18, 2014.

TERCEIRA PARTE (P. 75-269)

8. SCHMIDT, R. E. *et al.* The Relations between Sleep, Personality, Behavioral Problems, and School Performance in Adolescents. *Sleep Medicine Clinics*, v. 10, 2015.
9. BRYANT, P. A. *et al.* Sick and Tired. *Nature Reviews Immunology*, v. 4, 2004.
10. KURIEN, P. A. *et al.* Sick and Tired. *Current Opinion in Neurobiology*, v. 23, 2013.
11. IRWIN, M.R. *et al.* Sleep Health. *Neuropsychopharmacology*, v. 42, 2017.
12. BAXTER, S. D. *et al.* The Relationship of School Absenteeism with body Mass Index, Academic Achievement, and Socioeconomic Status among Fourth-grade Children. *Journal of School Health*, v. 81, 2011.
13. SIGFUSDOTTIR, I. D. *et al.* Health Behaviour and Academic Achievement in Icelandic School Children. *Health Education Research*, v. 22, 2007.
14. BLAYA, C. L'Absentéisme des collégiens. *Les Sciences de l'Éducation – Pour l'Ère Nouvelle*, v. 42, 2009.
15. FRANK, M. G. Sleep and Developmental Plasticity Not Just for Kids. *Progress in Brain Research*, v. 193, 2011.
16. TELZER, E. H. *et al.* Sleep Variability in Adolescence is Associated with Altered Brain Development. *Developmental Cognitive Neuroscience*, v. 14, 2015.
17. DUTIL, C. *et al.* Influence of Sleep on Developing Brain Functions and Structures in Children and Adolescents. *Sleep Medicine Reviews*, v. 42, 2018.
18. PATEL, S. R. *et al.* Short Sleep Duration and Weight Gain. *Obesity (Silver Spring)*, v. 16, 2008.
19. CHEN, X. *et al.* Is Sleep Duration Associated with Childhood Obesity? A Systematic Review and Meta-analysis. *Obesity (Silver Spring)*, v. 16, 2008.
20. FATIMA, Y. *et al.* Longitudinal Impact of Sleep on Overweight and Obesity in Children and Adolescents. *Obesity Reviews*, v. 16, 2015.
21. MILLER, M. A. *et al.* Sleep Duration and Incidence of Obesity in Infants, Children, and Adolescents. *Sleep*, v. 41, 2018.
22. TARAS, H. *et al.* Obesity and Student Performance at School. *Journal of School Health*, v. 75, 2005.
23. KARNEHED, N. *et al.* Obesity and Attained Education. *Obesity (Silver Spring)*, v. 14, 2006.
24. PONT, S. J. *et al.* Stigma Experienced by Children and Adolescents with Obesity. *Pediatrics*, v. 140, 2017.
25. PUHL, R. M. *et al.* The Stigma of Obesity. *Obesity (Silver Spring)*, v. 17, 2009.
26. PUHL, R. M. *et al.* Stigma, Obesity, and the Health of the Nation's Children. *Psychological Bulletin*, v. 133, 2007.
27. SHORE, S. M. *et al.* Decreased Scholastic Achievement in Overweight Middle School Students. *Obesity (Silver Spring)*, v. 16, 2008.
28. GEIER, A. B. *et al.* The Relationship between Relative Weight and School Attendance among Elementary Schoolchildren. *Obesity (Silver Spring)*, v. 15, 2007.
29. DESMURGET, M. *L'Antirégime*. Paris: Belin, 2015.
30. KARSAY, K. *et al.* "Weak, Sad, and Lazy Fatties": Adolescents' Explicit and Implicit Weight Bias Following Exposure to Weight Loss Reality TV Shows. *Media Psychology*, v. 22, 2019.
31. INSTITUTE OF MEDICINE OF THE NATIONAL ACADEMIES. *Sleep Disorders and Sleep Deprivation: An Unmet Public Health Problem*. Washington, D.C.: The National Academies Press, 2006.
32. GOLDSTEIN, A. N. *et al.* The Role of Sleep in Emotional Brain Function. *Annual Review of Clinical Psychology*, 10, 2014.
33. UEHLI, K. *et al.* Sleep Problems and Work Injuries. *Sleep Medicine Reviews*, v. 18, 2014.
34. ST-ONGE, M. P. *et al.* Sleep Duration and Quality. *Circulation*, v. 134, 2016.
35. BIOULAC, S. *et al.* Risk of Motor Vehicle Accidents Related to Sleepiness at the Wheel. *Sleep*, v. 41, 2018.
36. SPIRA, A.P. *et al.* Impact of Sleep on the Risk of Cognitive Decline and Dementia. *Current Opinion in Psychiatry*, 27, 2014.

37. LINDSTROM, H. A. *et al.* The Relationships between Television Viewing in Midlife and the Development of Alzheimer's Disease in a Case-control Study. *Brain and Cognition*, v. 58, 2005.
38. LO, J. C. *et al.* Sleep Duration and Age-related Changes in Brain Structure and Cognitive Performance. *Sleep*, v. 37, 2014.
39. JU, Y. E. *et al.* Sleep and Alzheimer Disease Pathology: A Bidirectional Relationship, *Nature Reviews Neurology*, v. 10, 2014.
40. ZHANG, F. *et al.* The Missing Link between Sleep Disorders and Age-related Dementia. *Journal of Neural Transmission (Vienna)*, v. 124, 2017.
41. MACEDO, A. C. *et al.* Is Sleep Disruption a Risk Factor for Alzheimer's Disease?. *Journal of Alzheimer's Disease*, v. 58, 2017.
42. WU, L. *et al.* A Systematic Review and Dose-response Meta-analysis of Sleep Duration and the Occurrence of Cognitive Disorders. *Sleep and Breathing*, v. 22, 2018.
43. BARNES, D. E. *et al.* The Projected Effect of Risk Factor Reduction on Alzheimer's Disease Prevalence. *The Lancet Neurology*, v. 10, 2011.
44. OSTRIA, V. Par le petit bout de la lucarne. *Les Inrockuptibles*, v. 792, 2011.

DESEMPENHO ESCOLAR (P. 81-136)

1. GARCIA, S. *Le goût de l'effort*. Paris: PUF, 2018.
2. LAHIRE, B. *Enfances de classe*. Paris: Seuil, 2019.
3. BOURDIEU, P. *et al. The Inheritors*. Berkeley, CA: University of California Press, 1979.
4. SIRIN, S. Socioeconomic Status and Academic Achievement. *Review of Educational Research*, n. 75, 2005.
5. BUMGARNER, E. *et al.* Socioeconomoc Status and Student Achievement. In: HATTIE, J. *et al.* (Ed.). *International Guide to Student Achievement*. London: Routledge, 2013.
6. CORDER, K. *et al.* Revising on the Run or Studying on the Sofa. *International Journal of Behavioral Nutrition and Physical Activity*, v. 12, 2015.
7. DIMITRIOU, D. *et al.* The Role of Environmental Factors on Sleep Patterns and School Performance in Adolescents. *Frontiers in Psychology*, v. 6, 2015.
8. GARCIA-CONTINENTE, X. *et al.* Factors Associated with Media Use among Adolescents. *European Journal of Public Health*, v. 24, 2014.
9. GARCIA-HERMOSO, A. *et al.* Relationship of Weight Status, Physical Activity and Screen Time with Academic Achievement in Adolescents. *Obesity Research & Clinical Practice*, v. 11, 2017.
10. PRESSMAN, R. *et al.* Examining the Interface of Family and Personal Traits, Media, and Academic Imperatives Using the Learning Habit Study. *American Journal of Family Therapy*, v. 42, 2014.
11. JACOBSEN, W. C. *et al.* The Wired Generation. *Cyberpsychology, Behavior, and Social Networking*, v. 14, 2011.
12. LIZANDRA, J. *et al.* Does Sedentary Behavior Predict Academic Performance in Adolescents or the Other Way Round? A Longitudinal Path Analysis. *PLoS One*, v. 11, 2016.
13. MOSSLE, T. *et al.* Media Use and School Achievement: Boys at Risk?. *British Journal of Developmental Psychology*, v. 28, 2010.
14. PEIRO-VELERT, C. *et al.* Screen Media Usage, Sleep Time and Academic Performance in Adolescents. *PLoS One*, v. 9, 2014.
15. POULAIN, T. *et al.* Cross-sectional and Longitudinal Associations Of Screen Time and Physical Activity with School Performance at Different Types of Secondary School. *BMC Public Health*, v. 18, 2018.
16. SYVAOJA, H. J. *et al.* Physical Activity, Sedentary Behavior, and Academic Performance in Finnish Children. *Medicine & Science in Sports & Exercise*, v. 45, 2013.
17. SYVAOJA, H. J. *et al.* The Relation of Physical Activity, Sedentary Behaviors, and Academic Achievement Is Mediated by Fitness and Bedtime. *Journal of Physical Activity and Health*, v. 15, 2018.

18. ISHII, K. *et al.* Joint Associations of Leisure Screen Time and Physical Activity with Academic Performance in a Sample of Japanese Children. *International Journal of Environmental Research and Public Health*, v. 17, 2020.
19. DESMURGET, M. *TV Lobotomie*. Paris: J'ai Lu, 2013.
20. KEITH, T. *et al.* Parental Involvement, Homework, and TV Time. *Journal of Educational Psychology*, n. 78, 1986.
21. COMSTOCK, G. Television and the American Child. *In*: HEDLEY, C. N. *et al.* (Ed.). *Thinking and Literacy: The Mind at Work*. London: Routledge, 1995.
22. OZMERT, E. *et al.* Behavioral Correlates of Television Viewing in Primary School Children Evaluated by the Child Behavior Checklist. *Archives of Pediatric and Adolescent Medicine*, v. 156, 2002.
23. SHIN, N. Exploring Pathways from Television Viewing to Academic Achievement in School Age Children. *The Journal of Genetic Psychology*, v. 165, 2004.
24. HUNLEY, S.A. *et al.* Adolescent Computer Use and Academic Achievement. *Adolescence*, v. 40, 2005.
25. BORZEKOWSKI, D. L. *et al.* The Remote, the Mouse, and the No. 2 Pencil. *Archives of Pediatric and Adolescent Medicine*, v. 159, 2005.
26. HANCOX, R. J. *et al.* Association of Television Viewing during Childhood with Poor Educational Achievement. *Archives of Pediatric and Adolescent Medicine*, v. 159, 2005.
27. JOHNSON, J. G. *et al.* Extensive Television Viewing and the Development of Attention and Learning Difficulties during Adolescence. *Archives of Pediatric and Adolescent Medicine*, v. 161, 2007.
28. ESPINOZA, F. Using Project-Based Data in Physics to Examine Television Viewing in Relation to Student Performance in Science. *Journal of Science Education and Technology*, v. 18, 2009.
29. SHARIF, I. *et al.* Association between Television, Movie, and Video Game Exposure and School Performance. *Pediatrics*, v. 118, 2006.
30. SHARIF, I. *et al.* Effect of Visual Media Use on School Performance. *Journal of Adolescent Health*, v. 46, 2010.
31. PAGANI, L. S. *et al.* Prospective Associations between Early Childhood Television Exposure and Academic, pSychosocial, and Physical Well-being by Middle Childhood. *Archives of Pediatric and Adolescent Medicine*, v. 164, 2010.
32. WALSH, J.L. *et al.* Female College Students' Media Use and Academic Outcomes. *Emerging Adulthood*, v. 1, 2013.
33. GENTILE, D. A. *et al.* Bedroom Media. *Developmental Psychology*, v. 53, 2017.
34. RIBNER, A. *et al.* Family Socioeconomic Status Moderates Associations between Television Viewing and School Readiness Skills. *Journal of Developmental & Behavioral Pediatrics*, v. 38, 2017.
35. SHEJWAL, B. R. *et al.* Television Viewing of Higher Secondary Students: Does It Affect Their Academic Achievement and Mathematical Reasoning?. *Psychology and Developing Societies*, v. 18, 2006.
36. VASSILOUDIS, I. *et al.* Academic Performance in Relation to Adherence to the Mediterranean Diet and Energy Balance Behaviors in Greek Primary Schoolchildren. *Journal of Nutrition Education and Behavior*, v. 46, 2014.
37. ADELANTADO-RENAU, M. *et al.* Association between Screen Media Use and Academic Performance Among Children and Adolescents: A Systematic Review and Meta-analysis. *JAMA Pediatrics*, v. 173, 2019.
38. LANDHUIS, C. E. *et al.* Association between Childhood and Adolescent Television Viewing and Unemployment in Adulthood. *Preventive Medicine*, v. 54, 2012.
39. ANDERSON, C. A. *et al.* Video Games and Aggressive Thoughts, Feelings, and Behavior in the Laboratory and in Life. *Journal of Personality and Social Psychology*, v. 78, 2000.
40. JARURATANASIRIKUL, S. *et al.* Electronic Game Play and School Per-

formance of Adolescents in Southern Thailand. *CyberPsychology & Behavior*, v. 12, 2009.
41. CHAN, P. A. *et al.* A Cross-sectional Analysis of Video Games and Attention Deficit Hyperactivity Disorder Symptoms in Adolescents. *Annals of General Psychiatry*, v. 5, 2006.
42. HASTINGS, E. C. *et al.* Young Children's Video/Computer Game Use. *Issues in Mental Health Nursing*, v. 30, 2009.
43. LI, D. *et al.* Effects of Digital Game Play Among Young Singaporean Gamers. *Journal For Virtual Worlds Research*, v. 5, 2012.
44. GENTILE, D. Pathological Video-game Use among Youth Ages 8 to 18. *Psychological Science*, v. 20, 2009.
45. GENTILE, D. A. *et al.* The Effects of Violent Video Game Habits on Adolescent Hostility, Aggressive Behaviors, and School Performance. *Journal of Adolescence*, v. 27, 2004.
46. JACKSON, L. *et al.* A Longitudinal Study of the Effects of Internet Use and Videogame Playing on Academic Performance and the Roles of Gender, Race and Income in These Relationships. *Computers in Human Behavior*, v. 27, 2011.
47. JACKSON, L. *et al.* Internet Use, Videogame Playing and Cell Phone Use as Predictors of Children's Body Mass Index (BMI), Body Weight, Academic Performance, and Social and Overall Self-esteem. *Computers in Human Behavior*, v. 27, 2011.
48. STINEBRICKNER, R. *et al.* The Causal Effect of Studying on Academic Performance. *The BE Journal of Economic Analysis & Policy*, v. 8, 2008.
49. WEIS, R. *et al.* Effects of Video-game Ownership on Young Boys' Academic and Behavioral Functioning. *Psychological Science*, v. 21, 2010.
50. SPITZER, M. Outsourcing the Mental? From Knowledge-on-Demand to Morbus Google. *Trends in Neuroscience and Education*, v. 5, 2016.
51. SANCHEZ-MARTINEZ, M. *et al.* Factors Associated with Cell Phone Use in Adolescents in the Community of Madrid (Spain). *CyberPsychology & Behavior*, v. 12, 2009.
52. JUNCO, R. *et al.* No A 4 U. *Computers & Education*, v. 59, 2012.
53. LEPP, A. *et al.* The Relationship between Cell Phone Use, Academic Performance, Anxiety, and Satisfaction with Life in College Students. *Computers in Human Behavior*, v. 31, 2014.
54. LEPP, A. *et al.* The Relationship Between Cell Phone Use and Academic Performance in a Sample of U.S. College Students. *SAGE Open*, v. 5, 2015.
55. LI, J. *et al.* Locus of Control and Cell Phone Use. *Computers in Human Behavior*, v. 52, 2015.
56. BAERT, S. *et al.* Smartphone Use and Academic Performance. *IZA Discussion Paper*, n. 11455, 2018. Disponível em: iza.org. Acesso em: 27 jul. 2021.
57. HARMAN, B. *et al.* Cell Phone Use and Grade Point Average among Undergraduate University Students. *College Student Journal*, v. 45, 2011.
58. SEO, D. *et al.* Mobile Phone Dependency and Its Impacts on Adolescents' Social and Academic Behaviors. *Computers in Human Behavior*, v. 63, 2016.
59. HAWI, N. *et al.* To Excel or Not to Excel. *Computers & Education*, v. 98, 2016.
60. SAMAHA, M. *et al.* Relationships among Smartphone Addiction, Stress, Academic Performance, and Satisfaction with Life. *Computers in Human Behavior*, v. 57, 2016.
61. DEMPSEY, S. *et al.* Later Is Better. *Economics of Innovation and New Technology*, 2018.
62. FELISONI, D. *et al.* Cell Phone Usage and Academic Performance. *Computers & Education*, v. 117, 2018.
63. ABDOUL-MANINROUDINE, A. Classement des PACES: où réussit-on le mieux le concours de médecine?. *L'Etudiant*, 2017. Disponível em: letudiant.fr. Acesso em: 27 jul. 2021.
64. KIRSCHNER, P. *et al.* Facebook® and Academic Performance. *Computers in Human Behavior*, v. 26, 2010.
65. JUNCO, R. Too Much Face and Not Enough Books. *Computers in Human Behavior*, v. 28, 2012.

66. PAUL, J. *et al.* Effect of Online Social Networking on Student Academic Performance. *Computers in Human Behavior*, v. 28, 2012.
67. ROSEN, L. *et al.* Facebook and Texting Made Me Do It. *Computers in Human Behavior*, v. 29, 2013.
68. KARPINSKI, A. *et al.* An Exploration of Social Networking Site Use, Multitasking, and Academic Performance among United States and European University Students. *Computers in Human Behavior*, v. 29, 2013.
69. TSITSIKA, A. K. *et al.* Online Social Networking in Adolescence. *Journal of Adolescent Health*, v. 55, 2014.
70. GIUNCHIGLIA, F. *et al.* Mobile Social Media Usage and Academic Performance. *Computers in Human Behavior*, v. 82, 2018.
71. LAU, W. Effects of Social Media Usage and Social Media Multitasking on the Academic Performance of University Students. *Computers in Human Behavior*, v. 68, 2017.
72. LIU, D. *et al.* A Meta-analysis of the Relationship of Academic Performance and Social Network Site Use among Adolescents and Young Adults. *Computers in Human Behavior*, v. 77, 2017.
73. GREGORY, P. *et al.* The Instructional Network. *Journal of Computers in Mathematics and Science Teaching*, v. 33, 2014.
74. HANSEN, J. D. *et al.* Democratizing Education? Examining Access and Usage Patterns in Massive Open Online Courses. *Science*, v. 350, 2015.
75. PERNA, L. *et al.* The Life Cycle of a Million MOOC Users. *In*: MOOC RESEARCH INITIATIVE CONFERENCE, 5-6 Dec. 2013. Disponível em: upenn.edu. Acesso em: 27 jul. 2021.
76. KOLOWICH, S. San Jose State U. Puts MOOC Project With Udacity on Hold. *The Chronicle of Higher Education*, 2013. Disponível em: chronicle.com. Acesso em: 27 jul. 2021.
77. FAIRLIE, R. Do Boys and Girls Use Computers Differently, and Does It Contribute to Why Boys Do Worse in School than Girls? *IZA Discussion Papers*, n. 9302, 2015. Disponível em: iza.org. Acesso em: 27 jul. 2021.
78. FAIRLIE, R. *et al.* Experimental Evidence on the Effects of Home Computers on Academic Achievement among Schoolchildren. *NBER Working Paper*, n. 19060, 2013. Disponível em: nber.org. Acesso em: 27 jul. 2021.
79. FUCHS, T. *et al.* Computers and Student Learning. *Ifo Working Paper*, n. 8, 2005.
80. MALAMUD, O. *et al.* Home Computer Use and the Development of Human Capital. *The Quarterly Journal of Economics*, v. 126, 2011.
81. VIGDOR, J. *et al.* Scaling the Digital Divide. *Economic Inquiry*, v. 52, 2014.
82. SPITZER, M. Information Technology in Education, *Trends in Neuroscience and Education*, v. 3, 2014.
83. Ainda que esta citação seja muito frequentemente associada ao *Admirável mundo novo*, de Adlous Huxley, ela não consta no livro (tampouco em *Regresso ao admirável mundo novo*). Ela parece oriunda de uma ficha de leitura de Annie Degré Lassalle. Disponível em: ici.radio-canada.ca. Acesso em: out. 2018.
84. POSTMAN, N. *Amusing Ourselves to Death*. London: Penguin Books, 2005.
85. KEITH, T. Time Spent on Homework and High School Grades. *Journal of Educational Psychology*, n. 74, 1982.
86. KEITH, T. *et al.* Longitudinal Effects of In-School and Out-of-School Homework on High School Grades. *School Psychology Quarterly*, n. 19, 2004.
87. COOPER, H. *et al.* Does Homework Improve Academic Achievement? A Synthesis of Research, 1987-2003. *Review of Educational Research*, n. 76, 2006.
88. FAN, H. *et al.* Homework and Students' Achievement in Math and Science. *Educational Research Review*, v. 20, 2017.
89. RAWSON, K. *et al.* Homework and Achievement. *Journal of Educational Psychology*, n. 109, 2017.
90. BEMPECHAT, J. The Motivational Benefits of Homework. *Theory Pract*, n. 43, 2004.

91. RAMDASS, D. *et al.* Developing Self-Regulation Skills. *Journal of Advanced Academics*, n. 22, 2011.
92. HAMPSHIRE, P. *et al.* Homework Plans. *Teaching Exceptional Children*, v. 46, 2014.
93. GÖLLNER, R. *et al.* Is Doing Your Homework Associated with Becoming More Conscientious? *Journal of Research in Personality*, n. 71, 2017.
94. DUCKWORTH, A. L. *et al.* Self-discipline Outdoes IQ in Predicting Academic Performance of Adolescents. *Psychological Science*, v. 16, 2005.
95. DUCKWORTH, A. L. *Grit*. New York: Scribner, 2016.
96. ERICSSON, A. *et al. Peak*. Boston, MA: Houghton Mifflin Harcourt, 2016.
97. DWECK, C. *Mindset*. New York: Ballantine Books, 2008.
98. COLVIN, G. *Talent Is Overrated*. New York: Portfolio, 2010.
99. BAUMEISTER, R. *et al. Willpower*. London: Penguin Books, 2011.
100. DUCKWORTH, A. *et al.* Self-regulation Strategies Improve Self-discipline in Adolescents: Benefits of Mental Contrasting and Implementation Intentions. *Educational Psychology*, v. 31, 2011.
101. DONALDSON-PRESSMAN, S. *et al. The Learning Habit*. [S.l.]: Perigee Book, 2014.
102. WIECHA, J. L. *et al.* Household Television Access. *Ambulatory Pediatrics*, v. 1, 2001.
103. VANDEWATER, E. A. *et al.* Time Well Spent? Relating Television Use to Children's Free-time Activities. *Pediatrics*, v. 117, 2006.
104. CUMMINGS, H. M. *et al.* Relation of Adolescent Video Game Play to Time Spent in Other Activities. *Archives of Pediatric and Adolescent Medicine*, v. 161, 2007.
105. BARR-ANDERSON, D. J. *et al.* Characteristics Associated with Older Adolescents Who Have a Television in Their Bedrooms. *Pediatrics*, v. 121, 2008.
106. RUEST, S. *et al.* The Inverse Relationship between Digital Media Exposure and Childhood Flourishing. *The Journal of Pediatrics*, v. 197, 2018.
107. ARMSTRONG, G. *et al.* Background Television as an Inhibitor of Cognitive Processing. *Human Communication Research*, v. 16, 1990.
108. POOL, M. *et al.* Background Television as an Inhibitor of Performance on Easy and Difficult Homework Assignments. *Communication Research*, v. 27, 2000.
109. POOL, M. *et al.* The Impact of Background Radio and Television on High School Students' Homework Performance. *Journal of Communication*, V. 53, 2003.
110. CALDERWOOD, C. *et al.* What Else Do College Students "Do" while Studying? An Investigation of Multitasking. *Computers & Education*, v. 75, 2014.
111. JEONG, S.-H. *et al.* Does Multitasking Increase or Decrease Persuasion? Effects of Multitasking on Comprehension and Counterarguing. *Journal of Communication*, V. 62, 2012.
112. SRIVASTAVA, J. Media Multitasking Performance. *Computers in Human Behavior*, v. 29, 2013.
113. FOERDE, K. *et al.* Modulation of Competing Memory Systems by Distraction. *Proceedings of the National Academy of Sciences of the United States of America*, v. 103, 2006.
114. KIRSCHNER, P. *et al.* The Myths of the Digital Native and the Multitasker. *Teacher and Teaching Education*, v. 67, 2017.
115. GUGLIELMINETTI, B. One Laptop Per Child réussit son défi. Le Devoir, 2007. Disponível em :ledevoir.com. Acesso em: 27 jul. 2021.
116. £50 LAPTOP to Teach Third World Children. *Daily Mail*, 2007. Disponível em: dailymail.co.uk. Acesso em: 27 jul. 2021.
117. ETHIOPIAN Kids Teach Themselves with Tablets. *The Washington Post*, 2013. Acesso em: washingtonpost.com. Acesso em: 27 jul. 2021.
118. EHLERS, F. The Miracle of Wenchi. Ethiopian Kids Using Tablets to Teach

Themselves. *Der Spiegel*, 2012. Disponível em: spiegel.de. Acesso em: 27 jul. 2021.
119. GUEGAN, Y. Apprendre à lire sans prof? Les enfants éthiopiens s'y emploient. *L'Obs*, 2012. Disponível em: nouvelobs.com. Acesso em: 27 jul. 2021.
120. BEAUMONT, P. Rwanda's Laptop Revolution. *The Guardian*, 2010. Disponível em: theguardian.com. Acesso em: 27 jul. 2021.
121. CES ENFANTS éthiopiens ont hacké leurs tablettes OLPC en 5 mois!. *20 Minutes*, 2012. Disponível em: 20minutes.fr. Acesso em: 27 jul. 2021.
122. THOMSON, L. African Kids Learn to Read, Hack Android on OLPC Fondleslab. *The Register*, 2012. Disponível em: theregister.co.uk. Acesso em: 27 jul. 2021.
123. OZLER, B. One Laptop Per Child is not improving reading or math. But, are we learning enough from these evaluations?. World Bank Blogs, 2012. Disponível em: worldbank.org. Acesso em: 27 jul. 2021.
124. DeMELO, G. *et al*. The Impact of a One Laptop per Child Program on Learning: Evidence from Uruguay. *IZA Discussion Paper*, n. 8489, 2014.
125. BEUERMANN, D. W. *et al*. One Laptop per Child at Home. *American Economic Journal: Applied Economics*, v. 7, 2015.
126. MEZA-CORDERO, J. A. Learn to Play and Play to Learn. *Journal of International Development*, v. 29, 2017.
127. SHARMA, U. Can Computers Increase Human Capital in Developing Countries? An Evaluation of Nepal's One Laptop per Child Program. *In*: AAEA ANNUAL MEETING, 2014, Minneapolis.
128. CRISTIA, J. *et al*. Technology and Child Development. *American Economic Journal: Applied Economics*, v. 9, 2017.
129. MORA, T. *et al*. Computers and Students' Achievement. An Analysis of the One Laptop per Child Program in Catalonia. *International Journal of Educational Research*, v. 92, 2018.
130. WARSCHAUER, M. *et al*. Can One Laptop per Child Save the World's Poor?. *Journal of International Affairs*, v. 64, 2010.
131. CHAMPEAU, G. Des enfants illettrés s'éduquent seuls avec une tablette. *Numerama*, 2012. Disponível em: numerama.com. Acesso em: 27 jul. 2021.
132. MURRAY, L. *et al*. Randomized Controlled Trial of a Book-sharing Intervention in a Deprived South African Community. *Journal of Child Psychology and Psychiatry*, v. 57, 2016.
133. VALLY, Z. *et al*. The Impact of Dialogic Book-sharing Training on Infant Language and Attention. *Journal of Child Psychology and Psychiatry*, v. 56, 2015.
134. BOHANNON, J. I Fooled Millions into Thinking Chocolate Helps Weight Loss. Here's How. *Gizmodo*, 2015. Disponível em: gizmodo.com. Acesso em: 27 jul. 2021.
135. LIEURY, A. *et al*. Loisirs numériques et performances cognitives et scolaires. *Bulletin de Psychologie*, v. 530, 2014.
136. LISTE des revues AERES pour le domaine : psychologie – ethologie – ergonomie. Agence d'Évaluation de la Recherche et de L'enseignement, 2009.
137. LIEURY, A. *et al*. L'impact des loisirs des adolescents sur les performances scolaires. *Cahiers Pédagogiques*, 2014.
138. LES ADOS accros à la téléréalité sont moins bons à l'école. *20 Minutes*, 2014. Disponível em: 20minutes.fr. Acesso em: 27 jul. 2021.
139. TELEREALITE et réussite scolaire ne font pas bon ménage. *Atlantico*, 2014. Disponível em: atlantico.fr. Acesso em: 27 jul. 2021.
140. MONDOLONI, M. Plus on regarde de la téléréalité, moins on est bon à l'école. *Franceinfo*, 2014. Disponível em: francetvinfo.fr. Acesso em: 27 jul. 2021.
141. MOULOUD, L. Alain Lieury "La télé-réalité, un loisir nocif pour les résultats scolaires". *L'Humanité*, 2014. Disponível em: humanite.fr. Acesso em: 27 jul. 2021.
142. SI tu regardes la télé-réalité, tu auras des mauvaises notes à l'école. *L'Express*,

2014. Disponível em: lexpress.fr. Acesso em: 27 jul. 2021.
143. RADIER, V. "La télé-réalité fait chuter les notes des ados". *L'Obs*, 2014. Disponível em: nouvelobs.com. Acesso em: 27 jul. 2021.
144. SIMON, P. Éducation. Trop de téléréalité fait baisser les notes en classe. *Ouest France*, 2014. Disponível em: ouest-france.fr. Acesso em: 27 jul. 2021.
145. LA TELEREALITE nuit aux résultats scolaires. *Le Parisien*, 2014. Disponível em: leparisien.fr. Acesso em: 27 jul. 2021.
146. MEDIAS, Le Magazine, France 5, invité Lieury A., 9 fév. 2014.
147. CSA. Etude sur les stéréotypes féminins pouvant être véhiculés dans les émissions de divertissement. CSA, 2014. Disponível em: csa.fr. Acesso em: 27 jul. 2021.
148. GIBSON, B. *et al.* Narcissism on the Jersey Shore. *Psychology of Popular Media Culture*, v. 7, 2018.
149. GIBSON, B. *et al.* Just "Harmless Entertainment"? Effects of Surveillance Reality TV on Physical Aggression. *Psychology of Popular Media Culture*, v. 5, 2016.
150. MARTINS, N. *et al.* The Relationship Between "Teen Mom" Reality Programming and Teenagers' Beliefs about Teen Parenthood. *Mass Communication and Society*, v. 17, 2014.
151. MARTINS, N. *et al.* The Role of Media Exposure on Relational Aggression: A Meta-analysis. *Aggression and Violent Behavior*, v. 47, 2019.
152. VAN OOSTEN, J. *et al.* Adolescents' Sexual Media Use and Willingness to Engage in Casual S- Differential Relations and Underlying Processes. *Human Communication Research*, v. 43, 2017.
153. RIDDLE, K. *et al.* A Snooki Effect? An Exploration of the Surveillance Subgenre of Reality TV and Viewers' Beliefs about the "Real" Real World. *Psychology of Popular Media Culture*, v. 2, 2013.
154. POSSO, A. Internet Usage and Educational Outcomes Among 15-Year-old Australian Students. *International Journal of Communication*, v. 10, 2016.
155. GEVAUDAN, C. Les ados qui jouent en ligne ont de meilleures notes. *Libération*, 2016. Disponível em: liberation.fr. Acesso em: 27 jul. 2021.
156. GRIFFITHS, S. Playing Video Games Could Boost Children's Intelligence (but Facebook Will Ruin Their School Grades). *Daily Mail*, 2016. Disponível em: dailymail.co.uk. Acesso em: 27 jul. 2021.
157. SCUTTI, S. Teen Gamers Do Better at Math than Social Media Stars, Study Says. *CNN*, 2016. Disponível em: cnn.com. Acesso em: 27 jul. 2021.
158. FISNE, A. Selon une étude, les jeux vidéo permettraient d'avoir de meilleures notes. *Le Figaro*, 2016. Disponível em: lefigaro.fr. Acesso em: 27 jul. 2021.
159. GIBBS, S. Positive Link between Video Games and Academic Performance, Study Suggests. *The Guardian*, 2016. Disponível em: theguardian.com. Acesso em: 27 jul. 2021.
160. DOTINGA, R. What Video Games, Social Media May Mean for Kids' Grades. *CBS News*, 2016. Disponível em: cbsnews.com. Acesso em: 27 jul. 2021.
161. BODKIN, H. Teenagers Regularly Using Social Media Do Less Well at School, New Survey Finds. *The Telegraph*, 2016. Disponível em: telegraph.co.uk. Acesso em: 27 jul. 2021.
162. DEVAUCHELLE, B. *apud* FISNE, A. Selon une étude, les jeux vidéo permettraient d'avoir de meilleures notes. *Le Figaro*, 2016. Disponível em: lefigaro.fr. Acesso em: 27 jul. 2021.
163. L'USAGE des jeux vidéo corrélé à de meilleures notes au lycée, selon une étude australienne. *Le Monde*, 2016. Disponível em: lemonde.fr. Acesso em: 27 jul. 2021.
164. OEI, A. C. *et al.* Are Videogame Training Gains Specific or General?. *Frontiers in Systems Neuroscience*, v. 8, 2014.
165. PRZYBYLSKI, A. K. *et al.* A Large Scale Test of the Gaming-enhancement Hypothesis. *PeerJ*, v. 4, 2016.
166. VAN RAVENZWAAIJ, D. *et al.* Action Video Games do Not Improve

the Speed of Information Processing in Simple Perceptual Tasks. *Journal of Experimental Psychology: General*, v. 143, 2014.
167. JÄNCKE, L. *et al*. Expertise in Video Gaming and Driving Skills. *Zeitschrift für Neuropsychologie*, 22, 2011.
168. GASPAR, J. G. *et al*. Are Gamers Better Crossers? An Examination of Action Video Game Experience and Dual Task Effects in a Simulated Street Crossing Task. *Human Factors*, v. 56, 2014.
169. OWEN, A.M. *et al*. Putting Brain Training to the Test. *Nature*, n. 465, 2010.
170. SIMONS, D. J. *et al*. Do"Brain-Training" Programs Work?. *Psychological Science in the Public Interest*, v. 17, 2016.
171. AZIZI, E. *et al*. The Influence of Action Video Game Playing on Eye Movement Behaviour during Visual Search in Abstract, In-game and Natural Scenes. *Attention, Perception, & Psychophysics*, v. 79, 2017.
172. SALA, G. *et al*. Video Game Training Does Not Enhance Cognitive Ability. *Psychological Bulletin*, v. 144, 2018.
173. DRUMMOND, A. *et al*. Video-games Do Not Negatively Impact Adolescent Academic Performance in Science, Mathematics or Reading. *PLoS One*, v. 9, 2014.
174. BORGONOVI, F. Video Gaming and Gender Differences in Digital and Printed Reading Performance among 15-Year-olds Students in 26 Countrie. *Journal of Adolescence*, v. 48, 2016.
175. OECD. *The ABC of Gender Equality in Education*. OECD, 2015.
176. HUMPHREYS, J. Playing Video Games Can Boost Exam Performance, OECD Claims. *The Irish Times*, 2015. Disponível em: irishtimes.com. Acesso em: 27 jul. 2021.
177. ELEFTHERIOU-SMITH, L. Teenagers Who Play Video Games Do Better at School – but Not if They're Gaming Every Day. *Independent*, 2015. Disponível em: independent.co.uk. Acesso em: 27 jul. 2021.
178. NUNES, E. Jouer (avec modération) aux jeux vidéo ne nuit pas à la scolarité. *Le Monde*, 2015. Disponível em: lemonde.fr. Acesso em: 27 jul. 2021.
179. BINGHAM, J. Video Games Are Good for Children (Sort of). *The Telegraph*, 2015. Disponível em: telegraph.co.uk. Acesso em: 27 jul. 2021.
180. HU, X. *et al*. The Relationship between ICT and Student Literacy in Mathematics, Reading, and Science across 44 Countries. *Computers & Education*, v. 125, 2018.
181. OECD. PISA 2015 Assessment and Analytical Framework. OECD, 2017.
182. VANDEWATER, E. A. *et al*. Measuring Children's Media Use in the Digital Age. *American Behavioral Scientist*, v. 52, 2009.
183. EDISON, T. *In*: SAETTLER, P. *The Evolution of American Educational Technology*. [S.l.]: IAP, 1990.
184. EDISON, T. *In*: CUBAN, L. *Teachers and the Machines*. New York: Teachers College Press, 1986.
185. DARROW, B. *In*: CUBAN, L. *Teachers and the Machines*. New York: Teachers College Press, 1986.
186. WISCHNER, G. *et al*. Some Thoughts on Television as an Educational Tool. *American Psychologist*, v. 10, 1955.
187. JOHNSON, L. *In*: CUBAN, L. *Teachers and the Machines*. New York: Teachers College Press, 1986.
188. BOILEAU, N. *Œuvres poétiques*. Paris: Imprimerie Générale, 1872. t. 1.
189. FOURGOUS, J. Oser la pédagogie numérique!. *Le Monde*, 2011. Disponível em: lemonde.fr. Acesso em: 27 jul. 2021.
190. SPITZER, M. M-Learning? When It Comes to Learning, Smartphones Are a Liability, Not an Asset. *Trends in Neuroscience and Education*, v. 4, 2015.
191. LONGCAMP, M. *et al*. Learning through Hand- or Typewriting Influences Visual Recognition of New Graphic Shapes. *Journal of Cognitive Neuroscience*, v. 20, 2008.
192. LONGCAMP, M. *et al*. Remembering the Orientation of Newly Learned Characters Depends on the Associated Writing Knowledge. *Human Movement Science*, v. 25, 2006.

193. LONGCAMP, M. *et al.* The Influence of Writing Practice on Letter Recognition in Preschool Children. *Acta Psychologica (Amsterdam)*, v. 119, 2005.
194. TAN, L. H. *et al.* China's Language Input System in the Digital Age Affects Children's Reading Development. *Proceedings of the National Academy of Sciences of the United States of America*, v. 110, 2013.
195. FITZGERALD, J. *et al.* Reading and Writing Relations and Their Development. *Educational Psychology*, v. 35, 2000.
196. TAN, L. H. *et al.* Reading Depends on Writing, in Chinese. *Proceedings of the National Academy of Sciences of the United States of America*, v. 102, 2005.
197. LONGCAMP, M. *et al.* Contribution de la motricité graphique à la reconnaissance visuelle des lettres. *Psychologie Française*, v. 55, 2010.
198. AHMED, Y. *et al.* Developmental Relations between Reading and Writing at the Word, Sentence and Text Levels. *Journal of Educational Psychology*, v. 106, 2014.
199. LI, J. X. *et al.* Handwriting Generates Variable Visual Output to Facilitate Symbol Learning. *Journal of Experimental Psychology: General*, v. 145, 2016.
200. JAMES, K. H. *et al.* The Effects of Handwriting Experience on Functional Brain Development in Pre-literate Children. *Trends in Neuroscience and Education*, v. 1, 2012.
201. MUELLER, P. A. *et al.* The Pen Is Mightier than the Keyboard. *Psychological Science*, v. 25, 2014.
202. ABADIE, A. Twitter en maternelle, le cahier de vie scolaire 2.0. *Le Monde*, 2012. Disponível em: lemonde.fr. Acesso em: 27 jul. 2021.
203. DAVIDENKOFF, E.; DAVIDENKOFF, E. La pédagogie doit s'adapter à l'outil. *Femme Actuelle*, n. 1544, avr. 2014.
204. KIRKPATRICK, H. *et al.* Computers Make Kids Smarter – Right?. *Technos Quarterly*, v. 7, 1998.
205. SMITH, H. *et al.* Interactive Whiteboards: Boon or Bandwagon? A Critical Review of the Literature. *Journal of Computer Assisted Learning*, v. 21, 2005.
206. GOOLSBEE, A. *et al.* World Wide Wonder?. *Education Next*, v. 6, 2006.
207. CLARK, R. *et al.* Ten Common but Questionable Principles of Multimedia Learning. *In*: MAYER, R. E. (Ed.). *The Cambridge Handbook of Multimedia Learning*. London: Cambridge University Press, 2014.
208. BIHOUIX, P. *et al. Le Désastre de l'*école numérique. Paris: Seuil, 2016.
209. ANGRIST, J. *et al.* New Evidence on Classroom Computers and Pupil Learning. *The Economic Journal*, v. 112, 2002.
210. SPIEL, C. *et al. Evaluierung des österreichischen Modellversuchs e-Learning und e-Teaching mit SchülerInnen-Notebooks*. Bundesministeriums für Bildung, Wissenschaft und Kultur, 2003.
211. ROUSE, C. *et al.* Putting Computerized Instruction to the Test. *Economics of Education Review*, v. 23, 2004.
212. GOOLSBEE, A. *et al.* The Impact of Internet Subsidies in Public Schools. *The Review of Economics and Statistics*, v. 88, 2006.
213. SCHAUMBURG, H. *et al. Lernen in Notebook-Klassen. Endbericht zur Evaluation des Projekts "1000mal1000: Notebooks im Schulranzen"*. Schulen ans Netz, 2007.
214. WURST, C. *et al.* Ubiquitous Laptop Usage in Higher Education. *Computers & Education*, v. 51, 2008.
215. BARRERA-OSORIO, F. *et al. The Use and Misuse of Computers in Education: Evidence from a Randomized Experiment in Colombia*. Impact Evaluation Series n. IE 29. Policy Research Working Paper n. 4836. Washington, DC: World Bank, 2009.
216. GOTTWALD, A. *et al.* Hamburger Notebook-Projekt. Behördefür Schule und Berufsbildung, 2010.
217. LEUVEN, E. *et al.* The Effect of Extra Funding for Disadvantaged Pupils on Achievement. *The Review of Economics and Statistics*, v. 89, 2007.
218. OECD. *Students, Computers and Learning: Making the Connection* (PISA).

OECD, 2015. Disponível em: oecd.org. Acesso em: 27 jul. 2021.
219. OCDE. *Connectés pour apprendre? Les élèves et les nouvelles technologies (principaux résultats)*. OCDE, 2015. Disponível em: oecd.org. Acesso em: 27 jul. 2021.
220. USDE. *Effectiveness of Reading and Mathematics Software Products: Findings from the First Student Cohort (report to congress)*. USDE, 2007. Disponível em: ies.es.gov. Acesso em: 27 jul. 2021.
221. USDE. *Reviewing the Evidence on How Teacher Professional Development Affects Student Achievement*. Rel 2007, n. 033. USDE, 2007. Disponível em: ies.ed.gov. Acesso em: 27 jul. 2021.
222. ROCKOFF, J. The Impact of Individual Teachers on Student Achievement. *American Economic Review*, v. 94, 2004.
223. RIPLEY, A. *The Smartest Kids in the World*. New York: Simon & Shuster, 2013.
224. DARLING-HAMMOND, L. Teacher Quality and Student Achievement. *Education Policy Analysis Archives*, v. 8, 2000.
225. DARLING-HAMMOND, L. *Empowered Educators*, Jossey-Bass, 2017.
226. CHETTY, R. *et al*. Measuring the Impacts of Teachers II. *American Economic Review*, v. 104, 2014.
227. OECD. *Effective Teacher Policies: Insights from PISA*. OECD, 2018. Disponível em: oecd.org. Acesso em: 27 jul. 2021.
228. JOY, B. *In*: BAUERLEIN, M. *The Dumbest Generation*. New York: Tarcher; Penguin, 2009.
229. JOHNSON, L. *et al*. *Horizon Report Europe: 2014 Schools Edition*. Publications Office of the European Union & The New Media Consortium, 2014.
230. A L'UNIVERSITE Lyon 3, les connexions sur Facebook et Netflix ralentissent le Wifi. *Le Figaro*, 2018. Disponível em: lefigaro.fr. Acesso em: 27 jul. 2021.
231. NUNES, E. Quand les réseaux sociaux accaparent la bande passante de l'université Lyon-III. *Le Monde*, 2018. Disponível em: lemonde.fr. Acesso em: 27 jul. 2021.
232. GAZZALEY, A. *et al*. *The Distracted Mind*. Cambridge, MA: MIT Press, 2016.
233. JUNCO, R. In-class Multitasking and Academic Performance. *Computers in Human Behavior*, v. 28, 2012.
234. BURAK, L. Multitasking in the University Classroom. *International Journal Scholarship of Teaching & Learning*, v. 8, 2012.
235. BELLUR, S. *et al*. Make It Our Time. *Computers in Human Behavior*, v. 53, 2015.
236. BJORNSEN, C. *et al*. Relations between College Students' Cell Phone Use During Class and Grades. *Scholarship of Teaching and Learning in Psychology*, v. 1, 2015.
237. CARTER, S. *et al*. The Impact of Computer Usage on Academic Performance. *Economics of Education Review*, v. 56, 2017.
238. PATTERSON, R. *et al*. Computers and Productivity. *Economics of Education Review*, v. 57, 2017.
239. LAWSON, D. *et al*. The Costs of Texting in the Classroom. *College Teaching*, 63, 2015.
240. ZHANG, W. Learning Variables, In-class Laptop Multitasking and Academic Performance. *Computers & Education*, v. 81, 2015.
241. GAUDREAU, P. *et al*. Canadian University Students in Wireless Classrooms. *Computers & Education*, v. 70, 2014.
242. RAVIZZA, S. *et al*. Non-academic Internet Use in the Classroom Is Negatively Related to Classroom Learning Regardless of Intellectual Ability. *Computers & Education*, v. 78, 2014.
243. CLAYSON, D. *et al*. An Introduction to Multitasking and Texting:Prevalence and Impact on Grades and GPA in Marketing Classes. *Journal of Marketing Education*, v. 35, 2013.
244. WOOD, E. *et al*. Examining the Impact of Off-task Multi-tasking with Technology on Real-time Classroom Learning. *Computers & Education*, v. 58, 2012.
245. FRIED, C. In-class Laptop Use and Its Effects on Student Learning. *Computers & Education*, v. 50, 2008.

246. BELAND, L. *et al.* Ill Communication. *Labour Economics*, v. 41, 2016.
247. JAMET, E. *et al.* Does Multitasking in the Classroom Affect Learning Outcomes? A Naturalistic Study. *Computers in Human Behavior*, v. 106, 2020.
248. TINDELL, D. *et al.* The Use and Abuse of Cell Phones and Text Messaging in the Classroom. *College Teaching*, v. 60, 2012.
249. AAGAARD, J. Drawn to Distraction: A Qualitative Study of Off-task Use of Educational Technology. *Computers & Education*, v. 87, 2015.
250. JUDD, T. Making Sense of Multitasking. *Computers & Education*, v. 70, 2014.
251. ROSENFELD, B. *et al.* East Vs. West. *College Student Journal*, v. 48, 2014.
252. UGUR, N. *et al.* Time for Digital Detox. *Procedia Social and Behavioral Sciences*, v. 95, 2015.
253. RAGAN, E. *et al.* Unregulated Use of Laptops over Time in Large Lecture Classes. *Computers & Education*, v. 78, 2014.
254. KRAUSHAAR, J. *et al.* Examining the Affects of Student Multitasking With Laptops During the Lecture. *Journal of Information Systems Education*, v. 21, 2010.
255. HEMBROOKE, H. *et al.* The Laptop and the Lecture. *Journal of Computing in Higher Education*, v. 15, 2003.
256. BOWMAN, L. *et al.* Can Students Really Multitask? An Experimental Study of Instant Messaging while Reading. *Computers & Education*, v. 54, 2010.
257. ELLIS, Y. *et al.* The Effect of Multitasking on the Grade Performance of Business Students. *Research in Higher Education Journal*, v. 8, 2010.
258. END, C. *et al.* Costly Cell Phones. *Teaching of Psychology*, v. 37, 2010.
259. BARKS, A. *et al.* Effects of Text Messaging on Academic Performance. *Signum Temporis*, v. 4, 2011.
260. FROESE, A. *et al.* Effects of Classroom Cell Phone Use on Expected and Actual Learning. *College Student Journal*, v. 46, 2012.
261. KUZNEKOFF, J. *et al.* The Impact of Mobile Phone Usage on Student Learning. *Communication Education*, v. 62, 2013.
262. SANA, F. *et al.* Laptop Multitasking Hinders Classroom Learning for Both Users and Nearby Peers. *Computers & Education*, v. 62, 2013.
263. GINGERICH, A. *et al.* OMG! Texting in Class = U Fail. *Teaching of Psychology*, v. 41, 2014.
264. THORNTON, B. *et al.* The Mere Presence of a Cell Phone May Be Distracting. *Social Psychology*, v. 45, 2014.
265. RIDEOUT, V. *et al.* The Common Sense Census: Media Use by Tweens and Teens. Common Sense Media, 2019.
266. RIDEOUT, V. The Common Sense Census: Media Use by Tweens and Teens. Common Sense Media, 2015.
267. MORRISSON, C. La Faisabilité politique de l'ajustement. *Cahier de Politique Economique*, v. 13, 1996.
268. BOURHAN, S. Alerte, on manque de profs!. *France Inter*, 2018. Disponível em: franceinter.fr. Disponível em: 27 jul. 2021.
269. MEDIAVILLA, L. L'Education nationale peine toujours à recruter ses enseignants. *Les Echos*. Disponível em: lesechos.fr. Acesso em: 27 jul. 2021.
270. ADAMS, R. Secondary Teacher Recruitment in England Falls Short of Targets. *The Guardian*, 2019. Disponível em: theguardian.com. Acesso em: 27 jul. 2021.
271. YAN, H. *et al.* Desperate to Fill Teacher Shortages, US Schools Are Hiring Teachers from Overseas. *CNN*, 2019. Disponível em: cnn.com. Acesso em: 27 jul. 2021.
272. RICHTEL, M. Teachers Resist High-Tech Push in Idaho Schools. *The New York Times*, 2012. Disponível em: nytimes.com. Acesso em: 27 jul. 2021.
273. HERRERA, L. In Florida, Virtual Classrooms With No Teachers. *The New York Times*, 2011. Disponível em: nytimes.com. Acesso em: 27 jul. 2021.
274. FROHLICH, T. Teacher Pay: States Where Educators Are Paid the Most and Least. *USA Today*, 2018. Disponí-

vel em: usatoday.com. Acesso em: 27 jul. 2021.

275. DAVIDENKOFF, E. *Le Tsunami numérique*. [S.l.]: Stock, 2014.

276. DAVIDENKOFF, E. La révolution Mooc. *Huffington Post*, 2013. Disponível em: huffingtonpost.fr. Acesso em: 27 jul. 2021.

277. KHAN ACADEMY. Pythagorean Theorem Proof Using Similarity. Disponível em: khanacademy.org. Acesso em: set. 2020.

278. ALLIONE, G. *et al*. Mass Attrition. *The Journal of Economic Education*, v. 47, 2016.

279. ONAH, D. *et al*. Dropout Rates of Massive Open Online Courses: Behavioral Patterns. *In*: PROCEEDINGS of EDULEARN14, 2014, Barcelona, Spain.

280. BRESLOW, L. MOOC Research. *In*: DE CORTE, E. *et al*. (Ed.). *From Books to MOOCs?*. London: Portland Press, 2016.

281. EVANS, B. *et al*. Persistence Patterns in Massive Open Online Courses (MOOCs). *The Journal of Higher Education*, v. 87, 2016.

282. SELINGO, J. Demystifying the MOOC. *The New York Times*, 2014. Disponível em: nytimes.com. Acesso em: 27 jul. 2021.

283. DUBSON, M. *et al.*Apples vs. Oranges: Comparison of Student Performance in a MOOC vs. a Brick- and-Mortar Course. *In*: PERC Proceedings 2014.

284. MILLER, M. A. Les MOOCs font pshitt. *Le Monde*, 2017. Disponível em: lemonde.fr. Acesso em: 27 jul. 2021.

285. BARTH, I. Faut-il avoir peur des grands méchants MOOCs?. *Educpros*, 2013. Disponível em: educpros.fr. Acesso em: 27 jul. 2021.

286. AZER, S. A. Is Wikipedia a Reliable Learning Resource for Medical Students? Evaluating Respiratory Topics. *Advances in Physiology Education*, v. 39, 2015.

287. AZER, S.A. *et al*. Accuracy and Readability of Cardiovascular Entries on Wikipedia. *BMJ Open*, v. 5, 2015.

288. VILENSKY, J. A. *et al*. Anatomy and Wikipedia. *Clinical Anatomy*, v. 28, 2015.

289. HASTY, R. T. *et al*. Wikipedia Vs Peer-reviewed Medical Literature for Information about the 10 Most Costly Medical Conditions. *The Journal of the American Osteopathic Association*, v. 114, 2014.

290. LEE, S. *et al*. Evaluating the Quality of Internet Information for Femoroacetabular Impingement. *Arthroscopy*, v. 30, 2014.

291. LAVSA, S. *et al*. Reliability of Wikipedia as a Medication Information Source for Pharmacy Students. *Currents in Pharmacy Teaching and Learning*, v. 3, 2011.

292. BERLATSKY, N. Google Search Algorithms Are Not Impartial. *NBC News*, 2018. Disponível em: nbcnews.com. Acesso em: 27 jul. 2021.

293. MURRAY, D. *The Madness of Crowds*. London: Bloomsburry Continuum, 2019.

294. SOLON, A. *et al*. How Google's Search Algorithm Spreads False Information with a Rightwing Bias. *The Guardian*, 2016. Disponível em: theguardian.com. Acesso em: 27 jul. 2021.

295. GRIND, K. *et al*. How Google Interferes With Its Search Algorithms and Changes Your Results. *The Wall Street Journal*, 2019. Disponível em: wsj.com. Acesso em: 27 jul. 2021.

296. LYNCH, P.M. *The Internet of Us*. New York: Liveright, 2016.

297. QU'EST-IL arrivé aux Dinosaures? *Overblog*, 1 May 2006. Disponível em: https://bit.ly/3ygPRnp. Acesso em: nov. 2018.

298. HOW did animals get from the Ark to isolated places, such as Australia?. Christian Answers.Net, [s.d.]. Disponível em: https://bit.ly/3BQWRcW. Acesso em: nov. 2018.

299. GROMMEN, S. Qu'est-il arrivé aux dinosaures?. *DataNews*, 2009. Disponível em: https://bit.ly/2VjtY8G. Acesso em: 27 jul. 2021.

300. http://fr.pursuegod.org/whats-the-biblical-view-on-dinosaurs. Acesso em: nov. 2018.

301. HIRSCH, E. *The Knowledge Deficit*. Boston, MA: Houghton Mifflin Harcourt, 2006.
302. WILLINGHAM, D. *Why Don't Students Like School*. New Jersey: Jossey-Bass, 2009.
303. CHRISTODOULOU, D. *Seven Myths about Education*. London: Routledge, 2014.
304. TRICOT, A. *et al*. Domain-Specific Knowledge and Why Teaching Generic Skills Does Not Work. *Educational Psychology Review*, v. 26, 2014.
305. METZGER, M. *et al*. Believing the Unbelievable. *Journal of Children and Media*, v. 9, 2015.
306. SAUNDERS, L. *et al*. Don't They Teach That in High School? Examining the High School to College Information Literacy Gap. *Library & Information Science Research*, v. 39, 2017.
307. RECHT, D. *et al*. Effect of Prior Knowledge on Good and Poor Readers' Memory of Text. *Journal of Educational Psychology*, n. 80, 1988.
308. ROWLANDS, I. *et al*. The Google Generation. *Aslib Proceedings*, v. 60, 2008.
309. THIRION, P. *et al*. Enquête sur les compétences documentaires et informationnelles des étudiants qui accèdent à l'enseignement supérieur en Communauté française de Belgique. CIUF; EduDOC, 2008. Disponível em: enssib.fr. Acesso em: 27 jul. 2021.
310. JULIEN, H. *et al*. How High-school Students Find and Evaluate Scientific Information. *Library & Information Science Research*, v. 31, 2009.
311. GROSS, M. *et al*. What's Skill Got to Do with It?. *Journal of the American Society for Information Science and Technology*, v. 63, 2012.
312. PERRET, C. Pratiques de recherche documentaire et réussite universitaire des étudiants de première année. *Carrefours de l'Éducation*, v. 35, 2013.
313. DUMOUCHEL, G. *et al*. Mon ami Google. *Canadian Journal of Learning and Technology*, v. 43, 2017.
314. EVALUATING Information: The Cornerstone of Civic Online Reasoning. Report from the Stanford History Education Group. Stanford History Education Group, 2016.
315. McNAMARA, D. *et al*. Are Good Texts Always Better? Interactions of Text Coherence, Background Knowledge, and Levels of Understanding in Learning From Text. *Cognition and Instruction*, v. 14, 1996.
316. AMADIEU, F. *et al*. Exploratory Study of Relations Between Prior Knowledge, Comprehension, Disorientation and On-Line Processes in Hypertext. *The Ergonomics Open Journal*, v. 2, 2009.
317. AMADIEU, F. *et al*. Prior Knowledge in Learning from a Non-linear Electronic Document: Disorientation and Coherence of the Reading Sequences. *Computers in Human Behavior*, v. 25, 2009.
318. AMADIEU, F. *et al*. Effects of Prior Knowledge and Concept-map Structure on Disorientation, Cognitive Load, and Learning. *Learning and Instruction*, v. 19, 2009.
319. KHOSROWJERDI, M. *et al*. Prior Knowledge and Information-seeking Behavior of PhD and MA Students. *Library & Information Science Research*, v. 33, 2011.
320. KALYUGA, S. Effects of Learner Prior Knowledge and Working Memory Limitations on Multimedia Learning. *Procedia Social and Behavioral Sciences*, v. 83, 2013.
321. GUILLOU, M. Profs débutants: 10 bonnes raisons d'échapper au numérique. *Educavox*, 2013. Disponível em: educavox.fr. Acesso em: 27 jul. 2021.
322. GUENO, J. *Mémoires de maîtres, paroles d'élèves*. Paris: J'ai Lu, 2012.
323. CAMUS, A. apud BERSIHAND, N. Lettre de Camus à Louis Germain, son premier instituteur. *Huffington Post*, 2014. Disponível em: huffingtonpost.fr. Acesso em: 27 jul. 2021.

DESENVOLVIMENTO (P. 137-193)

1. DEHAENE-LAMBERTZ, G. *et al*. The Infancy of the Human Brain. *Neuron*, v. 88, 2015.
2. OTSUKA, Y. Face Recognition in Infants. *Japanese Psychological Research*, v. 56, 2014.

3. BONINI, L. et al. Evolution of Mirror Systems. *Annals of the New York Academy of Sciences*, v. 1225, 2011.
4. GROSSMANN, T. The Development of Social Brain Functions in Infancy. *Psychological Bulletin*, v. 141, 2015.
5. PIAGET, J. *The Origins of Intelligence in Children*. Madison, CT: International Universities Press, 1952.
6. CASSIDY, J. et al. *Handbook of Attachment: Theory, Research, and Clinical Applications*. 3rd ed. New York: Guilford Press, 2016.
7. TOTTENHAM, N. The Importance of Early Experiences for Neuro-affective Development. *Current Topics in Behavioral Neurosciences*, v. 16, 2014.
8. GRUSEC, J. E. Socialization Processes in the Family. *Annual Review of Psychology*, v. 62, 2011.
9. KUHL, P. K. Brain Mechanisms in Early Language Acquisition. *Neuron*, v. 67, 2010.
10. ESHEL, N. et al. Responsive Parenting. *Bulletin of the World Health Organization*, v. 84, 2006.
11. CHAMPAGNE, F. A. et al. How Social Experiences Influence the Brain. *Current Opinion in Neurobiology*, v. 15, 2005.
12. HART, B. et al. *Meaningful Differences*. Baltimore, MD: Paul H Brookes Publishing Co, 1995.
13. FARLEY, J. P. et al. The Development of Adolescent Self-regulation. *Journal of Adolescence*, v. 37, 2014.
14. HAIR, E. et al. The Continued Importance of Quality Parent-Adolescent Relationships during Late Adolescence. *Journal of Research on Adolescence*, v. 18, 2008.
15. MORRIS, A. S. et al. The Role of the Family Context in the Development of Emotion Regulation. *Social Development*, v. 16, 2007.
16. SMETANA, J. G. et al. Adolescent Development in Interpersonal and Societal Contexts. *Annual Review of Psychology*, v. 57, 2006.
17. FOREHAND, R. et al. Home Predictors of Young Adolescents' School Behavior and Academic Performance. *Child Development*, v. 57, 1986.
18. DETTMER, A. M. et al. Neonatal Face-to-face Interactions Promote Later Social Behaviour in Infant Rhesus Monkeys. *Nature Communications*, v. 7, 2016.
19. CUNNINGHAM, A. et al. *Book Smart*. Oxford: Oxford University Press, 2014.
20. NEUMAN, S. et al. *Handbook of Early Literacy Research*. New York: Guilford Press, 2001-2011. v. 1-3.
21. BLACK, S. et al. Older and Wiser? Birth Order and IQ of Young Men. *NBER Working Paper*, n. 13237, 2007.
22. BLACK, S. et al. The More the Merrier? The Effect of Family Size and Birth Order on Children's Education. *The Quarterly Journal of Economics*, v. 120, 2005.
23. KANTAREVIC, J. et al. Birth Order, Educational Attainment, and Earnings. *Journal of Human Resources*, v. 41, 2006.
24. LEHMANN, J. et al. The Early Origins of Birth Order Differences in Children's Outcomes and Parental Behavior. *Journal of Human Resources*, v. 53, 2018.
25. COUDE, G. et al. Grasping Neurons in the Ventral Premotor Cortex of Macaques Are Modulated by Social Goals. *Journal of Cognitive Neuroscience*, v. 31, 2018.
26. FERRARI, P. F. The Neuroscience of Social Relations. A Comparative-based Approach to Empathy and to the Capacity of Evaluating others' Action Value. *Behaviour*, v. 151, 2014.
27. SALO, V. C. et al. The Role of the Motor System in Action Understanding and Communication. *Developmental Psychobiology*, v. 61, 2018.
28. FERRARI, P. F. et al. Mirror Neurons Responding to the Observation of Ingestive and Communicative Mouth Actions in the Monkey Ventral Premotor Cortex. *European Journal of Neuroscience*, v. 17, 2003.
29. JARVELAINEN, J. et al. Stronger Reactivity of the human Primary Motor Cortex during Observation of Live Rather than Video Motor Acts. *Neuroreport*, v. 12, 2001.

30. PERANI, D. *et al.* Different Brain Correlates for Watching Real and Virtual Hand Actions. *Neuroimage*, v. 14, 2001.
31. SHIMADA, S. *et al.* Infant's Brain Responses to Live and Televised Action. *Neuroimage*, v. 32, 2006.
32. JOLA, C. *et al.* In the Here and Now. *Cognitive Neuroscience*, v. 4, 2013.
33. RUYSSCHAERT, L. *et al.* Neural Mirroring during the Observation of Live and Video Actions in Infants. *Clinical Neurophysiology*, v. 124, 2013.
34. TROSETH, G. L. *et al.* The Medium Can Obscure the Message. *Child Development*, v. 69, 1998.
35. TROSETH, G. L. *et al.* Young Children's Use of Video as a Source of Socially Relevant Information. *Child Development*, v. 77, 2006.
36. KUHL, P. K. *et al.* Foreign-language Experience in Infancy. *Proceedings of the National Academy of Sciences of the United States of America*, v. 100, 2003.
37. SCHMIDT, K. L. *et al.* Television and Reality. *Media Psychology*, v. 4, 2002.
38. SCHMIDT, K. L. *et al.* Two-Year-Olds' Object Retrieval Based on Television: Testing a Perceptual Account. *Media Psychology*, v. 9, 2007.
39. KIRKORIAN, H. *et al.* Video Deficit in Toddlers' Object Retrieval. *Infancy*, v. 21, 2016.
40. KIM, D.H. *et al.* Effects of Live and Video form Action Observation Training on Upper Limb Function in Children with Hemiparetic Cerebral Palsy. *Technology and Health Care*, v. 26, 2018.
41. REIß, M. *et al.* Theory of Mind and the Video Deficit Effect. *Media Psychology*, v. 22, 2019.
42. BARR, R. *et al.* Developmental Changes in Imitation from Television during Infancy. *Child Development*, v. 70, 1999.
43. HAYNE, H. *et al.* Imitation from Television by 24- and 30-Month-olds. *Developmental Science*, v. 6, 2003.
44. THIERRY, K. *et al.* A Real-life Event Enhances the Accuracy of Preschoolers' Recall. *Applied Cognitive Psychology*, v. 18, 2004.
45. YADAV, S. *et al.* Children Aged 6-24 Months Like to Watch YouTube Videos but Could Not Learn Anything from Them. *Acta Paediatrica*, v. 107, 2018.
46. MADIGAN, S. *et al.* Association between Screen Time and Children's Performance on a Developmental Screening Test. *JAMA Pediatrics*, v. 173, 2019.
47. KILDARE, C. *et al.* Impact of Parents Mobile Device Use on Parent-child Interaction. *Computers in Human Behavior*, v. 75, 2017.
48. NAPIER, C. How Use of Screen Media Affects the Emotional Development of Infants. *Primary Health Care*, v. 24, 2014.
49. RADESKY, J. *et al.* Maternal Mobile Device Use during a Structured Parent-child Interaction Task. *Academic Pediatrics*, v. 15, 2015.
50. RADESKY, J. S. *et al.* Patterns of Mobile Device Use by Caregivers and Children During Meals in Fast Food Restaurants. *Pediatrics*, v. 133, 2014.
51. STOCKDALE, L. *et al.* Parent and Child Technoference and Socioemotional Behavioral Outcomes. *Computers in Human Behavior*, v. 88, 2018.
52. KUSHLEV, K. *et al.* Smartphones Distract Parents from Cultivating Feelings of Connection when Spending Time with Their Children. *Journal of Social and Personal Relationships*, v. 36, 2018.
53. ROTONDI, V. *et al.* Connecting Alone. *Journal of Economic Psychology*, v. 63, 2017.
54. DWYER, R. *et al.* Smartphone Use Undermines Enjoyment of Face-to-face Social Interactions. *Journal of Experimental Social Psychology*, v. 78, 2018.
55. CHRISTAKIS, D. A. *et al.* Audible Television and Decreased Adult Words, Infant Vocalizations, and Conversational Turns. *Archives of Pediatric and Adolescent Medicine*, v. 163, 2009.
56. KIRKORIAN, H. L. *et al.* The Impact of Background Television on Parent-child Interaction. *Child Development*, v. 80, 2009.

57. TOMOPOULOS, S. *et al.* Is Exposure to Media Intended for Preschool Children Associated with Less Parent-Child Shared Reading Aloud and Teaching Activities?. *Ambulatory Pediatrics*, v. 7, 2007.
58. TANIMURA, M. *et al.* Television Viewing, Reduced Parental Utterance, and Delayed Speech Development in Infants and Young Children. *Archives of Pediatric and Adolescent Medicine*, v. 161, 2007.
59. VANDEWATER, E. A. *et al.* Time Well Spent? Relating Television Use to Children's Free-time Activities. *Pediatrics*, v. 117, 2006.
60. CHAPUT, J. P. *et al.* Sleeping Hours: What Is the Ideal Number and How Does Age Impact This?. *Nature and Science of Sleep*, v. 10, 2018.
61. RIDEOUT, V. *The Common Sense Census: Media Use by Tweens and Teens.* Common Sense Media, 2015.
62. RIDEOUT, V. *The Common Sense Census: Media Use by Kids Age Zero to Eight.* Common Sense Media, 2017.
63. WARTELLA, E. *et al.* Parenting in the Age of Digital Technology. Center on Media and Human Development School of Communication Northwestern University, 2014.
64. DONNAT, O. *Les Pratiques culturelles des Français à l'ère numérique: enquete 2008.* Paris: La Découverte, 2009.
65. DESMURGET, M. *TV Lobotomie.* Paris: J'ai Lu, 2013.
66. SCHMIDT, M. E. *et al.* The Effects of Background Television on the Toy Play Behavior of Very Young Children. *Child Development*, v. 79, 2008.
67. KUBEY, R. *et al.* Television Addiction Is No Mere Metaphor. *Scientific American*, v. 286, 2002.
68. HUSTON, A. C. *et al.* Communicating More than Content. *Journal of Communication*, v. 31, 1981.
69. BERMEJO BERROS, J. *Génération Télévision.* Paris: De Boeck, 2007.
70. LACHAUX, J. *Le Cerveau attentif.* Paris: Odile Jacob, 2011.
71. PRZYBYLSKI, A. *et al.* Can You Connect with Me Now? How the Presence of Mobile Communication Technology Influences Face-to-face Conversation Quality. *Journal of Social and Personal Relationships*, v. 30, 2013.
72. McDANIEL, B. *et al.* "Technoference". *Psychology of Popular Media Culture*, v. 5, 2016.
73. McDANIEL, B. *et al.* "Technoference" and Implications For Mothers' and Fathers' Couple and Coparenting Relationship quality. *Computers in Human Behavior*, v. 80, 2018.
74. ROBERTS, J. *et al.* My Life Has Become a Major Distraction from My Cell Phone. *Computers in Human Behavior*, v. 54, 2016.
75. HALPERN, D. *et al.* Texting's Consequences for Romantic Relationships. *Computers in Human Behavior*, v. 71, 2017.
76. WINN, M. *The Plug-In-Drug.* Rev. ed. London: Penguin Group, 2002.
77. COYNE, S. *et al.* Gaming in the Game of Love. *Family Relations*, v. 61, 2012.
78. AHLSTROM, M. *et al.* Me, My Spouse, and My Avatar. *Journal of Leisure Research*, v. 44, 2012.
79. PARKE, R. D. Development in the Family. *Annual Review of Psychology*, v. 55, 2004.
80. EL-SHEIKH, M. *et al.* Family Conflict, Autonomic Nervous System Functioning, and Child Adaptation. *Development and Psychopathology*, v. 23, 2011.
81. LUCAS-THOMPSON, R. G. *et al.* Family Relationships and Children's Stress Responses. *Advances in Child Development and Behavior*, v. 40, 2011.
82. STERNBERG, R. Most Vocabulary Is Learned from Context. *In*: McKEOWN, M. *et al.* (Ed.). *The Nature of Vocabulary Acquisition.* New Jersey: Lawrence Erlbaum Associates, 1987.
83. DUCH, H. *et al.* Association of Screen Time Use and Language Development in Hispanic Toddlers. *Clinical Pediatrics (Philadelphia)*, v. 52, 2013.
84. LIN, L.Y. *et al.* Effects of Television Exposure on Developmental Skills among Young Children. *Infant Behavior and Development*, v. 38, 2015.

85. PAGANI, L. S. et al. Early Childhood Television Viewing and Kindergarten Entry Readiness. *Pediatric Research*, v. 74, 2013.
86. TOMOPOULOS, S. et al. Infant Media Exposure and Toddler Development. *Archives of Pediatric and Adolescent Medicine*, v. 164, 2010.
87. ZIMMERMAN, F. J. et al. Associations between Media Viewing and Language Development in Children Under Age 2 Years. *The Journal of Pediatrics*, v. 151, 2007.
88. BYEON, H. et al. Relationship between Television Viewing and Language Delay in Toddlers. *PLoS One*, v. 10, 2015.
89. CHONCHAIYA, W. et al. Television Viewing Associates with Delayed Language Development. *Acta Paediatrica*, v. 97, 2008.
90. VAN DEN HEUVEL, M. et al. Mobile Media Device Use Is Associated with Expressive Language Delay in 18-Month-Old Children. *Journal of Developmental & Behavioral Pediatrics*, v. 40, 2019.
91. COLLET, M. et al. Case-control Study Found that Primary Language Disorders Were Associated with Screen Exposure. *Acta Paediatrica*, v. 108, 2018.
92. MADIGAN, S. et al. Associations between Screen Use and Child Language Skills: A Systematic Review and Meta-analysis. *JAMA Pediatrics*, v. 174, 2020.
93. TREMBLAY, M. S. et al. Canadian 24-Hour Movement Guidelines for Children and Youth: An Integration of Physical Activity, Sedentary Behaviour, and Sleep. *Applied Physiology, Nutrition, and Metabolism*, v. 41, 2016.
94. WALSH, J. J. et al. Associations between 24 Hour Movement Behaviours and Global Cognition in US Children. *The Lancet Child Adolesc Health*, v. 2, 2018.
95. TAKEUCHI, H. et al. The Impact of Television Viewing on Brain Structures. *Cerebral Cortex*, v. 25, 2015.
96. TAKEUCHI, H. et al. Impact of Videogame Play on the Brain's Microstructural Properties. *Molecular Psychiatry*, v. 21, 2016.
97. MITRA, P. et al. Clinical and Molecular Aspects of Lead Toxicity. *Critical Reviews in Clinical Laboratory Sciences*, v. 54, 2017.
98. CHIODO, L. M. et al. Blood Lead Levels and Specific Attention Effects in Young Children. *Neurotoxicology and Teratology*, v. 29, 2007.
99. HOROWITZ-KRAUS, T. et al. Brain Connectivity in Children Is Increased by the Time They Spend Reading Books and Decreased by the Length of Exposure to Screen-based Media. *Acta Paediatrica*, v. 107, 2018.
100. TAKEUCHI, H. et al. Impact of Frequency of Internet Use on Development of Brain Structures and Verbal Intelligence: Longitudinal Analyses. *Human Brain Mapping*, v. 39, 2018.
101. HUTTON, J. S. et al. Potential Association of Screen Use with Brain Development in Preschool-Aged Children-Reply. *JAMA Pediatrics*, 2020.
102. FARAH, M. J. The Neuroscience of Socioeconomic Status: Correlates, Causes, and Consequences. *Neuron*, v. 96, 2017.
103. MOHAMMED, A. H. et al. Environmental Enrichment and the Brain. *Progress in Brain Research*, v. 138, 2002.
104. VAN PRAAG, H. et al. Neural Consequences of Environmental Enrichment. *Nature Reviews Neuroscience*, v. 1, 2000.
105. HUTTENLOCHER, J. et al. Early Vocabulary Growth. *Developmental Psychology*, v. 27, 1991.
106. WALKER, D. et al. Prediction of School Outcomes Based on Early Language Production and Socioeconomic Factors. *Child Development*, v. 65, 1994.
107. HOFF, E. The Specificity of Environmental Influence. *Child Development*, v. 74, 2003.
108. ZIMMERMAN, F. J. et al. Teaching by Listening. *Pediatrics*, v. 124, 2009.
109. CARTMILL, E. A. et al. Quality of Early Parent Input Predicts Child Vocabulary 3 Years Later. *Proceedings of the National Academy of Sciences of the United States of America*, v. 110, 2013.

110. BLOOM, P. *How Children Learn the Meaning of Words*. Cambridge, MA: MIT Press, 2000.
111. TAKEUCHI, H. *et al*. Impact of Reading Habit on White Matter Structure. *Neuroimage*, v. 133, 2016.
112. GILKERSON, J. *et al*. Language Experience in the Second Year of Life and Language Outcomes in Late Childhood. *Pediatrics*, v. 142, 2018.
113. HART, B. *et al*. American Parenting of Language-learning Children. *Developmental Psychology*, v. 28, 1992.
114. ROMEO, R.R. *et al*. Language Exposure Relates to Structural Neural Connectivity in Childhood. *Journal of Neuroscience*, v. 38, 2018.
115. DAMGE, M. Ecrans et capacités cognitives, une relation complexe. *Le Monde*, 2019. Disponível em: lemonde.fr. Acesso em: 27 jul. 2021.
116. DAVIS, N. Study Links High Levels of Screen Time to Slower Child Development. *The Guardian*, 2019. Disponível em: theguardian.com. Acesso em: 27 jul. 2021.
117. KOSTYRKA-ALLCHORNE, K. *et al*. The Relationship between Television Exposure and Children's Cognition and Behaviour. *Developmental Review*, v. 44, 2017.
118. KRCMAR, M. Word Learning in Very Young Children From Infant-Directed Dvds. *Journal of Communication*, v. 61, 2011.
119. RICHERT, R. A. *et al*. Word Learning from Baby Videos. *Archives of Pediatric and Adolescent Medicine*, v. 164, 2010.
120. ROBB, M. B. *et al*. Just a Talking Book? Word Learning from Watching Baby Videos. *British Journal of Developmental Psychology*, v. 27, 2009.
121. DeLOACHE, J. S. *et al*. Do Babies Learn from Baby Media?. *Psychological Science*, v. 21, 2010.
122. KAMINSKI, J. *et al*. Word Learning in a Domestic Dog. *Science*, v. 304, 2004.
123. CAREY, S. The Child as Word Learner. *In*: HALLE, M. *et al*. (Ed.). *Linguistic Theory and Psychological Reality*. Cambridge, MA: MIT Press, 1978.
124. KRCMAR, M. Can Infants and Toddlers Learn Words from Repeat Exposure to an Infant Directed DVD?. *Journal of Broadcasting & Electronic Media*, v. 58, 2014.
125. GOLA, A. A. H. *et al*. Television as Incidental Language Teacher. *In*: SINGER, D. G. *et al*. (Ed.). *Handbook of Children and the Media*. 2nd ed. Thousand Oaks, CA: Sage, 2012.
126. VAN LOMMEL, S. *et al*. Foreign-grammar Acquisition while Watching Subtitled Television Programmes. *British Journal of Educational Psychology*, n. 76, 2006.
127. ROSEBERRY, S. *et al*. Live Action: Can Young Children Learn Verbs from Video?. *Child Development*, v. 80, 2009.
128. BAUDELAIRE, C. *Œuvres complètes (IV) : petits poèmes en prose*, Michel Lévy Frères, 1869.
129. BROWN, P. *et al*. *Make It Stick*. Cambridge, MA: Harvard University Press, 2014.
130. VENEZIANO, E. Interaction, conversation et acquisition du langage dans les trois premières années de la vie. *In*: KAIL, M. *et al*. (Ed.). *L'Acquisition du langage: le langage en émergence*. Paris: PUF, 2000.
131. HICKOK, G. *et al*. The Cortical Organization of Speech Processing. *Nature Reviews Neuroscience*, v. 8, 2007.
132. LOPEZ-BARROSO, D. *et al*. Word Learning Is Mediated by the Left Arcuate Fasciculus. *Proceedings of the National Academy of Sciences of the United States of America*, v. 110, 2013.
133. AMERICAN ACADEMY OF PEDIATRICS. Council on Communications and Media. Children and Adolescents and Digital Media. *Pediatrics*, v. 138, 2016.
134. STANOVICH, K. Does Reading Make You Smarter? Literacy and the Development of Verbal Intelligence. *In*: REESE, H. (Ed.). *Advances of Child Development and Behavior*. Cambridge, MA: Academic Press, 1993. v. 24.
135. HAYES, D. Speaking and Writing. *Journal of Memory and Language*, v. 27, 1988.

136. CUNNINGHAM, A. *et al.* What Reading Does for the Mind. *American Educator*, v. 22, 1998.
137. COLLECTIF SAUVER LES LETTRES. Rentrée 2008: évaluation du niveau d'orthographe et de grammaire des élèves qui entrent en classe de seconde. Collectif Sauver les Lettres, 2009. Disponível em: sauv.net. Acesso em: 27 jul. 2021.
138. MATHIEU-COLAS, M. Maîtrise du français. *Le Figaro*, 2010. Disponível em: lefigaro.fr. Acesso em: 27 jul. 2021.
139. ANDERSON, R. *et al.* Growth in Reading and How Children Spend Their Time Outside of School. *Reading Research Quarterly*, v. 23, 1988.
140. ESTEBAN-CORNEJO, I. *et al.* Objectively Measured and Self-reported Leisure-time Sedentary Behavior and Academic Performance in Youth. *Preventive Medicine*, v. 77, 2015.
141. SULLIVAN, A. *et al.* Social Inequalities in Cognitive Scores at Age 16: The Role of Reading. *CLS Working Paper*, 2013/10. Centre for Longitudinal Studies, Institute of Education, University of London, 2013.
142. MOL, S. E. *et al.* To Read or Not to Read. *Psychological Bulletin*, v. 137, 2011.
143. NEA. *To Read or Not to Read*. Reasearch Report #47. National Endowment for the Arts, 2007.
144. SHIN, N. Exploring Pathways from Television Viewing to Academic Achievement in School Age Children. *The Journal of Genetic Psychology*, v. 165, 2004.
145. HEAD ZAUCHE, L. *et al.* The Power of Language Nutrition for Children's Brain Development, Health, and Future Academic Achievement. *Journal of Pediatric Health Care*, v. 31, 2017.
146. BARR-ANDERSON, D. J. *et al.* Characteristics Associated with Older Adolescents Who Have a Television in Their Bedrooms. *Pediatrics*, v. 121, 2008.
147. MERGA, M. *et al.* The Influence of Access to eReaders, Computers and Mobile Phones on Children's Book Reading Frequency. *Computers & Education*, v. 109, 2017.
148. GENTILE, D. A. *et al.* Bedroom Media. *Developmental Psychology*, v. 53, 2017.
149. RIDEOUT, V. *et al. Generation M2: Media in the Lives of 8-18 Year-olds*. Kaiser Family Foundation, 2010.
150. GARCIA-CONTINENTE, X. *et al.* Factors Associated with Media Use among Adolescents. *European Journal of Public Health*, v. 24, 2014.
151. WIECHA, J. L. *et al.* Household Television Access. *Ambulatory Pediatrics*, v. 1, 2001.
152. GADBERRY, S. Effects of Restricting First Graders' TV-viewing on Leisure Time Use, IQ Change, and Cognitive Style. *Journal of Applied Developmental Psychology*, v. 1, 1980.
153. CUMMINGS, H. M. *et al.* Relation of Adolescent Video Game Play to Time Spent in Other Activities. *Archives of Pediatric and Adolescent Medicine*, v. 161, 2007.
154. CORTEEN, R. S. *et al.* Television and Reading Skills. In: WILLIAMS, T. M. (Ed.). *The Impact of Television: A Natural Experiment in Three Communities*. Cambridge, MA: Academic Press, 1986.
155. VANDEWATER, E. A. *et al.* When the Television Is Always On. *American Behavioral Scientist*, v. 48, 2005.
156. KOOLSTRA, C. M. *et al.* Television's Impact on Children's Reading Comprehension and Decoding Skills. *Reading Research Quarterly*, v. 32, 1997.
157. CHILDREN'S Reading for Pleasure: Trends and Challenges. Egmont Books Report. 2020. Disponível em: egmont.co.uk. Acesso em: 27 jul. 2021.
158. CLARK, C. *et al.* Children and Young People's Reading in 2019. National Literacy Trust Research Report, 2020. Disponível em: literacytrust.org.uk. Acesso em: 27 jul. 2021.
159. LOMBARDO, P. *et al.* Cinquante ans de pratiques culturelles en France. Ministère de la Culture, 2020. Disponível em: culture.gouv.fr. Acesso em: 27 jul. 2021.
160. RIDEOUT, V. *et al. The Common Sense Census: Media Use by Tweens and Teens*. Common Sense Media, 2019.

161. MAULEON, F. apud ROLLOT, O. Nouvelles pédagogies: "L'étudiant doit être la personne la plus importante dans une école". *Le Monde*, 2013. Disponível em: lemonde.fr. Acesso em: 27 jul. 2021.
162. MANILEVE, V. Dire que les "jeunes lisent moins qu'avant" n'a plus aucun sens à l'heure d'internet. *Slate*, 2015. Disponível em: slate.fr. Acesso em: 27 jul. 2021.
163. OCTOBRE, S. *Deux pouces et des neurones*. Paris: Ministère de la Culture et de la Communication, 2014.
164. OCTOBRE, S. apud BURATTI, L. Les jeunes lisent toujours, mais pas des livres. *Le Monde*, 2014. Disponível em: lemonde.fr. Acesso em: 27 jul. 2021.
165. DUNCAN, L.G. *et al.* Adolescent Reading Skill and Engagement with Digital and Traditional Literacies as Predictors of Reading Comprehension. *British Journal of Psychology*, v. 107, 2016.
166. PFOST, M. *et al.* Students' Extracurricular Reading Behavior and the Development of Vocabulary and Reading Comprehension> *Learning and Individual Differences*, v. 26, 2013.
167. MANGEN, A. *et al.* Reading Linear Texts on Paper Versus Computer Screen. *International Journal of Educational Research*, v. 58, 2013.
168. KONG, Y. *et al.* Comparison of Reading Performance on Screen and on Paper. *Computers & Education*, v. 123, 2018.
169. DELGADO, P. *et al.* Don't Throw Away Your Printed Books. *Educational Research Review*, v. 25, 2018.
170. SINGER, L. *et al.* Reading Across Mediums. *The Journal of Experimental Education*, v. 85, 2017.
171. TOULON, A. Des jeux-vidéo pour lutter contre la dyslexie. *Europe1*, 2014. Disponível em: europe1.fr. Acesso em: 27 jul. 2021.
172. VIDEO Games "Help Reading in Children with Dyslexia". *BBC*, 2013. Disponível em: bbc.com. Acesso em: 27 jul. 2021.
173. SERNA, J. Study: A Day of Video Games Tops a Year of Therapy for Dyslexic Readers. *Los Angeles Times*, 2013. Disponível em: latimes.com. Acesso em: 27 jul. 2021.
174. SOLIS, M. Video Games May Treat Dyslexia. *Scientific American*, 2013. Disponível em: scientificamerican.com. Acesso em: 27 jul. 2021.
175. HARRAR, V. *et al.* Multisensory Integration and Attention in Developmental Dyslexia. *Current Biology*, v. 24, 2014.
176. LES JEUX vidéo d'action recommandés aux dyslexiques. *Cnews*, 2014. Disponível em: cnewsmatin.fr. Acesso em: 27 jul. 2021.
177. DE LA BIGNE, Y. Les juex viédos conrte la dislexye. *Europe1*, 2014. Disponível em: europe1.fr. Acesso em: 27 jul. 2021.
178. KIPLING, R. *Histoires comme ça*. Paris: Livre de Poche, 2007.
179. FRANCESCHINI, S. *et al.* Action Video Games Make Dyslexic Children Read Better. *Current Biology*, v. 23, 2013.
180. TRESSOLDI, P. E. *et al.* The Development of Reading Speed in Italians with Dyslexia. *Journal of Learning Disabilities*, n. 34, 2001.
181. TRESSOLDI, P.E. *et al.* Efficacy of an Intervention to Improve Fluency in Children with Developmental Dyslexia in a Regular Orthography. *Journal of Learning Disabilities*, n. 40, 2007.
182. COLLINS, N. Video Games "Teach Dyslexic Children to Read". *The Telegraph*, 2013. Disponível em: telegraph.co.uk. Acesso em: 27 jul. 2021.
183. GUARINI, D. 9 Ways Video Games Can Actually Be Good For You. *HuffPost*, 2013. Disponível em: huffpost.com. Acesso em: 27 jul. 2021.
184. GREEN, C.S. *et al.* Action Video Game Modifies Visual Selective Attention. *Nature*, n. 423, 2003.
185. BLAKESLEE, S. Video-Game Killing Builds Visual Skills, Researchers Report. *The New York Times*, 2003. Disponível em: nytimes.com. Acesso em: 27 jul. 2021.
186. DEBROISE, A. Les effets positifs des jeux vidéo. *Le Point*, 2012. Disponí-

vel em: lepoint.fr. Acesso em: 27 jul. 2021.
187. LES JEUX de tirs sont bons pour le cerveau. *Le Figaro*, 2010. Disponível em: lefigaro.fr. Acesso em: 27 jul. 2021.
188. FLEMING, N. Why Video Games May Be Good for You. *BBC*, 2013. Disponível em: bbc.com. Acesso em: 27 jul. 2021.
189. BACH, J. et al. *L'Enfant et les écrans: un avis de l'académie des sciences*. Paris: Le Pommier, 2013.
190. BAVELIER, D. et al. Brain Plasticity through the Life Span. *Annual Review of Neuroscience*, 35, 2012.
191. WEISBURG, R. W. Creativity and Knowledge. *In*: STERNBERG, R. (Ed.). *Handbook of Creativity*. London: Cambridge University Press, 1999.
192. COLVIN, G. *Talent Is Overrated*. New York: Portfolio, 2010.
193. GLADWELL, M. *Outliers*. [S.l.]: Black Bay Books, 2008.
194. ERICSSON, A. et al. *Peak*. Boston, MA: Houghton Mifflin Harcourt, 2016.
195. CAIN, S. *Quiet*. New York: Broadway Paperbacks, 2013.
196. DUNNETTE, M. et al. The Effect of Group Participation on Brainstorming Effectiveness for 2 Industrial Samples. *Journal of Applied Psychology*, v. 47, 1963.
197. MONGEAU, P. et al. Reconsidering Brainstorming. *Group Facilitation*, v. 1, 1999.
198. FURNHAM, A. The Brainstorming Myth. *Business Strategy Review*, v. 11, 2000.
199. DYE, M. W. et al. Increasing Speed of Processing with Action Video Games. *Current Directions in Psychological Science*, v. 18, 2009.
200. CASTEL, A. D. et al. The Effects of Action Video Game Experience on the Time Course of Inhibition of Return and the Efficiency of Visual Search. *Acta Psychologica (Amsterdam)*, v. 119, 2005.
201. GREEN, C. S. et al. Improved Probabilistic Inference as a General Learning Mechanism with Action Video Games. *Current Biology*, v. 20, 2010.
202. MURPHY, K. et al. Playing Video Games Does Not Make for Better Visual Attention Skills. *Journal of Articles in Support of the Null Hypothesis*, v. 6, 2009.
203. BOOT, W. R. et al. The Effects of Video Game Playing on Attention, Memory, and Executive Control. *Acta Psychologica (Amsterdam)*, v. 129, 2008.
204. BOOT, W. R. et al. Do Action Video Games Improve Perception and Cognition?. *Frontiers in Psychology*, v. 2, 2011.
205. IRONS, J. et al. Not So Fast. *Australian Journal of Psychology*, v. 63, 2011.
206. DONOHUE, S. E. et al. Cognitive Pitfall! Videogame Players Are Not Immune to Dual-task Costs. *Attention, Perception, & Psychophysics*, v. 74, 2012.
207. BOOT, W. R. et al. The Pervasive Problem with Placebos in Psychology: Why Active Control Groups Are Not Sufficient to Rule Out Placebo Effects. *Perspectives on Psychological Science*, v. 8, 2013.
208. COLLINS, E. et al. Video Game Use and Cognitive Performance. *Cyberpsychology, Behavior, and Social Networking*, v. 17, 2014.
209. GOBET, F. et al. "No level up!". *Frontiers in Psychology*, v. 5, 2014.
210. UNSWORTH, N. et al. Is Playing Video Games Related to Cognitive Abilities?. *Psychological Science*, v. 26, 2015.
211. REDICK, T. S. et al. Don't Shoot the Messenger: A Reply to Green et al. (2017). *Psychological Science*, v. 28, 2017.
212. MEMMERT, D. et al. The relationship between Visual Attention and Expertise in Sports. *Psychology of Sport and Exercise*, v. 10, 2009.
213. KIDA, N. et al. Intensive Baseball Practice Improves the Go/Nogo Reaction Time, but Not the Simple Reaction Time. *Cognitive Brain Research*, v. 22, 2005.
214. AZEMAR, G. et al. *Neurobiologie des comportements moteurs*. Paris: INSEP, 1982.

215. RIPOLL, H. et al. *Neurosciences du sport*. Paris: INSEP, 1987.
216. UNDERWOOD, G. et al. Visual Search while Driving. *Transportation Research Part F*, v. 5, 2002.
217. SAVELSBERGH, G. J. et al. Visual Search, Anticipation and Expertise in Soccer Goalkeepers. *Journal of Sports Sciences*, v. 20, 2002.
218. MULLER, S. et al. Expert Anticipatory Skill in Striking Sports. *Research Quarterly for Exercise and Sport*, v. 83, 2012.
219. HELSEN, W. et al. The Relationship between Expertise and Visual Information Processing in Sport. *Advances in Psychology*, v. 102, 1993.
220. STEFFENS, M. Video Games Are Good for You. *ABC Science*, 2009. Disponível em: abc.net.au. Acesso em: 27 jul. 2021.
221. JÄNCKE, L. et al. Expertise in Video Gaming and Driving Skills. *Zeitschrift für Neuropsychologie*, v. 22, 2011.
222. CICERI, M. et al. Does Driving Experience in Video Games Count? Hazard Anticipation and Visual Exploration of Male Gamers as Function of Driving Experience. *Transportation Research Part F*, v. 22, 2014.
223. FISCHER, P. et al. The Effects of Risk-glorifying Media Exposure on Risk-positive Cognitions, Emotions, and Behaviors. *Psychological Bulletin*, v. 137, 2011.
224. FISCHER, P. et al. The Racing-game Effect. *Personality and Social Psychology Bulletin*, v. 35, 2009.
225. BEULLENS, K. et al. Excellent Gamer, Excellent Driver? The Impact of Adolescents' Video Game Playing on Driving Behavior. *Accident Analysis and Prevention*, v. 43, 2011.
226. BEULLENS, K. et al. Predicting Young Drivers' Car Crashes. *Media Psychology*, v. 16, 2013.
227. BEULLENS, K. et al. Driving Game Playing as a Predictor of Adolescents' Unlicensed Driving in Flanders. *Journal of Children and Media*, v. 7, 2013.
228. HULL, J. G. et al. A Longitudinal Study of Risk-glorifying Video Games and Behavioral Deviance. *Journal of Personality and Social Psychology*, v. 107, 2014.
229. ROZIERES, G. Jouer à Mario Kart fait de vous un meilleur conducteur, c'est scientifiquement prouvé. *Huffington Post*, 2016. Disponível em: huffingtonpost.fr. Acesso em: 27 jul. 2021.
230. JOUER à Mario Kart fait de vous un meilleur conducteur, c'est scientifiquement prouvé!. *Elle*, 2017. Disponível em: elle.fr. Acesso em: 27 jul. 2021.
231. PRIAM, E. Jouer à Mario Kart fait de vous un meilleur conducteur. *Femme Actuelle*, 2017. Disponível em: femmeactuelle.fr. Acesso em: 27 jul. 2021.
232. ARATANI, L. Study Confirms "Mario Kart" Really Does Make You A Better Driver. *HuffPost*, 2016. Disponível em: huffpost.com. Acesso em: 27 jul. 2021.
233. PLAYING Mario Kart CAN Make You a Better Driver. *Daily Mail*, 2016. Disponível em: dailymail.co.uk. Acesso em: 27 jul. 2021.
234. LI, L. et al. Playing Action Video Games Improves Visuomotor Control. *Psychological Science*, v. 27, 2016.
235. LES FANS de Mario Kart seraient de meilleurs conducteurs, selon la science. *Public*, 2017. Disponível em: public.fr. Acesso em: Acesso em: 27 jul. 2021.
236. BEDIOU, B. et al. Meta-analysis of action Video Game Impact on Perceptual, Attentional, and Cognitive Skills. *Psychological Bulletin*, v. 144, 2018.
237. POWERS, K. L. et al. Effects of Video-game Play on Information Processing. *Psychonomic Bulletin & Review*, v. 20, 2013.
238. SCHLICKUM, M. K. et al. Systematic Video Game Training in Surgical Novices Improves Performance in Virtual Reality Endoscopic Surgical Simulators. *World Journal of Surgery*, v. 33, 2009.
239. ROSSER JR., J. C. et al. The Impact of Video Games on Training Surgeons in the 21st Century. *Archives of Surgery*, v. 142, 2007.
240. McKINLEY, R. A. et al. Operator Selection for Unmanned Aerial Systems.

Aviation, Space, and Environmental Medicine, v. 82, 2011.

241. OEI, A. C. *et al.* Are Videogame Training Gains Specific or General?. *Frontiers in Systems Neuroscience*, v. 8, 2014.

242. PRZYBYLSKI, A. K. *et al.* A Large Scale Test of the Gaming-enhancement Hypothesis. *PeerJ*, v. 4, 2016.

243. VAN RAVENZWAAIJ, D. *et al.* Action Video Games do Not Improve the Speed of Information Processing in Simple Perceptual Tasks. *Journal of Experimental Psychology: General*, v. 143, 2014.

244. GASPAR, J. G. *et al.* Are Gamers Better Crossers? An Examination of Action Video Game Experience and Dual Task Effects in a Simulated Street Crossing Task. *Human Factors*, v. 56, 2014.

245. OWEN, A. M. *et al.* Putting Brain Training to the Test. *Nature*, n. 465, 2010.

246. SIMONS, D. J. *et al.* Do "Brain-Training" Programs Work?. *Psychological Science in the Public Interest*, v. 17, 2016.

247. AZIZI, E. *et al.* The Influence of Action Video Game Playing on Eye Movement Behaviour during Visual Search in Abstract, In-game and Natural Scenes. *Attention, Perception, & Psychophysics*, v. 79, 2017.

248. SALA, G. *et al.* Video Game Training Does Not Enhance Cognitive Ability. *Psychological Bulletin*, v. 144, 2018.

249. CONTI, J. Ces jeux vidéo qui vous font du bien. *Le Temps*, 2013. Disponível em: letemps.ch. Acesso em: 27 jul. 2021.

250. FRITEL, J. *Jeux vidéo: les nouveaux maîtres du monde*. Documentaire Arte, 15 nov. 2016.

251. DEHAENE, S. Entretien à *Le Grand Entretien*, France Inter, 2018. Disponível em: franceinter.fr. Acesso em: 2018.

252. GAZZALEY, A. *et al. The Distracted Mind*. Cambridge, MA: MIT Press, 2016.

253. KATSUKI, F. *et al.* Bottom-up and Top-down Attention. *Neuroscientist*, v. 20, 2014.

254. CHUN, M. M. *et al.* A Taxonomy of External and Internal Attention. *Annual Review of Psychology*, v. 62, 2011.

255. JOHANSEN-BERG, H. *et al.* Attention to Touch Modulates Activity in Both Primary and Secondary Somatosensory Areas. *Neuroreport*, v. 11, 2000.

256. DUNCAN, G. J. *et al.* School Readiness and Later Achievement. *Developmental Psychology*, v. 43, 2007.

257. PAGANI, L. S. *et al.* School Readiness and Later Achievement. *Developmental Psychology*, v. 46, 2010.

258. HORN, W. *et al.* Early Identification of Learning Problems. *Journal of Educational Psychology*, v. 77, 1985.

259. POLDERMAN, T. J. *et al.* A Systematic Review of Prospective Studies on Attention Problems and Academic Achievement. *Acta Psychiatrica Scandinavica*, v. 122, 2010.

260. RHOADES, B. *et al.* Examining the Link between Preschool Social-emotional Competence and First Grade Academic Achievement. *Early Childhood Research Quarterly*, v. 26, 2011.

261. JOHNSON, J. G. *et al.* Extensive Television Viewing and the Development of Attention and Learning Difficulties during Adolescence. *Archives of Pediatric and Adolescent Medicine*, v. 161, 2007.

262. FRAZIER, T. W. *et al.* ADHD and Achievement. *Journal of Learning Disabilities*, n. 40, 2007.

263. LOE, I. M. *et al.* Academic and Educational Outcomes of Children with ADHD. *Journal of Pediatric Psychology*, v. 32, 2007.

264. HINSHAW, S. P. Externalizing Behavior Problems and Academic Underachievement in Childhood and Adolescence. *Psychological Bulletin*, v. 111, 1992.

265. INOUE, S. *et al.* Working Memory of Numerals in Chimpanzees. *Current Biology*, v. 17, 2007.

266. WILSON, D. E. *et al.* Practice in Visual Search Produces Decreased Capacity Demands but Increased Distraction. *Perception & Psychophysics*, v. 70, 2008.

267. BAILEY, K. et al. A Negative Association between Video Game Experience and Proactive Cognitive Control. *Psychophysiology*, v. 47, 2010.
268. CHAN, P.A. et al. A Cross-sectional Analysis of Video Games and Attention Deficit Hyperactivity Disorder Symptoms in Adolescents. *Annals of General Psychiatry*, v. 5, 2006.
269. GENTILE, D. Pathological Video-game Use among Youth Ages 8 to 18. *Psychological Science*, v. 20, 2009.
270. GENTILE, D. et al. Video Game Playing, Attention Problems, and Impulsiveness. *Psychology of Popular Media Culture*, v. 1, 2012.
271. SWING, E. L. et al. Television and Video Game Exposure and the Development of Attention Problems. *Pediatrics*, v. 126, 2010.
272. SWING, E. L. *Plugged in: The Effects of Electronic Media Use on Attention Problems, Cognitive Control, Visual Attention, and Aggression*. PhD Dissertation – Iowa State University, 2012.
273. HASTINGS, E. C. et al. Young Children's Video/Computer Game Use. *Issues in Mental Health Nursing*, v. 30, 2009.
274. ROSEN, L. D. et al. Media and Technology Use Predicts Ill-being among Children, Preteens and Teenagers Independent of the Negative Health Impacts of Exercise and Eating Habits. *Computers in Human Behavior*, v. 35, 2014.
275. TRISOLINI, D. C. et al. Is Action Video Gaming Related to Sustained Attention of Adolescents?. *Quarterly Journal of Experimental Psychology (Hove)*, v. 71, 2017.
276. BAVELIER, D. et al. Brains on Video Games. *Nature Reviews Neuroscience*, v. 12, 2011.
277. THIVENT, V. Quand l'Académie des sciences penche en faveur des jeux vidéo. *Le Monde*, 2014. Disponível em: lemonde.fr. Acesso em: 27 jul. 2021.
278. SUCHERT, V. et al. Sedentary Behavior and Indicators of Mental Health in School-aged Children and Adolescents. *Preventive Medicine*, v. 76, 2015.
279. NIKKELEN, S. W. et al. Media Use and ADHD-related Behaviors in Children and Adolescents. *Developmental Psychology*, v. 50, 2014.
280. MUNDY, L. K. et al. The Association Between Electronic Media and Emotional and Behavioral Problems in Late Childhood. *Academic Pediatrics*, v. 17, 2017.
281. CHRISTAKIS, D. A. et al. Early Television Exposure and Subsequent Attentional Problems in Children. *Pediatrics*, v. 113, 2004.
282. LANDHUIS, C. E. et al. Does Childhood Television Viewing Lead to Attention Problems in Adolescence? Results from a Prospective Longitudinal Study. *Pediatrics*, v. 120, 2007.
283. MILLER, C. J. et al. Television Viewing and Risk for Attention Problems in Preschool Children. *Journal of Pediatric Psychology*, v. 32, 2007.
284. OZMERT, E. et al. Behavioral Correlates of Television Viewing in Primary School Children Evaluated by the Child Behavior Checklis. *Archives of Pediatric and Adolescent Medicine*, v. 156, 2002.
285. ZIMMERMAN, F. J. et al. Associations between Content Types of Early Media Exposure and Subsequent Attentional Problems. *Pediatrics*, v. 120, 2007.
286. KUSHLEV, K. et al. "Silence Your Phones": Smartphone Notifications Increase Inattention and Hyperactivity Symptoms. *In*: PROCEEDINGS of the 2016 CHI Conference on Human Factors in Computing Systems, 2016.
287. LEVINE, L. et al. Mobile Media Use, Multitasking and Distractibility. *International Journal of Cyber Behavior*, v. 2, 2012.
288. SEO, D. et al. Mobile Phone Dependency and Its Impacts on Adolescents' Social and Academic Behaviors. *Computers in Human Behavior*, v. 63, 2016.
289. ZHENG, F. et al. Association between Mobile Phone Use and Inattention in 7102 Chinese Adolescents. *BMC Public Health*, v. 14, 2014.

290. BORGHANS, L. *et al.* What Grades and Achievement Tests Measure. *Proceedings of the National Academy of Sciences of the United States of America*, v. 113, 2016.
291. DUCKWORTH, A. L. *et al.* Self-discipline Outdoes IQ in Predicting Academic Performance of Adolescents. *Psychological Science*, v. 16, 2005.
292. BUSHMAN, B. J. *et al.* Media Violence and the American Public. Scientific Facts Versus Media Misinformation. *American Psychologist*, v. 56, 2001.
293. TAMANA, S. K. *et al.* Screen-time Is Associated with Inattention Problems in Preschoolers. *PLoS One*, v. 14, 2019.
294. MICROSOFT CANADA. Attention Spans: Consumer Insights. Microsoft, 2015.
295. DAHL, R. E. The Impact of Inadequate Sleep on Children's Daytime Cognitive Function. *Seminars in Pediatric Neurology*, 3, 1996.
296. LIM, J. *et al.* Sleep Deprivation and Vigilant Attention. *Annals of the New York Academy of Sciences*, v. 1129, 2008.
297. LIM, J. *et al.* A Meta-analysis of the Impact of Short-term Sleep Deprivation on Cognitive Variables. *Psychological Bulletin*, v. 136, 2010.
298. BEEBE, D. W. Cognitive, Behavioral, and Functional Consequences of Inadequate Sleep in Children and Adolescents. *Pediatric Clinics of North America*, v. 58, 2011.
299. MAASS, A. *et al.* Does Media Use Have a Short-Term Impact on Cognitive Performance?. *Journal of Media Psychology*, v. 23, 2011.
300. KUSCHPEL, M. S. *et al.* Differential Effects of Wakeful Rest, Music and Video Game Playing on Working Memory Performance in the N-Back Task. *Frontiers in Psychology*, v. 6, 2015.
301. LILLARD, A. S. *et al.* Further Examination of the Immediate Impact of Television on Children's Executive Function. *Developmental Psychology*, v. 51, 2015.
302. LILLARD, A. S. *et al.* Television and Children's Executive Function. *Advances in Child Development and Behavior*, v. 48, 2015.
303. LILLARD, A. S. *et al.* The Immediate Impact of Different Types of Television on Young Children's Executive Function. *Pediatrics*, v. 128, 2011.
304. MARKOWETZ, A. *Digitaler Burnout*. Munich: Droemer, 2015.
305. USAGES mobiles. Deloitte, 2017. Disponível em: deloitte.com. Acesso em: 27 jul. 2021.
306. PIELOT, M. *et al.* An In-situ Study of Mobile Phone Notifications. *In*: PROCEEDINGS of the 16th International Conference on Human-computer Interaction with Mobile Devices, 2014, Toronto, Canada.
307. SHIRAZI, A. *et al.* Large-scale Assessment of Mobile Notifications. *In*: PROCEEDINGS of the 32nd Annual ACM Conference on Human Factors in Computing Systems, 2014, Toronto, Canada.
308. GREENFIELD, S. *Mind Change*. London: Rider, 2014.
309. GOTTLIEB, J. *et al.* Information-seeking, Curiosity, and Attention. *Trends in Cognitive Sciences*, v. 17, 2013.
310. KIDD, C. *et al.* The Psychology and Neuroscience of Curiosity. *Neuron*, v. 88, 2015.
311. WOLNIEWICZ, C. A. *et al.* Problematic Smartphone Use and Relations with Negative Affect, Fear of Missing Out, and Fear of Negative and Positive Evaluation. *Psychiatry Research*, v. 262, 2018.
312. BEYENS, I. *et al.* "I Don't Want to Miss a Thing". *Computers in Human Behavior*, v. 64, 2016.
313. ELHAI, J. *et al.* Fear of Missing out, Need for Touch, Anxiety and Depression Are Related to Problematic Smartphone Use. *Computers in Human Behavior*, v. 63, 2016.
314. ROSEN, L. *et al.* Facebook and Texting made Me Do It. *Computers in Human Behavior*, v. 29, 2013.
315. THORNTON, B. *et al.* The Mere Presence of A Cell Phone May Be Distracting. *Social Psychology*, v. 45, 2014.

316. STOTHART, C. et al. The Attentional Cost of Receiving a Cell Phone Notification. *Journal of Experimental Psychology: Human Perception and Performance*, v. 41, 2015.
317. ALTMANN, E. M. et al. Momentary Interruptions Can Derail the Train of Thought. *Journal of Experimental Psychology: General*, v. 143, 2014.
318. LEE, B. et al. The Effects of Task Interruption on Human Performance. *Human Factors and Ergonomics in Manufacturing & Service Industries*, v. 25, 2015.
319. BORST, J. et al. What Makes Interruptions Disruptive?. *In*: PROCEEDINGS of the 33rd Annual ACM Conference on Human Factors in Computing Systems. Seoul, Korea, 2015.
320. MARK, G. et al. No Task Left Behind?. *In*: PROCEEDINGS of the SIGCHI Conference on Human Factors in Computing Systems. Portland: SIGCHI, 2005.
321. APA. Multitasking: Switching Costs. American Psychological Association, 2006.
322. KLAUER, S. G. et al. Distracted Driving and Risk of Road Crashes among Novice and Experienced Drivers. *The New England Journal of Medicine*, v. 370, 2014.
323. CAIRD, J. K. et al. A Meta-analysis of the Effects of Texting on Driving. *Accident Analysis and Prevention*, v. 71, 2014.
324. OLSON, R. et al. Driver Distraction in Commercial Vehicle Operations. Report n. FMCSA-RRR- 09-042. US Department of Transportation, Federal Motor Carrier Safety Administration, Sept. 2009. Disponível em: fmcsa.dot.gov. Acesso em: 27 jul. 2021.
325. RONEY, L. et al. Distracted Driving Behaviors of Adults while Children Are in the Car. *Journal of Trauma and Acute Care Surgery*, v. 75, 2013.
326. KIRSCHNER, P. et al. The Myths of the Digital Native and the Multitasker. *Teacher and Teaching Education*, v. 67, 2017.
327. GREENFIELD, P.M. Technology and Informal Education. *Science*, v. 323, 2009.
328. PASHLER, H. Dual-task Interference in Simple Tasks. *Psychological Bulletin*, v. 116, 1994.
329. KOECHLIN, E. et al. The Role of the Anterior Prefrontal Cortex in Human Cognition. *Nature*, n. 399, 1999.
330. BRAVER, T. S. et al. The Role of Frontopolar Cortex in Subgoal Processing during Working Memory. *Neuroimage*, v. 15, 2002.
331. DUX, P. E. et al. Isolation of a Central Bottleneck of Information Processing with Time-resolved FMRI. *Neuron*, v. 52, 2006.
332. ROCA, M. et al. The Role of Area 10 (BA10) in Human Multitasking and in Social Cognition: A Lesion Study. *Neuropsychologia*, v. 49, 2011.
333. FOERDE, K. et al. Modulation of Competing Memory Systems by Distraction. *Proceedings of the National Academy of Sciences of the United States of America*, v. 103, 2006.
334. DINDAR, M. et al. Effects of Multitasking on Retention and Topic Interest. *Learning and Instruction*, v. 41, 2016.
335. UNCAPHER, M. R. et al. Media Multitasking and Memory. *Psychonomic Bulletin & Review*, v. 23, 2016.
336. MUELLER, P. et al. Technology and Note-taking in the Classroom, Boardroom, Hospital Room, and Courtroom. *Trends in Neuroscience and Education*, v. 5, 2016.
337. MUELLER, P. A. et al. The Pen Is Mightier than the Keyboard. *Psychological Science*, v. 25, 2014.
338. DIEMAND-YAUMAN, C. et al. Fortune Favors the Bold (and the Italicized). *Cognition*, v. 118, 2011.
339. HIRSHMAN, E. et al. The Generation Effect. *Journal of Experimental Psychology: Learning, Memory, and Cognition*, v. 14, 1988.
340. THE SOCIAL Dilemma. Netflix, 2020. Documentary.

341. LANIER, J. *Ten Arguments for Deleting Your Social Media Accounts Right Now*, Vintage, 2019.
342. SOLON, O. Ex-Facebook President Sean Parker: Site Made to Exploit Human "Vulnerability". *The Guardian*, 2017. Disponível em: theguardian.com. Acesso em: 27 jul. 2021.
343. GUYONNET, P. Facebook a été conçu pour exploiter les faiblesses des gens, prévient son ancien président Sean Parker. *Huffington Post*, 2017. Disponível em: huffingtonpost.fr. Acesso em: 27 jul. 2021.
344. WONG, J. Former Facebook Executive: Social Media Is Ripping Society Apart. *The Guardian*, 2017. Disponível em: theguardian.com. Acesso em: 27 jul. 2021.
345. D'ANCIENS cadres de Facebook expriment leurs remords d'avoir contribué à son succès. *Le Monde*, 2017. Disponível em: lemonde.fr. Acesso em: 27 jul. 2021.
346. BOWLES, N. A Dark consensus About Screens and Kids Begins to Emerge in Silicon Valley. *The New York Times*, 2018. Disponível em: nytimes.com. Acesso em: 27 jul. 2021.
347. OPHIR, E. *et al*. Cognitive Control in Media Multitaskers. *Proceedings of the National Academy of Sciences of the United States of America*, v. 106, 2009.
348. CAIN, M. S. *et al*. Media Multitasking in Adolescence. *Psychonomic Bulletin & Review*, v. 23, 2016.
349. CAIN, M. S. *et al*. Distractor Filtering in Media Multitaskers. *Perception*, 40, 2011.
350. SANBONMATSU, D. M. *et al*. Who Multitasks and Why? Multitasking Ability, Perceived Multitasking Ability, Impulsivity, and Sensation Seeking. *PLoS One*, v. 8, 2013.
351. GORMAN, T. E. *et al*. Short-term Mindfulness Intervention Reduces the Negative Attentional Effects Associated with Heavy Media Multitasking. *Scientific Reports*, v. 6, 2016.
352. LOPEZ, R. B. *et al*. Media Multitasking Is Associated with Altered Processing of Incidental, Irrelevant Cues during Person Perception. *BMC Psychology*, v. 6, 2018.
353. YANG, X. *et al*. Predictors of Media Multitasking in Chinese Adolescents. *International Journal of Psychology*, v. 51, 2016.
354. MOISALA, M. *et al*. Media Multitasking Is Associated with Distractibility and Increased Prefrontal Activity in Adolescents and Young Adults. *Neuroimage*, v. 134, 2016.
355. UNCAPHER, M. R. *et al*. Minds and Brains of Media Multitaskers. *Proceedings of the National Academy of Sciences of the United States of America*, v. 115, 2018.
356. HADAR, A. *et al*. Answering the Missed Call: Initial Exploration of Cognitive and Electrophysiological Changes Associated with Smartphone Use and Abuse. *PLoS One*, v. 12, 2017.
357. LE TRESOR de la langue française informatisé. Disponível em: http://atilf.atilf.fr/. Acesso em: mar. 2019.
358. GREENOUGH, W. T. *et al*. Experience and Brain Development. *Child Development*, v. 58, 1987.
359. CHRISTAKIS, D. A. *et al*. How Early Media Exposure May Affect Cognitive Function. *Proceedings of the National Academy of Sciences of the United States of America*, v. 115, 2018.
360. CHRISTAKIS, D. A. *et al*. Overstimulation of Newborn Mice Leads to Behavioral Differences and Deficits in Cognitive Performance. *Scientific Reports*, v. 2, 2012.
361. RAVINDER, S. *et al*. Excessive Sensory Stimulation during Development Alters Neural Plasticity and Vulnerability to Cocaine in Mice. *eNeuro*, v. 3, 2016.
362. CAPUSAN, A. J. *et al*. Comorbidity of Adult ADHD and Its Subtypes with Substance Use Disorder in a Large Population-Based Epidemiological Study. *Journal of Attention Disorders*, v. 23, 2019.
363. KARACA, S. *et al*. Comorbidity between Behavioral Addictions and Attention Deficit/Hyperactivity Disorder. *International Journal of Mental Health and Addiction*, v. 15, 2017.

364. WILENS, T. *et al.* ADHD and Substance Misuse. *In*: BANASCHEWSKI, T. *et al.* (Ed.). *Oxford Textbook of Attention Deficit Hyperactivity Disorder*. Oxford: Oxford University Press, 2018.
365. HADAS, I. *et al.* Exposure to Salient, Dynamic Sensory Stimuli during Development Increases Distractibility in Adulthood. *Scientific Reports*, v. 6, 2016.
366. WACHS, T. Noise in the Nursery. *Children's Environments Quarterly*, v. 3, 1986.
367. WACHS, T. *et al.* Cognitive Development in Infants of Different Age Levels and from Different Environmental Backgrounds. *Merrill-Palmer Quarterly*, v. 17, 1971.
368. KLAUS, R. A. *et al.* The Early Training Project for Disadvantaged Children. *Monographs of the Society for Research in Child Development*, v. 33, 1968.
369. HEFT, H. Background and Focal Environmental Conditions of the Home and Attention in Young Children. *Journal of Applied Social Psychology*, v. 9, 1979.
370. RAMAN, S. R. *et al.* Trends in Attention-deficit Hyperactivity Disorder Medication Use. *The Lancet Psychiatry*, v. 5, 2018.
371. VISSER, S. N. *et al.* Trends in the Parent-report of Health Care Provider-diagnosed and Medicated Attention-deficit/Hyperactivity Disorder: United States, 2003-2011. *Journal of the American Academy of Child and Adolescent Psychiatry*, v. 53, 2014.
372. XU, G. *et al.* Twenty-Year Trends in Diagnosed Attention-Deficit/Hyperactivity Disorder Among US Children and Adolescents, 1997-2016. *JAMA Network Open*, v. 1, 2018.
373. RA, C. K. *et al.* Association of Digital Media Use With Subsequent Symptoms of Attention- Deficit/Hyperactivity Disorder Among Adolescents. *JAMA*, v. 320, 2018.
374. WEISS, M. D. *et al.* The Screens Culture. *ADHD Attention Deficit and Hyperactivity Disorders*, v. 3, 2011.
375. RYMER, R. *Genie. A Scientific Tragedy*. New York: Harper Perennial, 1994.

SAÚDE (P. 194-269)

1. CHRISTAKIS, D. A. *et al.* Media as a Public Health Issue. *Archives of Pediatric and Adolescent Medicine*, v. 160, 2006.
2. STRASBURGER, V. C. *et al.* Health Effects of Media on Children and Adolescents. *Pediatrics*, v. 125, 2010.
3. STRASBURGER, V. C. *et al.* Children, Adolescents, and the Media. *Pediatric Clinics of North America*, v. 59, 2012.
4. DESMURGET, M. *TV Lobotomie*. Paris: J'ai Lu, 2013.
5. BACH, J. *et al. L'Enfant et les écrans: un avis de l'académie des sciences*. Paris: Le Pommier, 2013.
6. DUFLO, S. *Quand les écrans deviennent neurotoxiques*. Paris: Marabout, 2018.
7. FREED, R. *Wired Child*. Scotts Valley, CA: CreateSpace, 2015.
8. WINN, M. *The Plug-In-Drug*. Rev. ed. London: Penguin Group, 2002.
9. SINISCALCO, M. *et al. Parents, enfants écrans*. Bruyères-le-Châtel: Nouvelle Cité, 2014.
10. INSTITUTE OF MEDICINE OF THE NATIONAL ACADEMIES. *Sleep Disorders and Sleep Deprivation: An Unmet Public Health Problem*. Washington, D.C.: The National Academies Press, 2006.
11. OWENS, J. *et al.* Insufficient Sleep in Adolescents and Young Adults. *Pediatrics*, v. 134, 2014.
12. BUYSSE, D. J. Sleep Health. *Sleep*, v. 37, 2014.
13. GANGWISCH, J. E. *et al.* Earlier Parental Set Bedtimes as a Protective Factor against Depression and Suicidal Ideation. *Sleep*, v. 33, 2010.
14. GOLDSTEIN, A. N. *et al.* The Role of Sleep in Emotional Brain Function. *Annual Review of Clinical Psychology*, v. 10, 2014.
15. GUJAR, N. *et al.* Sleep Deprivation Amplifies Reactivity of Brain Reward Networks, Biasing the Appraisal of Positive Emotional Experiences. *Journal of Neuroscience*, v. 31, 2011.

16. YOO, S. S. *et al.* The Human Emotional Brain without Sleep: A Prefrontal Amygdala Disconnect. *Current Biology*, v. 17, 2007.
17. DESMURGET, M. *L'Antirégime au quotidien*. Paris: Belin, 2017.
18. DESMURGET, M. *L'Antirégime*. Paris: Belin, 2015.
19. CHAPUT, J. P. *et al.* Risk Factors for Adult Overweight and Obesity. *Obesity Facts*, v. 3, 2010.
20. BRONDEL, L. *et al.* Acute Partial Sleep Deprivation Increases Food Intake in Healthy Men. *The American Journal of Clinical Nutrition*, v. 91, 2010.
21. GREER, S. M. *et al.* The Impact of Sleep Deprivation on Food Desire in the Human Brain. *Nature Communications*, v. 4, 2013.
22. BENEDICT, C. *et al.* Acute Sleep Deprivation Reduces Energy Expenditure in Healthy Men. *The American Journal of Clinical Nutrition*, v. 93, 2011.
23. SEEGERS, V. *et al.* Short Persistent Sleep Duration Is Associated with Poor Receptive Vocabulary Performance in Middle Childhood. *Journal of Sleep Research*, v. 25, 2016.
24. JONES, J. J. *et al.* Association between Late-night Tweeting and Next-day Game Performance among Professional Basketball Players. *Sleep Health*, v. 5, 2019.
25. HARRISON, Y. *et al.* The impact of Sleep Deprivation on Decision Making. *Journal of Experimental Psychology: Applied*, v. 6, 2000.
26. VENKATRAMAN, V. *et al.* Sleep Deprivation Elevates Expectation of Gains and Attenuates Response to Losses Following Risky Decisions. *Sleep*, v. 30, 2007.
27. VENKATRAMAN, V. *et al.* Sleep Deprivation Biases the Neural Mechanisms Underlying Economic Preferences. *Journal of Neuroscience*, v. 31, 2011.
28. KIRSZENBLAT, L. *et al.* The Yin and Yang of Sleep and Attention. *Trends in Neurosciences*, v. 38, 2015.
29. LIM, J. *et al.* Sleep Deprivation and Vigilant Attention. *Annals of the New York Academy of Sciences*, v. 1129, 2008.
30. LIM, J. *et al.* A Meta-analysis of the Impact of Short-term Sleep Deprivation on Cognitive Variables. *Psychological Bulletin*, v. 136, 2010.
31. LOWE, C. J. *et al.* The Neurocognitive Consequences of Sleep Restriction. *Neuroscience & Biobehavioral Reviews*, v. 80, 2017.
32. SADEH, A. *et al.* Infant Sleep Predicts Attention Regulation and Behavior Problems at 3-4 Years of Age. *Developmental Neuropsychology*, v. 40, 2015.
33. BEEBE, D. W. Cognitive, Behavioral, and Functional Consequences of Inadequate Sleep in Children and Adolescents. *Pediatric Clinics of North America*, v. 58, 2011.
34. DAHL, R. E. The Impact of Inadequate Sleep on Children's Daytime Cognitive Function. *Seminars in Pediatric Neurology*, v. 3, 1996.
35. CHEN, Z. *et al.* Deciphering Neural Codes of Memory during Sleep. *Trends in Neurosciences*, v. 40, 2017.
36. DIEKELMANN, S. Sleep for Cognitive Enhancement. *Frontiers in Systems Neuroscience*, v. 8, 2014.
37. DIEKELMANN, S. *et al.* The Memory Function of Sleep. *Nature Reviews Neuroscience*, v. 11, 2010.
38. FRANK, M. G. Sleep and Developmental Plasticity Not Just for Kids. *Progress in Brain Research*, v. 193, 2011.
39. DUTIL, C. *et al.* Influence of Sleep on Developing Brain Functions and Structures in Children and Adolescents. *Sleep Medicine Reviews*, v. 42, 2018.
40. TAROKH, L. *et al.* Sleep in Adolescence. *Neuroscience & Biobehavioral Reviews*, v. 70, 2016.
41. TELZER, E. H. *et al.* Sleep Variability in Adolescence Is Associated with Altered Brain Development. *Developmental Cognitive Neuroscience*, v. 14, 2015.
42. GRUBER, R. *et al.* Short Sleep Duration Is Associated with Poor Performance on IQ Measures in Healthy School-age Children. *Sleep Medicine*, v. 11, 2010.
43. TOUCHETTE, E. *et al.* Associations between Sleep Duration Patterns and

Behavioral/Cognitive Functioning at School Entry. *Sleep*, v. 30, 2007.
44. LEWIS, P. A. *et al.* How Memory Replay in Sleep Boosts Creative Problem-Solving. *Trends in Cognitive Sciences*, v. 22, 2018.
45. CURCIO, G. *et al.* Sleep Loss, Learning Capacity and Academic Performance. *Sleep Medicine Reviews*, v. 10, 2006.
46. DEWALD, J. F. *et al.* The Influence of Sleep Quality, Sleep Duration and Sleepiness on School Performance in Children and Adolescents. *Sleep Medicine Reviews*, v. 14, 2010.
47. HYSING, M. *et al.* Sleep and Academic Performance in Later Adolescence. *Journal of Sleep Research*, v. 25, 2016.
48. SCHMIDT, R. E. *et al.* The Relations between Sleep, Personality, Behavioral Problems, and School Performance in Adolescents. *Sleep Medicine Clinics*, v. 10, 2015.
49. SHOCHAT, T. *et al.* Functional Consequences of Inadequate Sleep in Adolescents. *Sleep Medicine Reviews*, v. 18, 2014.
50. ASTILL, R. G. *et al.* Sleep, Cognition, and Behavioral Problems in School-age Children. *Psychological Bulletin*, v. 138, 2012.
51. LITWILLER, B. *et al.* The Relationship between Sleep and Work. *Journal of Applied Psychology*, v. 102, 2017.
52. ROSEKIND, M. R. *et al.* The Cost of Poor Sleep. *Journal of Occupational and Environmental Medicine*, v. 52, 2010.
53. ROBERTS, R. E. *et al.* The Prospective Association between Sleep Deprivation and Depression among Adolescents. *Sleep*, v. 37, 2014.
54. SHORT, M. A. *et al.* Sleep Deprivation Leads to Mood Deficits in Healthy Adolescents. *Sleep Medicine*, v. 16, 2015.
55. BAUM, K. T. *et al.* Sleep Restriction Worsens Mood and Emotion Regulation in Adolescents. *Journal of Child Psychology and Psychiatry*, v. 55, 2014.
56. PILCHER, J. J. *et al.* Effects of Sleep Deprivation on Performance. *Sleep*, v. 19, 1996.
57. LIU, X. Sleep and Adolescent Suicidal Behavior. *Sleep*, v. 27, 2004.
58. GREGORY, A. M. *et al.* The Direction of Longitudinal Associations between Sleep Problems and Depression Symptoms. *Sleep*, v. 32, 2009.
59. PIRES, G. N. *et al.* Effects of Experimental Sleep Deprivation on Anxiety-like Behavior in Animal Research. *Neuroscience & Biobehavioral Reviews*, v. 68, 2016.
60. TOUCHETTE, E. *et al.* Short Nighttime Sleep-duration and Hyperactivity Trajectories in Early Childhood. *Pediatrics*, v. 124, 2009.
61. PAAVONEN, E. J. *et al.* Short Sleep Duration and Behavioral Symptoms of Attention-deficit/Hyperactivity Disorder in Healthy 7- to 8-Year-old Children. *Pediatrics*, v. 123, 2009.
62. KELLY, Y. *et al.* Changes in Bedtime Schedules and Behavioral Difficulties in 7 Year Old Children. *Pediatrics*, v. 132, 2013.
63. TELZER, E.H. *et al.* The Effects of Poor Quality Sleep on Brain Function and Risk Taking in Adolescence. *Neuroimage*, v. 71, 2013.
64. KAMPHUIS, J. *et al.* Poor Sleep as a Potential causal Factor in Aggression and Violence. *Sleep Medicine*, v. 13, 2012.
65. CAPPUCCIO, F. P. *et al.* Meta-analysis of Short Sleep Duration and Obesity in Children and Adults. *Sleep*, v. 31, 2008.
66. CHAPUT, J. P. *et al.* Lack of Sleep as a Contributor to Obesity in Adolescents. *International Journal of Behavioral Nutrition and Physical Activity*, v. 13, 2016.
67. CHEN, X. *et al.* Is Sleep Duration Associated with Childhood Obesity? A Systematic Review and Meta-analysis. *Obesity (Silver Spring)*, v. 16, 2008.
68. FATIMA, Y. *et al.* Longitudinal Impact of Sleep on Overweight and Obesity in Children and Adolescents. *Obesity Reviews*, v. 16, 2015.
69. MILLER, M. A. *et al.* Sleep Duration and Incidence of Obesity in Infants, Children, and Adolescents. *Sleep*, v. 41, 2018.

70. WU, Y. *et al.* Short Sleep Duration and Obesity among Children. *Obesity Research & Clinical Practice*, v. 11, 2017.
71. SHAN, Z. *et al.* Sleep Duration and Risk of Type 2 Diabetes. *Diabetes Care*, v. 38, 2015.
72. DUTIL, C. *et al.* Inadequate Sleep as a Contributor to Type 2 Diabetes in Children and Adolescents. *Nutrition & Diabetes*, v. 7, 2017.
73. CAPPUCCIO, F. P. *et al.* Sleep and Cardio-Metabolic Disease. *Current Cardiology Reports*, v. 19, 2017.
74. CAPPUCCIO, F. P. *et al.* Sleep Duration Predicts Cardiovascular Outcomes. *European Heart Journal*, v. 32, 2011.
75. GANGWISCH, J. E. A Review of Evidence for the Link between Sleep Duration and Hypertension. *American Journal of Hypertension*, v. 27, 2014.
76. MILLER, M. A. *et al.* Biomarkers of Cardiovascular Risk in Sleep-deprived People. *Journal of Human Hypertension*, v. 27, 2013.
77. ST-ONGE, M. P. *et al.* Sleep Duration and Quality. *Circulation*, v. 134, 2016.
78. IRWIN, M. R. Why Sleep Is Important for Health. *Annual Review of Psychology*, v. 66, 2015.
79. IRWIN, M. R. *et al.* Sleep Health. *Neuropsychopharmacology*, v. 42, 2017.
80. BRYANT, P. A. *et al.* Sick and Tired. *Nature Reviews Immunology*, v. 4, 2004.
81. ZADA, D. *et al.* Sleep Increases Chromosome Dynamics to Enable Reduction of Accumulating DNA Damage in Single Neurons. *Nature Communications*, v. 10, 2019.
82. GRANDNER, M. A. *et al.* Mortality Associated with Short Sleep Duration. *Sleep Medicine Reviews*, v. 14, 2010.
83. CAPPUCCIO, F. P. *et al.* Sleep Duration and All-cause Mortality. *Sleep*, v. 33, 2010.
84. BIOULAC, S. *et al.* Risk of Motor Vehicle Accidents Related to Sleepiness at the Wheel. *Sleep*, v. 40, 2017.
85. HORNE, J. *et al.* Vehicle Accidents Related to Sleep. *Occupational and Environmental Medicine*, v. 56, 1999.
86. UEHLI, K. *et al.* Sleep Problems and Work Injuries. *Sleep Medicine Reviews*, v. 18, 2014.
87. SPIRA, A. P. *et al.* Impact of Sleep on the Risk of Cognitive Decline and Dementia. *Current Opinion in Psychiatry*, v. 27, 2014.
88. JU, Y. E. *et al.* Sleep and Alzheimer Disease Pathology: A Bidirectional Relationship. *Nature Reviews Neurology*, v. 10, 2014.
89. ZHANG, F. *et al.* The Missing Link between Sleep Disorders and Age-related Dementia. *Journal of Neural Transmission (Vienna)*, v. 124, 2017.
90. MACEDO, A. C. *et al.* Is Sleep Disruption a Risk Factor for Alzheimer's Disease?. *Journal of Alzheimer's Disease*, v. 58, 2017.
91. WU, L. *et al.* A Systematic Review and Dose-response Meta-analysis of Sleep Duration and the Occurrence of Cognitive Disorders. *Sleep and Breathing*, v. 22, 2018.
92. LO, J. C. *et al.* Sleep Duration and Age-related Changes in Brain Structure and Cognitive Performance. *Sleep*, v. 37, 2014.
93. VRIEND, J. *et al.* Emotional and Cognitive Impact of Sleep Restriction in Children. *Sleep Medicine Clinics*, v. 10, 2015.
94. VRIEND, J. L. *et al.* Manipulating Sleep Duration Alters Emotional Functioning and Cognitive Performance in Children. *Journal of Pediatric Psychology*, v. 38, 2013.
95. DEWALD-KAUFMANN, J. F. *et al.* The Effects of Sleep Extension on Sleep and Cognitive Performance in Adolescents with Chronic Sleep Reduction. *Sleep Medicine*, v. 14, 2013.
96. DEWALD-KAUFMANN, J. F. *et al.* The Effects of Sleep Extension and Sleep Hygiene Advice on Sleep and Depressive Symptoms in Adolescents. *Journal of Child Psychology and Psychiatry*, v. 55, 2014.
97. SADEH, A. *et al.* The Effects of Sleep Restriction and Extension on School-age Children. *Child Development*, v. 74, 2003.

98. GRUBER, R. *et al.* Impact of Sleep Extension and Restriction on Children's Emotional Lability and Impulsivity. *Pediatrics*, v. 130, 2012.
99. CHAPUT, J. P. *et al.* Sleep Duration Estimates of Canadian Children and Adolescents. *Journal of Sleep Research*, v. 25, 2016.
100. HAWKINS, S. S. *et al.* Social Determinants of Inadequate Sleep in US Children and Adolescents. *Public Health*, v. 138, 2016.
101. PATTE, K. A. *et al.* Sleep Duration Trends and Trajectories among Youth in the COMPASS Study. *Sleep Health*, v. 3, 2017.
102. ROGNVALDSDOTTIR, V. *et al.* Sleep Deficiency on School Days in Icelandic Youth, as Assessed by Wrist Accelerometry. *Sleep Medicine*, v. 33, 2017.
103. TWENGE, J. M. *et al.* Decreases in Self-reported Sleep Duration among U.S. Adolescents 2009-2015 and Association with New Media Screen Time. *Sleep Medicine*, v. 39, 2017.
104. LeBOURGEOIS, M. K. *et al.* Digital Media and Sleep in Childhood and Adolescence. *Pediatrics*, v. 140, 2017.
105. KEYES, K. M. *et al.* The Great Sleep Recession. *Pediatrics*, v. 135, 2015.
106. CAIN, N. *et al.* Electronic Media Use and Sleep in School-aged Children and Adolescents. *Sleep Medicine*, v. 11, 2010.
107. CARTER, B. *et al.* Association between Portable Screen-Based Media Device Access or Use and Sleep Outcomes. *JAMA Pediatrics*, v. 170, 2016.
108. AMERICAN ACADEMY OF PEDIATRICS. Council on Communications and Media. Children and Adolescents and Digital Media. *Pediatrics*, v. 138, 2016.
109. ARORA, T. *et al.* Associations between Specific Technologies and Adolescent Sleep Quantity, Sleep Quality, and Parasomnias. *Sleep Medicine*, v. 15, 2014.
110. CHAHAL, H. *et al.* Availability and Night-time Use of Electronic Entertainment and Communication Devices Are Associated with Short Sleep Duration and Obesity among Canadian Children. *Pediatric Obesity*, v. 8, 2013.
111. CHEUNG, C. H. *et al.* Daily Touchscreen Use in Infants and Toddlers Is Associated with Reduced Sleep and Delayed Sleep Onset. *Scientific Reports*, v. 7, 2017.
112. FALBE, J. *et al.* Sleep Duration, Restfulness, and Screens in the Sleep Environment. *Pediatrics*, v. 135, 2015.
113. HYSING, M. *et al.* Sleep and Use of Electronic Devices in Adolescence. *BMJ Open*, v. 5, 2015.
114. SCOTT, H. *et al.* Fear of Missing out and Sleep. *Journal of Adolescence*, v. 68, 2018.
115. TWENGE, J. M. *et al.* Associations between Screen Time and Sleep Duration Are Primarily Driven by Portable Electronic Devices. *Sleep Medicine*, v. 56, 2018.
116. OWENS, J. *et al.* Television-viewing Habits and Sleep Disturbance in School Children. *Pediatrics*, v. 104, 1999.
117. BROCKMANN, P. E. *et al.* Impact of Television on the Quality of Sleep in Preschool Children. *Sleep Medicine*, v. 20, 2016.
118. GENTILE, D. A. *et al.* Bedroom Media. *Developmental Psychology*, v. 53, 2017.
119. LI, S. *et al.* The Impact of Media Use on Sleep Patterns and Sleep Disorders among School-aged Children in China. *Sleep*, v. 30, 2007.
120. SHOCHAT, T. *et al.* Sleep Patterns, Electronic Media Exposure and Daytime Sleep-related Behaviours among Israeli Adolescents. *Acta Paediatrica*, v. 99, 2010.
121. SISSON, S. B. *et al.* TVs in the Bedrooms of Children. *Preventive Medicine*, v. 52, 2011.
122. VAN DEN BULCK, J. Television Viewing, Computer Game Playing, and Internet Use and Self-reported Time to Bed and Time out of Bed in Secondary-school Children. *Sleep*, v. 27, 2004.
123. GARRISON, M. M. *et al.* Media Use and Child Sleep. *Pediatrics*, v. 128, 2011.

124. AMERICAN ACADEMY OF PEDIATRICS. School Start Times for Adolescents. *Pediatrics*, v. 134, 2014.
125. MINGES, K. E. *et al.* Delayed School Start Times and Adolescent Sleep. *Sleep Medicine Reviews*, v. 28, 2016.
126. CHANG, A. M. *et al.* Evening Use of Light-emitting eReaders Negatively Affects Sleep, Circadian Timing, and Next-morning Alertness. *Proceedings of the National Academy of Sciences of the United States of America*, v. 112, 2015.
127. TOSINI, G. *et al.* Effects of Blue Light on the Circadian System and Eye Physiology. *Molecular Vision*, v. 22, 2016.
128. TOUITOU, Y. *et al.* Disruption of Adolescents' Circadian Clock. *Journal of Physiology – Paris*, v. 110, 2016.
129. ROSEN, L. *et al.* Sleeping with Technology. *Sleep Health*, v. 2, 2016.
130. GRADISAR, M. *et al.* The Sleep and Technology Use of Americans: Findings from the National Sleep Foundation's 2011 Sleep in America Poll. *Journal of Clinical Sleep Medicine*, v. 9, 2013.
131. VAN DEN BULCK, J. Adolescent Use of Mobile Phones for Calling and for Sending Text Messages after Lights out. *Sleep*, v. 30, 2007.
132. MUNEZAWA, T. *et al.* The Association between Use of Mobile Phones after Lights out and Sleep Disturbances among Japanese Adolescents. *Sleep*, v. 34, 2011.
133. THOMEE, S. *et al.* Mobile Phone Use and Stress, Sleep Disturbances, and Symptoms of Depression among Young Adults: A Prospective Cohort Study. *BMC Public Health*, v. 11, 2011.
134. SCHOENI, A. *et al.* Symptoms and Cognitive Functions in Adolescents in Relation to Mobile Phone Use during Night. *PLoS One*, v. 10, 2015.
135. ADAMS, S. *et al.* Sleep Quality as a Mediator between Technology-Related Sleep Quality, Depression, and Anxiety. *Cyberpsychology, Behavior, and Social Networking*, v. 16, 2013.
136. PAAVONEN, E. J. *et al.* TV Exposure Associated with Sleep Disturbances in 5- to 6-Year-old Children. *Journal of Sleep Research*, v. 15, 2006.
137. DWORAK, M. *et al.* Impact of Singular Excessive Computer Game and Television Exposure on Sleep Patterns and Memory Performance of School-aged Children. *Pediatrics*, v. 120, 2007.
138. WALKER, M. P. The Role of Slow Wave Sleep in Memory Processing. *Journal of Clinical Sleep Medicine*, v. 5, 2009.
139. WILCKENS, K. A. *et al.* Slow-Wave Activity Enhancement to Improve Cognition. *Trends in Neurosciences*, v. 41, 2018.
140. KING, D. L. *et al.* The Impact of Prolonged Violent Video-gaming on Adolescent Sleep: An Experimental Study. *Journal of Sleep Research*, v. 22, 2013.
141. OCDE. L'égalité des sexes dans l'éducation. OCDE, 2015.
142. TISSERON, S. *apud* BUTHIGIEG, R. *et al.* La télévision est-elle un danger pour les enfants?. *TeleStar*, n. 1830, 29 oct.-4 nov. 2011.
143. VANDEWATER, E. A. *et al.* Digital Childhood: Electronic Media and Technology Use among Infants, Toddlers, and Preschoolers. *Pediatrics*, v. 119, 2007.
144. EGGERMONT, S. *et al.* Nodding off or Switching off? The Use of Popular Media as a Sleep Aid in Secondary-school Children. *Journal of Paediatrics and Child Health*, v. 42, 2006.
145. WISE, R. A. Brain Reward Circuitry. *Neuron*, v. 36, 2002.
146. HINKLEY, T. *et al.* Early Childhood Electronic Media Use as a Predictor of Poorer Well-being. *JAMA Pediatrics*, v. 168, 2014.
147. KASSER, T. *The High Price of Materialism*. Cambridge, MA: MIT Press, 2002.
148. PUBLIC HEALTH ENGLAND. How Healthy Behaviour Supports Children's Wellbeing. Public Health England, 2013. Disponível em: gov.uk. Acesso em: 27 jul. 2021.
149. KROSS, E. *et al.* Facebook Use Predicts Declines in Subjective Well-being in Young Adults. *PLoS One*, v. 8, 2013.
150. VERDUYN, P. *et al.* Passive Facebook Usage Undermines Affective Well--being: Experimental and Longitudi-

nal Evidence. *Journal of Experimental Psychology: General*, v. 144, 2015.
151. TROMHOLT, M. The Facebook Experiment. *Cyberpsychology, Behavior, and Social Networking*, v. 19, 2016.
152. LIN, L. Y. et al. Association between Social Media Use and Depression among U.S. Young Adults. *Depression and Anxiety*, 33, 2016.
153. PRIMACK, B. A. et al. Social Media Use and Perceived Social Isolation Among Young Adults in the U.S. *American Journal of Preventive Medicine*, v. 53, 2017.
154. PRIMACK, B. A. et al. Association between Media Use in Adolescence and Depression in Young Adulthood. *Archives Of General Psychiatry*, v. 66, 2009.
155. COSTIGAN, S. A. et al. The Health Indicators Associated with Screen-based Sedentary Behavior among Adolescent Girls. *Journal of Adolescent Health*, v. 52, 2013.
156. SHAKYA, H. B. et al. Association of Facebook Use with Compromised Well-being. *American Journal of Epidemiology*, v. 185, 2017.
157. BABIC, M. et al. Longitudinal Associations between Changes in Screen-time and Mental Health Outcomes in Adolescents. *Mental Health and Physical Activity*, v. 12, 2017.
158. TWENGE, J. et al. Increases in Depressive Symptoms, Suicide-Related Outcomes, and Suicide Rates Among U.S. Adolescents after 2010 and Links to Increased New Media Screen Time. *Clinical Psychological Science*, v. 6, 2018.
159. TWENGE, J. M. et al. Decreases in Psychological Well-Being Among American Adolescents After 2012 and Links to Screen Time During the Rise of Smartphone Technology. *Emotion*, v. 18, 2018.
160. KELLY, Y. et al. Social Media Use and Adolescent Mental Health. *EClinicalMedicine*, v. 6, 2019.
161. DEMIRCI, K. et al. Relationship of Smartphone Use Severity with Sleep Quality, Depression, and Anxiety in University Students. *Journal of Behavioral Addictions*, v. 4, 2015.
162. HUNT, M. et al. No More FOMO. *Journal of Social and Clinical Psychology*, v. 37, 2018.
163. SEO, J. H. et al. Late Use of Electronic Media and Its Association with Sleep, Depression, and Suicidality among Korean Adolescents. *Sleep Medicine*, v. 29, 2017.
164. HOARE, E. et al. The Associations between Sedentary Behaviour and Mental Health among Adolescents. *International Journal of Behavioral Nutrition and Physical Activity*, v. 13, 2016.
165. HOGE, E. et al. Digital Media, Anxiety, and Depression in Children. *Pediatrics*, v. 140, 2017.
166. TISSERON, S. apud BUTHIGIEG, R. La télévision nuit-elle au sommeil?. *TeleStar*, n. 1800, 2-8 avr. 2011.
167. ENQUETE de santé – Abus d'écrans: notre cerveau en danger?. France 5, 23 juin 2020.
168. ROYANT-PAROLA, S. et al. The Use of Social Media Modifies Teenagers' Sleep-related Behavior [in French]. *Encephale*, v. 44, 2018.
169. 18ème JOURNEE du sommeil: le sommeil des jeunes (15-24 ans). Enquête INSV/MGEN, mars 2018. Disponível em: institut-sommeil-vigilance.org. Acesso em: 27 jul. 2021.
170. GALLAND, B. C. et al. Establishing Normal Values for Pediatric Nighttime Sleep Measured by Actigraphy: A Systematic Review and Meta-analysis. *Sleep*, v. 41, 2018.
171. CHAPUT, J. P. et al. Sleeping Hours: What Is the Ideal Number and How Does Age Impact This?. *Nature and Science of Sleep*, v. 10, 2018.
172. PRZYBYLSKI, A. K. Digital Screen Time and Pediatric Sleep: Evidence from a Preregistered Cohort Study. *The Journal of Pediatrics*, v. 205, 2019.
173. MACCOBY, E. E. Television: Its Impact on School Children. *Public Opinion Quarterly*, v. 15, 1951.
174. ASAOKA, S. et al. Does Television Viewing Cause Delayed and/or Irregular Sleep-wake Patterns?. *Sleep and Biological Rhythms*, v. 5, 2007.

175. OWEN, N. *et al.* Too Much Sitting. *Exercise and Sport Sciences Reviews*, v. 38, 2010.

176. BOOTH, F. W. *et al.* Role of Inactivity in Chronic Diseases: Evolutionary Insight and Pathophysiological Mechanisms. *Physiological Reviews*, v. 97, 2017.

177. DUNSTAN, D. W. *et al.* Television Viewing Time and Mortality. *Circulation*, v. 121, 2010.

178. BASTERRA-GORTARI, F. J. *et al.* Television Viewing, Computer Use, Time Driving and All-cause Mortality. *Journal of the American Heart Association*, v. 3, 2014.

179. STAMATAKIS, E. *et al.* Screen-based Entertainment Time, All-cause Mortality, and Cardiovascular Events: Population-Based Study with Ongoing Mortality and Hospital Events Follow-up. *Journal of the American College of Cardiology*, v. 57, 2011.

180. KATZMARZYK, P. T. *et al.* Sedentary Behaviour and Life Expectancy in the USA. *BMJ Open*, v. 2, 2012.

181. VEERMAN, J.L. *et al.* Television Viewing Time and Reduced Life Expectancy. *British Journal of Sports Medicine*, v. 46, 2012.

182. GRONTVED, A. *et al.* Television Viewing and Risk of Type 2 Diabetes, Cardiovascular Disease, and All-cause Mortality. *JAMA Pediatrics*, v. 305, 2011.

183. KEADLE, S. K. *et al.* Causes of Death Associated with Prolonged TV Viewing. *American Journal of Preventive Medicine*, v. 49, 2015.

184. ALLEN, M. S. *et al.* Sedentary Behaviour and Risk of Anxiety. *Journal of Affective Disorders*, v. 242, 2019.

185. VAN UFFELEN, J. G. *et al.* Sitting-time, Physical Activity, and Depressive Symptoms in Mid-aged Women. *American Journal of Preventive Medicine*, v. 45, 2013.

186. ELLINGSON, L. D. *et al.* Changes in Sedentary Time Are Associated with Changes in Mental Wellbeing over 1 Year in Young Adults. *Preventive Medicine Reports*, v. 11, 2018.

187. FALCK, R. S. *et al.* What Is the Association between Sedentary Behaviour and Cognitive Function? A Systematic Review. *British Journal of Sports Medicine*, v. 51, 2017.

188. HAMILTON, M. T. *et al.* Role of Low Energy Expenditure and Sitting in Obesity, Metabolic Syndrome, Type 2 Diabetes, and Cardiovascular Disease. *Diabetes*, v. 56, 2007.

189. ZDERIC, T. W. *et al.* Identification of Hemostatic Genes Expressed in Human and Rat Leg Muscles and a Novel Gene (LPP1/PAP2A) Suppressed during Prolonged Physical Inactivity (Sitting). *Lipids in Health and Disease*, v. 11, 2012.

190. HAMBURG, N. M. *et al.* Physical Inactivity Rapidly Induces Insulin Resistance and Microvascular Dysfunction in Healthy Volunteers. *Arteriosclerosis, Thrombosis, and Vascular Biology*, v. 27, 2007.

191. PAGANI, L. S. *et al.* Prospective Associations between Early Childhood Television Exposure and Academic, Psychosocial, and Physical Well-being by Middle Childhood. *Archives of Pediatric and Adolescent Medicine*, v. 164, 2010.

192. BABEY, S. H. *et al.* Adolescent Sedentary Behaviors. *Journal of Adolescent Health*, v. 52, 2013.

193. BARR-ANDERSON, D. J. *et al.* Characteristics Associated with Older Adolescents Who Have a Television in Their Bedrooms. *Pediatrics*, v. 121, 2008.

194. BENNETT, G. G. *et al.* Television Viewing and Pedometer-determined Physical Activity among Multiethnic Residents of Low-income Housing. *American Journal of Public Health*, v. 96, 2006.

195. CARLSON, S. A. *et al.* Influence of Limit-setting and Participation in Physical Activity on Youth Screen Time. *Pediatrics*, v. 126, 2010.

196. JAGO, R. *et al.* BMI from 3-6 y of Age Is Predicted by TV Viewing and Physical Activity, Not Die. *International Journal of Obesity (London)*, v. 29, 2005.

197. SALMON, J. *et al.* Television Viewing Habits Associated with Obesity Risk Factors. *The Medical Journal of Australia*, v. 184, 2006.
198. LeBLANC, A. G. *et al.* Correlates of Total Sedentary Time and Screen Time in 9-11 Year-old Children around the World. *PLoS One*, v. 10, 2015.
199. WILLIAMS, T. M. *et al.* Television and Other Leisure Activities. *In*: WILLIAMS, T. M. (Ed.). *The Impact of Television: A Natural Experiment in Three Communities*. Cambridge, MA: Academic Press, 1986.
200. TOMKINSON, G. *et al.* Secular Changes in Pediatric Aerobic Fitness Test Performance. *In*: TOMKINSON, G. *et al.* (Ed.). *Pediatric Fitness: Secular Trends and Geographic Variability*. Basel: Karger, 2007.
201. TOMKINSON, G. R. *et al.* Temporal Trends in the Cardiorespiratory Fitness of Children and Adolescents Representing 19 High-income and Upper Middle-income Countries between 1981 and 2014. *British Journal of Sports Medicine*, v. 53, 2019.
202. MORALES-DEMORI, R. *et al.* Trend of Endurance Level Among Healthy Inner-City Children and Adolescents over Three Decades. *Pediatric Cardiology*, v. 38, 2017.
203. FEDERATION FRANÇAISE DE CARDIOLOGIE. Depuis 40 ans, les enfants ont perdu près de 25% de leur capacité cardio-vasculaire!. Communiqué de presse, fév. 2016. Disponível em: fedecardio.org. Acesso em: 27 jul. 2021.
204. FERREIRA, I. *et al.* Environmental Correlates of Physical Activity in Youth: A Review and Update. *Obesity Reviews*, v. 8, 2007.
205. DING, D. *et al.* Neighborhood Environment and Physical Activity among Youth a Review. *American Journal of Preventive Medicine*, v. 41, 2011.
206. TREMBLAY, M. S. *et al.* Systematic Review of Sedentary Behaviour and Health Indicators in School-aged Children and Youth. *International Journal of Behavioral Nutrition and Physical Activity*, v. 8, 2011.
207. DE REZENDE, L. F. *et al.* Sedentary Behavior and Health Outcomes. *PLoS One*, v. 9, 2014.
208. CHINAPAW, M. J. *et al.* Relationship between Young Peoples' Sedentary Behaviour and Biomedical Health Indicators. *Obesity Reviews*, v. 12, 2011.
209. LANDHUIS, E. *et al.* Programming Obesity and Poor Fitness. *Obesity (Silver Spring)*, v. 16, 2008.
210. LEPP, A. *et al.* The Relationship between Cell Phone Use, Physical and Sedentary Activity, and Cardiorespiratory Fitness in a Sample of U.S. College Students. *International Journal of Behavioral Nutrition and Physical Activity*, v. 10, 2013.
211. GOPINATH, B. *et al.* Influence of Physical Activity and Screen Time on the Retinal Microvasculature in Young Children. *Arteriosclerosis, Thrombosis, and Vascular Biology*, v. 31, 2011.
212. NEWMAN, A. R. *et al.* Review of Paediatric Retinal Microvascular Changes as a Predictor of Cardiovascular Disease. *Clinical & Experimental Ophthalmology*, v. 45, 2017.
213. LI, L. J. *et al.* Can the Retinal Microvasculature Offer Clues to Cardiovascular Risk Factors in Early Life?. *Acta Paediatrica*, v. 102, 2013.
214. LI, L. J. *et al.* Retinal Vascular Imaging in Early Life. *The Journal of Physiology*, v. 594, 2016.
215. SASONGKO, M. B. *et al.* Retinal Arteriolar Changes. *Microcirculation*, v. 17, 2010.
216. GEORGE, M. G. *et al.* Prevalence of Cardiovascular Risk Factors and Strokes in Younger Adults. *JAMA Neurology*, v. 74, 2017.
217. BEJOT, Y. *et al.* Trends in the Incidence of Ischaemic Stroke in Young Adults between 1985 and 2011. *Journal of Neurology, Neurosurgery and Psychiatry*, v. 85, 2014.
218. SANTANA, C. C. A. *et al.* Physical Fitness and Academic Performance in Youth. *Scandinavian Journal of Medicine & Science in Sports*, v. 27, 2017.
219. DE GREEFF, J. W. *et al.* Effects of Physical Activity on Executive Func-

tions, Attention and Academic Performance in Preadolescent Children. *Journal of Science and Medicine in Sport*, v. 21, 2018.

220. DONNELLY, J. E. *et al.* Physical Activity, Fitness, Cognitive Function, and Academic Achievement in Children. *Medicine & Science in Sports & Exercise*, v. 48, 2016.

221. POITRAS, V. J. *et al.* Systematic Review of the Relationships between Objectively Measured Physical Activity And Health Indicators in School-aged Children and Youth. *Applied Physiology, Nutrition, and Metabolism*, v. 41, 2016.

222. JANSSEN, I. *et al.* Systematic Review of the Health Benefits of Physical Activity and Fitness in School-aged Children and Youth. *International Journal of Behavioral Nutrition and Physical Activity*, v. 7, 2010.

223. 2018 Physical Activity Guidelines Advisory Committee Scientific Report. U.S. Department of Health and Human Services, health.gov, 02/2018.

224. WHO. Global Recommendations on Physical Activity for Health. WHO, 2010. Disponível em: who.int. Acesso em: 27 jul. 2021.

225. PIERCY, K. L. *et al.* The Physical Activity Guidelines for Americans. *JAMA*, v. 320, 2018.

226. KAHLMEIER, S. *et al.* National Physical Activity Recommendations. *BMC Public Health*, v. 15, 2015.

227. KALMAN, M. *et al.* Secular Trends in Moderate-to-vigorous Physical Activity in 32 Countries from 2002 to 2010. *European Journal of Public Health*, v. 25, Suppl. 2, 2015.

228. ONAP. *Etat des lieux de l'activité physique et de la sédentarité en France.* ONAP, 2018. Disponível em: onaps.fr. Acesso em: 27 jul. 2021.

229. KATZMARZYK, P. T. *et al.* Results from the United States 2018 Report Card on Physical Activity for Children and Youth. *Journal of Physical Activity and Health*, v. 15, 2018.

230. VARMA, V. R. *et al.* Re-evaluating the Effect of Age on Physical Activity over the Lifespan. *Preventive Medicine*, v. 101, 2017.

231. AMERICAN ACADEMY OF PEDIATRICS. Active Healthy Living. *Pediatrics*, v. 117, 2006.

232. DE SAINT-EXUPÉRY, A. *Le petit prince*. Paris: Gallimard, 1999.

233. WIKENHEISER, A. M. *et al.* Over the River, Through the Woods. *Nature Reviews Neuroscience*, v. 17, 2016.

234. MORTON, N. W. *et al.* Memory Integration Constructs Maps of Space, Time, and Concepts. *Current Opinion in Behavioral Sciences*, v. 17, 2017.

235. EICHENBAUM, H. Memory. *Annual Review of Psychology*, v. 68, 2017.

236. MEYER, D. E. *et al.* Facilitation in Recognizing Pairs of Words. *Journal of Experimental Psychology*, n. 90, 1971.

237. ANDERSON, J. A Spreading Activation Theory of Memory. *Journal of Verbal Learning and Verbal Behavior*, v. 22, 1983.

238. ROEDIGER, H. *et al.* Creating False Memories. *Journal of Experimental Psychology: Learning, Memory, and Cognition*, v. 21, 1995.

239. SEAMON, J. *et al.* Creating False Memories of Words with or without Recognition of List Items. *Psychological Science*, v. 9, 1998.

240. EICHENBAUM, H. On the Integration of Space, Time, and Memory. *Neuron*, v. 95, 2017.

241. UITVLUGT, M. G. *et al.* Temporal Proximity Links Unrelated News Events in Memory. *Psychological Science*, v. 30, 2019.

242. PLASSMANN, H. *et al.* Marketing Actions Can Modulate Neural Representations of Experienced Pleasantness. *Proceedings of the National Academy of Sciences of the United States of America*, v. 105, 2008.

243. KOENIGS, M. *et al.* Prefrontal Cortex Damage Abolishes Brand-cued Changes in Cola Preference. *Social Cognitive and Affective Neuroscience*, v. 3, 2008.

244. KUHN, S. *et al.* Does Taste Matter? How Anticipation of Cola Brands Influences Gustatory Processing in the Brain. *PLoS One*, v. 8, 2013.

245. McCLURE, S. M. *et al.* Neural Correlates of Behavioral Preference for Culturally Familiar Drinks. *Neuron*, v. 44, 2004.
246. ROBINSON, T. N. *et al.* Effects of Fast Food Branding on Young Children's Taste Preferences. *Archives of Pediatric and Adolescent Medicine*, v. 161, 2007.
247. HINTON, P. Implicit Stereotypes and the Predictive Brain. *Palgrave Communications*, v. 3, 2017.
248. MLODINOW, L. *Subliminal*, Vintage, 2012.
249. GREENWALD, A. *et al.* Implicit Bias. *California Law Review*, v. 94, 2006.
250. GREENWALD, A. G. *et al.* Statistically Small Effects of the Implicit Association Test Can Have Societally Large Effects. *Journal of Personality and Social Psychology*, v. 108, 2015.
251. CUSTERS, R. *et al.* The Unconscious Will. *Science*, v. 329, 2010.
252. DIJKSTERHUIS, A. *et al.* The Perception-behavior Expressway. *Advances in Experimental Social Psychology*, v. 33, 2001.
253. DIJKSTERHUIS, A. *et al.* Goals, Attention, and (Un)Consciousness. *Annual Review of Psychology*, v. 61, 2010.
254. REUBEN, E. *et al.* How Stereotypes Impair Women's Careers in Science. *Proceedings of the National Academy of Sciences of the United States of America*, v. 111, 2014.
255. SHIH, M. *et al.* Stereotype Susceptibility. *Psychological Science*, v. 10, 1999.
256. BARGH, J. A. *et al.* Automaticity of Social Behavior. *Journal of Personality and Social Psychology*, v. 71, 1996.
257. BRUNNER, T.A. *et al.* Reduced Food Intake after Exposure to Subtle Weight-related Cues. *Appetite*, n. 58, 2012.
258. AARTS, H. *et al.* Preparing and Motivating Behavior Outside of Awareness. *Science*, v. 319, 2008.
259. OSTRIA, V. Par le petit bout de la lucarne. *Les Inrockuptibles*, v. 792, 2011.
260. ANIZON, E. *et al.* "On me transforme en marchand de cerveaux": quand Patrick Le Lay tentait de se défendre. *Télérama*, 2020. Disponível em: telerama.fr. Acesso em: 27 jul. 2021.
261. OMS. Tabagisme. OMS, 2018. Disponível em: who.int. Acesso em: 2018.
262. CDC. Tobacco-Related Mortality. CDC, 2018. Disponível em: cdc.gov. Acesso em: 2018.
263. RIBASSIN-MAJED, L. *et al.* Trends in Tobacco-attributable Mortality in France. *European Journal of Public Health*, v. 25, 2015.
264. BANQUE MONDIALE. Données de population 2017. 2017. Disponível em: banquemondiale.org. Acesso em: nov. 2020.
265. US CENSUS BUREAU. 2019 Population Estimates. Disponível em: data.census.gov. Acesso em: nov. 2020.
266. GOODCHILD, M. *et al.* Global Economic Cost of Smoking-attributable Diseases. *Tobacco Control*, v. 27, 2018.
267. OFDT. Le coût social des drogues en France. Note de synthèse 2015-04. OFDT, 2015. Disponível em: ofdt.fr. Acesso em: 27 jul. 2021.
268. WHO. *WHO Report on the Global Tobacco Epidemic*. WHO, 2008. Disponível em: who.int. Acesso em: 27 jul. 2021.
269. WHO. *Tobacco Industry Interference*. WHO, 2012. Disponível em: who.int. Acesso em: 27 jul. 2021.
270. WHO. *WHO Report on the Global Tobacco Epidemic 2017: Monitoring Tobacco Use and Prevention Policies*. WHO, 2017. Disponível em: who.int. Acesso em: 27 jul. 2021.
271. WHO. Tobacco. WHO, 2020. Disponível em: who.int. Acesso em: 27 jul. 2021.
272. CDC. Youth and Tobacco Use. CDC, 2019. Disponível em: cdc.gov. Acesso em: 27 jul. 2021.
273. GAILLARD, B. Un cow-boy Marlboro meurt du cancer du poumon. *Europe1*, 2014. Disponível em: europe1.fr. Acesso em: 27 jul. 2021.
274. PEARCE, M. At Least Four Marlboro Men Have Died of Smoking-related Diseases. *Los Angeles Times*, 2014. Disponível em: latimes.com. Acesso em: 27 jul. 2021.

275. WHO. *Smoke-free Movies: from Evidence to Action*. WHO, 2015. Disponível em: who.int. Acesso em: 27 jul. 2021.
276. MILLETT, C. et al. European Governments Should Stop Subsidizing Films with Tobacco Imagery. *European Journal of Public Health*, v. 22, 2012.
277. GLANTZ, S. A. et al. *The Cigarette Papers*. Berkeley, CA: University of California Press, 1998.
278. ORESKES, N. et al. *Merchants of Doubt*. London: Bloomsbury, 2010.
279. DESMURGET, M. La cigarette dans les films, un débat plus narquois qu'étayé. *Le Monde*, 2017. Disponível em: lemonde.fr. Acesso em: 27 jul. 2021.
280. COMMENTAIRES en réactions à l'article de Desmurget M. "La cigarette dans les films, un débat plus narquois qu'étayé". *Le Monde*, 2017. Disponível em: lemonde.fr. Acesso em: 27 jul. 2021.
281. FELDER, A. How Comments Shape Perception of Sites' Quality – and Affect Traffic. *The Atlantic*, 2014. Disponível em: theatlantic.com. Acesso em: 27 jul. 2021.
282. POLANSKY, J. et al. Smoking in Top-grossing US Movies 2018. UCSF, 2019. Disponível em: escholarship.org. Acesso em: 27 jul. 2021.
283. GABRIELLI, J. et al. Industry Television Ratings for Violence, Sex, and Substance Use. *Pediatrics*, v. 138, 2016.
284. FCC. The V-Chip: Options to Restrict What Your Children Watch on TV. FCC, 2019. Disponível em: fcc.gov. Acesso em: 27 jul. 2021.
285. BARRIENTOS-GUTIERREZ, I. et al. Comparison of Tobacco and Alcohol Use in Films Produced in Europe, Latin America, and the United States. *BMC Public Health*, v. 15, 2015.
286. TABAC et Cinéma. Étude conjoints IPSOS, Ligue Contre le Cancer. IPSOS, 2012. Disponível em: ligue-cancer.net. Acesso em: 27 jul. 2021.
287. WHILE You Were Streaming. *Truth Initiative*, 2018. Disponível em: truthinitiative.org. Acesso em: 27 jul. 2021.
288. PREVENTING Tobacco Use Among Youth and Young Adults. A report of the Surgeon General. U.S. Department of Health and Human Services, 2012.
289. WHO. *WHO Report on the Global Tobacco Epidemic 2013: Enforcing Bans on Tobacco Advertising, Promotion and Sponsorship*. WHO, 2013. Disponível em: who.int. Acesso em: 27 jul. 2021.
290. FREEMAN, B. New Media and Tobacco Control. *Tobacco Control*, v. 21, 2012.
291. RIBISL, K. M. et al. Tobacco Control Is Losing Ground in the Web 2.0 Era. *Tobacco Control*, v. 21, 2012.
292. ELKIN, L. et al. Connecting World Youth with Tobacco Brands. *Tobacco Control*, v. 19, 2010.
293. RICHARDSON, A. et al. The Cigar Ambassador. *Tobacco Control*, v. 23, 2014.
294. LIANG, Y. et al. Exploring How the Tobacco Industry Presents and Promotes Itself in Social Media. *Journal of Medical Internet Research*, v. 17, 2015.
295. LIANG, Y. et al. Characterizing Social Interaction in Tobacco-Oriented Social Networks. *Scientific Reports*, v. 5, 2015.
296. KOSTYGINA, G. et al. "Sweeter than a Swisher". *Tobacco Control*, v. 25, 2016.
297. CORTESE, D. et al. Smoking Selfies. *SM+S*, v. 4, 2018.
298. BARRIENTOS-GUTIERREZ, T. et al. Video Games and the Next Tobacco Frontier: Smoking in the Starcraft Universe. *Tobacco Control*, v. 21, 2012.
299. FORSYTH, S. R. et al. Tobacco Content in Video Games. *Nicotine & Tobacco Research*, v. 21, 2019.
300. FORSYTH, S. R. et al. "Playing the Movie Directly". *Annual Review of Nursing Research*, v. 36, 2018.
301. PLAYED: Smoking and Video Game. *Truth Initiative*, 2016. Disponível em: truthinitiative.org. Acesso em: 27 jul. 2021.
302. SOME Video Games Glamorize Smoking so Much that Cigarettes Can

Help Players Win. *Truth Initiative*, 2018. Disponível em: truthinitiative. org. Acesso em: 27 jul. 2021.
303. ARE Video Games Glamorizing Tobacco Use?. *Truth Initiative*, 2017. Disponível em: truthinitiative.org. Acesso em: 27 jul. 2021.
304. FERGUSON, S. *et al.* An Analysis of Tobacco Placement in Youtube Cartoon Series The Big Lez Show. *Nicotine & Tobacco Research*, v. 22, 2019.
305. RICHARDSON, A. *et al.* YouTube: a Promotional Vehicle for Little Cigars and Cigarillos?. *Tobacco Control*, v. 23, 2014.
306. TSAI, F. J. *et al.* Portrayal of Tobacco in Mongolian Language YouTube Videos: Policy Gaps. *Tobacco Control*, v. 25, 2016.
307. FORSYTH, S. R. *et al.* "I'll Be Your Cigarette: Light Me up and Get on with It". *Nicotine & Tobacco Research*, v. 12, 2010.
308. CRANWELL, J. *et al.* Adolescents' Exposure to Tobacco and Alcohol Content in YouTube Music Videos. *Addiction*, v. 110, 2015.
309. CRANWELL, J. *et al.* Adult and Adolescent Exposure to Tobacco and Alcohol Content in Contemporary YouTube Music Videos in Great Britain. *Journal of Epidemiology and Community Health*, v. 70, 2016.
310. KNUTZEN, K. E. *et al.* Combustible and Electronic Tobacco and Marijuana Products in Hip-Hop Music Videos, 2013-2017. *JAMA Internal Medicine*, v. 178, 2018.
311. FORSYTH, S. R. *et al.* Tobacco Imagery in Video Games. *Tobacco Control*, v. 25, 2016.
312. GENTILE, D. Pathological Video-game Use among Youth Ages 8 to 18. *Psychological Science*, v. 20, 2009.
313. FELDMAN, C. Grand Theft Auto IV Steals Sales Records. *CNN*, 2008. Disponível em: cnn.com. Acesso em: 27 jul. 2021.
314. GRAND Theft Auto V "Has Made More Money than Any Film in History". *The Telegraph*, 2018. Disponível em: telegraph.co.uk. Acesso em: 27 jul. 2021.
315. RIDEOUT, V. *et al. Generation M2: Media in the Lives of 8-18 Year-olds*. Kaiser Family Foundation, 2010.
316. WORTH, K. *et al.* Character Smoking in Top Box Office Movies. *Truth Initiative*, 2007. Disponível em: truthinitiative.org. Acesso em: 27 jul. 2021.
317. CHARLESWORTH, A. *et al.* Smoking in the Movies Increases Adolescent Smoking. *Pediatrics*, v. 116, 2005.
318. POLANSKY, J. *et al. First-Run Smoking Presentations in U.S. Movies 1999-2006*. Center for Tobacco Control Research And Education (UCSF), 2007.
319. NATIONAL CANCER INSTITUTE. The Role of the Media in Promoting and Reducing Tobacco Use. *Tobacco Control Monograph*, n. 19. Edited by R. M. Davis *et al.* National Cancer Institute, 2008. Disponível em: cancer.gov. Acesso em: 27 jul. 2021.
320. THE HEALTH Consequences of Smoking: 50 Years of Progress. A Report of the Surgeon General. U.S. Department of Health and Human Services, 2014.
321. CDC. Smoking in the Movies. CDC, 2017. Disponível em: cdc.gov. Acesso em: 27 jul. 2021.
322. CANCER COUNCIL AUSTRALIA. Position Statement. Smoking in Movies. CCA, 2007. Disponível em: cancer.org.au. Acesso em: 27 jul. 2021.
323. NATIONAL CANCER INSTITUTE. The Role of the Media in Promoting and Reducing Tobacco Use. *Tobacco Control Monograph*, n. 19. Edited by R. M. Davis *et al.* National Cancer Institute, 2008. Disponível em: cancer.gov. Acesso em: 27 jul. 2021.
324. ARORA, M. *et al.* Tobacco Use in Bollywood Movies, Tobacco Promotional Activities and Their Association with Tobacco Use among Indian Adolescents. *Tobacco Control*, v. 21, 2012.
325. HANEWINKEL, R. *et al.* Exposure to Smoking in Popular Contemporary Movies and Youth Smoking in Germany. *American Journal of Preventive Medicine*, v. 32, 2007.
326. HULL, J. G. *et al.* A Longitudinal Study of Risk-glorifying Video Ga-

mes and Behavioral Deviance. *Journal of Personality and Social Psychology*, v. 107, 2014.
327. MORGENSTERN, M. *et al.* Smoking in Movies and Adolescent Smoking. *Thorax*, v. 66, 2011.
328. SARGENT, J. D. *et al.* Exposure to Movie Smoking. *Pediatrics*, v. 116, 2005.
329. SARGENT, J. D. *et al.* Effect of Seeing Tobacco Use in Films on Trying Smoking among Adolescents. *BMJ*, v. 323, 2001.
330. THRASHER, J. F. *et al.* Exposure to Smoking Imagery in Popular Films and Adolescent Smoking in Mexico. *American Journal of Preventive Medicine*, v. 35, 2008.
331. DEPUE, J. B. *et al.* Encoded Exposure to Tobacco Use in Social Media Predicts Subsequent Smoking Behavior. *American Journal of Health Promotion*, v. 29, 2015.
332. CRANWELL, J. *et al.* Alcohol and Tobacco Content in UK Video Games and Their Association with Alcohol and Tobacco Use Among Young People. *Cyberpsychology, Behavior, and Social Networking*, v. 19, 2016.
333. DALTON, M. A. *et al.* Early Exposure to Movie Smoking Predicts Established Smoking by Older Teens and Young Adults. *Pediatrics*, v. 123, 2009.
334. SARGENT, J. D. *et al.* Influence of Motion Picture Rating on Adolescent Response to Movie Smoking. *Pediatrics*, v. 130, 2012.
335. HANCOX, R. J. *et al.* Association between Child and Adolescent Television Viewing and Adult Health. *The Lancet*, v. 364, 2004.
336. WATKINS, S. S. *et al.* Neural Mechanisms Underlying Nicotine Addiction. *Nicotine & Tobacco Research*, v. 2, 2000.
337. GUTSCHOVEN, K. *et al.* Television Viewing and Smoking Volume in Adolescent Smokers. *Preventive Medicine*, v. 39, 2004.
338. LOCHBUEHLER, K. *et al.* Attentional Bias in Smokers. *Journal of Psychopharmacology*, v. 25, 2011.
339. BAUMANN, S. B. *et al.* Smoking Cues in a Virtual World Provoke Craving in Cigarette Smokers. *Psychology of Addictive Behaviors*, v. 20, 2006.
340. SARGENT, J. D. *et al.* Movie Smoking and Urge to Smoke among Adult Smokers. *Nicotine & Tobacco Research*, v. 11, 2009.
341. TONG, C. *et al.* Smoking-related Videos for Use in Cue-induced Craving Paradigms. *Addictive Behaviors*, v. 32, 2007.
342. SHMUELI, D. *et al.* Effect of Smoking Scenes in Films on Immediate Smoking. *American Journal of Preventive Medicine*, v. 38, 2010.
343. WAGNER, D. D. *et al.* Spontaneous Action Representation in Smokers when Watching Movie Characters Smoke. *Journal of Neuroscience*, v. 31, 2011.
344. WHO. *Global Status Report on Alcohol and Health 2018*. WHO, 2018. Disponível em: who.int. Acesso em: 27 jul. 2021.
345. AUSTRALIAN Guidelines to Reduce Health Risks from Drinking Alcohol. NHMRC, 2009. Disponível em: nhmrc.gov.au. Acesso em: 27 jul. 2021.
346. THE SURGEON General's Call to Action to Prevent and Reduce Underage Drinking. Rockville (MD): Office of the Surgeon General (US), 2007. Disponível em: nih.gov. Acesso em: 27 jul. 2021.
347. IARD. Minimum Legal Age Limits. IARD, 2019.
348. SQUEGLIA, L. M. *et al.* Alcohol and Drug Use and the Developing Brain. *Current Psychiatry Reports*, v. 18, 2016.
349. SQUEGLIA, L. M. *et al.* The Effect of Alcohol Use on Human Adolescent Brain Structures and Systems. *Handbook of Clinical Neurology*, v. 125, 2014.
350. GRANT, B. F. *et al.* Age at Onset of Alcohol Use and Its Association with DSM-IV Alcohol Abuse and Dependence. *Journal of Substance Abuse Treatment*, v. 9, 1997.

351. INVS. L'alcool, toujours un facteur de risque majeur pour la santé en France. *BEH*, v. 16-18, 2013.
352. BONNIE, R. J. *et al*. *Reducing Underage Drinking: A Collective Responsibility*. Report from the National Research Council. National Academies Press, 2004.
353. THE IMPACT of Alcohol Advertising. Report of the National Foundation for Alcohol Prevention. NFAP, 2007. Disponível em: europa.eu. Acesso em: 27 jul. 2021.
354. CDC. Youth Exposure to alcohol Advertising on Television. *Morbidity and Mortality Weekly Report*, v. 62, 2013.
355. DAL CIN, S. *et al*. Youth Exposure to Alcohol Use and Brand Appearances in Popular Contemporary Movies. *Addiction*, v. 103, 2008.
356. JERNIGAN, D. H. *et al*. Self-Reported Youth and Adult Exposure to Alcohol Marketing in Traditional and Digital Media. *Alcoholism: Clinical and Experimental Research*, v. 41, 2017.
357. BARRY, A. E. *et al*. Alcohol Marketing on Twitter and Instagram. *Alcohol and Alcoholism*, v. 51, 2016.
358. SIMONS, A. *et al*. Alcohol Marketing on Social Media. EUCAM, 2017. Disponível em: eucam.info. Acesso em: 27 jul. 2021.
359. EISENBERG, M. E. *et al*. What Are We Drinking? Beverages Shown in Adolescents' Favorite Television Shows. *Journal of the Academy of Nutrition and Dietetics*, v. 117, 2017.
360. HENDRIKS, H. *et al*. Social Drinking on Social Media. *Journal of Medical Internet Research*, v. 20, 2018.
361. KELLER-HAMILTON, B. *et al*. Tobacco and Alcohol on Television. *Preventing Chronic Disease*, v. 15, 2018.
362. LOBSTEIN, T. *et al*. The Commercial Use of Digital Media to Market Alcohol Products. *Addiction*, v. 112, Suppl. 1, 2017.
363. PRIMACK, B. A. *et al*. Portrayal of Alcohol Intoxication on YouTube. *Alcoholism: Clinical and Experimental Research*, v. 39, 2015.
364. PRIMACK, B. A. *et al*. Portrayal of Alcohol Brands Popular Among Underage Youth on YouTube. *Journal of Studies on Alcohol and Drugs*, v. 78, 2017.
365. ANDERSON, P. *et al*. Impact of Alcohol Advertising and Media Exposure on Adolescent Alcohol Use. *Alcohol and Alcoholism*, v. 44, 2009.
366. HANEWINKEL, R. *et al*. Portrayal of Alcohol Consumption in Movies and Drinking Initiation in Low-risk Adolescents. *Pediatrics*, v. 133, 2014.
367. HANEWINKEL, R. *et al*. Exposure to Alcohol Use in Motion Pictures and Teen Drinking in Germany. *International Journal of Epidemiology*, v. 36, 2007.
368. JERNIGAN, D. *et al*. Alcohol Marketing and Youth Alcohol Consumption. *Addiction*, v. 112, Suppl. 1, 2017.
369. MEJIA, R. *et al*. Exposure to Alcohol Use in Movies and Problematic Use of Alcohol. *Journal of Studies on Alcohol and Drugs*, v. 80, 2019.
370. WAYLEN, A. *et al*. Alcohol Use in Films and Adolescent Alcohol Use. *Pediatrics*, v. 135, 2015.
371. HANEWINKEL, R. *et al*. Longitudinal Study of Parental Movie Restriction On Teen Smoking and Drinking in Germany. *Addiction*, v. 103, 2008.
372. HANEWINKEL, R. *et al*. Longitudinal Study of Exposure to Entertainment Media and Alcohol Use among German Adolescents. *Pediatrics*, v. 123, 2009.
373. TANSKI, S. E. *et al*. Parental R-rated Movie Restriction and Early-onset Alcohol Use. *Journal of Studies on Alcohol and Drugs*, v. 71, 2010.
374. ENGELS, R. C. *et al*. Alcohol Portrayal on Television Affects Actual Drinking Behaviour. *Alcohol and Alcoholism*, v. 44, 2009.
375. KOORDEMAN, R. *et al*. Effects of Alcohol Portrayals in Movies on Actual Alcohol Consumption. *Addiction*, v. 106, 2011.
376. KOORDEMAN, R. *et al*. Do We Act upon What We See? Direct Effects of Alcohol Cues in Movies on Young

Adults' Alcohol Drinking. *Alcohol and Alcoholism*, v. 46, 2011.
377. KOORDEMAN, R. *et al.* Exposure to Soda Commercials Affects Sugar-sweetened Soda Consumption in Young Women. An Observational Experimental Study. *Appetite*, n. 54, 2010.
378. OMS. Obésité et surpoids. OMS, 2018. Disponível em: who.int. Acesso em: 27 jul. 2021.
379. GBD *et al.* Health Effects of Overweight and Obesity in 195 Countries over 25 Years. *The New England Journal of Medicine*, v. 377, 2017.
380. AMERICAN ACADEMY OF PEDIATRICS. Children, Adolescents, Obesity, and the Media. *Pediatrics*, v. 128, 2011.
381. ROBINSON, T. N. *et al.* Screen Media Exposure and Obesity in Children and Adolescents. *Pediatrics*, v. 140, 2017.
382. WORLD CANCER RESEARCH FUND. Diet, Nutrition and Physical Activity. WCRF, 2018. Disponível em: wcrf.org. Acesso em: 2018.
383. WU, L. *et al.* The Effect of Interventions Targeting Screen Time Reduction. *Medicine (Baltimore)*, v. 95, 2016.
384. KELLY, C. Lutte contre l'obésité infantile: Les paradoxes de la télévision, partenaire d'une régulation à la française. *Le Monde*, 2010. Disponível em: lemonde.fr. Acesso em: 27 jul. 2021.
385. ASSOCIATION of Canadian Advertisers Comment for the Consultation Regarding Health Canada's June 10, 2017 "Marketing to Children" Proposal. ACA, 2017. Disponível em: acaweb.ca. Acesso em: 27 jul. 2021.
386. WILCOCK, D. *et al.* Boris's Junk Food Ad Ban Would Be a "Slap in the Face" for Food Industry after It "Worked so Hard During Coronavirus", Insiders Say – as Advertisers Blast "Significant Impact at a Time when the Economy Is Already under Strain". *Daily Mail*, 2020. Disponível em: dailymail.co.uk. Acesso em: 27 jul. 2021.
387. ZIMMERMAN, F. J. Using Marketing Muscle to Sell Fat. *Annual Review of Public Health*, v. 32, 2011.
388. CAIRNS, G. *et al.* Systematic Reviews of the Evidence on the Nature, Extent and Effects of Food Marketing to Children. A Retrospective Summary. *Appetite*, n. 62, 2013.
389. BOYLAND, E. J. *et al.* Television Advertising and Branding. Effects on Eating Behaviour and Food Preferences in Children. *Appetite*, n. 62, 2013.
390. BOYLAND, E. J. *et al.* Advertising as a Cue to Consume: A Systematic Review and Meta-analysis of the Effects of Acute exposure to Unhealthy Food and Nonalcoholic Beverage Advertising on Intake in Children and Adults. *The American Journal of Clinical Nutrition*, v. 103, 2016.
391. BOYLAND, E. *et al.* Digital Food Marketing to Young People: A Substantial Public Health Challenge. *Annals of Nutrition and Metabolism*, v. 76, 2020.
392. CASTELLO-MARTINEZ, A. *et al.* Obesity and Food-related Content Aimed at Children on YouTube. *Clinical Obesity*, v. 10, 2020.
393. QUTTEINA, Y. *et al.* Media Food Marketing and Eating Outcomes among Pre-adolescents and Adolescents: A Systematic Review and Meta-analysis. *Obesity Reviews*, v. 20, 2019.
394. QUTTEINA, Y. *et al.* What Do Adolescents See on Social Media? A Diary Study of Food Marketing Images on Social Media. *Frontiers in Psychology*, v. 10, 2019.
395. SMITH, R. *et al.* Food Marketing Influences Children's Attitudes, Preferences and Consumption: A Systematic Critical Review. *Nutrients*, v. 11, 2019.
396. RUSSELL, S. J. *et al.* The Effect of Screen Advertising on Children's Dietary Intake: A Systematic Review and Meta-analysis. *Obesity Reviews*, v. 20, 2019.
397. HARRIS, J. L. *et al.* A Crisis in the Marketplace. *Annual Review of Public Health*, v. 30, 2009.
398. ZIMMERMAN, F. J. *et al.* Associations of Television Content Type and Obesity in Children. *American Journal of Public Health*, v. 100, 2010.

399. VEERMAN, J. L. et al. By How Much Would Limiting TV Food Advertising Reduce Childhood Obesity?. *European Journal of Public Health*, v. 19, 2009.
400. CHOU, S. et al. Food Restaurant Advertising on Television and Its Influence on Childhood Obesity. *The Journal of Law and Economics*, v. 51, 2008.
401. LOBSTEIN, T. et al. Evidence of a Possible Link between Obesogenic Food Advertising and Child Overweight. *Obesity Reviews*, v. 6, 2005.
402. UFC-QUECHOISIR. Marketing télévisé pour les produits alimentaires à destination des enfants. UFC-Que-Choisir, 2010. Disponível em: quechoisir.org. Acesso em: 27 jul. 2021.
403. DALTON, M. A. et al. Child-targeted Fast-food Television Advertising Exposure Is Linked with Fast-food Intake among Pre-school Children. *Public Health Nutrition*, v. 20, 2017.
404. UTTER, J. et al. Associations between Television Viewing and Consumption of Commonly Advertised Foods among New Zealand Children and Young Adolescents. *Public Health Nutrition*, v. 9, 2006.
405. MILLER, S. A. et al. Association between Television Viewing and Poor Diet Quality in Young Children. *International Journal of Pediatric Obesity*, v. 3, 2008.
406. DIXON, H. G. et al. The Effects of Television Advertisements for Junk Food Versus Nutritious Food on Children's Food Attitudes and Preferences. *Social Science & Medicine*, v. 65, 2007.
407. Wiecha, J. L. et al. When Children Eat What They Watch. *Archives of Pediatric and Adolescent Medicine*, v. 160, 2006.
408. HILL, J. O. Can a Small-changes Approach Help Address the Obesity Epidemic? A Report of the Joint Task Force of the American Society for Nutrition, Institute of Food Technologists, and International Food Information Council. *The American Journal of Clinical Nutrition*, v. 89, 2009.
409. HALL, K. D. et al. Quantification of the Effect of Energy Imbalance on Bodyweight. *The Lancet*, v. 378, 2011.
410. BIRCH, L. L. Development of Food Preferences. *Annual Review of Nutrition*, v. 19, 1999.
411. GUGUSHEFF, J. R. et al. The Early Origins of Food Preferences. *The FASEB Journal*, v. 29, 2015.
412. BREEN, F.M. et al. Heritability of Food Preferences in Young Children. *Physiology & Behavior*, v. 88, 2006.
413. HALLER, R. et al. The Influence of Early Experience with Vanillin on Food Preference Later in Life. *Chemical Senses*, v. 24, 1999.
414. WHITAKER, R. C. et al. Predicting Obesity in Young Adulthood from Childhood and Parental Obesity. *The New England Journal of Medicine*, v. 337, 1997.
415. BOUCHARD, C. Childhood Obesity. *The American Journal of Clinical Nutrition*, v. 89, 2009.
416. BOSWELL, R. G. et al. Food Cue Reactivity and Craving Predict Eating and Weight Gain. *Obesity Reviews*, v. 17, 2016.
417. SCHOR, J. *The Overspent American*. New York: Harper Perennial, 1998.
418. SCHOR, J. *The Overworked American*. New York: Basic Books, 1991.
419. ETUDE Nutrinet-Santé. Etat d'avancement et résultats préliminaires 3 ans après le lancement. Nutrinet-Santé, 2012. Disponível em: etude-nutrinet-sante.fr. Acesso em: 27 jul. 2021.
420. RUBINSTEIN, S. et al. Is Miss America an Undernourished Role Model?. *JAMA*, v. 283, 2000.
421. VOLONTE, P. The Thin Ideal and the Practice of Fashion. *Journal of Consumer Culture*, v. 19, 2019.
422. RECORD, K. L. et al. "Paris Thin": A Call to Regulate Life-Threatening Starvation of Runway Models in the US Fashion Industry. *American Journal of Public Health*, v. 106, 2016.
423. SWAMI, V. et al. Body Image Concerns in Professional Fashion Models: Are They Really an At-risk Group?. *Psychiatry Research*, v. 207, 2013.
424. TOVEE, M. J. et al. Supermodels: Stick Insects or Hourglasses?. *The Lancet*, v. 350, 1997.

425. FRYAR, C. *et al.* Prevalence of Underweight among Adults Aged 20 and over: United States, 1960-1962 Through 2015-2016. CDC, 2018. Disponível em: cdc.gov. Acesso em: 27 jul. 2021.
426. MEARS, A. *Pricing Beauty: The Making of a Fashion Model.* Berkeley, CA: University of California Press, 2011.
427. EFFRON, L. *et al.* Fashion Models: By the Numbers. *ABC News*, Sept. 14, 2011. Disponível em: abcnews.go.com. Acesso em: 27 jul. 2021.
428. CDC. *Anthropometric Reference Data for Children and Adults: United States, 2011-2014.* CDC, 2016. Disponível em: cdc.gov. Acesso em: 27 jul. 2021.
429. GREENBERG, B. S. *et al.* Portrayals of Overweight and Obese Individuals on Commercial Television. *American Journal of Public Health*, v. 93, 2003.
430. FLEGAL, K. M. *et al.* Prevalence and Trends in Obesity among US Adults, 1999-2008. *JAMA*, v. 303, 2010.
431. PONT, S. J. *et al.* Stigma Experienced by Children and Adolescents With Obesity. *Pediatrics*, v. 140, 2017.
432. PUHL, R. M. *et al.* The Stigma of Obesity. *Obesity (Silver Spring)*, v. 17, 2009.
433. PUHL, R. M. *et al.* Stigma, Obesity, and the Health of the Nation's Children. *Psychological Bulletin*, v. 133, 2007.
434. KARSAY, K. *et al.* "Weak, Sad, and Lazy Fatties": Adolescents' Explicit and Implicit Weight Bias Following Exposure to Weight Loss Reality TV Shows. *Media Psychology*, v. 22, 2019.
435. GRABE, S. *et al.* The Role of the Media in Body Image Concerns among Women. *Psychological Bulletin*, v. 134, 2008.
436. BECKER, A. E. *et al.* Eating Behaviours and Attitudes Following Prolonged Exposure to Television among Ethnic Fijian Adolescent Girls. *The British Journal of Psychiatry*, v. 180, 2002.
437. AMERICAN ACADEMY OF PEDIATRICS. Policy Statement: Sexuality, Contraception, and the Media. *Pediatrics*, v. 126, 2010.
438. KUNKEL, D. *et al.* Sex on TV-4. Kaiser Family Foundation, 2005. Disponível em: kff.org. Acesso em: 27 jul. 2021.
439. BLEAKLEY, A. *et al.* Trends of Sexual and Violent Content by Gender in Top-grossing U.S. Films, 1950- 2006. *Journal of Adolescent Health*, v. 51, 2012.
440. BLEAKLEY, A. *et al.* It Works Both Ways. *Media Psychology*, v. 11, 2008.
441. ASHBY, S. L. *et al.* Television Viewing and Risk of Sexual Initiation by Young Adolescents. *Archives of Pediatric and Adolescent Medicine*, v. 160, 2006.
442. COLLINS, R. L. *et al.* Relationships between Adolescent Sexual Outcomes and Exposure to Sex in Media. *Developmental Psychology*, v. 47, 2011.
443. BROWN, J. D. *et al.* Sexy Media Matter. *Pediatrics*, v. 117, 2006.
444. O'HARA, R. E. *et al.* Greater Exposure to Sexual Content in Popular Movies Predicts Earlier Sexual Debut and Increased Sexual Risk Taking. *Psychological Science*, v. 23, 2012.
445. WRIGHT, P. Mass Media Effects on Youth Sexual Behavior Assessing the Claim for Causality. *Annals of the International Communication Association*, v. 35, 2011.
446. COLLINS, R. L. *et al.* Watching Sex on Television Predicts Adolescent Initiation of Sexual Behavior. *Pediatrics*, v. 114, 2004.
447. CHANDRA, A. *et al.* Does Watching Sex on Television Predict Teen Pregnancy? Findings from a National Longitudinal Survey of Youth. *Pediatrics*, v. 122, 2008.
448. WINGOOD, G. M. *et al.* A Prospective Study of Exposure to Rap Music Videos and African American Female Adolescents' Health. *American Journal of Public Health*, v. 93, 2003.
449. QUADRARA, A. *et al. The Effects of Pornography on Children and Young People.* Research Report. Australian Institute of Family Studies, 2017. Disponível em: aifs.gov.au. Acesso em: 27 jul. 2021.
450. AUSTRALIAN PSYCHOLOGICAL SOCIETY. Submission to the Senate Environment and Communications

References Committee Inquiry into the Harm Being Done to Australian Children through Access to Pornography on the Internet. APS, 2016. Disponível em: psychology.org.au. Acesso em: 27 jul. 2021.
451. FLOOD, M. The Harms of Pornography Exposure among Children and Young People. *Child Abuse Review*, v. 18, 2009.
452. YBARRA, M. L. *et al.* X-rated Material and Perpetration of Sexually Aggressive Behavior among Children and Adolescents: Is There a Link? *Aggressive Behavior*, v. 37, 2011.
453. PETER, J. *et al.* Adolescents and Pornography: A Review of 20 Years of Research. *The Journal of Sex Research*, v. 53, 2016.
454. COLLINS, R. L. *et al.* Sexual Media and Childhood Well-being and Health. *Pediatrics*, v. 140, 2017.
455. PRINCIPI, N. *et al.* Consumption of Sexually Explicit Internet Material and Its Effects on Minors' Health: Latest Evidence from the Literature. *Minerva Pediatrics*, 2019.
456. GESTOS, M. *et al.* Representation of Women in Video Games: A Systematic Review of Literature in Consideration of Adult Female Wellbeing. *Cyberpsychology, Behavior, and Social Networking*, v. 21, 2018.
457. DILL, K. *et al.* Effects of Exposure to Sex-stereotyped Video Game Characters on Tolerance of Sexual Harassment. *Journal of Experimental Social Psychology*, v. 44, 2008.
458. STERMER, S. *et al.* SeX-Box: Exposure to Sexist Video Games Predicts Benevolent Sexism. *Psychology of Popular Media Culture*, v. 4, 2015.
459. STERMER, S. *et al.* Xbox or SeXbox? An Examination of Sexualized Content in Video Games. *Journal of Personality and Social Psychology*, v. 6, 2012.
460. WARD, L. Media and Sexualization: State of Empirical Research, 1995-2015. *The Journal of Sex Research*, v. 53, 2016.
461. GABBIADINI, A. *et al.* Grand Theft Auto Is a "Sandbox" Game, but There Are Weapons, Criminals, and Prostitutes in the Sandbox: Response to Ferguson and Donnellan (2017). *Journal of Youth and Adolescence*, v. 46, 2017.
462. GABBIADINI, A. *et al.* Acting like a Tough Guy: Violent-Sexist Video Games, Identification with Game Characters, Masculine Beliefs, & Empathy for Female Violence Victims. *PLoS One*, V. 11, 2016.
463. FOX, J. *et al.* Lifetime Video Game Consumption, Interpersonal Aggression, Hostile Sexism, and Rape Myth Acceptance: A Cultivation Perspective. *Journal of Interpersonal Violence*, v. 31, 2016.
464. BEGUE, L. *et al.* Video Games Exposure and Sexism in a Representative Sample of Adolescents. *Frontiers in Psychology*, v. 8, 2017.
465. KAHNEMAN, D. *Thinking, Fast and Slow*, Farrar, Straus and Giroux, 2011.
466. DANZIGER, S. *et al.* Extraneous Factors in Judicial Decisions. *Proceedings of the National Academy of Sciences of the United States of America*, v. 108, 2011.
467. WANSINK, B. *Mindless Eating*. New York: Bantam Books, 2007.
468. ZUBOFF, S. *The Age of Surveillance Capitalism*. London: Profiles Books, 2019.
469. CADWALLADR, C. Fresh Cambridge Analytica Leak "Shows Global Manipulation Is out of Control". *The Guardian*, 2020. Disponível em: theguardian.com. Acesso em: 27 jul. 2021.
470. CONFESSORE, N. Cambridge Analytica and Facebook: The Scandal and the Fallout So Far. *The New York Times*, 2018. Disponível em: nytimes.com. Acesso em: 27 jul. 2021.
471. WYLIE, C. *Mindf*ck*. New York: Random House, 2019.
472. THE GREAT Hack. Netflix, 2019. Documentary.
473. DIXON, T. Understanding How the Internet and Social Media Accelerate Racial Stereotyping and Social Division: The Socially Mediated Stereotyping Modelnull. *In*: LIND, R. (Ed.). *Race*

and *Gender in Electronic Media*. London: Taylor & Francis, 2017.
474. DIXON, T. *et al.* Media Constructions of Culture, Race, and Ethnicity. *In*: OXFORD Research Encyclopedia of Communication. Oxford: Oxford University Press, 2019.
475. APPEL, M. *et al.* Do Mass Mediated Stereotypes Harm Members of Negatively Stereotyped Groups? A Meta-Analytical Review on Media-Generated Stereotype Threat and Stereotype Lift. *Communication Research*, v. 48, 2017.
476. AMERICAN ACADEMY OF PEDIATRICS. Council on Communications and Media. Virtual Violence. *Pediatrics*, v. 138, 2016.
477. ANDERSON, C.A. *et al.* Violent Video Game Effects on Aggression, Empathy, and Prosocial Behavior in Eastern and Western Countries. *Psychological Bulletin*, v. 136, 2010.
478. GREITEMEYER, T. *et al.* Video Games Do Affect Social Outcomes: A Meta-Analytic Review of the Effects of Violent and Prosocial Video Game Play. *Personality and Social Psychology Bulletin*, v. 40, 2014.
479. BUSHMAN, B. J. *et al.* Understanding Causality in the Effects of Media Violence. *American Behavioral Scientist*, v. 59, 2015.
480. BUSHMAN, B. J. Violent Media and Hostile Appraisals: A Meta-analytic Review. *Aggressive Behavior*, v. 42, 2016.
481. ANDERSON, C. *et al.* SPSSI Research Summary on Media Violence. *Analyses of Social Issues and Public Policy*, v. 15, 2015.
482. CALVERT, S. L. *et al.* The American Psychological Association Task Force Assessment of Violent Video Games. *American Psychologist*, v. 72, 2017.
483. BENDER, P. K. *et al.* The Effects of Violent Media Content on Aggression. *Current Opinion in Psychology*, v. 19, 2018.
484. PRESCOTT, A. T. *et al.* Metaanalysis of the Relationship between Violent Video Game Play and Physical Aggression over Time. *Proceedings of the National Academy of Sciences of the United States of America*, v. 115, 2018.
485. PLANTE, C. *et al.* Media, Violence, Aggression, and Antisocial Behavior: Is the Link Causal?. *In*: STURMEY, P. (Ed.). *The Wiley Handbook of Violence and Aggression*. New Jersey: Wiley-Blackwell, 2017. v. 1.
486. CAREY, B. Shooting in the Dark. *The New York Times*, 2013. Disponível em: nytimes.com. Acesso em: 27 jul. 2021.
487. SOULLIER, L. Jeux vidéo: le coupable idéal. *L'Express*, 2012. Disponível em: lexpress.fr. Acesso em: 27 jul. 2021.
488. BUSHMAN, B. J. *et al.* There Is Broad Consensus. *Psychology of Popular Media Culture*, v. 4, 2015.
489. BUSHMAN, B. *et al.* Agreement across Stakeholders Is Consensus. *Psychology of Popular Media Culture*, v. 4, 2015.
490. ANDERSON, C. *et al.* Consensus on Media Violence Effects. *Psychology of Popular Media Culture*, v. 4, 2015.
491. SURGEON General's Scientific Advisory Committee on Television and Social Behavior. Television and Growing up: The impact of Televised Violence. Washington, DC: U.S. Government Printing Office, 1972.
492. NATIONAL SCIENCE FOUNDATION. *Youth Violence: What we Need to Know*. NSF, 2013.
493. JOINT Statement on the Impact of Entertainment Violence on Children. Congressional Public Health Summit, 26 jul. 2000. Assinado por: The American Academy of Pediatrics, The American Academy of Child & Adolescent Psychiatry, The American Psychological Association, The American Medical Association, The American Academy of Family Physicians and The American Psychiatric Association. Disponível em: aap.org. Acesso em: ago. 2010.
494. AMERICAN ACADEMY OF PEDIATRICS. Policy Statement: Media Violence. *Pediatrics*, v. 124, 2009.
495. APPELBAUM, M. *et al. Technical Report on the Violent Video Game Literature*. APA Task Force on Violent Media, 2015.

496. ISRA. Report of the Media Violence Commission. *Aggressive Behavior*, v. 38, 2012.
497. BUSHMAN, B. J. et al. Short-term and Long-term Effects of Violent Media on Aggression in Children and Adults. *Archives of Pediatrics and Adolescent Medicine*, v. 160, 2006.
498. HUESMANN, L. R. et al. The Role of Media Violence in Violent Behavior. *Annual Review of Public Health*, v. 27, 2006.
499. PAIK, H. et al. The Effects of Television Violence on Antisocial Behavior. *Communication Research*, v. 21, 1994.
500. ANDERSON, C. A. et al. Effects of Violent Video Games on Aggressive Behavior, Aggressive Cognition, Aggressive Affect, Physiological Arousal, and Prosocial Behavior. *Psychological Science*, v. 12, 2001.
501. BUSHMAN, B. et al. Twenty-Five Years of Research on Violence in Digital Games and Aggression Revisited. *European Psychologist*, v. 19, 2014.
502. MIFFLIN, L. Many Researchers Say Link Is Already Clear on Media and Youth Violence. *The New York Times*, 1999. Disponível em: nytimes.com. Acesso em: 27 jul. 2021.
503. BUSHMAN, B. J. et al. Media Violence and the American Public. Scientific Facts Versus Media Misinformation. *American Psychologist*, v. 56, 2001.
504. MARTINS, N. et al. A Content Analysis of Print News Coverage of Media Violence and Aggression Research. *Journal of Communication*, V. 63, 2013.
505. RIDEOUT, V. *The Common Sense Census: Media Use by Tweens and Teens*. Common Sense Media, 2015.
506. STRASBURGER, V. C. et al. Why Is It so Hard to Believe that Media Influence Children and Adolescents?. *Pediatrics*, v. 133, 2014.
507. FERGUSON, C. J. No Consensus Among Scholars on Media Violence. *HuffPost*, 2013. Disponível em: huffpost.com. Acesso em: 27 jul. 2021.
508. FERGUSON, C. J. Video Games Don't Make Kids Violent. *Time*, 2011. Disponível em: time.com. Acesso em: 27 jul. 2021.
509. FERGUSON, C. J. Stop Blaming Violent Video Games. *U.S. News*, 2016. Disponível em: usnews.com. Acesso em: 27 jul. 2021.
510. DeCAMP, W. et al. The Impact of Degree of Exposure to Violent Video Games, Family Background, and Other Factors on Youth Violence. *Journal of Youth and Adolescence*, v. 46, 2017.
511. FERGUSON, C. J. Do Angry Birds Make for Angry Children? A Meta-Analysis of Video Game Influences on Children's and Adolescents' Aggression, Mental Health, Prosocial Behavior, and Academic Performance. *Perspectives on Psychological Science*, v. 10, 2015.
512. FERGUSON, C. J. A Further Plea for Caution against Medical Professionals Overstating Video Game Violence Effects. *Mayo Clinic Proceedings*, v. 86, 2011.
513. FERGUSON, C. J. et al. The Public Health Risks of Media Violence. *The Journal of Pediatrics*, v. 154, 2009.
514. FERGUSON, C. J. The Good, the Bad and the Ugly. *Psychiatric Quarterly*, v. 78, 2007.
515. FERGUSON, C. Evidence for Publication Bias in Video Game Violence Effects Literature. *Aggression and Violent Behavior*, v. 12, 2007.
516. BUSHMAN, B. et al. Much Ado about Something: Reply to Ferguson and Kilburn (2010). *Psychological Bulletin*, v. 136, 2010.
517. GENTILE, D. A. What Is a Good Skeptic to Do? The Case for Skepticism in the Media Violence Discussion. *Perspectives on Psychological Science*, v. 10, 2015.
518. BOXER, P. et al. Video Games Do Indeed Influence Children and Adolescents' Aggression, Prosocial Behavior, and Academic Performance. *Perspectives on Psychological Science*, v. 10, 2015.
519. ROTHSTEIN, H. R. et al. Methodological and Reporting Errors in Meta-Analytic Reviews Make Other Meta-Analysts Angry: A Commentary

on Ferguson (2015). *Perspectives on Psychological Science*, v. 10, 2015.
520. Comprehensive Meta-Analysis. Disponível em: meta-analysis.com. Acesso em: out. 2020.
521. BORENSTEIN, M. *et al*. *Introduction to Meta-Analysis*. New York: Wiley & Sons, 2009.
522. BORENSTEIN, M. *et al*. *Computing Effect Sizes for Meta-analysis*. New York: Wiley & Sons, 2018.
523. ROTHSTEIN, H. R. *et al*. *Publication Bias in Meta-Analysis*. New York: Wiley & Sons, 2005.
524. BORENSTEIN, M. *et al*. A Basic Introduction to Fixed-effect and Random-effects Models for Meta-analysis. *Research Synthesis Methods*, v. 1, 2010.
525. BORENSTEIN, M. *et al*. Basics of Meta-analysi. *Research Synthesis Methods*, v. 8, 2017.
526. VALENTINE, J. C. *et al*. How Many Studies Do You Need?. *Journal of Educational and Behavioral Statistics*, v. 35, 2010.
527. ANDERSON, C. A. *et al*. Psychology: The Effects of Media Violence on Society. *Science*, v. 295, 2002.
528. FEDERMAN, J. *National Television Violence Study*. Thousand Oaks, CA: Sage, 1998. v. 3.
529. CARVER, C. S. *et al*. Modeling: An Analysis in Terms of Category Accessibility. *Journal of Experimental Social Psychology*, v. 19, 1983.
530. BUSHMAN, B. Priming Effects of Media Violence on the Accessibility of Aggressive Constructs in Memory. *Personality and Social Psychology Bulletin*, v. 24, 1998.
531. ZILLMANN, D. *et al*. Effects of Prolonged Exposure to Gratuitous Media Violence on Provoked and Unprovoked Hostile Behavior. *Journal of Applied Social Psychology*, v. 29, 1999.
532. LEYENS, J. P. *et al*. Effects of Movie Violence on Aggression in a Field Setting as a Function of Group Dominance and Cohesion. *Journal of Personality and Social Psychology*, v. 32, 1975.
533. LOVAAS, O. I. Effect of Exposure to Symbolic Aggression on Aggressive Behavior. *Child Development*, v. 32, 1961.
534. LIEBERT, R. M. *et al*. Short Term Effects of Television Aggression on Children's Aggressive Behavior. *In*: MURRAY, J. P. *et al*. (Ed.). *Television and Social Behavior: Reports and Papers. Vol. II: Television and Social Learning*. US Government Printing Office, 1972.
535. HASAN, Y. *et al*. The More You Play, the More Aggressive You Become: A Long-term Experimental Study of Cumulative Violent Video Game Effects on Hostile Expectations and Aggressive Behavior. *Journal of Experimental Social Psychology*, v. 49, 2013.
536. ROBINSON, T. N. *et al*. Effects of Reducing Children's Television and Video Game Use on Aggressive Behavior: A Randomized Controlled Trial. *Archives of Pediatric and Adolescent Medicine*, v. 155, 2001.
537. JOY, L.A. *et al*. Television and Children's Aggressive Behavior. *In*: WILLIAMS, T. M. (Ed.). *The Impact of Television: A Natural Experiment in Three Communities*. Cambridge, MA: Academic Press, 1986.
538. ZIMMERMAN, F. J. *et al*. Early Cognitive Stimulation, Emotional Support, and Television Watching as Predictors of Subsequent Bullying among Grade-school Children. *Archives of Pediatric and Adolescent Medicine*, v. 159, 2005.
539. CHRISTAKIS, D. A. *et al*. Violent Television Viewing During Preschool Is Associated with Antisocial Behavior During School Age. *Pediatrics*, v. 120, 2007.
540. HUESMANN, L. R. *et al*. Longitudinal Relations between Children's Exposure to TV Violence and Their aGgressive and Violent Behavior in Young Adulthood. *Developmental Psychology*, v. 39, 2003.
541. ANDERSON, C. A. *et al*. Longitudinal Effects of Violent Video Games on Aggression in Japan and the United States. *Pediatrics*, v. 122, 2008.
542. GRABER, J. *et al*. A Longitudinal Examination of Family, Friend, and

Media Influences on Competent Versus Problem Behaviors Among Urban Minority Youth. *Applied Developmental Science*, v. 10, 2006.
543. JOHNSON, J. G. *et al.* Television Viewing and Aggressive Behavior During Adolescence and Adulthood. *Science*, v. 295, 2002.
544. KRAHE, B. *et al.* Longitudinal Effects of Media Violence on Aggression and Empathy among German Adolescents. *Journal of Applied Developmental Psychology*, v. 31, 2010.
545. MOLLER, I. *et al.* Exposure to Violent Video Games and Aggression in German Adolescents: A Longitudinal Analysis. *Aggressive Behavior*, v. 35, 2009.
546. BANDURA, A. *Social Learning Theory*. New Jersey: Prentice Hall, 1977.
547. DOMINICK, J. *et al.* Attitudes towards Violence. *In*: COMSTOCK, G. *et al.* (Ed.). *Television and Social Behavior. Reports and Papers. V. III: Television and Adolescent Aggressiveness*. US Government Printing Office, 1972.
548. HUESMANN, L. R. *et al.* Children's Normative Beliefs about Aggression and Aggressive Behavior. *Journal of Personality and Social Psychology*, v. 72, 1997.
549. FUNK, J. B. *et al.* Violence Exposure in Real-life, Video Games, Television, Movies, and the Internet: Is There Desensitization?. *Journal of Adolescence*, v. 27, 2004.
550. KRAHE, B. *et al.* Playing Violent Electronic Games, Hostile Attributional Style, and Aggression-related Norms in German Adolescents. *Journal of Adolescence*, v. 27, 2004.
551. UHLMANN, E. *et al.* Exposure to Violent Video Games Increases Automatic Aggressiveness. *Journal of Adolescence*, v. 27, 2004.
552. TIGHE, T. *et al. Habituation*. London: Routledge, 1976.
553. DALTON, P. Psychophysical and Behavioral Characteristics of Olfactory Adaptation. *Chemical Senses*, v. 25, 2000.
554. ANDERSON, C. A. *et al.* The Influence of Media Violence on Youth.

Psychological Science in the Public Interest, v. 4, 2003.
555. NIAS, D. K. Desensitisation and Media Violence. *Journal of Psychosomatic Research*, v. 23, 1979.
556. BROCKMYER, J. F. Playing Violent Video Games and Desensitization to Violence. *Child and Adolescent Psychiatric Clinics of North America*, v. 24, 2015.
557. PROT, S. *et al.* Long-term Relations among Prosocial-media Use, Empathy, and Prosocial Behavior. *Psychological Science*, v. 25, 2014.
558. HUMMER, T. Media Violence Effects on Brain Development. *American Behavioral Scientist*, v. 59, 2015.
559. KELLY, C. R. *et al.* Repeated Exposure to Media Violence Is Associated with Diminished Response in an Inhibitory Frontolimbic Network. *PLoS One*, v. 2, 2007.
560. STRENZIOK, M. *et al.* Fronto-parietal Regulation of Media Violence Exposure in Adolescents. *Social Cognitive and Affective Neuroscience*, v. 6, 2011.
561. STRENZIOK, M. *et al.* Lower Lateral Orbitofrontal Cortex Density Associated with More Frequent Exposure to Television and Movie Violence in Male Adolescents. *Journal of Adolescent Health*, v. 46, 2010.
562. CLINE, V. B. *et al.* Desensitization of Children to Television Violence. *Journal of Personality and Social Psychology*, v. 27, 1973.
563. THOMAS, M. H. *et al.* Desensitization to Portrayals of Real-life Aggression as a Function of Exposure to Television Violence. *Journal of Personality and Social Psychology*, v. 35, 1977.
564. BARTHOLOW, B. *et al.* Chronic Violent Video Game Exposure and Desensitization to Violence: Behavioral and Event-related Brain Potential Data. *Journal of Experimental Social Psychology*, v. 42, 2006.
565. MONTAG, C. *et al.* Does Excessive Play of Violent First-person-shooter-video-games Dampen Brain Activity in Response to Emotional Stimuli?. *Biological Psychology*, v. 89, 2012.

566. GENTILE, D. *et al.* Differential Neural Recruitment During Violent Video Game Play in Violent- and Nonviolent-game Players. *Psychology of Popular Media Culture*, v. 5, 2016.

567. ENGELHARDT, C. *et al.* This Is Your Brain on Violent Video Games. *Journal of Experimental Social Psychology*, v. 47, 2011.

568. FANTI, K. A. *et al.* Desensitization to Media Violence over a Short Period of Time. *Aggressive Behavior*, v. 35, 2009.

569. CANTOR, J. The Media and Children's Fears, Anxieties, and Perception of Danger. *In*: SINGER, D.G. *et al.* (Ed.). *Handbook of Children and the Media*. Thousand Oaks, CA: Sage, 2001.

570. HOUSTON, J. Media Coverage of Terrorism: A Meta-Analytic Assessment of Media Use and Posttraumatic Stress. *Journalism & Mass Communication Quarterly*, v. 86, 2009.

571. WILSON B. J. Media and Children's Aggression, Fear, and Altruism. *The Future of Children*, v. 18, 2008.

572. HOPWOOD, T. *et al.* Psychological Outcomes in Reaction to Media Exposure to Disasters and Large-scale Violence: A meta-Analysis. *Psychology of Violence*, v. 7, 2017.

573. PEARCE, L. *et al.* The Impact of "Scary" Tv and Film on Children's Internalizing Emotions: A Meta-analysis. *Human Communication Research*, v. 42, 2016.

574. PETTIT, H. Countries that Play More Violent Video Games such as Grand Theft Auto and Call of Duty have FEWER Murders. *Daily Mail*, 2017. Disponível em: dailymail.co.uk. Acesso em: 27 jul. 2021.

575. FISHER, M. Ten-country Comparison Suggests There's Little or No Link between Video Games and Gun Murders. *The Washington Post*, 2012. Acesso em: washingtonpost.com. Acesso em: 27 jul. 2021.

576. ABAD-SANTOS, A. Don't Blame Violent Video Games for Monday's Mass Shooting. *The Atlantic*, 2013. Disponível em: theatlantic.com. Acesso em: 27 jul. 2021.

577. MURPHY, M. Nations Where Video Games Like Call of Duty, Halo, and Grand Theft Auto Are Hugely Popular Have FEWER Murders and Violent Assaults. *The Sun*, 2017. Disponível em: thesun.co.uk. Acesso em: 27 jul. 2021.

578. ROEDER, O. *et al. What Caused the Crime Decline?*. New York: Brennan Center for Justice, 2015.

579. CARPENTER, D. O. *et al.* Environmental Causes of Violence. *Physiology & Behavior*, v. 99, 2010.

580. NATIONAL RESEARCH COUNCIL. *Understanding Crime Trends: Workshop Report*. Washington, D.C.: The National Academies Press, 2008.

581. SHADER, M. Risk Factors for Delinquency. US Department of Justice, 2004.

582. LEVITT, S. Understanding Why Crime Fell in the 1990s: Four Factors that Explain the Decline and Six that Do Not. *Journal of Economic Perspectives*, v. 18, 2004.

583. GREENFELD, L. *Alcohol and Crime*. U.S. Department of Justice, 1998.

584. KAIN, E. As Video Game Sales Climb Year over Year, Violent Crime Continues to Fall. *Forbes*, 2012. Disponível em: forbes.com. Acesso em: 27 jul. 2021.

585. MARKEY, P. *et al.* Violent Video Games and Real-world Violence. *Psychology of Popular Media Culture*, v. 4, 2015.

586. GARCIA, V. Les jeux vidéo violents réduisent-ils la criminalité?. *L'Express*, 2014. Disponível em: lexpress.fr. Acesso em: 27 jul. 2021.

587. LES JEUX vidéo violents réduiraient la criminalité. *7sur7*, 2014. Disponível em: 7sur7.be. Acesso em: 27 jul. 2021.

588. ESA. Essential Facts about Games and Violence. ESA, 2016. Disponível em: theesa.com. Acesso em: 27 jul. 2021.

589. SUPREME COURT OF THE UNITED STATES. *Brown vs EMA* (No 08-1448). June 2011. Disponível em: supremecourt.gov. Acesso em: 2011.

590. BUSHMAN, B. J. *et al.* Supreme Court Decision on Violent Video Ga-

mes Was Based on the First Amendment, Not Scientific Evidence. *American Psychologist*, v. 69, 2014.
591. LIPTAK, A. Justices Reject Ban on Violent Video Games for Children. *The New York Times*, 2011. Disponível em: nytimes.com. Acesso em: 27 jul. 2021.

EPÍLOGO (P. 271-281)
1. REICH, W. Écoute, petit homme. Paris: Payot & Rivages, 1973.
2. POSTMAN, N. *The Disappearance of Childhood*. New York: Vintage Books, 1994.
3. SANTI, P. Ecrans: appel des académies à une "vigilance raisonnée". *Le Monde*, 2019. Disponível em: lemonde.fr. Acesso em: 27 jul. 2021.
4. SOPHOCLE. *Antigone*. Paris: Hachette, 1868.
5. BOWLES, N. A Dark Consensus about Screens and Kids Begins to Emerge in Silicon Valley. *The New York Times*, 2018. Disponível em: nytimes.com. Acesso em: 27 jul. 2021.
6. DESMURGET, M. *L'Antirégime au quotidien*. Paris: Belin, 2017.
7. CASTELLION, S. *In*: ZWEIG, S. *The Right to Heresy: Castellio Against Calvin*. New York: The Viking Press, 1936.

Este livro foi composto com tipografia Adobe Garamond Pro e impresso em papel Off-White 70g na Formato Artes Gráficas.